畜禽骨肉提取物生产工艺与技术

赵修念　编著

中国轻工业出版社

图书在版编目（CIP）数据

畜禽骨肉提取物生产工艺与技术／赵修念编著.
—北京：中国轻工业出版社，2018.4
ISBN 978-7-5184-1845-9

Ⅰ.①畜… Ⅱ.①赵… Ⅲ.①畜禽-食品加工
Ⅳ.①TS251

中国版本图书馆 CIP 数据核字（2018）第 021354 号

责任编辑：钟　雨　　责任终审：劳国强　　整体设计：锋尚设计
策划编辑：伊双双　　责任校对：晋　洁　　责任监印：张　可

出版发行：中国轻工业出版社（北京东长安街 6 号，邮编：100740）
印　　刷：三河市万龙印装有限公司
经　　销：各地新华书店
版　　次：2018 年 4 月第 1 版第 1 次印刷
开　　本：787×1092　1/16　印张：23
字　　数：510 千字
书　　号：ISBN 978-7-5184-1845-9　定价：80.00 元
邮购电话：010-65241695
发行电话：010-85119835　传真：85113293
网　　址：http://www.chlip.com.cn
Email：club@chlip.com.cn
如发现图书残缺请与我社邮购联系调换
090497K1X101ZBW

序

畜禽骨肉作为食材深度利用在我国有着悠久的历史，餐饮行业普遍使用高汤、白汤就是典型的代表，粤菜中久负盛名的汤大多都是以畜禽骨肉为主料煲炖而成，形成了以口感浓郁、回味绵久为特点的中餐风景线。遗憾的是，畜禽骨肉工业化加工却起源于欧洲，其雏形是用肉类罐头厂的下脚料生产肉汤浓缩物。随着生物工程技术的发展，二十世纪七十年代国外已有酶法水解的肉类提取物，但那时的肉类提取物只有滋味而香味不突出，仅和水解植物蛋白一起作为味精的替代品。二十世纪八十年代中后期，食品工业进入了一个新时代，畜禽骨肉类提取物的生产工艺日趋完善，一方面对酶解工艺进行改进，产品鲜味突出而无基苦味，另一方面通过美拉德反应，使肉类提取物更加完美地体现肉的风味和滋味。二十世纪九十年代，国外又发展了以畜禽骨肉类提取物为原料，通过后期反应而成的各种肉味香精，使肉类深加工形成了品种齐全、百花齐放的局面。

我国的畜禽骨肉工业化提取加工起源于二十世纪六十年代，其雏形是生化用途的牛肉膏，没有直接用于食品加工。随着食品工业的发展，尤其是方便面、冷冻食品、膨化食品、休闲食品的发展，从二十世纪九十年代初开始，许多食品企业开始进口国外的畜禽骨肉类提取物以及相关的肉味香精，用以改善产品风味，提高产品的档次，国外公司趁机将各种肉味风味料打入中国市场，在中国设立销售公司和通过代理商扩大销售网络。到二十世纪九十年代中期，国内高校院所和企业开始研究开发畜禽骨肉类提取物以及相应的肉味香精生产技术，当时主攻的是酶解技术，产物主要用于制备美拉德反应香精（咸味食品香精）。由于成本优势以及国人对中国餐饮风味把握的天生优势，国产咸味食品香精很快占领了国内市场，并逐步将进口产品价格大幅度下拉，因此极大地推动了中国食品工业，特别是方便面的产品创新和技术进步。从本世纪初开始，由于食品安全问题给消费者带来的心理影响，和人们消费水平提高对自然风味的追求，畜禽骨肉加工更多地转向采用传统熬制工艺，通过高温长时间熬煮、分离、浓缩制备类似餐饮风味的肉粉、肉膏等，真正体现了中国餐饮工业化、现代化的节奏，发展速度非常迅猛。2016年，我国肉类消费总量近9000万t，规模以上的肉制品及畜禽骨肉产品加工企业达1832家，比上年增加112家，增幅为6.5%。

尽管畜禽骨肉加工行业发展很快，规模前景很大，但整体技术还很落后，目前大多停留在互相模仿阶段，其原因之一就是专业技术人员匮乏。由于工作原因，我曾多次参与有关高校食品专业本科、研究生培养方案论证，深深地感觉到在现有教育体制下，在校生的工程能力培养很难有大的突破，从自己带出的研究生和进公司应届生的表现，更是证明了这一点。而工程能力，则是企业技术人员和管理人员最需要掌握的技能。补齐这个短板，除了对走上社会的毕业生传帮带之外，最需要的就是能够通过反映行业现实、极富实用性的技术书籍，引导这些年轻人尽快融入行业，掌握行业生产技术，真正成为行家里手。赵修念工程师是个专注而又勤于思考、善于学习的人，从业畜禽骨肉加工行业二十多年，开发了很多个畜禽骨肉提取物产品，设计建成了多条畜禽骨肉提取物生产线，是对行业发展有贡献的人。他总结自己多年的工作经验，写成的这本《畜禽骨肉提取物生产工艺与技术》，更体现了他热爱行业、贡献行业的拳拳之心。希望这本书能够成为帮助年轻人成长，引导行业技术规范，促进行业技术进步的有用之纸。

愿畜禽骨肉加工行业健康发展，成为中国食品工业技术创新的先行者！

孔令会（教授级高级工程师）

2018.3 于广州

前　言

骨肉提取物、海产提取物，顾名思义是以畜禽骨骼、肉、海产类产品及其下脚料为主要原料，经物理提取、生物酶解、三相分离、真空浓缩甚至喷雾干燥而成的一类含有一定蛋白质、多肽、氨基酸及其他呈味物质和营养成分且广泛应用于生物培养基、美拉德（Maillard）反应基料、高汤调味品、方便面、鸡精调味料等领域的提取物的总称，也称作抽提物、浸提物等。

由于在各应用领域及其制造方法、产品性能、原始习惯的称呼不同，其名字也各有所异。尤其是骨肉提取物的名字，在国内更没有一个统一的称呼。例如“牛骨提取物”，有“牛骨汁”“牛骨素”“牛骨汤精”和“牛骨白汤”（与其对应的还有一种称为“牛骨清汤”）等称呼。但这些都是牛骨的提取物，只不过人们根据其习惯叫法和产品物理化学指标以及性能，将其细分开来，以免混淆。而与之用途相近的海产品提取物的名字要少些。例如“虾提取物”，除叫“虾提取物”或“抽提物”外，另一种习惯叫法一般是“虾汁”或“虾汁浓缩物”。以肉为原料的提取物因其出现和应用较骨肉提取物早，一般都称其为肉浸膏，这类产品最早应用于微生物培养基。另外，现在市场上有一种称为骨髓浸膏的产品，严格意义上来说却不是提取物类产品，它是以骨肉为主要原料进行美拉德反应得到的产物，其中完全没有提取的概念。也就是说骨肉提取物可以包含现在食品市场上的骨素、骨肉清汤、骨肉白汤、骨油、骨肉粉、骨肉汁等类似产品以及真正提取意义上的骨肉浸膏等产品。

骨肉提取物名字的不确定性，究其根源是这类产品真正形成工业化生产的时间还比较短，之前也没有一个能涵括这些产品意义的词语。也就是说，虽然千百年来我国民间就有利用动物骨骼制作食物（或调味品）或保健品的习惯。但是，这类产品实行工业化生产最初却是在国外。在我国真正形成其工业化生产已是在 20 世纪 90 年代中期，由外资企业（主要为日本和韩国的几家企业）开始引进。著名的骨肉提取物生产企业有泰安京日丸善食品工业有限公司、青岛有明食品有限公司、北京华都肉鸡公司、韩国清水食品株式会社（青岛清福食品有限公司）等。国内企业是在 20 世纪 90 年代中后期开始运行的。较大的有山东临沂新程金锣肉制品集团有限公司、河南双汇集团有限公司等，稍有名气的小厂家也有不少，如山东名厨世家食品有限公司、梁山天昊食品有限公司、梁山天威食品有限公司等。这些企业为骨肉提取物在国内的大力推广和应用做出了很大的贡献。尤其是金锣集团的张立峰老师和丹麦诺维信（北京）公司的封雯瑞女士，在国内骨肉提取物的生产和技术开发方面做出了卓越的贡献。

迄今为止，我国已有相关生产企业几十家，日产能力达到了 200t 以上。品种也由原来的牛、猪、鸡骨提取物增加到几十个品种，逐步向肉提取物、骨肉复合提取物扩展。产品品质和应用能力也都有了很大程度的提高，这得益于国内方便面行业及火锅餐饮行业的大力发展，但较国外的发展水平仍有较大差距。随着人们对此类产品认识水平的提高及其下游产品的开发，骨肉类及海产类提取物在方便面、肉制品、家庭调味品、美拉德反应呈味料等行业的应用会越来越普及，其市场潜力也会越来越大。近两年骨肉类及海产类提取物形成独立行业的趋势也越来越明显，市场前景广阔。

目前，国内尚无详细介绍骨肉提取物及其同类产品加工技术和应用的书籍。因此，作者特收集了国内外有关骨肉及海产提取物的资料，并将积累了十多年的生产技术和开发经验整理成册，对骨肉、海产类提取物的种类、生产设备及生产工艺做了详尽的介绍。在本书中，把以畜禽骨头、骨肉、海产下脚料（主要是虾皮、蟹壳、低值鱼类）为主要原料，利用水提取或生物酶解的方式生产用于调味食品行业的动物提取物，归属于骨肉提取物的概念范畴，以便解释以及与行业中的概念统一。

本书共分为八章，分别介绍了骨肉提取物的原料、用途、生产设备、加工工艺、包装、质量控制，并以实例的形式介绍了一些具体的应用和生产工艺及配方。内容包括：第一章概括介绍了骨肉提取物的分类、营养价值、风味特征及开发现状；第二章详细介绍了骨肉提取物的常用原辅料、加工助剂及原料采购控制；第三章详细介绍了各类骨肉提取物的生产技术原理和加工工艺；第四章介绍了各加工工艺过程常用加工设备，尤其是分离、乳化、浓缩、干燥等设备的原理及应用等；第五章重点介绍了骨肉提取物生产加工过程的质量控制准则和方法等；第六章介绍了骨肉提取物的风味特征、质量指标及其常规物理化学指标检验等；第七章则以具体实例介绍了骨肉提取物在各个行业中的应用；第八章简述了骨肉提取物的综合利用和行业展望。

希望本书能对骨肉提取物及其相关行业的生产、技术人员及从业者有所裨益。

由于作者水平所限，错误及疏漏之处在所难免，恳请读者批评指正。

作者借此感谢多年来一直在人生道路上给予支持和指引的前辈和朋友以及默默支持我的家人；感谢行业内领导、专家的关心和帮助。

目　录

第一章

概　述

第一节　骨肉提取物概况

畜禽骨肉提取物的概念产生于20世纪70年代中期。由于日本出现石油恐慌，传统发酵调味料价格急剧上升，产量大幅下降，生产厂家从动植物原料中提取的提取物经有效复合后成了替代品，骨肉提取物应运而生。因为骨肉提取物迎合了消费者“真实、天然、营养、美味”的心理，符合消费者对天然调味料的追求，尤其是在消费者健康、安全意识增强的前提下，畜禽骨肉提取物生产快速发展，成为日本人现代调味品的主流，并在较短的时间内风靡了日本、韩国市场。

20世纪90年代初期，畜禽骨肉提取物工业化生产，开始进入我国市场。最先由韩国一些企业在山东、安徽一带设立了加工厂，生产骨肉提取物。其中，最早的应该是韩国清水食品株式会社及其关联机构在我国设置的骨肉提取物生产车间。随后，在山东青岛一带，出现了一些以国产设备为主的骨肉提取物小型生产线。自此，我国的骨肉提取物行业进入了自行发展期。20世纪90年代中后期，漯河双汇生物工程公司从日本引进了首条以动物鲜骨为原料进行骨肉提取物生产的全套设备，山东金锣股份有限公司也在这个时候建设了骨肉提取物的生产线，国内较大型骨肉提取物生产线开始出现。在同一时期，几家国外较大型骨肉提取物生产企业也进驻国内，其中有京日丸善、青岛有明等外资企业。一时间，骨肉提取物生产企业如雨后春笋般出现了。

近年来，随着社会的进步，食品加工业得到了迅猛地发展。调味料同样也要求方便、卫生、营养、安全、高品质。将单一成分的调味料配合使用虽然有鲜味感，但缺乏柔和感，味感不丰富，远比不上用骨肉提取物为原料制作的调味料自然、醇厚、味感丰富。

我国是以食用猪、牛、鸡肉为主的国家，猪、牛、鸡骨原料较为充足，所以目前生产的骨肉提取物多为猪、牛、鸡的骨肉提取物，成品为浅褐色至褐色的无油膏状（包括酶解和非酶解）产品和白色至乳白色的含油膏状产品及其粉状产品。最近几年还出现了以鸭骨架为原料的鸭骨提取物。

骨肉提取物是天然调味料之一。所谓天然调味料，是用物理方法从天然原料中提取或用生物酶水解制成的调味料。在中国烹饪界都知道“三吊汤”这个概念。它就是在过去没有现代调味品的年代，大厨做菜需要提鲜增香所必须的一个步骤，这种“三吊汤”即大家所熟知的老汤、高汤，也就是现在的骨肉提取物雏形。骨肉提取物的主要特点是最大限度地保持原有动物新鲜骨肉的天然味道和香气，具有很好的风味增强效果，可以赋予菜品自然鲜美、醇香柔和的美好感觉。

研究发现，鲜骨中的蛋白质含量为11%左右，纯鲜肉中的蛋白质含量也仅有17%左右，而经过完全物理方法生产出来的骨肉提取物，其蛋白质含量能达到30%以上。在骨肉提取物生产过程中，部分蛋白质得以分解，降解为低分子质量的多肽和具有生物活性的游离氨基酸以及天然核苷酸，同时含有钙、磷和磷脂质、磷蛋白等成分，这些成分具有极强的速溶性，易于被人体消化吸收。使用骨肉提取物比较安全，长期大量使用也不会使人感到厌腻，反而可以增进人们的食欲及增强营养。

因骨肉提取物中除含有各种复杂的鲜味成分外，还保留了畜禽肉中天然的香气成分并具有浓厚的口感，浓缩了其中的呈味成分和营养物质以及胶原蛋白等，所以可在肉制品加工、方便面（调味包）、美拉德反应生香等生产中被广泛应用。如以骨肉提取物为基料，适当添加糖类、有机酸、味精、香辛料和呈味核苷酸等物质，可以制成不同品种和风味各异的复合调味品。

畜禽骨肉提取物及海产类提取物在西方国家早就家喻户晓了，但对我国消费者来说，畜禽骨肉提取物还相对比较陌生。20世纪70年代初，日本开始研制生产，20世纪80年代中期进入全盛时期，并迅速波及到北美和欧洲。我国在20世纪90年代中后期才刚刚起步生产畜禽骨肉提取物，几家日本独资或控股合资企业生产的产品有90%返销国外。因国外提取物类产品需用量大，但生产原料相对缺乏，所以，从资源丰富的中国进口该类产品已是大势所趋。因此，提取物类产品不但在国内有很大的销售潜力，在海外也有广阔的市场。

另外，随着肉食工业的迅猛发展。我国每年的肉类总产量已超过7000万t，禽畜骨骼的产量也在大量增加，每年约有1500万t畜禽骨骼产量。除猪之外，我国大部分地区对骨头的加工利用率不高。骨肉提取物的出现，大大改善了产业结构，其产品品质也得到了很大的提升。如山东金锣股份有限公司、梁山天威开发生产的骨肉提取物和各种精炼油脂，质量指标已达出口标准。除供自用外，在国际和国内市场上也呈现出供不应求的局面。同时，随着调味食品工业的发展和生产技术的提高，我国沿海一带也开始将低值鱼、虾皮、蟹壳、贝类下脚料等一些低价值的原料进行加工，提取出有用的蛋白质及其呈味成分，并将其运用到食品工业当中，极大地提高了工业附加值、丰富了下游产品的种类。

在汤料的调制方面，天然提取物的纯正美味及其调整和改良食品风味的作用是化学调香剂所不能表现的；用于热反应香精，天然提取物所表现出的醇厚、柔和、纯正、口感逼真的特点也是其他物质所不能比拟的。随着科学技术的发展以及生产设备的日趋完善，畜禽骨肉提取物及海产类提取物的产品品质都得到了较大幅度的提高，生产体系也日趋完善，产品中的科技含量不断加大，产品已遍布食品行业的各个方面，发展势头极其旺盛，有独树一帜的发展趋势。

目前，国际上鲜骨（包括牛骨、猪骨、羊骨、鸡骨架、鱼骨等）加工的主要途径有以下几种。

（1）冷冻法　将鲜骨在 -25 ~ -15℃充分冷冻脆化，然后粉碎成鲜骨泥。但这一深受西方人们喜爱的食品却由于种种原因（设备、观念、技术等），没有在我国推广生产。

（2）高温高压蒸煮水解法　将鲜骨破碎后加水升温升压，直至骨酥汤浓。骨肉提取出的骨素水解度（DH）值稍高，水解较彻底，富含小分子肽、游离氨基酸和胶原蛋白。胶原蛋白高温不变性，具有胶黏性和良好的持水、持油及乳化性。因此，此种方法生产的骨素被广泛地用做冷冻调理食品品质改良剂、肉制品品质改良剂等。另外，根据传统的鲁菜煲汤方式生产的乳汤型骨汤精，口感更加鲜香醇厚，更加接近自然风味，是开发生产传统煲汤粉的工业化生产方式。日商独资企业泰安京日丸善食品工业有限公司及其在北京的“面爱面”连锁店，就生产和经营此种白汤型骨类提取产品，国内终端消费者较为喜爱。近几年，“豚骨拉面”“大骨面”“骨弹面”等骨汤类方便面的开发，极大地促进了这一产品在工业上的应用。

（3）酸碱水解　用工业盐酸（或有机酸）或碱进行水解，产率、水解度高，但很难避免产品中三氯丙醇的出现，也因后续处理工序繁杂，很少用于食品工业生产。

（4）酶水解　此法一般配合高温高压法生产，产品的水解度可控，适宜用作香精反应基料。但关键要选择好酶的种类及用量。用此种方法进行热反应生产的香精，口感绵长持久、回味无穷。

畜禽骨肉提取物在国内市场上的售价也由最初的每千克十几元，上升到二十几元不等，尤其是几家外资企业的产品价位已达到每千克四五十元（此处的价格是60%固形物含量的膏状产品的价格，粉状产品的价格更高）。另外，人们习惯上所说的“骨素”使肉类调味香精品质更上一层楼，使其香味更加逼真；而香精又使骨素锦上添花，二者相辅相成。

综合利用畜禽鲜骨开发生产骨肉提取物是最有市场前景和最具市场竞争力的高附加值产品，同时还可以生产以下两种市场前景良好的副产品。

（1）骨油和精炼油脂　在动物骨骼内或由生脂肪提取出的高级动物烹调油，在日本被称之为香味油脂。它与相应的动物脂肪相比，熔点较低，如猪脂肪熔点36℃左右，而鸡油为28℃，鸡油即被称为鸡软脂。鸡油及其他骨油含人体必需的脂肪酸——亚油酸。用骨油调制的各类调味油，如香葱牛油、蒜香红油、各式鸡调味油等都是集营养与调味功能于一身，其售价已达每千克十几元。

（2）骨渣　经提取骨素和骨油后的骨渣，可干燥后粉碎成骨粉，用作饲料；或经超微粉碎，做成超微补钙粉，用于保健食品添加剂，其附加值更高。

总之，利用现代生物工程技术和科学先进的生产工艺，使畜禽骨骼中的各种营养成分完全释放出来，并达到物尽其用的目的，是这一产业的发展趋势。应该说，骨类深加工产业虽然起步不久，但已显示出了极强的生命力。尤其是骨汤和骨素在香精及调味品行业中的应用，符合天然、绿色、环保和可持续发展的食品工业的发展理念，为这一产业开辟了巨大的市场；它是21世纪最具前瞻性的生物工程制品，发展前景不可估量。

第二节　畜禽骨肉提取物的种类

目前，天然动物类提取物产品由于工艺技术、用途、原料的不同已经有几十种产品出现。要了解畜禽骨肉提取物首先需了解一下整个动物类提取物的种类，如表1-1所示。

表1-1　食品工业常用天然动物提取物种类

提取物种类	提取物名称	主要原料	资源状况	用途	产品结构
畜禽骨肉提取物	咸牛肉提取物	煮咸牛肉时或做牛肉罐头的汤汁	量少较分散	呈味能力好，日本有在用	浸膏、纯粉
	牛肉提取物	生鲜、冷冻牛肉	量大，但成本很高，需结合其他产业来做，如牛肉干等	呈味能力强	浸膏、功能性骨素（eHAP）膏、汁及粉
	牛骨提取物	生鲜、冷冻牛骨	量大，原料成本低	适合传统饮食习惯	骨油、清汤膏、白汤膏、eHAP膏、汁及其粉

续表

提取物种类	提取物名称	主要原料	资源状况	用途	产品结构
畜禽骨肉提取物	猪肉提取物	生鲜、冷冻瘦猪肉，或做肉脯或肉松时煮肉的汤汁	肉成本较高，但可结合其他产业一起来做	呈味能力好，肉感特征强	浸膏、eHAP膏、汁及粉
	猪骨提取物	生鲜、冷冻猪骨	量大	适合做传统浓汤，可做eHAP	骨油、清汤膏、白汤膏、eHAP膏、汁及其粉
	鸡肉提取物	生鲜、冷冻鸡肉	量大	适合传统高汤，可做eHAP	浸膏、eHAP膏、汁及粉
	鸡骨提取物	生鲜、冷冻鸡架	量大	适合传统高汤，可做eHAP	骨油、清汤膏、白汤膏、eHAP膏、汁及其粉
	鸭肉提取物	含肉量较多的鸭架	量大，但较少单独使用	适合传统高汤，可做eHAP	骨油、清汤膏、白汤膏、eHAP膏、汁及其粉
	鸭骨提取物		量大		
	火腿提取物	洁净的火腿及其边角料	量较小	最适合做高汤	清汤膏、白汤膏、汁及其粉
	其他提取物	腊肉、腊鸭等中华腊味	量大但较分散	适合做腊味提取物	清汤膏、白汤膏及其粉
鱼类提取物	鲣鱼提取物	制鲣鱼干时的汤汁 制鲣鱼罐头时的汤汁	量较少	日本传统特产，呈味能力强，国内很少	汁及其粉
	其他鲜鱼提取物	鲜鱼及海产鱼类加工下脚料	量很大，利用下脚料、低值鱼类等	味道鲜美	可以生产鱼鲜类eHAP、膏及其粉
贝类提取物	扇贝提取物	制造干贝粒或罐头时的煮汁	量大但很分散	呈味能力强	膏及其粉
	蛤蜊提取物	制造脱水蛤蜊或罐头时的煮汁	量大但很分散	呈味能力强	膏及其粉
	牡蛎提取物	制蚝干或牡蛎罐头时的煮汁	量较小且分散	多用于制蚝油	膏及其粉

如表1-1所示，骨肉提取物属于天然动物提取物中的一大类，其种类因原料的不同而品种繁多。同属于畜禽骨肉提取物的油脂、骨渣等，因习惯看法为其附属产物，从未列入畜禽骨肉提取物的范畴。为了统一认识，本章将其列入畜禽骨肉提取物。这样，以产品结构将其分类，畜禽骨肉提取物分为清汤膏（即不含或微量含有油脂）、白汤膏、功能性骨素（eHAP）膏、油脂及其粉、骨肉粉等五类。这种分类方式主要是由于工艺及最终产品状态的不同决定的。

一、畜禽骨肉清汤膏及其粉

此类产品一般是结合传统高汤的熬制方法和配料经长时间细火慢炖，三相分离、真空浓缩，精心调制而成的膏状产品或经喷雾干燥的粉装产品。此类产品富含各种呈味肽、肌酸、鹅肌酸、5′-核苷酸以及大量的骨胶原蛋白等营养物质。现在市场上有鸡骨清汤、鸡肉清汤、鸭骨清汤、猪肉清汤、猪骨清汤、牛肉清汤、牛骨清汤、牦牛骨清汤、火腿清汤等产品，多用于方便面调料、餐饮调味、火锅底汤、冷冻调理食品、美拉德反应香精生产等食品行业。

二、畜禽骨白汤膏及其粉

畜禽骨肉白汤膏，即白汤型骨肉提取物的膏状产品，一般结合传统的煲汤工艺，长时间中火慢炖，过滤、真空浓缩、高压均质、精心调制而成。畜禽骨肉白汤膏经喷雾干燥即成畜禽骨肉浓（或白汤）汤粉，此类产品溶解性、粉末流动性较好，且营养丰富、使用方便，多用于方便面调料、火锅汤料、家庭调味料、冷冻调理食品、休闲膨化食品等行业中。

三、功能性骨素（eHAP）膏及其粉

骨素是结合多种酶制剂的生产，根据产品最终的用途来选择不同的酶解度，使其具有不同的功能。如用于肉制品、冷冻调理食品的骨素，就要使其利于肉制品的持水性、切片性、黏弹性等品质，风味得到增强。用于热反应香精基料的骨素，就需要酶解得较彻底，能为热反应肉类香精提供更加丰富的氨基酸和小分子肽，以利于热反应的加速和风味的改善等。

四、各种畜禽骨油脂及其粉

各种畜禽骨油脂是在制取上述提取物的过程中产生的骨油或肉中所附油脂溶出的产物。该类产物特征香气浓郁且自然，优于畜禽其他部位的油脂。有些制作精细的工厂会将其精炼，使其具有更加浓郁的香气或特征香气，也可在直接净化后作为产品来使用或者销售，还有的将其制作为胶囊，使其呈粉末状态，更易

于储藏和使用。多用于方便面油料包、烹饪用油、火锅汤底等产品。

五、畜禽骨肉粉

此骨肉粉即提取完成后剩余的骨、肉渣，一般还含有大量的不溶性蛋白质等营养物质，故经调味或不调味后烘干粉碎可得营养价值较高的骨肉纯粉。或者未经提取而直接粉碎、蒸煮、磨细、酶解、调味、喷雾干燥后制成的骨肉粉。此类纯粉多用于鸡精调味料、方便面、冷冻调理食品、膨化食品等食品行业。开发生产最多的当属一些鸡产品分割企业，他们拥有大量而廉价的鸡骨架资源，经提取或不提取加工后，制成的鸡肉粉市场销量非常大。

另外，近年在终端市场上还出现了一种介于膏状和液体之间，经少许浓缩，总固形物含量在20%~35%的，经细致调味的，可直接少量兑水食用的骨肉汁类产品。这类产品比之现行的鸡汁等产品，更具方便、营养和调味功能。但目前，这类产品在国内还较少见，多见于香港、澳门和东南亚地区的商超。

还有一种严格意义上来说应该属于液体的汁状终端销售产品，其总固形物在20%以下。例如，“史云生鸡汤”，多见于香港、新加坡以及沿海一些大城市的商超中，主要是面向高级白领和速食餐厅。其包装精美，使用方便，比较适合快餐业。

其他还有一些纯肉类提取物产品，如牛肉浸膏等，除用于食品工业外，还用于微生物培养工业。

上述主要产物的精深加工，主要以谋求原料和设备的最大限度的利用，创造更高的经济价值，为人们提供更加丰富多彩的天然提取物产品，适应新型复合调味品工业的需求为目的。当然，上述每一类产品又可同时有鸡、鸭、猪、牛、羊、鱼、海鲜等诸多风味产品，以适应不同口味、不同用户、不同用途的需求。

第三节 骨肉提取物的风味特征及呈味机制

食品的初始可接受性按顺序决定于它的外观、风味和质构（食品的软硬度、滑润感、咀嚼感等），而其中的风味是需要由人来评定的。

食品消费者用“风味”来描述食品的总体可接受性，它包括将食品放入口中时所感觉到的全部感官属性。

人们用肉汤、骨头汤进行烹饪已有很长的历史了，早已成为美味佳肴的重要调味剂。古老香醇的传统美味，千变万化的中华煲汤技艺，传承了千百年的美味秘诀，结合了古老纯朴的原味记忆，将其融进创新出奇的鲜尝组合中，让面和菜的味道更加丰富多彩，让汤的美味愈益刻骨铭心。

蓬勃发展中的方便面、香精香料、复合调味品、骨肉提取物等食品行业以及传统火锅、四川麻辣烫等饮食行业，正是上述理念最好的实践者和见证人。

在传统餐饮烹饪中，骨肉提取物（传统意义上的高汤）是在没有味精、鸡精的时代，王公贵族用来提鲜增香的佐料，它可起到意想不到的效果。它起源于中国，发展于世界各地。

近代食品工业的发展，促进了高汤这种古老又神奇的调味品的工业化发展，尤其是方便面、方便米粉、速冻食品、餐饮等行业的发展，越来越离不开各种汤料的发展。追求天然、美味、独特、创新的理念促进了骨肉提取物的工业化生产和应用。

另外，除上述应用于食品工业的提取物外，还有海产提取物以及应用于医药、发酵等其他领域的如蛋白胨、明胶、肉类浸膏等的提取物产品。本书主要介绍应用于食品行业调味的骨肉提取物。

一、天然提取物的主要成分与呈味特点

天然提取物的动物性原料有鸡、猪、牛、羊、鸭的肉及其骨骼，各种鱼和贝类水产品，以及动物的具有香味的油脂。植物性原料主要有蔬菜类（如洋葱、姜、蒜、白菜、大葱、卷心菜、胡萝卜、芹菜、西红柿等）和水果类（如苹果、柑橘、柠檬、菠萝、香蕉等）。菌类原料主要有酵母、各种食用菌等。另外，天然提取物可以用单一原料，也可以根据其特性及风味要求进行复合提取。使其具有更加圆满的风味特征及营养特征。

由于天然提取物的特点是最大限度地保持了原料原有的香味和鲜味，浓缩了其中的呈味成分和营养物质，味道天然，使用安全，极富营养和增鲜功能，富含多种呈味肽、氨基酸、维生素、磷脂（磷蛋白、磷脂质等）、黏多糖、无机盐和微量元素等。另外，骨肉提取物又含有大量的胶原蛋白等类胶体物质，所以具有类似于明胶的天然特性，使其具有一定的特殊功能。因此它被广泛的应用于方便面、肉制品、冷冻调理食品、家庭调味料、美拉德反应、膨化休闲食品、火锅调味料等行业。

用于汤料的调制，天然提取物的纯正美味及其调整和改良食品风味的作用是化学调香剂所不能表现的；天然提取物用于热反应香精时，所表现出的醇厚、柔和、纯正、逼真的特点也是其他单体氨基酸所不能比拟的。用于肉制品，其黏弹性、持水性、结冻性以及具有较高的象真性和廉价方便的特性，是企业提高产品品质、降低成本的制胜法宝。随着科学技术的发展以及生产设备的日趋完善，天然提取物的产品品质和生产体系日趋完善，科技含量不断加大，其产品已遍布食品行业的各个方面，发展势头极其旺盛，已有独树一帜的发展趋势。

（一）天然提取物的呈味成分

通常，提取物成分中有含氮化合物、碳水化合物、有机酸、无机盐、脂肪等。它们在食品中发挥着不同的作用，如表1－2所示。

表1－2　　提取物主要成分和作用

类别		主要成分	作用
有机含氮物	蛋白质	可溶性蛋白质	食品的风味和质构
	肽	风味增强肽	食品的风味
	氨基酸	18～20种游离氨基酸	食品的风味
	核酸	5′－肌苷酸、5′－鸟苷酸、5′－腺苷酸、肌苷、次黄嘌呤、鸟苷、鸟嘌呤等	食品的风味
有机酸类		琥珀酸、乳酸、柠檬酸等	食品的风味
有机碱类		甜菜碱、氧化三甲胺、肌氨酸、肌酸酐、章鱼肉碱等	食品的风味
碳水化合物	大分子糖	大分子碳水化合物	食品的风味和质构
	小分子糖	葡萄糖、核糖、乳糖、果糖等	食品的风味
矿物质	盐类		食品的风味

动物性食品和植物性食品各具独特的风味。虽然在基料构成和呈味成分的大类上是基本一致的，但每种食品的特征大多与其特有成分有关系，如表1－3所示。而分别品尝各呈味成分，并不能呈现其特征风味，即食品的特征风味不仅取决于关键成分，也是所有成分复合后共同协调、作用的结果。

表1－3　　一些天然食品中氨基酸组成　　单位：mg/100g

氨基酸	黑鲷	鲳鱼	海胆	王蕈	紫菜	绿茶
牛磺酸	—	—	105	—	—	—
天冬氨酸	17	9.8	4	53.4	230	136
苏氨酸	13	9.6	68	21.4	78	60.9
丝氨酸	3.9	6.9	130	50.6	53	81.1
谷氨酸	19	20	103	67.6	640	668
脯氨酸	3.9	5.4	26	12.7	62	18.3
甘氨酸	97	54	942	12.3	125	47
丙氨酸	27	37	261	32.7	1092	25.2
缬氨酸	5.1	14	154	9.1	21	6.1
甲硫氨酸	1.1	7.3	47	1.7	0	0.6

续表

氨基酸	黑鲷	鲳鱼	海胆	王蕈	紫菜	绿茶
异亮氨酸	7.3	9.6	100	6.5	14	47
亮氨酸	8.5	14	176	10.7	20	34
酪氨酸	1.1	6.6	158	3.6	0	4.2
苯丙氨酸	1.1	9.2	79	19.0	15	10.1
色氨酸	2.0	2.2	39	2.6	0	11.6
组氨酸	5.4	563	54	25.3	0	6.7
糊氨酸	13	22	215	118.6	24	7.4
精氨酸	3.0	6.1	316	40.7	90	142
茶氨酸	—	—	—	—	—	1727

资料来源：摘自《食品调味论》。

（二）天然提取物的风味特点

天然提取物的风味特点可以概括为味感鲜美浓郁、逼真自然、丰满醇厚、流香持久。谷氨酸钠及核酸等化学调味品只有特定、单纯的鲜味，而动植物提取物含有天然原料的全部水溶性成分，提供的是由多种氨基酸、有机酸、核酸类等鲜味成分复合的鲜味以及分子肽和糖类物质味道混合而呈现的复杂味感。其味感远高于化学调味品，不仅鲜美浓郁，而且更加丰满醇厚。味感的复杂化会使食品的风味柔和协调，这是化学调味品很难调配和体现出来的。人们把能在舌和口腔之内保持较长时间的味觉称为后味，而来自于动植物脂肪、肽以及羰氨反应生成的某些成分有使味觉产生满足感受的作用，这种味觉的满足感称为厚味。由于动植物提取物成分复杂，因而味感多样，能产生醇厚持久的味感是很自然的，也是味精等化学鲜味剂所不能达到的。

（三）天然提取物的调味作用特点

天然提取物具有赋香、强化和改善味道、增强复杂味感等核心调味功能。

葱汁、葱油、蔬菜汁、蒜汁和蒜油等产品的特点是香气浓郁，不仅可增强和诱发人们的食欲，而且可以掩盖某些不快气味。

猪、牛、鸡、鸭的肉汁、骨提取物、鱼提取物、猪骨油、鸡骨油等的特殊风味，有强化味道的作用。通过使用不同种类的提取物，可以满足各类消费者对味道的不同要求。

动植物提取物的显味效果明显优于味精等化学鲜味剂，特别是含脂肪的肉膏和骨膏以及菌类提取物，味道更自然。随着人们生活水平的提高，消费者对食品风味多样化的要求越来越强烈，已经不满足于单纯的鲜味感了。人们在追求方便快捷的同时，希望能享受到菜肴的原汁原味，可见天然提取物符合回归自然的潮流，能获得消费者的喜爱。天然提取物的原料风味特点突出，所以用于调味自然有利于强化和突出食品的特性风味。

二、畜禽骨肉提取物中氨基酸的呈味特征

氨基酸作为骨肉提取物中的重要成分，氨基酸不仅是人体生物代谢的营养物质，而且还是重要的呈味成分，并可通过美拉德反应等化学变化为食品的风味做贡献，还与食品的特有风味有着密切的关系。

虽然食品风味是由多种因素构成的，只凭一种单一成分还不能呈现其特有的风味，但是不同成分的呈味特征是有一定规律的，可判断出基本方向。自然界存在22种氨基酸，一部分是游离氨基酸，更多以各种形式的肽和不同分子质量的蛋白质的形式存在于动植物中。不同食品中氨基酸的种类和含量是不同的，如表1－3所示，它们对食品风味的贡献也不一样，食品中特有的氨基酸的种类和配比对该食品的特征风味起着决定性的作用，如绿茶中含游离谷氨酸较多，而在海胆中则甲硫氨酸多。因此，比较不同食品中游离氨基酸的组成，是对食品风味进行判断和分析的基本方法，也是人们设计美拉德反应方程式的一个主要依据。所以，人们把食品中游离氨基酸的组成又称为氨基酸模型。尤其在美拉德反应应用中，在氨基酸模型中找出关键的呈味成分，以各种提取物为基础，可对其中的氨基酸加以分析和强化，再配合适当的糖类物质即可生产出风味逼真的呈味料。

人们已经仔细地研究了每种氨基酸的味觉特点，发现由于氨基酸有多个官能团，因此可表现出多味感的特点。非天然的D－型氨基酸以甜味为主，而L－型氨基酸多数为苦味，这取决于氨基酸侧链基团的亲水或憎水性的强弱。表1－4所示为一些天然型氨基酸的刺激阈值，为清晰地辨别其呈味的强弱程度，使用在阈值5～10倍浓度范围内的浓度差辨别阈值，发现氨基酸的阈值非常低，也就是说氨基酸对食品风味的贡献是不能被忽视的。

表1－4　一些天然型氨基酸的刺激阈值

氨基酸	刺激阈/(mg/mL)	辨别阈/%	味特征				
			咸	酸	甜	苦	鲜
丙氨酸	60	10			＋＋		
天冬氨酸钠	100	20	＋＋				＋＋
甘氨酸	110	10			＋＋		
谷氨酸	5	20		＋＋			＋＋
谷氨酸钠	30	10	＋		＋		
组氨酸盐酸盐	5	35	＋	＋＋		＋	
异亮氨酸	90	15				＋＋	
赖氨酸（HCC）	50	20			＋＋	＋＋	＋
甲硫氨酸	30	15				＋＋	＋

续表

氨基酸	刺激阈/(mg/mL)	辨别阈/%	味特征				
			咸	酸	甜	苦	鲜
苯丙氨酸	150	20				+ +	
苏氨酸	260	7			+ +	+	
色氨酸	90	10				+ +	
缬氨酸	150	30			+ +	+ +	
亮氨酸	380	10				+ +	
精氨酸	10	20				+ +	
羟基脯氨酸	50	35			+ +	+ +	
脯氨酸	300	50			+ +	+ +	
丝氨酸	150	15			+ +		+
瓜氨酸	500	20			+ +	+ +	
谷氨酸（NH_2）	250	30			+		+
精氨酸（HCL）	30	30			+	+ +	
鸟氨酸	20	20			+	+ +	
组氨酸	20	50				+ +	
天冬氨酸	3	30			+ +		+
天冬氨酸（NH_2）	100	30			+ +	+ +	

注：+表示稍微感觉得到这种味道；

+ +表示对这种味道有较明显的感觉；

+ + +表示这种味道的感觉很明显。

几乎所有氨基酸的味感都是由5个基本味构成的，只是比重不同而已，5种基味对整体味感和贡献有大小。在所有氨基酸的5味中咸味最弱，必需氨基酸都有苦味，以苯丙氨酸和色氨酸苦味最强，甘氨酸甜度最高，最酸的为天冬氨酸。

大多数氨基酸有不因浓度改变而改变的基本味特点，但个别氨基酸的味感会随其浓度的变化而变化，如L－丙氨酸浓度提高到一定程度可由甜味增加出鲜味，L－精氨酸浓度提高则失去了甜味只剩下苦味，L－谷氨酸浓度增加从酸味增加了鲜味，L－丝氨酸增加鲜味后呈现甜、酸、鲜3种味，L－苏氨酸浓度增加则将失去苦味只有甜酸。

氨基酸用于调味是利用其自身所具有的味感，更重要的是采用美拉德反应所产生的特殊香味可起到改善食品风味的作用。再者，甘氨酸有甜味，很早以前已用作清酒的调味剂了，而且有防霉的特点。防霉的原因是甘氨酸有阻断枯草菌合成细胞膜的效果。在美拉德反应产品以及水产加工品中添加甘氨酸后既可起到调味作用又可起到防霉作用。

三、畜禽骨肉提取物中的肽与食品风味

现在，调味品行业内对肽的概念有一个共同的认识，即肽能增强食品的调味功能。而在骨肉提取物中，肽的比例是相当高的。

肽也是动植物体内的生物活性成分，是由氨基酸组成的聚合物，主要来自于蛋白质合成或分解的中间产物，其不仅具有良好的加工特性、营养功能和生理活性，而且对食品的风味具有重要的贡献。一般发酵食品中含肽较多，如酱油、酱类、腐乳、乳酪、黄酒、金华火腿等。特别是利用蛋白质含量高的原料进行发酵的食品，利用各种蛋白酶不同程度的水解而获得了不同种类和产量的肽。畜禽骨肉提取物在生产过程中，受水解条件的影响，也会产生大量的肽。

肽在食品中的各种呈味作用是最基本、最传统的作用。由于蛋白质生成的氨基酸种类达 20 余种，因此肽的种类甚多，我们将对人体的味觉有贡献的肽称为风味增强肽（也称作呈味肽、美味肽等）。风味增强肽属于缓冲肽，当其用量低于其单独检测阈值时，仅增强风味；而当其用量高于其单独的检测阈值时，则产生鲜味。风味增强肽具有助鲜、调香、风味调理及强化作用，可补充或增强食品的原有风味特征；可突出提高食品的“后味”和“厚味”，这也是其最突出的贡献之一；风味增强肽还可作为食品的风味和香味化合物的前体；风味增强肽同时参与并影响食品香与味的形成，能提高食品的风味，改进食品的质构，使食品的总体味感协调、细腻、醇厚浓郁；风味增强肽有其特有的复杂性和综效性：不同的肽因肽链长度、氨基酸组成、排列结构不同而呈现出迥异的味感；肽类又因含有氨基和羧基两性基团而具有缓冲能力，不仅可直接对基本味产生贡献，还可以与其他风味物质（如谷氨酸钠、肌苷酸钠、鸟苷酸钠、琥珀酸钠、酸味剂等）产生交互作用。

无论是传统的调味品如酱油、酱类、黄酒、腐乳、高汤，还是现代调味品如蛋白质提取物、酵母提取物、骨肉提取物等都含有一定量的肽，这些肽对它们的风味有着显著的影响。近年来，对肽呈味功能的理论和应用研究引起了各国学者的广泛关注。1998 年，日本味之素株式会社发现谷胱甘肽具有很强的赋予“浓厚感和渗延感”且能增强和维持香辣调味料及蔬菜风味的功能；2002 年雀巢公司的 Schlichtherle - Cerny 和 Amado 研究发现小麦面筋蛋白中含有许多具有强化呈味（鲜味、咸味、酸味）功能的小肽。日本、韩国的调味品行业发达，在呈味肽的性质、应用规律方面的研究居世界领先地位。研究发现，日本、韩国的酱油、豆酱中均含有大量的肽；日本近期开发出一种新型高肽含量的酵母精，肽含量达 75%，鲜味醇厚，对多种食品的风味具有明显的强化作用，市场前景十分乐观。

畜禽骨肉提取物所含的肽大部分为肌肽（丙氨酸和组氨酸）系统的二肽，

占总氮量的20%～30%。肌肽系肽有肌肽（丙氨酸－组氨酸）和鹅肌肽（丙氨酸－1－甲基－组氨酸），肌肽一般都呈苦味，是构成肉汁原料的特征肽。牛肉汁中含肌肽较多，鱼肉汁中含鹅肌肽较多。

（一）肽的风味特点

由于肽是由氨基酸构成的，其呈味特性很大程度上取决于氨基酸的呈味特性。人们关于肽的呈味特性已经有了很多研究，多肽以苦感为主；亲水多肽味淡，少有甜味；而疏水多肽多味苦，偶有甜味；少数肽和蛋白质有高甜度。肽的呈味强度受肽链长度的影响，肽链越长越易于形成分子簇的四级结构，其疏水基团可藏于分子簇内，所以通常比氨基酸味弱。

1. 肽的苦味

传统的经验表明用蛋白酶水解蛋白质到一定程度的水解物都有苦味，无论动物蛋白酶、植物蛋白酶还是微生物蛋白酶水解蛋白质（包括植物蛋白、动物蛋白）都会产生苦味肽。在食品的评判上却有一种情况例外，那就是众所周知的发酵产品（如酱油、鱼露等），经过长时间、多酶系发酵水解后的产品，是没有明显的苦味的。但这并不能说明在此过程中没有苦味肽的产生。有两种说法可以解释这种现象：第一种是因为这类制品是经过长时间多酶系甚至是多菌种发酵而成的，在此过程中各种天然酶系共存，就会有许多作用于亲水性基团的酶存在，这些酶作用的结果就是减少肽链疏水基团的产生，从而减少了苦味的产生，这应该是最主导的作用；第二种是由于发酵物中有淀粉类物质的存在，菌类产生的淀粉酶将其分解为糖类物质，因此产生的糖类及其他物质掩盖了苦味肽的苦味。当然，这种作用也是很明显的。

肽多呈苦味，有一些规律可用于判断，因为肽的苦味是由疏水性氨基酸引起的，与氨基酸的排列顺序无关；苦味氨基酸的氨基或羰基形成肽键或酯化都可增加其苦味，如天冬氨基酸合成的天冬氨基肽酯就呈苦味，而由亲水性丝氨基酸合成则无味；如亮氨基酸和苯丙酸等疏水性基团位于C－端呈特强苦味；立体配位与苦味增强有密切的关系，蛋白酶水解酪蛋白产生由亮氨基酸和色氨酸组成了芳香环的二酮吡嗪感应体（eyclo－zan－Trp），二酮吡嗪环与芳香环之间有强烈的相互作用，两环容易呈褶叠构象，所以呈苦味。

2. 肽的鲜味

当肽链的N－端为谷氨酸时，肽具有谷氨酸钠那样的鲜味，但鲜味强度较弱。一般具有鲜味的肽，其共同特征是结构中含有较多的天冬氨酸和谷氨酸等酸性氨基酸，如在鱼肉蛋白质和酱油呈鲜部分中含有天冬氨酸的谷氨酸等酸性组成的小分子肽较多。但肽不像味精或肌苷酸那样以鲜味为主，但可以赋予食品复杂微妙的风味。

3. 肽的甜味

目前工业生产最成功的 Aspartame（简写 APM），是由天冬氨酸和苯氨酸甲酯构成的二肽型甜味剂，具有强烈的甜味。这可能是烷基胺或氨基酸酯与天冬氨酸酸的 2 - 羰基相结合的肽或酰胺呈甜味；苯丙氨酸的甲酯基为小的疏水性基，但酯的稳定性差，体积大的疏水性基团又会使甜度降低。各国都在研究开发新的二肽类甜味剂。

（二）风味增强肽对其他呈味成分的影响

添加风味增强肽后，谷氨酸钠、肌苷酸钠、鸟苷酸钠等的辨别阈值提高，即风味增强肽可抑制鲜味物质的呈味能力，使鲜味强度降低，但却可以增加鲜味物质的肉感和厚味。肽对食盐的咸味无明显的影响，但却会使有机盐类的呈味发生很大的变化，在阈值以下的琥珀酸钠、醋酸钠、乳酸钠等有机酸盐溶液中添加阈值量的肽，会使味感产生明显的差别。另外，风味增强肽可呈现不同于氨基酸的缓冲作用。

（三）肽对食品品质的影响

1. 风味增强肽对食品风味的影响

酱油、酱类、腐乳、乳酪、黄酒等发酵食品中含肽较多。研究肽对食品，特别是对调味食品的风味和质构的影响，对提高食物的质量、美化风味都有现实意义。

火腿中风味增强肽的含量甚高，其中，经过检测，火腿提取物中的各蛋白氮的含量：总氮可达 4.6%；其中非蛋白氮（NPN）为 30% 左右；非蛋白氮中包括多肽氮（PeN）34.96%、氨基氮（AN）24.51%、挥发性盐基氮（TVBN）5.42% 和核酸态氮 2.63%。

肉汁类食品所含的肽大部分为肌肽（丙氨酸和组氨酸）系统的二肽，肌肽都呈苦味，占总氨量的 20%～30%。肌肽系肽有肌肽（丙氨酸 - 组氨酸）和鹅肌肽（丙氨酸 - 1 - 甲基 - 组氨酸），是构成肉汁原料的物质。牛肉汁中含肌肽较多，鱼肉汁中含鹅肌肽较多。

酱油中的肽多为酸性肽，占总氨的 15%～19%，因为天冬氨酸、谷氨酸和亮氨酸等的肽含量较多，所以酱油具有苦味和涩味，当然酱油的苦味和涩味也并不都是由肽引起的。豆酱中含的低分子肽的比例较大，且酸性肽较多。豆酱中的肽构成是以天冬氨酸和谷氨酸为主体的，各种特征与酱油相类似。乳酪中的肽多呈苦味，低分子肽随高分子肽的存在而增多，其中亮氨酸和缬氨酸的含量较高。

总之，肽对食品基本味感和特征风味的影响不是关键性的，而主要是使食品的各种呈味成分发生微妙的变化，使食品的总体味感变得协调、细腻。

2. 肽对食品质构的影响

蛋白质是决定食品质构的重要因素，肽在物理化学性质上与蛋白质有许多相似之处，一些性质甚至优于蛋白质，因此适当地使用肽可以有目的地调整食品的质构。

大豆多肽可在较宽的 pH 范围内保持溶解状，有良好的吸湿性、保湿性，而且在50% 的浓度下仍保持良好的流动性，而大豆蛋白在室温下含量超过13% 就能形成凝胶，这些性质对生产高蛋白饮料和高蛋白果冻产品非常有利，而用蛋白质则是无法实现的。

水产品、肉禽制品以及大豆蛋白等高蛋白食品或使用蛋白质添加剂的食品，在加热时会出现凝胶现象；面条面粉的老化变硬，多糖类中的魔芋凝胶过硬、口感不好等都属于食品质构调整问题。大豆多肽具有抑制蛋白质形成凝胶的特性，可通过添加少量的大豆多肽以软化凝胶；利用其优良的吸湿性、保湿性避免淀粉老化，可实现调整食品的硬度与质构的目的。

（四）肽的生物活性与功能

活性肽是一类存在于骨骼、肌肉、感觉器官、消化系统、内分泌系统、生殖器官、免疫系统和中枢神经系统中具有重要生理功能的活性物质。有些活性肽能在高度保守和来源受控的正常细胞增殖过程中发挥重要作用，这类活性肽是不能用来制造功能性食品的，因它会使正常细胞受到损伤，引起细胞的无控生长。

复合氨基酸等高渗透性食品，在体内经常会因渗透压比体液高的原因，造成人体周边组织细胞中的水分向胃肠移动而导致消化吸收困难和腹泻的情况。大豆多肽溶液的渗透压界于大豆蛋白与同组成氨基酸混合物之间，比氨基酸低得多，因此，可以利用大豆多肽调整食品的渗透压，保证饮食安全，增加人体吸收速度，实现食物的营养价值。

已经工业化生产的活性肽有酪蛋白磷酸肽、高 *F* 值低聚肽及谷胱甘肽等活性短肽，在功能性食品中有着良好的应用前景。

1. 酪蛋白磷酸肽

酪蛋白磷酸肽（Casein PHosPHopeptide，CPP）与钙、铁等金属离子具有较强的亲和性，能形成可溶性复合体。而无机钙在 pH 为中性至弱碱性的小肠下部易产生沉淀而形成不溶物，可降低钙的吸收。摄入酪蛋白磷酸肽可防止无机钙的沉淀，提高人体对钙的吸收率。

保证儿童、老年人、女性正常的钙、铁吸收很重要，因而可以利用 CPP 生产对钙、铁等矿物质吸收有促进作用的功能性食品，但 CPP－1 或 CPP－2 对钙的质量比应为 1. 2∶1 以上，CPP－3 对钙的质量比在 0. 35∶1 以上为好。

粉末状的 CPP 性质很稳定，但高温对 CPP 的稳定性有影响。在用于生产功能性糕点面包等焙烤食品时，高温会影响 CPP 生理功能的稳定性。目前，CPP 已成功用于补钙乳饮料的生产。

2. 高 *F* 值低聚肽（High Fvalueoligopeptide）

Fischer 值（简称 *F* 值）是支链氨基酸与芳香族氨基酸的摩尔比值。高 *F* 值低聚肽是一种低分子质量、低苯丙氨酸含量的活性肽。由于有疏水性基团的氨基酸含量降低，高 *F* 值低聚肽不仅营养丰富，而且风味好，更具有抗疲劳、改善蛋白质营养状况、防治肝性脑病等功能。

3. 谷胱甘肽

谷胱甘肽属于活性短肽，是人体内重要的自由基清除剂，还有解毒、抗辐射、抗缺氧、防止色素沉着、改善性功能的作用。另外，谷胱甘肽在调味品中起着强烈的增强食品厚味和后味的功能。因此谷胱甘肽含量的高低也是衡量酵母提取物质量高低的一项重要的理化指标。

4. 乳铁蛋白肽

乳铁蛋白肽有较强的络合并运输铁的能力，可增强铁的实际吸收率和生物利用率，减少铁的负面影响。同时，具有抑菌防腐的功效，是运动食品的重要功能添加剂。

四、畜类骨肉提取物主要呈味成分及其特征

一般情况下，畜骨肉食品中呈鲜味的核心物质是谷氨酸和肌苷酸（一部分鸟苷酸或者腺苷酸）。另外，还含有甘氨酸、丙氨酸、脯氨酸等氨基酸以及乳酸、琥珀酸等有机酸，而且含有一定比例的甜菜碱、氧化三甲胺、肌苷酸、肌肽、鹅肌肽等特种成分，构成各种骨肉原料的独特风味。

骨肉提取物在烹调加工中被使用得最多，以牛肉提取物、猪肉提取物、牛骨提取物、猪骨提取物、鸡骨肉提取物等为主。

（一）氨基酸

含氮提取物成分中主要为氨基酸类。牛肉、猪肉、羊肉的生肉提取物所含氨基类型非常相似，一般牛磺酸、鹅肌肽、肌肽和丙氨酸含量较多，缬氨酸、酪氨酸、苏氨酸和苯丙氨酸含量较少。加热浸提处理过程会使原料中的蛋白质、氨基酸和脂肪发生分解、合成等化学反应，导致加热前后的各种提取物中氨基酸组成发生变化，如表 1－5 所示。生肉提取物中含量较多的牛磺酸、鹅肌肽、肌肽及丙氨酸等，在加热过程中其分解率分别是：牛肉为 69%，猪肉为 72%，羊肉为 45%，其他重要成分如谷氨酸、甘氨酸、赖氨酸、缬氨酸、半胱氨酸、甲硫氨酸、异亮氨酸等的分解更为明显。在牛肉中氨基酸的分解量最多。加热造成的氨基酸的分解是影响提取物香气成分的主要因素。随其

生产工艺、生产方法的不同，提取物的氨基酸类型大有差异，风味也将发生改变。

表 1－5　加热前后畜肉提取物中氨基酸组成的变化　单位：mg/100g

氨基酸	牛肉提取物		猪肉提取物		羊肉提取物	
	加热前	加热后	加热前	加热后	加热前	加热后
甘氨酸	2.40	1.32	2.75	1.58	4.30	2.25
丙氨酸	11.20	6.22	4.19	2.80	9.18	6.53
半脱氨酸	4.37	—	2.11	0.89	6.46	5.24
缬氨酸	2.99	1.47	0.30	0.20	0.44	0.18
甲硫氨酸	2.01	0.75	0.69	1.00	2.37	1.52
异亮氨酸	2.04	0.87	1.03	0.83	2.79	1.87
亮氨酸	3.81	2.34	1.68	1.00	5.62	3.06
苯丙氨酸	1.63	0.97	0.51	0.39	1.85	1.12
NH_4^+ 赖氨酸	6.19	4.11	4.27	4.06	10.51	5.59
组氨酸	4.10	4.17	2.55	3.11	9.70	7.16
苏氨酸	1.11	0.74	0.48	0.45	3.14	1.36
天冬氨酸	0.82	0.32	87	0.45	1.52	1.36
谷氨酸	4.63	2.22	5	1.19	6.08	2.85
天冬氨酸	7.53	1.35	2.95	0.53	4.74	2.26
脯氨酸	—	—	0.64	0.24	3.05	0.83
鹅肌肽＋肌肽	90.14	38.17	67.94	58.38	25.55	16.28
1－甲基组氨酸	4.80	0.49	0.49	痕	2.07	1.08
鸟氨酸	—	—	痕	0.56	0.95	0.65
牛磺酸	9.05	4.02	12.58	7.94	26.25	16.47
酪氨酸	1.85	0.80	0.56	0.37	1.96	1.67

注：本表数据加热条件在水中加热 1h。

资料来源：摘自《食品调味论》。

（二）有机碱类

作为骨肉提取物的成分，通常确认的有机碱中有肌酸、肌酸酐、次黄嘌呤。在畜肉生肉中肌酸含量分别为：猪肉 0.37%、羊肉 0.36%、鸡肉仅 0.4%~0.5%；肌酸在猪肉的里脊肉中含量较多，在后腿和前腿中的含量次之，而在鸡胸脯的白肉中含量最多。提取物中的肌酸含量较生肉中的比率有所降低，可能是由于肌酸、肌酸酐的分解造成的。在牛肉提取物中的次黄嘌呤有游离型和结合型两种，可能大部分含有肌苷酸。

（三）核酸物质

在动物提取物中最强的助鲜成分之一是肌苷酸，它由宰后僵直筋肉中的

ATP 生成，因肉的鲜度、屠宰条件、储藏方法和肉部位的不同而有所不同。猪肉的心肌中含量最多，鸡肉在胸脯中最多。在 4℃ 储藏 3d 后的猪肉含肌苷酸最多，达到 100～170mg/100g，此时乳酸含量最高、pH 最低，随后继续分解，速度较慢，10d 可分解达 40%。牛肉在 1.5～4.5℃ 储藏 12h 肌苷酸含量达到高峰，其值为 188mg/100g，然后发生分解，4d 减少至 7.6mg/100g，28d 后减少至原来的 15%。畜禽骨肉提取物中的核酸物质受上述因素的影响，在产成品过程中也会有相应的损耗。

（四）糖类

畜肉中碳水化合物主要以肝糖元的形式存在，牛肉中为 35.3mg/100g、猪肉为 27.8mg/100g。肝糖元有 70% 为结合型，30% 为游离型。在畜骨肉提取物中，相应的糖类会在生产过程中转化成其他香味物质，即在生产过程中会发生相应的美拉德反应。所以，在畜骨肉提取物中，糖类物质几乎消耗殆尽。

（五）有机酸

畜肉成熟时肝糖元分解成乳酸的量，会随时间的推移而增加。宰后的牛肉乳酸含量由 0.04%～0.07% 增至 0.3%～0.4%，还有乙酸、丙酸、琥珀酸、柠檬酸、丁酸和葡萄糖酸等。提取物的有机酸种类受原料肉的影响很大。因此，在以肉为原料的提取物生产中，原料的种类、屠宰方式、储存方式及储存时间等因素，是影响最终产品品质的重要因素，对单一品种的骨肉提取物而言，原料的统一性越好，提取物的品质越好。

（六）香气成分

骨肉提取物香气成分中还有因美拉德反应而产生的挥发性物质，在呈香方面有重要的作用，特别是含硫化合物，是形成肉香味的主要成分。

牛肉提取物的香气成分是呋喃酮，其前体是核糖－5－磷酸和吡咯烷酮或牛磺酸但在室温浸出时并不存在。牛脂在加热过程中生成 C2～C5 的饱和醛类、丁烯醛、丙酮、丁酮、乙二醛、丙炔醛等，还有 C10、C12、C18 的β－内脂及 C10 和 C12 的 γ－内脂等。

瘦猪肉和牛肉的香气成分相似。但二者的脂肪香气却不同，加热后生成的羰基化合物不同，说明牛肉、猪肉各具有其特征香气成分。由肥肉部分产生的大量低沸点化合物含醇类 8 种、丁醛等羰基化合物 10 种、丙硫醇等含硫化合物 2 种、酯类 3 种及戊酸等酸类 6 种。

羊肉提取物与牛肉、猪肉具有相同的香气，但脂肪加热后有羊肉的香气。因加热而生成的物质以羰基化合物为主体，单羰基化合物包括 C2～C10 的 2－链烷酮及 2－甲基环戊酮等。

（七）应用

目前，日本生产的以调味为主要目的的骨肉提取物产品最多，分别有牛肉、牛骨、猪肉、猪骨、鸡骨、鸡肉的清汤类、白汤类和调味汤类以及海产品提取物等几大类以及酱体和粉状等形式的畜骨肉提取物产品。

畜骨肉提取物可应用于畜肉制品、美拉德反应香精制造和各种水产加工品、快餐食品，各种汤菜、小菜、罐头类、液体、粉体调味料、烹调冷冻食品等加工食品和食品的调味。

使用量可因食品而异，也可因质量要求而不同，并受化学调味料用量的影响，使用量通常为食品的0.5%~3%。

五、禽类骨肉提取物主要呈味成分及其特征

在禽类中目前有鸡类提取物、鸭类提取物等，其生产方法基本与畜类骨肉提取物相同。

与各畜肉中含量相比，鸡、鸭肉中的游离氨基酸中含有鹅肌肽较多，而含牛磺酸较少。此外，含有谷氨酸、谷氨酰胺和谷胱甘肽也比较多。与畜肉相比鸡肉含有的肌酸较多，可达到0.4%~0.5%，特别是在鸡脯上的白肉中最多；在鸡骨的热水提取物中含黄嘌呤最多，其次为次黄嘌呤、胞嘧啶、鸟嘌呤、腺嘌呤。在鸡肉中由于腺苷酸脱氨酶的活性强，肌苷酸含量在鸡宰后4~10h，温度为4℃时最高，含量可达200~280mg/100g蛋白质。鸡肉提取物中的主要组成为：水分73.3%，脂质1.47%，蛋白质22%。其中，鸡肉蛋白的氨基酸组成如表1-6所示。

表1-6　鸡肉蛋白的氨基酸组成

氨基酸	含量/（mg/100g蛋白质）	氨基酸	含量/（mg/100g蛋白质）
脯氨酸	0.78	丙氨酸	1.16
甲硫氨酸	0.53	苏氨酸	0.95
缬氨酸	0.97	谷酰胺	1.26
亮氨酸	1.72	异亮氨酸	0.88
谷氨酸	3.35	丝氨酸	0.90
天门冬氨酸	1.96	酪氨酸	0.68
甘氨酸	0.97	赖氨酸	1.76
精氨酸	1.35	组氨酸	0.59
胱氨酸	0.28	苯氨酸	1.05

鸡骨肉提取物的香味特征是由具有挥发性香味的成分决定的。挥发性成分包括含氮化合物、含硫化合物、羰基化合物，其中羰基化合物是鸡香味的特征成分。羰基化合物中的2，4-癸二烯醛主要来源于亚油酸，其他低级羰基化合物可能是由氨基酸的斯托雷卡分解或糖的美拉德反应生成的。脂质的作用主要是溶解和保留香味成分。

鸭提取物的特征与鸡提取物基本相同，但其最具特征的是含有大量的4－甲基辛酸同系物，处理不当会表现出相当强的类似于羊肉的腥膻气味。这主要是由于其皮下脂肪组织的裂解变化造成的。此种气味才是有别于鸡肉风味的最大特点。

使用鸡骨肉提取物需与其他材料搭配，使提取物整体呈现柔和协调的风味。因使用肉、骨髓、皮、脂肪等不同的部位，鸡骨肉提取物的香味有很大区别。由于加热处理的方法或做浓汤时添加香辛料、蔬菜等的不同，鸡汤的鲜香风味也不同。一般使用老鸡的肉和鸡骨作为浓汤的原料。骨与肉共用其提取物的风味最好。中国菜谱中制作鸡骨浓汤的方法是直接水煮，并添加葱和生姜等佐料。欧洲的方法多半是先将鸡骨在高温炉中焙烤产生焦香味，然后煮出生鲜感稍差的汤汁，而汤中添加葱、胡萝卜、芹菜等。在工业化骨肉提取物进入我国时，鸡骨肉提取物也随之产生了。鸡骨肉提取物在国内的发展是与畜骨肉提取物同步的。因此，其应用也是比较广泛的，已被广泛应用于鸡汁、鸡精等家庭调味品工业和冷冻调理食品、肉制品等行业中。

六、水产类提取物

随着行业的发展，水产类提取物也将在食品工业及其应用中占有很重要的地位，在此也做一些必要的介绍。

（一）主要呈味成分及其特征

水产类提取物的含氮量仍是判定提取物质量高低的重要指标，如表1－7所示。鱼类与脊椎动物所含氨基酸类型大不相同。鱼类中除白色鱼肉部分外，其余组织一般含组氨基酸。牛磺酸是一般陆生动物中含有的氨基酸，在水产动物中的分布也很广。肌肽、鹅肌肽、癸二酸等有咪唑基的肽和其他含氮成分一般水产动物中都含有。海产动物含有三甲胺草胺酸较多，但河鱼体内几乎没有。鱼类约有谷氨酸10～50mg/100g蛋白质。

表1－7　水产动物中提取物含氮量

种类	含量（提取物氮）/（mg/100g蛋白质）	种类	含量（提取物氮）/（mg/100g蛋白质）
鲣、金枪鱼	700～800	枪乌贼鱼	788
鲐鱼	550	五岛乌贼	700
竹荚鱼、鲈	400	平王岛乌贼	734
加级鱼、比目鱼	300	障泥乌贼	836
鲍鱼、海螺	508	龙虾	820
圆田螺	134		

在乌贼、章鱼、鲍鱼等软体类、甲壳类虾和蟹、棘皮动物、海胆等无脊椎动物中，有特征氨基酸类型，主要是甜味强的甘氨酸、丙氨酸和脯氨酸等。贝类、乌贼、章鱼等软体动物的谷氨酸含量高达 100～300mg/100g 蛋白质。

乌贼、章鱼、虾等无脊椎动物一般都含有呈甜味的甜菜碱，以虾类中含量最多。

鱼类和无脊椎动物所含核苷酸显然不同。鱼类中含 5′－肌苷酸 0.1%～0.3%，而无脊椎动物几乎不含 5′－肌苷酸，却含有较多 5′－鸟苷酸，这可能是由于二者所含酶系不同的原因。

有机酸是海产品的特征成分。乳酸是鱼类肉中主要的有机酸，且不同的部位含量相差较大。应特别注意的是贝类以含有琥珀酸，如表 1－8、表 1－9 所示。从鱼类中能检出葡萄糖等碳水化合物，贝类含肝糖元较多。

表 1－8　　鱼类中乳酸含量

鱼种	部位	含量/（mg/100g）	鱼种	部位	含量/（mg/100g）
鲣	背肉	1170	秋刀鱼	背肉	552
	腹肉	712		腹肉	283
	尾肉	1650		尾肉	639
	背肉	685		血和肉	301
比目鱼	血和肉	693	鲈		384
鲽鱼	背肉	603	鲤鱼		275
	尾肉	620	鲫鱼		142
	血和肉	142	大头鱼		141

表 1－9　　贝类中琥珀酸含量

种类	生肉中含量/（mg/100g）	种类	生肉中含量/（mg/100g）	种类	生肉中含量/（mg/100g）
蚬	0.4117	文蛤	0.1420	牡蛎	0.0520
海扇贝柱	0.3700	魁蛤	0.1010	蛤蜊	0.0270
蛤仔	0.3300	海螺（蝾螺）	0.0720	鲍鱼	0.0250

无机盐类对鱼贝类提取物的质量影响很大，这取决于鱼贝类的捕鱼场所、保存及加工方法。有的提取物中含盐约 30%，会发生食盐析出现象。流动性较差、咸味强的特点，使鱼贝类提取物的使用受到了限制。为了扩展此类提取物的用途，就要求有适当的生产方法和工艺解决盐含量过高的问题。尤其是在鱼蛋白胨的生产中，一般下游的应用企业都要求鱼蛋白中的盐含量控制在一定水平之下，所以，解决盐含量过高的问题显得尤为重要。有人曾试验过用阴阳

离子脱盐的方法，这种方法脱盐效果虽好，却会同时流失大量的氨基酸等有用物质。最好的办法还应该是从根源上解决，也就是说，尽量让原料少含或不含盐。而应用于食品或食品调味料的水产类提取物则要求相对较低，也就是说可以含有一些盐，但也仅限于氯化钠并在一定的数值范围内。

（二）典型的水产类提取物

1. 鲣鱼汁

鲣鱼汁是日本天然调味品的重要代表产品之一。它是在90℃以上用水浸提日本传统鲣鱼干（鲣节），再经精制、浓缩或调配得到的风味独特的液体调味品。

鲣节是日本独特的传统调味料之一。它是将去掉鱼头、内脏的鲣鱼，分割成片煮熟，然后经数次干焙使其干燥，最后经霉菌固体发酵后制成的。用鲣鱼左右两侧肉制成的鲣鱼片被称作龟节。大的鲣鱼通常分为背、腹两部分，用背肉制成的鲣鱼片被称作雄节或背节，而腹肉做成的鲣鱼片称作雌节或腹节，或以地名命名，如土佐节、伊豆节等。另外，全工艺产品为枯节，部分工艺产品叫荒节，而水分较多的称为裸节。用于制作鲣节的鱼肉油脂含量一般限制在2%左右。

在鲣节的制作过程中，酶的作用使可溶性含氮化合物和肌苷酸含量增多，中性脂肪减少。鲣节中鲜味的主要成分是肌苷酸，因此，可以认为鲣节的价值在于其香味。鲣节的香气成分已确认近200种，其中盐基成分32种、强酸成分25种、羰基成分50种、非羰基及弱酸性成分100种。

鲣节的香气成分是固体发酵时脂肪、蛋白质酶解的香气以及烘烤产生的香味，甚至与烟的混合物构成的香气，人们尚不能完全按照需要来调节鲣节的香气成分。形成鲣节特有香气的主要香气成分如表1－10所示，都属于非羰基中性成分，其中，二甲氧基－4－甲苯来自烟熏，十一烷内酯－3－醇从脂肪中生成。

表1－10　鲣节的部分香气成分含量

成分	含量/（mg/100g蛋白质）	成分	含量/（mg/100g蛋白质）	成分	含量/（mg/100g蛋白质）
戊烯－3醇	16.3	二甲氨基苯	23.9	二甲氧苯醇	320.0
n－乙醇	7.8	苯酚	242.0	二甲氧－4－甲苯酚	276.0
正辛烷－3醇	15.2	辛脎－1－醇	110.0	4－甲基愈创本酚	71.8
二甲苯酚	186.0	十一烷内脂－3－醇	3.20	4－乙基愈创本酚	53.8
愈创本酚	70.0	二甲氧－4－乙苯	39.2	二甲氧－4－甲苯	44.5

鲣节的呈味成分有肌苷酸、游离氨基酸、有机酸等，肌苷酸是特征成分，其中肌苷酸含量在干燥的鲣节中占0.3%~0.9%，组成如表1-11所示。而鲣鱼汁中大部分游离氨基酸是组氨酸以及一定比例的丙氨酸、甘氨酸、赖氨酸及结合型（肽）谷氨酸等，如表1-12所示。由于鲣鱼汁是利用鲣节发酵生产的，脂肪成分对特征风味有重要的影响，因而不能仅把鲣鱼汁看作是最主要的部分。

表1-11　　鲣节中的肌苷酸含量　　单位：mg/100g 蛋白质

等级＼产地	土佐	旧子	烧津	萨摩	三陆
高级品	416	585	617	862	500
低级品	687	915	351	489	
脂肪节	279	385	732	515	437

表1-12　　鲣鱼汁中的游离氨基酸含量　　单位：mg/100g 蛋白质

氨基酸	含量	氨基酸	含量	氨基酸	含量
丙氨酸	80.9	异亮氨酸	33.2	丝氨酸	34.3
精氨酸	12.1	亮氨酸	42.3	苏氨酸	38.6
天冬门氨酸	222	赖氨酸	75.4	色氨酸	4.4
谷氨酸	36.7	蛋氨酸	28.7	酪氨酸	31.7
甘氨酸	94.4	苯基苯氨酸	94.4	缬氨酸	55.3
组氨酸	295.5	脯氨酸	42.2		

制作鲣鱼汁时，先用水将其润湿（必要时可以用蒸汽吹或稍蒸），再用刀将鲣鱼干削成薄片。根据需要，有时还可以先放些海带片一起煮，使其味道更加鲜浓。制作鲣鱼汁的配料如表1-13所示，煮开后立即停火，待浸汁有固形物沉淀后，将浸汁用滤布过滤，即可得到头汁，头汁属于最高级的鲣鱼汁，一般用于荞麦面条的蘸食调味汁。鲣鱼汁通常浸提两次。

表1-13　　调制鲣鱼汁的配方　　单位：kg

原料	配方1	配方2	配方3	原料	配方1	配方2	配方3
鲣鱼枯节	25.0	30.0	40.0	干海带片	5.0	4.0	3.0
鲣鱼荒节	30.0	20.0	10.0	水	850.0	850.0	850.0

除了鲣鱼汁以外，还有用青花鱼干制成的味汁。可以说鲣鱼（或青花鱼）汁、酱油和味淋是日式调味汁最基本的组成。

2. 蚝油

我国水产类提取物品种不多，对饮食的影响还没那么深远。我国一般习惯使用海米和虾皮调出海鲜味，但我国粤菜使用的蚝油（酱）属于水产类提取物的调制品。蚝油（酱）属于贝肉调味汁（膏），是中国水产类提取物的代表性产品，是我国粤菜的重要调味料，因而在广东和香港、澳门等地使用较为广泛，近十年来也逐渐获得一些北方省市，特别是大城市消费者的喜爱。蚝油生产应首推李锦记调味品生产公司。此公司不仅将生产出的蚝油（酱）成功打入日本市场，而且使其成为中国水产类提取物调味品的代名词。

蚝油（酱）是以牡蛎肉为原料，用热水提取其有效成分，经过滤获得牡蛎肉的浸提液，用食盐、糖、淀粉等调味和调整质构，再加热杀菌，经过滤、冷却、灌装等工序生产出来的。蚝油（酱）很适合粤菜的特点，烹制时少量添加蚝油就可以使菜肴的香气丰厚、味道鲜香。在日本，使用蚝油（酱）是用其烘托主味，即作为隐味原料使用，虽然用量极少，但能使整个食物的味道发生微妙的变化。显然，蚝油（酱）只适合于清淡、鲜亮型的菜肴，浓厚的酱味将遮盖和抑制蚝油（酱）的风味和调味特点。

3. 鳀鱼汁

鳀鱼汁也称鱼酱油、味露，是以鳀鱼为主要原料经腌制、发酵、后熟、过滤制成的。与中国传统调味料鱼露的主要生产工艺一致。不过，现在市售的鱼露是经过勾兑之后的成品，而鳀鱼汁原汁则多用于韩式调味料，如韩国泡菜中。鳀鱼汁是提升泡菜质量的绝佳配料。

鳀鱼汁的制作方法比较复杂，要经过五道主要工序。

（1）盐腌　一般在渔场就地加入盐，趁鲜腌渍。

（2）发酵　通常以自然发酵为主，将用盐腌制后的鱼或虾再加盐腌渍 2 ~ 3 年。在此期间要进行多次翻拌，使鱼逐渐在自身酶系的作用下分解出氨基酸、多肽等。

（3）成熟　发酵完毕后，移入大缸中进行露晒，每天翻拌 1 ~ 2 次，日晒 1 个月左右，使之逐渐产生香气而趋于成熟。

（4）抽滤　将竹编长筒插入晒缸中，抽出清液，即得原油。滤渣一般再浸泡过滤两次。鱼渣用作饲料或肥料。

（5）配制　取不同比例的原油、中油、一油，并将其混合，即为各级鱼露。鱼露共分 6 级，级别越高，质量越好。

鱼露的主要成分即为鳀鱼汁、盐、糖、水，常用来作为海鲜的蘸酱。由于其风味鲜甜而不过咸，因此中国南方及东南亚某些地区的人们会将鱼露当成酱油来使用。东南亚国家经常将鱼露用于烹调上，它在泰国菜中的重要性等同于酱油在中式料理中的地位。鱼露是泰国菜主要的咸味来源。鱼露与酱油最大的差异在于鱼露不仅具有咸味，还有甘甜的鲜味。鱼露在东南亚一带又被称为味露，是东南亚料理中极为重要的调味佐料。鱼露本身闻起来腥味很重，但浅尝后却又觉得其滋味清爽可口；鱼露在东南亚料理中用途十分广泛，可用于沙拉、海鲜，或用于一般料理的烹煮调味上，若想当蘸酱用，则须与其他调味料一起调味使用。

因为传统的鳀鱼汁生产周期较长，从商业角度考虑，现在市场上很难见到高品质的产品。偶尔有韩国进口的产品，品质也是类似于调配的鱼露，仅有香甜味而缺少了发酵原汁带来的后香味。青岛海蚨祥生物工程有限公司根据这一情况，经过多年的试验，在传统工艺的基础上，利用现代生物工程技术的优势，将传统的鳀鱼汁发酵工艺时间缩短到半年而不失原来的风味，促进了这一优良的传统调味品的发展。

随着国际食品技术的交流和国内消费市场的需求，我国的水产类提取物的种类也在逐年增加，如在沿海地区就已出现了除鳀鱼汁、蚝油以外的虾、蟹、鱼等的提取物，并以此为底料生产出了如鱼精、虾精、海鲜精之类的调味品。随着食品工业的发展和人们生活水平的提高，越来越多的、高品质的水产类提取物将会逐渐出现并走进人们的生活。

总之，畜禽骨肉提取物及水产类提取物的特点是最大限度地保持原料的原有香味、鲜味和营养成分，浓缩了其中的呈味成分和营养物质，味道天然，使用安全，极富营养和增鲜功能。尤其是畜禽骨肉提取物及鱼骨提取物富含胶原蛋白等胶体类物质以及多种维生素、丰富磷脂（磷蛋白、磷脂质等）、黏多糖、呈味肽、氨基酸和多种无机盐、微量元素等各种营养元素，所以具有类似于明胶的天然特性，使其具有了一定的特殊功能。因此它被广泛的应用于方便面、肉制品、冷冻调理食品、家庭调味料、美拉德反应、膨化休闲食品等的生产中。

可以说，天然提取物的纯正美味以及其调整和改良食品风味的作用是化学调香剂所不能表现的；用于热反应香精，它所表现出的醇厚、柔和、纯正、逼真的特点也是其他物质所不能比拟的。用于肉制品，其黏弹性、持水性、结冻性以及较高的性价比和廉价方便的特性，更是企业提高产品品质、降低成本的制胜法宝。随着科学技术的发展以及生产设备的日趋完善，畜禽骨类提取物及海产类提取物的产品品质和生产体系日趋完善，科技含量不断加大，其产品已遍布食品行业各个方面，发展势头极其旺盛，已有独树一帜的发展趋势。

第二章

畜禽骨肉提取物的原料与辅料

通常，可以利用动物的各个部位生产骨肉提取物，但有些动物的个别部位会影响提取物的质量，特别是以内脏、头部为原料时会带进许多不良的气味。但通常用其无杂味的可食部分为原料，所得提取物的呈味能力会非常丰富。目前，用于骨肉提取物生产使用最多的是骨骼类原料（含有一部分肉）以及肉类原料。因此，了解骨骼和肉类的特性有助于生产工艺的调整及优化。另外，随着食品工业的发展，提取物所用原料也越来越广泛。有蔬菜、海产等其他可食用原料。使用方法可以为单一品种，也可以多种复合，多种原料的复合提取，这是下一步食用提取物发展的方向。这样可以带来更为复杂、丰富的食品味感，为提取物更为广泛的应用提供了更为广阔的空间和可能。因此，了解各种可食用原料的性质和特征，有助于产品的开发和品质的提升。

第一节　骨骼与肉类的特性

食用畜类酮体的组成结构有 4 个部分，即肌肉组织、脂肪组织、结缔组织、骨骼组织。这 4 个组织的特点各异，营养价值相差很大。在畜禽骨肉提取物生产中，使用最多的是骨骼组织以及部分肌肉组织。当然，也会含有少量脂肪组织和结缔组织。

食用畜肉的结缔组织韧性强，伸缩性大，其组成成分主要是胶原蛋白和弹性蛋白，肌腱中主要是胶原蛋白，韧带中主要是弹性蛋白，这两种蛋白质均为不溶性蛋白质，都属不足价蛋白质。但在 70～100℃的热水中胶原蛋白能变成可溶性的胶液，能为人体所消化；弹性蛋白则需高于 130℃才能水解，人体不易吸收，无营养价值。由此可见，结缔组织具有坚硬、不溶、不易被人体吸收的特点，所以它的含量在很大程度上决定着畜肉的营养价值。大量的结缔组织能使肉质发硬、粗糙，难以被消化。因此，食用畜肉中所含的结缔组织越少，其营养价值就越高。在畜禽骨肉提取物的原料选择上，一般不会专门选择这类组织进行生产，所以，本书也不对其作详细介绍。下面仅就骨骼、肌肉和脂肪的特性做一些介绍，更加详细的论述请参考相关书籍。

一、骨骼的特性

骨骼是胴体的组成部分，是家畜（禽）宰前肌体的框架和支柱。骨骼在动物肌体或胴体的比例随动物的种类、年龄、性别、肥瘦程度及骨骼所在部位等有很大的差异。胴体出骨率依照家畜种类和膘情为：牛 21.2%~29.2%，猪 10.3%~14.1%，羊 24.3%~40.5%。家禽的酮体出骨率也是如此，一般分割鸡后的鸡架为 15%~20%，鸭架为 18%~25%。

（一）骨骼的分类

动物骨骼的类型因个体和动物种类的不同而具有一定的区别。但总的说来，常把畜体上的骨骼分为四部分。

1. 躯干骨

躯干骨包括颈椎、胸椎、腰椎、骶椎、尾椎、胸骨和肋骨。

2. 头骨

头骨指头部的所有骨骼。

3. 前肢骨

前肢骨包括肩胛骨、肱骨、桡骨、腕骨、掌骨、指骨、跗骨。

4. 后肢骨

后肢骨包括髋骨、股骨、小腿骨、跗骨、趾骨、髌骨等。

另外，由于动物种类的不同，能应用于骨肉提取物生产的各种骨骼不会区分得这么细，但也有所不同，生产时也应筛选使用，如会分开棒骨和杂骨等。

（二）骨的组织和结构

因为骨头含有大量的蛋白质、脂肪和矿物质，现在已成为一种重要的食品工业原料。畜禽的骨骼一般都可以分为骨膜、骨质和骨髓三部分。对食品工业生产起主要作用的是骨髓和骨质两大结构。

骨组织是一种复杂的组织，由骨细胞和细胞间质组成，细胞间质包括间质、骨胶纤维和矿物质，骨组织很坚实，弹性大。

1. 骨膜

骨膜覆盖在骨骼的表面，是一层淡红色、致密的结缔组织膜，有一定的坚韧性，上面分布有较多的微血管和神经末梢。

2. 骨质

骨质一般又分为两层，外表面层致密而坚硬，叫作骨密质层；内层呈海绵状结构，称为骨松质层。骨密质总是位于骨的外部，在管状骨（俗称“筒骨”）壁特别发达。骨松质由骨小梁和骨小管组成，由此形成许多小孔，孔隙内充满骨髓和血管。骨密质层和骨松质层两者的厚度取决于骨骼的形状或同一骨骼上的不同部位。例如，管状骨关节端骨密质层较薄，骨松质层较厚；偏状骨或骨干部位则骨密质层较厚，骨松质层较薄。骨松质层厚的四肢管状骨利用价值高，而偏状骨低。

3. 骨髓

骨髓的基质是网状结构，存在于长骨的髓腔（内腔）及骨松质层部分的网状结构腔隙内。骨髓有红色和黄色两种。红色骨髓中含有大量的血管和各种细胞成分，有红细胞、淋巴细胞、成血细胞等，是造血组织；黄色骨髓的主要成分是脂肪。但幼年动物体内只有红色骨髓，随着年龄的增长，黄骨髓的含量逐渐增加。脂肪细胞在骨髓中占主要地位。

此外，管状骨的结构中除骨密质层、骨松质层、骨膜、骨髓外，在关节活动处还有关节囊和软骨等。

（三）骨头的化学成分

新鲜的骨骼中水分约占50%，脂肪占12%~15%，其他有机物占12%~15%，无机物约占21.8%。骨骼的矿物质中主要是大量的钙盐，一般新鲜的骨骼中，磷酸钙约占无机物的85%，碳酸钙占10%，磷酸镁占1.5%，氟化钙占0.2%，氯化钙占0.2%。但这些钙质沉着在骨板（骨密质层）的胶原纤维上，即钙盐只存在于硬骨中，软骨中没有。部分畜禽骨主要的成分如表2-1所示。

表2-1　畜禽骨部分骨头主要成分表

骨骼名称	水分	粗蛋白	脂肪	钙	灰分	重金属
牛排骨及背骨/%	64.2	11.5	8.0	5.4	15.4	未检出
猪排骨及背骨/%	62.7	12.0	9.6	3.1	11.0	未检出
羊排骨及背骨/%	65.1	11.7	9.2	3.4	11.9	未检出
鸡腔骨/%	65.6	16.3	14.5	1.0	3.1	未检出

骨的化学组成取决于家畜的种类、胴体膘情和骨的结构。例如，牛管状骨的某致密部分的蛋白中，胶原含量可达93.1%，而弹性蛋白的含量仅为1.2%，骨组织平衡蛋白（包括清蛋白、球蛋白、黏蛋白）含量为5.7%。猪骨的主要化学组成如表2-2所示，牛骨的主要化学组成如表2-3所示，各种家畜骨的蛋白质组成如表2-4所示。

表 2－2　猪的各种骨的化学组成

骨	含量/%			
	水分	脂肪	蛋白质	灰分
股骨	24. 8	24. 4	16. 2	34. 6
胫骨	23. 2	23. 6	18. 1	35. 1
前臂骨	24. 4	35. 7	19. 3	20. 6
臂骨	24. 6	31. 4	17. 6	26. 4
颈骨	35. 6	28. 9	20. 6	14. 9
荐骨	32. 4	25. 4	21. 4	20. 8
腰骨	28	35. 3	20. 9	15. 8
头骨	41	26. 8	18. 1	14. 1

表 2－3　牛的各种骨的化学组成

骨	含量/%				
	水分	灰分	脂肪	胶原	其他蛋白质
臂骨	18	37. 6	27. 7	13. 5	3. 2
前臂骨	26	38	16. 3	15. 9	3. 8
股骨	20. 5	34. 4	29. 5	12. 5	3. 1
胫骨	26	35. 5	19. 5	15. 4	3. 6
颈骨	42. 1	25. 2	12. 5	14. 6	5. 6
胸椎	37. 3	22. 8	21. 7	12. 3	5. 9
腰椎	33. 1	27. 9	19. 5	14. 7	4. 8
荐椎	31. 2	19. 8	32. 2	12. 5	4. 3
肩胛骨	21. 8	43. 7	13. 9	17. 3	3. 3
盆骨	24. 8	32. 8	23. 8	14. 4	4. 2
肋骨	24. 8	43. 9	10. 2	16. 9	4. 2
胸骨	28. 8	17	15. 8	10. 3	8. 1
头骨	41. 7	29. 1	8. 9	14. 3	6

表 2－4　各种家畜骨的蛋白质组成

骨	合计	蛋白质含量/%			
		胶原	碱溶蛋白	弹性硬蛋白	其他蛋白质
牛骨	5. 35	4. 55	0. 23	0. 57	0. 46
羊骨	5. 33	4. 36	0. 29	0. 68	0. 37
猪骨	4. 74	3. 95	0. 40	0. 39	0. 30

骨还是钙磷盐、生物活性物质以及镁、钠、铁、钾、氟离子的丰富来源。骨中矿物质的组成如表2－5所示。

表2－5　骨中矿物质组成

矿物质	含量（占骨矿物质）百分比/%		矿物质	含量（占骨矿物质）百分比/%	
	牛	羊		牛	羊
磷酸钙	78.30	85.32	磷酸镁	1.60	1.19
氟化钙	1.50	2.96	氯化钠	1.70	—
碳酸钙	15.30	9.53	其他	1.60	—

应当指出的是，骨含有适宜比例的钙和磷，该比例对人、畜机体有良好的影响。例如，钙占骨组织矿物质的21%～25%，磷占骨组织矿物质的9%～13%。

骨髓除含脂肪外，还含有磷脂、胆固醇和蛋白质。骨髓中维生素A、维生素D、维生素E的含量为2.8mg/100g骨髓。骨髓的脂肪酸组成大多取决于骨的种类和解剖部位、家畜的年龄和性别。例如，黄骨髓含油酸78%，硬脂酸14.2%，软脂酸7.8%；红骨髓则相应为：46.4%，36.3%，16.4%。牛管状骨黄骨髓的脂肪酸组成为饱和脂肪酸47.9%、不饱和脂肪酸52.1%。

多烯脂肪酸和卵磷脂含量高，决定其脂肪熔点低，乳化性能好，人畜吸收率高等特点。

骨中丰富的钙、磷和其他维持人体生命的某些物质都是远非其他食品所比的。如人脑不可缺少的卵磷脂、磷蛋白及防止老化作用的骨胶原、软骨素和促进肝功能的蛋氨酸等。因此，对动物骨进行开发利用，将其加工成各种骨头制品，直接推向市场销售，具有良好的社会效益和可观的经济效益。

（四）用于骨肉提取物生产的骨头

1. 鸡骨架

工业上常用鸡骨架或白条鸡来熬煮浓汤及清汤，鸡骨或鸡肉能与大多数材料的味道相配，所以很多不同风味与口感的高汤都以鸡骨来熬制。购买鸡骨时，应该挑选生长期长的鸡，土鸡、老鸡最好，如果使用市面上常见的肉鸡，会让高汤混浊。但这在工业化生产中不太现实。要注意的是，老鸡肉质过老，不建议食用，而熬煮后的汤渣则要直接过滤倒掉。一般在市场或屠宰场可以买到的大都是分割后的鸡架骨，含有少量皮肉，适合做鸡汁或鸡汁浓汤、鸡骨白汤、鸡粉等产品。鸡腿骨在北方有些工厂有售，但产量不大，适合做鸡骨白汤和鸡骨清汤。

2. 鸭骨

民谚说："嫩鸭湿毒，老鸭滋阴。"老鸭性温味甘，入脾、胃、肺、肾经，功能滋阴补血。《食物本草备考》说它“补虚乏，除客热，和脏腑，利水道”。《本草求真》认为“服之阴虚亦不见燥，阳虚亦不见冷”。民间一直就有“煮汤没鸡不鲜，没鸭不香”的说法。平日煮汤的时候，放点鸭肉对营养的吸收也有很大帮助。鸭汤含有大量的人体所必需的氨基酸，鸭肉越老营养价值越高。平日里人们之所以喝老鸭汤，是因为煮汤需要添加大量新鲜的动物性原料，所以通常取年龄较大禽类。如用北京烤鸭的鸭架煮出来的汤就是比较有名的鸭汤，也就应了前文所述的“烤制后其味道更鲜浓”的说法。所以，煮汤最好也要选老鸭。一般工业化生产均采用鸭架来生产，鸭架的含肉量较高，出品率相对较高且骨髓很多，煮出的汤汁色泽浓白、香气十足。

3. 猪骨

国内工业生产用猪骨主要为猪腿骨（习惯称棒骨或筒骨）和肩胛骨（因形似扇面又称扇骨）以及其他少量杂骨。排骨、脊骨等骨骼的骨量较少。猪骨含有钙、磷、铁等元素，其蛋白质与产生的热量也高于猪肉，脊椎骨更有营养丰富、口感深厚的特色。以猪骨做原料时，一定要选用新鲜的猪骨，加入适量的瘦肉，增加肉味。猪骨的食用主要集中在内陆地区，两广和福建价格较高且量少，不大适合工业化生产使用。

4. 牛骨

牛骨含有大量的脊髓组织及无机化合物，用牛骨熬汤时，也经常加入牛肉增加肉味。牛的全身骨骼都可用来生产提取物产品，不过，因牛头骨和髋骨较大，需用专门的剧骨机和破碎机来进行破碎。

5. 羊骨

羊的全身骨骼也可以直接用于提取物生产，不过，羊骨的量相对较为分散，收集有一定的难度，北方的一些大企业收集量还较大。

6. 鱼骨

之前淡水鱼很少能形成大批量、工业化分割生产，所以鱼骨的主要来源为海产鱼类，其中，又以鳗鱼、鳕鱼和三文鱼等骨为最多，这些都是最适合做高汤的原料。现在，随着淡水鱼工业化分割加工的发展，其鱼汤的工业化加工也正在形成。

二、肉和脂类的特性

肉和动物脂类是生产骨肉提取物中不可避免或缺少的原料之一。作为用于食品工业的骨肉提取物，原料含肉的多寡，直接影响骨肉提取物的质量。当然，全部使用肉作为原料的肉类提取物，如牛肉浸膏，需用质量较好的牛肉制作。因成本和用途所限，也有用一些碎肉来做原料的，如一些酶解牛肉膏等。

（一）肉的组织结构和化学成分

1. 肉的概念

关于肉的概念，根据研究的对象和目的不同可作不同解释。从生物学观点出发，研究其组织学的构造和功能，把肉理解为“肌”，即肌肉组织，包括骨骼肌、平滑肌和心肌。而在肉品工业生产中，从商品学观点出发，研究其加工利用价值，把肉理解为胴体（carcass），即家畜屠宰后除去血液、头、蹄、尾、毛（或皮）、内脏后剩下的肉尸，俗称“白条肉”。它包括肌肉组织、脂肪组织、结缔组织、骨组织及神经、血管、腺体、淋巴等。肌肉组织是指骨骼肌，即俗称“瘦肉”或“精肉”，不包括平滑肌和心肌。根据骨骼肌颜色的深浅，肉又可分为赤肉（red meat）（如牛肉、猪肉、羊肉等）和禽肉（poultry meat）（如鸡肉、鸭肉、鹅肉等）两大类。脂肪组织中的皮下脂肪称作肥肉，俗称“肥膘”。

在肉品工业生产中，把刚屠宰后不久、体温还没有完全散失的肉称为热鲜肉。经一段时间的冷处理，肉保持低温（0～4℃）而不冻结的状态时被称为冷却肉（chilled meat）；而经低温冻结后的肉被（－23～－15℃）称为冷冻肉（frozen meat）。肉按不同部位分割包装被称为分割肉（cut），如经剔骨处理则被称为剔骨肉（boneless meat）。

通常我们所说的肉一般是指畜禽经放血屠宰后，除去皮、毛、头、蹄、骨及内脏后剩下的可食部分。畜禽骨肉提取物生产所用到的肉就是这部分肉。

2. 肉的组织结构

肉是各种组织的综合物，在组织结构上，肉是由肌肉组织、脂肪组织、结缔组织及骨组织组成的，各组织的比例大致为肌肉组织50%～60%，脂肪组织20%～30%，结缔组织9%～10%，骨组织15%～20%。

另外，肉还包括神经组织、淋巴及血管等，它在胴体中所占比例极小，营养学上的价值也不大。

（1）肌肉组织（Muscle tissue）　肌肉组织是肉的主要组织部分，在组织学上可分为骨骼肌、平滑肌及心肌三类，它是肉在质和量上最重要的组成部分，是骨肉提取物中最能提升产品口感的原料之一，也是肉制品加工的对象。其宏观和微观结构非本书研究的对象，在此不做过多的阐述。

（2）脂肪组织（Aolipose tissue）　脂肪组织是决定肉质量的第二个重要因素，具有较高的食用价值。对于改善肉质、提高风味均有影响。它是由退化的疏松结缔组织和大量脂肪细胞积聚而成的。胴体中的脂肪数量变化范围很大，一般占活重的2%～40%。畜禽的品种不同，脂肪分布也不同。脂肪一般多储积在皮下，肾脏周围和腹腔内，有些特殊的家畜如大尾绵羊，其脂肪除多存在皮下、内脏外，还蓄积在尾内。骆驼的脂肪存在于驼峰，肌肉中储存得很少。但猪等肉用型家畜，在肌肉中有较多脂肪交错其中，呈红白相间的大理石样外观，这种肉肥瘦适度，可防水分蒸发，使肉质柔软较嫩而多汁，肉的营养成分丰富，风味也好，因而有着较高的食用价值，是骨肉提取物的辅助原料之一。

(3) 结缔组织（Connective tissue） 结缔组织是构成肌腱、筋膜、韧带及肌肉的内外膜、血管、淋巴、神经、毛皮等组织的主要成分，在体内分布极广。结缔组织是由细胞、纤维和无定形基质组成的。细胞为成纤维细胞，存在于纤维中；纤维由蛋白质分子聚合而成，可分为胶原纤维、弹性纤维和网状纤维三种。

结缔组织在体内起到支持和连接各器官组织的作用，并赋予肉以伸缩性和韧性。一般老龄、瘦弱动物体内含量较多。

(4) 骨组织 骨由骨膜、骨质和骨髓构成。附着着肌肉组织，是动物机体的支柱组织，是骨肉提取物的主要原料。

3. 肉的化学成分

肉的化学成分主要有水分、蛋白质、脂肪、无机物、维生素及微量成分（含氮提取物、糖元、乳酸）等。其中，蛋白质是骨肉提取物的主要成分，其次是能提供骨肉提取物风味的物质——脂肪。各种成分含量受动物种类、性别、年龄、肥度等因素影响。据分析，典型哺乳动物肌肉的化学成分如表2-6所示。

表2-6　典型哺乳动物肌肉的化学成分及其含量

成分	含量/%	成分	含量/%
水分	75.0	**脂类**	2.5
蛋白质	19.0	**碳水化合物**	1.2
肌纤维	11.5	**可溶性无机物和非蛋白含氮物**	2.3
肌浆	5.5	含氮物	1.65
结缔组织和小胞体	2.0	无机物	0.65
		维生素	微量

4. 胶原蛋白

胶原蛋白在结缔组织中含量很高，约占胶原纤维组织中固形物的85%。它是骨肉提取物尤其是骨提取物（骨汤）中的主要被提取成分。胶原蛋白性质稳定，不溶于水和稀盐溶液，在酸、碱溶液中吸水膨胀，在水中加热到70~100℃时形成明胶质。胶原蛋白中含有大量的甘氨酸、脯氨酸和羟脯氨酸。后二者为胶原蛋白所特有，因此，通常用测定羟脯氨酸的含量来确定肌肉结缔组织的含量，并作为衡量肌肉品质的一个指标。但色氨酸、酪氨酸以及蛋氨酸含量极少。等电点 pH 为 4.7，处于等电点时明胶溶液黏度最小，而且容易硬化。

（二）脂肪的特性

脂肪广泛存在于动物体中，动物体的脂肪可分为两类：一类是皮下、肾周围、肠网膜及肌肉块间的脂肪，被称为蓄积脂肪；另一类是肌肉组织内及脏器组织内的脂肪，被称为组织脂肪。蓄积脂肪的主要成分为中性脂肪（即甘油三酯，是由一分子甘油与三分子脂肪酸化而成的），它的含量和性质随动物种类、年龄、营养状况的变化而变化。组织脂肪主要为磷脂，而中性脂肪含量较少。

构成肉脂肪常见的脂肪酸有 20 多种，脂肪的性质主要是由脂肪酸的性质所决定的。构成动物肉脂肪的脂肪酸可以分为两类：饱和脂肪酸和不饱和脂肪酸。肉脂肪中的饱和脂肪酸以棕榈酸、硬脂酸居多，不饱和脂肪酸以油酸居多，其次是亚油酸等。一般饱和脂肪酸含量高则其熔点、凝固点高，不饱和脂肪酸含量高则熔点和凝固点低。

磷脂及胆固醇在组织脂肪中的含量显著高于蓄积脂肪，磷脂中的不饱和脂肪酸的含量比饱和脂肪酸多出约 50%。它对肉类制品的质量、颜色、气味具有重要作用。例如，当将猪肉或牛肉的脑磷脂加热时可产生强烈的鱼腥味，而同一来源的卵磷脂则鱼腥味很小，且有肝脏的芳香气味。磷脂变黑时伴有酸败发生。肉类的氧化作用在含磷脂的部分比仅含中性脂肪的部分更大。

（三）浸出物

此处的浸出物是指除蛋白质、盐类、维生素外，在正常条件下能溶于水的浸出性物质，包括含氮浸出物和无氮浸出物。这些物质对骨肉提取物的风味有较大的影响。

1. 含氮浸出物

含氮浸出物为非蛋白态含氮物质，如游离氨基酸、磷酸肌酸、核苷酸类物质（ATP、ADP、AMP、IMP 等）、肌苷、尿素及胆碱等。这些物质与肉的风味、口感有很大关系，如 ATP 除供给肌肉收缩的能量外，逐级降解出的肌苷酸是肉香味的主要成分，磷酸肌酸分解成肌酸，肌酸在酸性条件下加热则成为肌肝，可增强熟肉的风味。

2. 无氮浸出物

无氮浸出物为不含氮的可浸出的有机化合物，包括糖类和有机酸。糖类又称碳水化合物，主要有糖元、葡萄糖和核糖。糖原又称动物淀粉，肌肉中含量一般不足 1%，肝中含量较多为 2%～8%，糖原含量多少与动物种类（马肉、兔肉 2% 以上）、疲劳程度及宰前状态有关，对肉的 pH、保水性、颜色等均有影响，并影响肉的储藏性。有机酸主要有乳酸及少量甲酸、乙酸、丙酸、丁酸等。这些酸对增进肉的风味具有密切的关系。

3. 无机物

无机物即肉中的矿物质主要有钾、钠、钙、镁、硫、磷、氯、铁等无机物。铜、锰、锌、钴也微量存在。钙、镁参与肌肉收缩，钾、钠与细胞膜通透性有关，可提高肉的保水性，钙、锌又可降低肉的保水性，铁离子为肌红蛋白、血红蛋白的结合成分，参与氧化还原反应，影响肉色的变化。

4. 维生素

肉中的维生素主要有B族维生素以及维生素A、维生素C、维生素D、维生素PP、叶酸等。肉中水溶性维生素较多，脂溶性维生素较少。

5. 水分

水是肉中含量最多的组分，其在肉中存在形式大致可分为结合水、准结合水或不易流动水、自由水三种。

（1）结合水　是指在蛋白质分子表面借助极性基团与水分子的静电引力，形成薄水层。结合非常牢固，不易蒸发，不易结冰，无溶剂特性。

（2）准结合水或不易流动水　这是存在于纤丝、肌原纤维及膜之间的一部分水，肉中的水大部分为此状态。这些水仍能溶解盐及其他物质，并在0℃以下结冰，通常我们度量肌肉的系水力及其变化主要指这部分水。

（3）自由水　指存在于细胞外间隙中能自由流动的水。

第二节　香辛料、蔬菜及其他

目前，在骨肉提取物中使用的香辛料的种类和数量还不太固定，主要是使用一些能帮助提取物产品提香、提味、祛腥膻的香辛料和蔬菜。例如，白芷在羊骨汤加工过程中所起到的矫味提香作用是非常明显的。另外，蔬菜在肉骨汤中所起的作用也是巨大的，它不但能起到矫正味道的作用，其对各种高汤还有很强的增加厚味、鲜甜味作用。后面将逐一介绍可以在骨肉提取物中使用的香辛料和蔬菜的特性和用途等。

一、香辛料的特性

香辛料是具有刺激性香味的，能赋予食品各种加工风味、可促进人们食欲、帮助消化吸收的各种植物的种子、花蕾、叶茎、根块或其加工制品的统称。

香辛料通常是经过干燥的植物，种类大致可分为叶类、种子类和根茎类。

叶类主要有洋（紫）苏叶、月桂叶、麝香草等；种子类有花椒、大小茴香籽、小豆蔻籽等；根块类有白芷、桂皮、良姜等。通常情况下，使用最多的是经过粉碎的香辛料，随着生产技术的发展，现在人们也开始使用各种香辛料的萃取精油了。不过，在汤料或餐饮高汤产品的生产或熬制方面，大部分还是直接使用未经加工的市售香料。

香辛料含挥发油（精油）、辛辣成分及有机酸、纤维、淀粉、树脂、黏液物质、胶质等成分，其中的大部分香气来自经水蒸气蒸馏后得到的精油。因此，香辛料在食品加工中有着色、赋香、矫臭、抑臭及赋予辣味等功能，并由此产生增进食欲的效果。另外，很多香辛料不但具有着色作用，还具有抗菌防腐、抗氧化作用，同时还有特殊的生理、药理作用。但香辛料在食品中的广泛应用还是在于其本身的香味以及其祛腥增香的辅助作用。

香辛料含有具抗菌作用的有效成分，大多存在于挥发性芳香油中。大蒜的抗菌成分为 ε－酰基赖氨酸。芥菜的抗菌性是黑芥子的黑芥子苷和白芥子的芥子苷共同构成的，并由其相对应的异硫氰酸酯类显示其活性。山萸菜也由它的酰基异硫氰酸酯显示活性。就其他抗菌物质来说，丁香为丁子香酚和异丁子香酚，肉桂为肉桂醛，鼠尾草为桉树脑，百里香为麝香草酚，紫苏为紫苏醛。此外，非挥发性物质辣椒的辣椒素也具有抗菌性。

几乎所有的香辛料都具有强烈的呈味性。此外，辣味物质往往与增进食欲有密切联系，芳香味强烈的物质往往有脱臭、矫臭的效果。

羊肉、水产类产品生产时主要使用有脱臭性效果的香辛料；蔬菜类产品则以芳香性香辛料为主；牛肉、猪肉、羊肉等适合使用各种具有祛腥、脱臭、芳香、增进食欲效果及祛除腥膻的香辛料。

在骨肉提取物生产中实际使用各种香辛料时，应在加工前考虑加工产品的所用原材料的不同情况，选用合适的香辛料以获得良好的效果。

二、香辛料的种类

1. 以芳香为主的香辛料

八角、罗勒、芥子、黄蒿、小豆蔻、丁香、肉桂、芫荽、莳萝、小茴香、肉豆蔻、肉豆蔻干皮、洋（紫）苏叶等。

2. 以增进食欲为主的香辛料

生姜、辣椒、胡椒、芥末、山萸菜、花椒等。

3. 以脱臭性（矫臭性）为主的香辛料

白芷、大蒜、月桂、葱类、洋苏叶、玫瑰、麝香草等。

4. 以着色性为主的香辛料

红辣椒、藏红花、郁金等。

在使用芳香性香辛料时，为方便起见，可根据主香成分分类。属于同组的香辛料均具有类似的主香成分。例如，在使用小豆蔻、洋苏叶、肉桂、芥菜子和麝香草等香辛料时，不能与其他品种调换。

三、香辛料的使用原则

1. 消除肉类特殊异臭、增加风味

胡椒、葱类、大蒜、生姜、白芷等都可起消除肉类特殊异臭、增加风味的作用，可作为一般香辛料使用。其中大蒜的效果最好，使用时，最好与葱类并用，而且用量要小，否则，反而会产生大蒜和葱的特异臭。

2. 制作高汤

高汤制作中使用的基本香辛料，有的以味道为主，有的以香气、味道为主，还有的以香气为主。通常，这些香辛料按 6∶3∶1 的比例使用，这也主要视其对某种肉类的特定作用而定。

3. 使用量

肉豆蔻、多香果、肉豆蔻干皮等是使用范围很广的香辛料，但用量过大会产生涩味和苦味。此外，月桂叶、黄蒿、肉桂等也可产生苦味。因此，使用时应引起注意。

（1）少量使用芥菜、麝香草、月桂叶、洋（紫）苏叶、莳萝等效果会更好，但要注意用量不要过大，用量过大容易产生特异味。

（2）香辛料往往是两种以上混合使用。这时，香料之间会产生相乘、相杀的作用。因此，在混合使用时要考虑它们之间的这种使用效果。例如，习惯用法中，不能将洋（紫）苏叶同其他多种香料并用。

（3）在实际生产中，香辛料常常配合某些蔬菜来使用，以增加特征香气和修饰香辛料的香气，不至于使其香气太过刺激。

四、香辛料的使用要点

1. 牛肉类

胡椒、豆蔻、豆蔻干皮、小豆蔻、芫荽、红辣椒等应用在牛肉汤、牛骨汤加工时，应注意优质牛肉只用胡椒就可以。老龄牛肉加工时应注意，其脂肪味强的加香料，以豆蔻为主。当然，加何种香料还要视汤的种类和其要求而定。例如，牛肉清汤为了保留牛肉特有的芳香味，应尽量少用调味料。另外值得注意的是，在制作白汤时，香辛料的颜色也是考虑因素之一，最好不用或者少用深色香料。

2. 猪肉类

胡椒、豆蔻、豆蔻干皮、小豆蔻、红辣椒、牙买加胡椒、洋（紫）苏叶、

芹菜、姜等，应用在猪肉汤和猪骨汤加工时，一般以胡椒、豆蔻为主体，并使用红辣椒、小豆蔻。有时也用洋（紫）苏叶，它对猪肉腥味、脂肪味有掩蔽效果。

3. 羊肉类

白芷、月桂、百里香、洋（紫）苏叶、丁香、芹菜、芫荽、洋葱、大蒜、姜等应用在羊肉汤和羊骨汤加工时，应注意这些香辛料对于羊肉的抑味作用一般是芳香性调味料好，特别是丁香、月桂、白芷、苏叶、百里香、芹菜、芫荽更有效；对于矫味，洋葱、大蒜、白芷最好。以这些为中心的数种芳香型调味料也可少量并用。

4. 马肉类

豆蔻、芫荽、姜、牙买加胡椒、洋（紫）苏叶、肉桂、月桂等应用在马肉类产品加工时，应注意马肉独特的甜酸味强时，适宜用豆蔻、牙买加胡椒、洋（紫）苏叶、姜，特别是洋（紫）苏叶，即使少量使用也是有效的。微量并用肉桂、月桂补加香味就更好了。

5. 鸡肉类

胡椒、豆蔻、牙买加胡椒、洋葱等应用在鸡汤加工制品时，应注意调味料的用量和使用种类尽量少为好，且一般不用胡椒。虽然在其他用大量肉骨制作的高汤中多半会加入胡椒一起熬煮来增加风味，但使用鸡骨熬汤时不适合使用，因为鸡汤的鲜味足够，不需要用胡椒去腥。如果用了，反而会破坏汤的味道，所以要特别注意。

6. 鱼及海鲜类

鱼类调味最离不开的就是生姜，还有一些诸如比较偏僻的香料，如罗勒。生姜去鱼腥、增香效果最为明显，也最为大众所接受。

五、香辛料的应用

汤料加工中香辛料的配比在各加工企业及各种类型产品中也不同。因此，也无法提出准确而恰当的配比数字。但是，一般说来，在哪一种产品中加入什么样的香辛料，又如何调配，是有讲究的。

在实际使用各种香辛料时，应在加工前考虑原辅料的不同情况、选用哪种香辛料可获得最佳效果。只有不断总结效果，才能掌握香辛料的具体使用方法，当然，实践过程中的失误是在所难免的。

使用香辛料归根到底是味觉问题，必须谨慎。要适应当地了解消费者的口味、不影响骨肉提取物的自然风味、根据原料骨肉的不同种类。下面将简要介绍在传统高汤中广泛应用的香辛料。

1. 胡椒

胡椒气味芳香，有刺激性及强烈的辛辣味，黑胡椒气味比白胡椒浓。

胡椒是中外肉制品加工、烹饪等常用的香辛料之一。

胡椒在骨肉提取物中有祛腥膻、提味、增香、和味、提辣及除异味等作用。

胡椒还有防腐、防霉的作用，其原因是胡椒含有挥发性芳香油（主要成分为茴香萜），辛辣成分为胡椒碱、水芹烯、丁香烯等芳香化学成分，能抑制细菌生长，在短期内可防止食物腐烂变质。

胡椒在骨肉提取物中虽有调味、增香、增辣的作用。但使用时用量不宜过大，否则会压抑产品的本味。同时对人体的消化器官刺激较大，过量食用不利于食物的消化吸收。在其他肉制品加工中一般都是使用胡椒的再制品——胡椒粉。但在西式肉制品中也常使用整粒或砸成碎粒使用。使用方法一般是将胡椒粉或粒直接搅拌在肉馅中，其用量一般为50%原料肉放100～200g胡椒。

烹煮高汤时，一般用整粒胡椒与其他香辛料一起装入纱袋中，放入锅中一起烹煮。牛清汤或浓汤适用白胡椒，而红烧等口味较浓的汤类则适用黑胡椒。

2. 花椒

花椒又名秦椒、风椒、岩椒、野花椒、大红袍、金黄椒、川椒、红椒、蜀椒、竹叶椒。花椒气味芳香，辛温麻辣。花椒产于我国北部和西南部。花椒以皮色大红或淡红、黑色、黄白、睁眼（椒果裂口）、麻味足，香味大，身干无硬梗，无腐败者为佳。花椒有大小之分，大花椒称“大红袍”，粒大、色红、味重。小花椒称“小红袍”，粒小，色淡黄，口味较大而香。花椒应在干燥处储存，受潮即会生白膜（发霉），气味变淡。

花椒的香气主要来自花椒果实中的挥发油；骨肉提取物加工中应用它的香气可达到除腥去异味、增香和味、防酸败的目的。

花椒的用途可居诸香料之首，由于它具有强烈的芳香气，味辛麻而持久，生花椒麻且辣，炒熟后香味才溢出，因此是很好的调味料。花椒不但能独立调香，同时还可与其他调味品和香味调料按一定比例配合使用，从而衍生出五香、椒盐、葱椒盐、怪味、麻辣等各具特色的风味，用途极广。

在骨肉提取物的生产中，花椒是不可或缺的香料之一，尤其在麻辣汤料中，更显出其重要性。

3. 小茴香

小茴香又名茴香、蘹香、小香、小茴、角茴香、刺梦、香丝菜、谷香、谷茴香等。气味香辛、温和、带有樟脑气味、微甜，又略有苦味和炙舌之感。我国各地均有栽培。小茴香的故乡在地中海沿岸，后传到古希腊和埃及。我国在

2000 多年前引种小茴香。

小茴香的加工是收割全株晒干、脱粒、打下果实，去除杂质。干燥果实呈小柱形，两端稍尖，外表呈黄绿色，以颗粒均匀、饱满、黄绿色、味浓甜香者为佳。

小茴香柔嫩的茎叶可供食用，其营养较一般蔬菜丰富。小茴香中维生素 A 的含量比芹菜、黄瓜高 20 多倍，维生素 C 比胡萝卜高 2 倍、比南瓜高 5 倍，还含有大量的矿物质、糖类和其他成分。

小茴香在储存中以密封保存为好，并且放置于阴凉干燥处。

小茴香在烹饪、骨肉提取物加工中主要起避秽去异味、调香和良好的防腐作用。小茴香既可单独使用也可与其他香味调料配合使用。

小茴香常用于酱卤肉制品与汤料制作中，往往与花椒配合使用，能起到增加香味、去除异味的作用。使用时应将小茴香及其他香料用料袋捆扎后放入老汤内，以免黏连原料肉。小茴香也是配制五香粉的原料之一。

4. 八角茴香

八角茴香，北方称大料，南方称唛角，也称大茴香、八角。有强烈的山植花香气，味甜、性辛温。八角茴香为木兰科八角属植物的果实，为辐射状的蓇葖果，呈八角状，故名八角茴香。鲜果绿色，成熟果实深紫色，暗而无光。干燥果呈棕红色，并具有光泽。八角产于广西西南部，为我国南方热带地区的特产。

八角树每年 2—3 月和 8—9 月结果两次，秋季果实是全年的主要收成。八角属中有 4 个品种，其中两个有极毒，即莽草和厚皮八角不可食用，产于长江下游一些地区，其形状类似食用八角，角细瘦而顶端尖，一般称为“野八角”。果实小，色泽浅，呈土黄色，入口后味苦，口舌发麻，角形不规则，呈多角形，每朵都在八个角以上，有的多达 13 只角。因此，在使用八角茴香时一定要注意辨别真伪，切勿混淆误食。

八角茴香的果实由青转黄时即可采收，过熟时为紫色，加工后变黑。八角茴香按其质量标准分为 5 个等级。

（1）大红　色泽鲜红，肉厚肥壮，朵大无硬枝，无黑粒，身干无霉变。

（2）金星大茴香　与大红相同，在阳光下看金光闪闪，细看有发光白色，质地最佳。

（3）统装大茴　色泽红，肉肥，其中有少许瘦角，黑粒，稍有硬枝，无碎角，身干无霉。

（4）角花　色泽有黑有红，角身比较瘦，略有硬枝，身干无霉，味稍差。

（5）干枝　色泽暗红，角瘦，角的尖端扎手，硬枝多，碎角不多，身干味差。

八角茴香由于所含的主要成分为茴香脑类挥发油，因而有茴香的香气，味微甜而稍带辣味。

八角茴香的主要成分：挥发油 4%～9%，脂肪油约 22%，挥发油中主要为茴香醚，为 80%～90%，其余为 α－及 β－蒎烯、α－水芹烯、α－萜品醇及少量黄樟醚、甲基胡椒酚等。

八角茴香在骨肉提取物加工中的应用主要起调味、增香的作用，也是配制五香粉的主要调料之一。几乎在所有中式汤料中都有应用，但在生产白汤时要严格控制其使用量。

5. 甘草

甘草又名甜草根、红甘草、粉甘草、粉草。豆科甘草属植物甘草的根和根状茎。

甘草的根及根状茎含甘草甜素，即甘草酸 6%～14%，为甘草的甜味成分，是一种三萜皂苷，并含有少量甘草黄苷、异甘草黄苷、二羟基甘草次酸、甘草西定、甘草醇、5－O－甲基甘草醇和异甘草醇。此外，尚含有甘露醇、葡萄糖 3.8%、蔗糖 2.4%～6.5%、苹果酸、桦木酸、天冬酚胺、烟酸等。

甘草是我国民间使用的一种天然甜味剂。甘草用作甜味调味料时，常先将甘草的根、茎干燥后，磨碎成粉末食用，也可将甘草切碎，加水冷浸后用纱布过滤取其浸出汁液。甘草的粉末有微弱的特异气味，具有甜味，并有一定的苦味。甘草的甜味成分是甘草酸，主要分布于甘草的根部。甘草酸是一种糖苷，其甜度相当于蔗糖的 200～300 倍。

甘草是我国传统的调味料，在其悠久的使用历史中，未发现对人体有危害之处，正常使用量是安全的。甘草在中医药中还有“可解百毒”之说。但大量食用后会引起不良反应，可能会引起心脏病和高血压等疾病。现在不少食疗、食补的药膳中常常将甘草作为甜味调料。

甘草在骨肉提取物及其他肉制品加工中的应用主要是作为调味剂，并赋予制品以甜味和特有的风味。

6. 肉桂

肉桂别名安桂、玉桂、牡桂、菌桂、桂树。为樟科樟属植物肉桂的树皮。

好的肉桂是采自 30～40 年老树树皮加工而成，肉桂以不破碎、外皮细、肉厚、断面紫红色、油性大、香气浓厚、味甜辣者为上品。

如剥取 10 年以上的树皮，将两边削成斜面夹在木制的凹凸板中晒干，称为企边桂。

剥取 5～6 年的幼树树皮和枝皮，晒 1～2d，卷成圆筒状，阴干，称“油筒桂”。加工成平板状称“板桂”，长条圆筒状称“广条桂”。

越南肉桂树的树皮，也做香辛料用。市售的清化玉桂及一部分企边桂，即由本品加工而成。肉桂主要产于越南，我国广东有引种。

肉桂中的挥发油（桂皮油）含量为1%~2%，还含有鞣质、黏液质、树脂等。油的主要成分为桂皮醛75%~90%，并含有少量的乙酸栓皮酯、乙酸苯丙酯等。

在调味品加工中，肉桂是一种常用的主要调味香料，主要起提味、增香，去除膻腥味的作用。大多数中式肉制品，如酱卤制品、干制品、油炸制品、五香制品、汤料等都是离不开肉桂的，但制作白汤产品时也应特别注意其用量。

7. 丁香

丁香又名公丁香、丁子香。气味强烈，芳香浓郁，味辛辣麻。丁香为桃金娘科丁香属植物。丁香是常绿乔木，花紫色，有浓烈香味。丁香的花期在6—7月，在花蕾含苞欲放、由白转绿并带有红色、花瓣尚未开放时采收。采后把花蕾和花柄分开，经日晒4~5d花蕾呈浅紫褐色，脆、干而不皱缩，所得产品即为公丁香，也称“公丁”。果花在花后1~2个月，即7—8月果熟，浆果红棕色，稍有光泽，椭圆形，其成熟果实为母丁香，也称“母丁”。公丁香呈短棒状，上端为花瓣抱含，呈圆球形，下部呈圆柱形，略扁，基部渐狭小，表面呈红棕色或紫棕色，有较细的皱纹，质坚实而有油性。母丁香呈倒卵或短圆形，顶端有齿状萼片4片，表面呈棕色，粒糙。丁香原产于非洲摩洛哥。我国广东、广西等地均有生产。

丁香质坚而重，入水即沉，断面有油性，用指甲用力刻之有油渗出。丁香以香味浓郁、有光泽者为上品。干燥无油者为次品。

丁香花蕾除含14%~21%的精油外，尚含树脂、蛋白质、单宁、纤维素、戊聚糖和矿物质等。丁香性辛、温、有较强的芳香味，可调味，制香精，也可入药。

丁香的香味主要来自丁香酚（占80%左右）、丁香烯、香草醛、乙酸酯类等。丁香在食品中主要起调味、增香、提高风味的作用。去腥膻、脱臭的作用为次。因丁香的香味浓郁，易压住其他调料味和原料本味，因此，用量不能过大。而且，应注意在白汤产品应用时，要防止由于丁香用量过大造成的产品发黑、发灰的现象，而影响产品质量。

8. 肉豆蔻

肉豆蔻又称肉果、玉果、顶头肉、豆蔻，为肉豆蔻科肉豆蔻属植物肉豆蔻的种仁。常绿大乔木，高达15m。花期1—4月，核果肉质，近似球形或梨形，有芳香气味，呈淡黄色和橙黄色。果皮厚约0.5cm，果熟时裂为两瓣，露出深红色假种皮，即肉豆蔻衣。种仁即肉豆蔻，呈卵形，有网状条纹，外表为淡棕色或暗棕色。肉豆蔻在热带地区广为栽培，主要产于印度、巴西、马来西亚等地。我国海南、广东、广西、云南和福建等地有少量栽培。

肉豆蔻一年中有两个采收期，7—8 月和 10—12 月。成熟果实呈灰褐色，会自行裂开撒出种子。采后的果实除去肉质多汁的厚果皮，剥离出假种皮，将种仁置于 45℃缓慢烘干至种仁摇动即响，即为肉豆蔻。假种皮色鲜红，透明而质脆，放通风处风干至色泽发亮，皱缩后，再压扁晒干，即为肉豆蔻衣。

肉豆蔻含有挥发油、脂肪、蛋白质、戊聚糖、矿物质等，挥发油中主要含有 d – 莰烯和 α – 蒎烯。

肉豆蔻精油中含有 4% 左右的有毒物质为肉豆蔻醚，若食用过多，会引起细胞中的脂肪变质，使人麻痹，产生昏睡感，有损健康，少量食用具有一定的营养价值。

肉豆蔻在汤料中的应用主要是因其气味极芳香可起到解腥增香的作用，它是各种肉类制品不可或缺的香料之一，也是配置咖喱粉、五香粉的原料之一。

9. 陈皮

陈皮为芸香科柑橘属橘的果皮，陈久者入药良，故名陈皮。陈皮主要产于四川、广西、江西、湖南等省。冬季采收，用时洗净，色泽为朱红色或橙红色，内表面白色，果皮粗糙。

陈皮味辛、苦，芳香性温，挥发油含量为 1.5% ~ 2%，主要成分为 d – 柠檬烯、枸橼醛、橙皮苷、脂肪酸等。

陈皮在汤料中的应用主要是其特殊的芳香气味，可使产品色鲜味美、增加复合香味，并有祛腻、增加食欲和促进肠胃消化功能的作用。

10. 孜然

孜然又称藏茴香、安息茴香，原产于埃及、埃塞俄比亚等国家，我国新疆有引种。

孜然为伞形科一年或多年生草本植物，高为 30 ~ 80cm，全株无毛。果实有黄绿色和暗褐色之分，前者色泽新鲜，籽粒饱满，挥发油含量为 3% ~ 7%，脂肪酸中主要有岩芹酸、苎烯油酸、亚油酸等。孜然具有独特的薄荷、水果香味，还带适口的苦味，咀嚼时有收敛作用。孜然的果实性平可以入药，可治疗消化不良、胃寒、腹痛。一般食用的是果实干燥后经加工成的粉状产品。

孜然因为味道独特，广受人们喜爱。孜然主要应用于烤羊肉串等牛羊肉制品，也是炖煮牛羊肉尤其是骨汤必不可少的调味料。其主要作用是调味、增香、解腥膻和提高制品固有风味。

11. 白芷

白芷又称香白芷、杭白芷、川白芷、禹白芷、祁白芷。杭白芷产于杭州笕桥；川白芷产于四川遂宁、温江、崇庆等地；禹白芷产于河南禹县、长葛等地；祁白芷产于河北祁州。

成品白芷气味芳香，味微辛苦。食用白芷为伞形科多年生草本植物的根。白芷以独支、皮细、外表土黄色、坚硬、光滑、切面白色，粉性，香气浓厚者为佳品。秋季叶黄时采收，挖出根后，除去须根，洗净晒干或趁鲜切片晒干即为成品。白芷含有香豆精类化合物、白芷素、白芷醚、氧化前胡素、珊瑚菜素等。因其气味芳香有除腥膻的功能，故多用于牛、羊制品的加工中。应用白芷最成功、最典型的代表，当数山东菏泽一带的“单县羊肉汤”。

12. 草果

草果，又称草果仁、草果子。姜科豆蔻属植物草果的果实。味辛辣，具有特异香气，微苦。多年生草本，丛生，花期5—6月，果实密集，长圆形或卵状椭圆形。产于云南、广西、贵州等地。栽培或野生于树林中。10—11月果实开始成熟，变成红褐色尚未开裂时采收晒干或烘干或用沸水烫2~3min后晒干，干燥通风处保存。品质以个大、饱满、表面红棕色为好。

草果中含淀粉、油脂等。油中主要成分为反式-2-（+）-碳烯醛、柠檬醛、香叶醇、α-蒎烯、1，8-桉叶油素、β-聚伞花素、壬醛、癸醛、芳樟醇、樟脑、α-松油醇、α-橙花醛、橙花叔醇、草果酮等。

草果在骨肉提取物中的应用主要起调香、增味去腥膻的作用。在牛羊汤料制作中放入少量草果就可以祛除腥膻、提高风味。

13. 良姜

良姜又称风姜、高良姜、小良姜。姜科山姜属植物高良姜的根状茎。良姜为多年生草本，根状地下茎，圆柱形，棕红色或紫红色，多节，节处有环形鳞片，节上生根，味芳香。生于山坡草地，灌木丛中，或人工栽培。良姜主要产于海南岛及雷州半岛、广西、云南、台湾等地。夏末秋初，挖取4~6年生的根状茎，除去地上茎及须根，洗净切段晒干即为成品。

良姜中的挥发油含量为0.5%~1.5%，油中主要成分为蒎烯、桉油精、桂皮酸甲酯、高良姜酚、黄酮类。此外，尚含淀粉、鞣质及脂肪。

良姜以肥大、结实、油润，色泽红棕、无泥沙者为佳。可使用新鲜良姜或其干制品。干制的良姜要注意防潮避湿。使用时一般要将其拍碎，以使良姜的香气成分更多地发挥出来，起到增加香味、调香、去异味的效果。

14. 砂仁

砂仁又称缩砂密、缩砂仁、宿砂仁、阳春砂仁。其干果芳香而浓烈，味辛凉，微苦。砂仁为姜科豆蔻属植物阳春砂的成熟果实。多年生草本，叶长圆形，色亮绿，花白色，果实呈球形，熟时成棕红色。种子多枚，黑褐色，芳香。花期3—6月，果期6—9月，主要分布于两广、云南、福建等亚热带地区。

砂仁果实的采收期是初花后的100~110d，因成熟度不一致，一般是边成熟边采收，晒干或用文火焙干，即为壳砂。剥去果皮，将种子晒干，即为砂仁。砂仁以个大、坚实、仁饱满、气味浓者为佳。其叶可以加工砂仁叶油，油中含乙酸龙脑酯、α－樟脑柠檬烯、莰烯、菠烯等。砂仁种子挥发油含量为1.7%~3%，油的主要成分为右旋樟脑、龙脑、乙酸龙脑酯、芳樟酯、橙花叔醇等。

砂仁在食品工业中常用于酱卤制品、干制品、灌肠及汤料的调香，可单独使用，也可和其他香辛料一块配合使用，主要有解腥除臭、增香调香的作用。使肉制品清爽可口，风味别致，并有清凉口感。

15. 百里香

百里香又称地椒、麝香草。唇形科百里香属多年生草本植物。茎红色，匍匐在地。叶对生，椭圆状，披针形，两面无毛。花紫红，轮伞花序，密集成头状。草叶长2~5cm，是椭圆形小坚果，可将茎叶直接干制加工成绿褐色粉状。有独特的叶臭和麻舌样口味，带甜味，芳香强烈。

百里香主要分布在东北、河北、内蒙古、甘肃、青海、新疆等地。在夏季枝叶茂盛时采收，拔起全株，洗净，剪去根须，切断，鲜用或晒干。

百里香全草的挥发油含量为0.15%~0.5%，油中主要为香芹酚、对伞花烃、百里香酚、苦味质鞣质。叶含游离的齐墩果酸、乌索酸、咖啡酸等。中医认为，百里香性味辛、微温。百里香有祛风通表、行气止痛、止咳降压作用。

在食品中主要起调味增香的作用，且能压腥祛膻，主要用于牛、羊肉类制品及其汤料的调味。

六、骨肉提取物常用的蔬菜

用于汤类制作的蔬菜有的是介于蔬菜和香辛料之间的种类，有时作为香辛料来分析的，如洋葱等。

1. 洋葱

洋葱的香气强烈，营养丰富，含有B族维生素、维生素A、维生素C及磷、铁、钙等矿物质；含有二硫丙烷及二硫丙烯等油状挥发性液体，具辛辣香味，有增进食欲和杀菌作用；熬煮高汤时不但可以祛除腥味，还能增加植物的甜味气息和浓厚味。可直接使用，也可油炸后和其他材料一起熬煮。但在制作汤的种类上要注意洋葱的使用，如果要制作浓汤（白汤）产品，则一般要选择白洋葱，否则，红洋葱会使汤的颜色发暗，其气味较大。尤其在牛肉风味汤类制作中，洋葱往往扮演必不可少的调味角色。

2. 大白菜

大白菜原属北方的主要蔬菜，传统炖汤时一般加入几片白菜，会呈现浓厚的复杂风味，能够提升猪肉香气。其品种繁多，以山东产结球硬者为最佳。其品种优良，质地细腻，纤维少，带甜味。维生素 C 的含量较高，不亚于番茄。蛋白质含量高达干重的 25%，且含有丰富的碘。在猪骨白汤中，大白菜是不可或缺的一种很好的蔬菜。

3. 包菜

包菜又称卷心菜、结球甘蓝。品种甚多，有普通甘蓝、绿叶甘蓝、红叶甘蓝等。叶球富含维生素 U – 甘蓝素，有愈合胃部溃疡的功效；维生素 C 含量高，可达 60mg/100g；因含有少量二硫化二甲烷，具有特殊辛香；其含糖量也很高，故有甜味，做肉骨汤时，适量使用能提升汤的骨头味道。

用于汤类制作的蔬菜还有萝卜、甜玉米等很多品种。一般要考虑地域、风俗习惯、饮食习惯或人们不同的口味要求来进行选择，对于工业化生产来说，则根据需要和大量的试验来确定最终的使用情况。

七、骨肉提取物常用的其他材料

1. 香菇

香菇又称花菇、冬菇。表面呈淡褐色、茶褐色或紫褐色，常披有深色鳞片。干香菇的种类有肉质肥厚，菇伞只开七、八分，且表面龟裂的“冬菇”以及肉质瘦薄，菇伞全开的“香信”等。此外，国产产品或是进口产品，原木培育或是木屑栽种等因素，都会使其品质产生差异。以品质而言，山林野生原木香菇最受肯定。干燥的香菇拥有新鲜香菇所没有的浓郁香气和味道、营养成分。富含蛋白质（15%），并含有一般蔬菜所缺乏的维生素 D，还含有丰富的 5′ – 鸟苷酸等鲜味物质和具有特殊香味的香菇素。使用时通常只是清洗一下，不要长时间浸泡，否则将失去其营养和味道。香菇对于鸡的骨肉提取物贡献特别大，它能提供较为丰厚的香气和味道，且用量一般不需太大。

2. 海带

一般用于熬制猪肉味浓汤时使用，它能提供给肉汤一种无与伦比的醇厚感和复杂风味。因为它有一种特殊的海味，因此，一般不能用来单独熬汤，通常多使用在日式大骨高汤和专门的海带高汤里。它的美味成分主要是谷氨酸及其他呈味成分的复合物。日本称之为昆布，因其种类繁多，选购时要特加注意。用于制作高汤的海带的主要种类如下所述。

（1）薄海带　肉质软薄的种类，虽然也可萃取出具有独特风味，但是其淳厚感较差。

（2）爪海带　爪海带是海带根的前端部分，可萃取出使高汤浓醇的成分。因形状很像爪子而得名。如果用来熬煮鸡架高汤或是甲鱼高汤，味道会更加鲜美。

（3）厚海带　质量较好的海带应为颜色发黑、肉质较厚的种类，其风味和美味皆属上乘，所以能煮出品位高雅的高汤。适合烹煮凸显高汤风味的清汤或各种汤品。

3. 鲣鱼片

最上等的鲣鱼是本节的本枯节，在各式料理店内，最常用这种本枯节的鲣鱼片来制作高汤。鲣鱼又可分为“去黑肉”和“不去黑肉”，如果是汤品，必须用腥味较少、味道清雅的“去黑肉”；如果是味道比较重的煮卤类，则适合选用味道浓郁的“不去黑肉”，只要依照用途加以选用即可。总之，香气是判断鲣鱼的优劣关键，为了制作出美味高汤，选择刚泡好的鲣鱼片最为理想。请尽量使用新鲜的鲣鱼干片。鲣鱼高汤多用于日式料理中的关东煮等食品中。

4. 火腿

火腿是我国的一种传统的肉制品，它是以带皮、带骨、带脚爪的整只猪后腿或整块的肉（有后腿肉、腹肋肉、肩肉和腰肉等）为原料，用食盐、亚硝酸盐、硝酸盐、糖、异抗坏血酸和香辛料等辅料，经过腌制、修割、长期自然发酵和干燥脱水等工序加工而成的肉制品。发酵火腿营养丰富，富含蛋白质、铁、钾、磷等各种盐、多种小分子多肽与十几种氨基酸，以及醇、酯等芳香类物质。经过腌制发酵，各种营养成分更容易被人体吸收；而且味道鲜美、香气浓郁、色泽红白鲜明、外形美观，深受人们所喜爱。甚至还具有一定的食疗价值，被我国古今许多医经、药典所推崇。

在我国有宣腿、北腿和南腿之分。以金华火腿最为著名，产品质量最佳。宣腿主要产于云南的宣威、会泽和贵州的威宁、水城、盘县等地；北腿主要产于长江以北的江苏如皋、东台、江都以及安徽的一些市县；南腿产于长江以南，主要是浙江的金华、东阳、义乌、浦江、永康、兰溪、武义等县市。因这些县市旧时都属金华府，故所作的火腿统称“金华火腿”。由于所取的原料、加工季节和腌制方法不同，金华火腿又有许多不同的品种。如在隆冬季节腌制的叫正冬腿；将腿修成月牙形的叫月腿；用前腿加工、呈长方形的，称风腿；挂在锅灶间，经常受到竹叶烟熏烤的称竹叶腿；用白糖腌制的叫糖腿；用狗腿腌制的称戍腿。金华火腿中，以东阳县的“蒋腿”最为著名。民间流传着这样两句话：“金华火腿出东阳，东阳火腿出上蒋”。上蒋是东阳县一个不过百多户人家的村庄，但几乎家家户户都有长期腌制火腿的习惯和经验，以一个名叫蒋雪舫的火腿作坊业主制作的火腿质量最好。清朝嘉庆年间，他精心腌制了一批火腿送到京城，受到京官们的赞赏，于是“雪舫蒋腿”便身价百倍。

金华火腿香气浓郁，咸淡适中，形似竹叶，红润如火，以色、香、味、形“四绝”而驰名中外。早在清朝末年就已远销日本和东南亚各国，曾在1915

年巴拿马国际商品博览会上荣获商品一等奖；1930 年在杭州西湖博览会中又获得商品质量特别奖。从 20 世纪 30 年代开始，金华火腿便畅销欧洲和美洲等地。

金华火腿既是珍贵的食品，又是一种高档营养滋补品和药膳食品。火腿味咸、甘性平，有健脾开胃、生津益血、壮肾阳、增食欲、固骨髓、健足力和愈创口等功用，可治心虚劳心悸，脾虚少食，久泻久痢等症。火腿对病人康复，产妇补身，儿童发育，老人益寿都很有好处。

金华火腿风味独特，是火腿中的上品，它形似竹叶，爪小骨细，肉质细嫩，皮色黄亮，肉红似火，香郁味美，营养丰富，据分析，每 100g 火腿肉中，含热能 2210. 6kJ，含蛋白质 30. 29kg，脂肪 26. 28g，灰分 8. 57g，磷 777. 5mg、铁 3mg、钾 673mg、钙 88mg、盐 6. 96g，水分 23g，并含有十八氨基酸；其中八种是人体不能自行合成的。火腿经过腌制发酵分解，各种营养成分更易被人体吸收。

因火腿的生产方法不属本书范围，故仅就火腿的一些食用方法做些简要介绍。

由于我国南方和北方的人们口味不同，因此，火腿的食用方法也有很多。有些地方不产火腿，供应量就少，火腿大部分用来熬制高汤时当作佐料来添加，直接食用的少一些，食用方法也就了解得不多；还有的是因为食用方法不当或在食用前处理方法不当，导致其风味不像人们传说中的那样鲜美可口。因此，食用火腿首先要懂得火腿的一般处理常识，若不懂或疏于处理，便会严重影响火腿的色、香、味，甚至令人厌食。

（1）食用前需注意的事项

① 火腿在煮制加工之前，如果是已经切好的零块，要洗净、去皮、去骨，削去肉面油污和脂肪上有哈喇味的部分，方可煮制加工而食之。特别是当斩下一块火腿后，必须先将肉面褐色的发酵保护层仔细地切掉；皮面先用粗纸揩拭，再用温水刷洗干净。清洗即将食用的整只火腿，温水中可泡入少量碱面，洗后再用清水冲洗。火腿皮如暂不食用，可暂且留在原腿上，先不切下。

② 食用整只火腿时，最好从当中切开，先吃上方，后吃中方，然后再吃其他部位。往往有人先吃油头，而油头是火腿中品质最差的部位，加上食用方法不当，使人越吃越觉得乏味。待油头吃完了，再吃中方、上方时，由于保管不善等原因，中方和上方也会逐渐产生哈喇味，结果吃到的整只火腿滋味都不佳。

③ 火腿切片时，要越薄越好，不能顺着肉的纤维切，要横着把纤维切断，否则就会感到肉质老而塞牙。也有的人把火腿切成像红烧肉一样的大块或厚片，食用时给人感觉肉老、味差。

④ 金华火腿和如皋火腿切忌炒食，也切忌用酱油、辣椒、茴香、桂皮等调味品，这些浓味会冲淡或掩盖火腿特有的清香味。

（2）食用方法　我国有精湛的烹调技术，对火腿的食用方法也颇有讲究。由于各地口味、习惯不同，火腿的吃法也多种多样。既可单独烧食，也可配以其他食品如蔬菜、水产等烧食；既可做菜肴，也可做糕点、糖果的配料。

金华火腿除做菜肴的主、辅料外，更是制作羹汤的理想原料。一般是加入一些火腿片或火腿骨，以增加新鲜骨头所不能代替的鲜美滋味、醇厚感和特殊的香味。“火腿鸽子汤”“火腿竹荪汤”“火腿凤爪汤”“火茸虾球汤”“火腿佛手汤”“海棠火腿汤”“火腿金粟羹”“火腿黄鱼羹”“火腿海参羹”以及家常的“火腿冬瓜汤”“火腿白菜汤”等，多达数百种。火腿汤菜制作方便，鲜美可口，芳香清雅，健脾开胃，素有“火腿熬汤，垂涎流芳”之誉。

此外，我国传统高档高汤的制作，尤其是调味用的高级清汤（顶汤）的制作，火腿更是主要的鲜味原料。事实上，不少菜肴原料、高档名食本身滋味清淡，与火腿肉、火爪、火腿皮或火腿骨共同烧煮，才鲜香入味，相得益彰。青岛香巴尔食品配料有限公司生产的中华金汤，就是以火腿骨和火爪为主要原料经生物工程技术提取、浓缩而成的高级顶汤。

因火腿含有蛋白质、铁、钾、磷与十几种氨基酸，经过腌制发酵分解后，各种营养成分更容易被人体吸收。特别是腌制而成的火腿有一种特殊的香味，可以增加高汤的香醇度，所以常被用于各种高档汤精的制作。但是这种香味与牛肉的味道不协调，所以不建议用在以牛肉为主要材料的汤料中。

（3）虾米、干贝及其他海产下脚料　虾米和干贝营养成分很高，含蛋白质、脂肪、糖等成分，虾皮则含有钙、磷等丰富的无机盐，是熬煮高汤时常用的配料，也可以单独用来熬汤，购买时选择体型较大的为佳。

其他海产品下脚料中也含有丰富的蛋白质，营养丰富，生物效价高，还含有人体所需的各种无机盐，如钙、镁、铁等。利用低值鱼及下脚料来生产高附加值的产品已显得越来越重要。这类原料主要集中在广西、广东、福建、浙江、江苏、山东、辽宁等沿海省份的沿海地区。这些下脚料以鱼骨、鱼皮、鱼鳞、鱼油、虾皮、蟹壳以及海产低值鱼、贝类等大宗低值原料为主。这类原料的一个鲜明的特点就是数量巨大，但可持续开发能力不足。如果用较为新鲜的此类原料生产，则会产生非常鲜美的味道，也是具有极高营养价值的调味品原料。同时，对此类原料的加工再利用，非常有利于沿海地区的环境保护工作。现在沿海地区也开始有一些新型的企业在加工此类调味品，如可以使用虾皮、蟹壳生产虾精粉、虾汁、鲜虾调味料等；利用鱼骨生产鱼骨提取物、鱼露、鱼骨汤等；利用廉价低值的鱼、贝类生产贝类提取物、精粉等。这些海产类提取物产品又可应用于调味品、方便面调味料、膨化休闲食品调味等。

第三节　增　味　剂

增味剂也称风味增强剂，顾名思义即增强食品原有风味的一类食品添加剂。由于习惯上的认识，一般人们会把食盐排除在食品添加剂之外。但是，食盐在食品，尤其是咸味食品中的调味作用，是非常大的，俗语就有“盐是百味王”之称。在骨肉提取物中，食盐不但起到了调味作用，还是骨肉提取物的主要防腐剂。故此，本章也将其列为一类重要的增味剂来加以叙述。

一、食盐

“盐是百味王”，无论是中式调味品还是西式调味品，食盐是离不开的最主要的增味剂。

（一）食盐的种类

我国的食盐主要有以下四种。

1. 海盐

海盐是从海水中晒取的。

2. 井盐

井盐是用地下咸水经熬制而成的。

3. 池盐（湖盐）

池盐是从内陆的咸水湖中提取的，不再经过加工即可食用。

4. 矿盐（岩盐）

矿盐是蕴藏在地下的大块盐层，经开采后取得。

按加工与否可分为原盐（粗盐）、洗涤盐、再制盐（精盐）。

粗盐又称大盐，主要化学成分为氯化钠（NaCl），因为生产食盐的卤水不同，粗盐含有不同的杂质，主要杂质有：氯化镁、氯化钾、硫酸镁、硫酸钙、微量元素（锶、硼、硅、锂、氟、碘）以及泥沙等。粗盐经过饱和盐水洗涤后的产品即为洗涤盐，其表面的杂质经过洗涤已去除。

再制盐是将粗盐溶解为卤水，经过除杂质处理后，再蒸发结晶而成的，再制盐杂质较少，氯化钠含量在90%以上，颗粒细小，色泽洁白，为现行常用食盐。特等再制盐氯化钠含量可达99.2%以上，呈粉末状。

在选购食盐时，要能鉴别其品质的优劣：主要是从色泽、晶粒、咸味、水分等几方面进行鉴别。

1. 色泽

纯净的食盐，色泽洁白，呈透明或半透明状。如果色泽晦暗，呈黄褐色，证明含硫酸钙等水溶性杂质和泥沙较多，品质低劣。

2. 晶粒

品质纯净的食盐，晶粒整齐，表面光滑而坚硬，晶粒间隙较少（复制盐应洁白干燥，呈细粉末状），如果盐粒杂乱，粒间隙较多，会促使卤水过多地藏于缝隙，带入较多的水溶性杂质，造成品质不好。

3. 咸味

纯净的食盐应具有正常的咸味，如果带有苦涩味或有牙碜的感觉，即说明钙、镁等水溶性杂质和泥沙含量过大，产品品质不良，不宜直接食用。

4. 水分

质量好的食盐颗粒坚硬、干燥、水分含量少，结块的盐外表虽然干燥，但在雨天或湿度过大时容易发生“返卤”现象。食盐含有硫酸镁、氯化镁、氧化钾等水溶性杂质越多越容易吸潮。

（二）食盐的作用

食盐是骨肉提取物中不可或缺的主要成分之一，其在骨肉提取物中的主要作用如下所述。

（1）增加适口性

（2）提高鲜度

（3）减少或掩饰异味

（4）平衡风味

（5）提供咸味

（6）其水溶液可以溶解或凝固特殊蛋白质

（7）延长储藏期

添加食盐可增加和改善食品的风味。在食盐的各种用途中，当首推其在饮食上的调味功用，既能去腥膻、提鲜、解腻，又可突出原料的鲜香之味。因此，食盐是人们日常生活中不可缺少的食品之一。另外，从生理角度上来讲：每人每天至少需要 3 ~ 10g 的食盐才能保持人体心脏的正常活动和维持机体正常的渗透及体内酸碱的平衡。

（三）食盐与其他调味品的关系

食盐与其他风味调味料（如食醋、食糖、味精等）共同使用，食盐将与其他风味的调味料发生相互作用，而这些作用的最终结果也必然反映到制品的风味上。因此，了解食盐与其他风味调味料的相互关系，有助于调制好骨肉提取物的风味。

1. 食盐与酸味调味料的关系

（1）咸味食品中加入微量醋，可以使咸味增加，如在 10% ~ 20% 食盐溶液中加入 0.1% 的醋，咸味即增加。

（2）咸味食品中加入较多酸味调味料时，可以使咸味减弱，如在 1%～2% 食盐溶液中加入 0.05% 以上（pH 为 3.4 以下）的食醋、10%～20% 食盐溶液中加入 0.3% 以上（pH 为 3.0 以下）的食醋，咸味均减弱。

（3）任何浓度的食醋溶液中加入少量食盐，酸味增强，加入大量食盐则酸味减弱。

2. 食盐与苦味调味料的关系

（1）咸味食品中加入咖啡因（苦味），咸味减弱。

（2）苦味食品中加入食盐，苦味减弱　0.03% 咖啡中加入 0.8% 食盐，苦味稍增加；加入 1% 以上食盐则苦味增强；0.05% 咖啡溶液（相当于泡茶的苦味）随着加入食盐量的增加，而苦味减弱，加入 2% 以上的食盐时，咸味增强。

3. 食盐与味精的关系

（1）咸味调味料加入味精，咸味缓和。

（2）味精加入微量的食盐，可增强鲜味。

（3）咸味是鲜味的引发剂，即没有咸味味精就表现不出鲜味。

4. 食盐与甜味调味料之间的关系

（1）咸味食品中加入糖，可减弱咸味。

（2）甜味食品中加入微量的食盐，可增加甜味。

5. 食盐与蛋白质的关系

众所周知，人们在做一些鱼肉制品时，习惯上用盐先腌制一下再进行后续加工，经过这样腌制的食物，有一种特殊的香味和口感。其原因是盐可以使一些呈味的小分子蛋白质从其紧密地结构内溶解出来，使人们感觉到此种食品更加鲜嫩美味；而同时，食盐又有使蛋白质变性的作用，使得一些蛋白质变得更加紧密，这部分蛋白质经腌制加热后，会带给人以筋道耐咀嚼的口感。因此，在做一些肉制品时，可以考虑食盐在腌制过程中所起的作用，以做出理想的产品。当然，同时还要考虑其他盐类物质所起到的协同作用。

（四）食盐的应用

1. 食盐在食品加工中的主要作用

（1）提高肉制品的持水能力，改善质地。氯化钠能活化蛋白质，增加其水合作用和结合水的能力，从而改善肉制品的质地，增加其嫩度、弹性和适口性。

（2）增加肉糜的黏液性，促进脂肪混合以形成稳定的糊状物。

（3）增加肌肉蛋白质的凝固性，使其成品形态完整，质量提高。

（4）抑制微生物的生长。

（5）提高成品率，增加骨肉提取物的风味，改善骨肉提取物的产品状态等。在骨肉提取物的生产过程中，有的会加入0.5%的食盐再行提取，以改善提取物质构的稳定性。

2. 食盐在食品中的增鲜、保鲜作用

因为食盐可以提高食品的渗透压，当食盐溶液的浓度为1%时，可以产生61kPa的渗透压，而多数微生物细胞的渗透压只有300～600kPa，在食盐渗透压作用下，微生物的生命活动就受到了抑制。在一般情况下，只要食盐浓度超过10%，大多数微生物的生命活动受到暂时抑制，如果食盐浓度超过15%～20%，则大多数微生物停止生长。另外氧是很难溶解于盐溶液中的，这样可使绝大多数的需氧微生物，因食盐溶液中缺乏氧气而难以生长繁殖，以此保存食品。但是在其他肉制品中食盐浓度仅占2.5%左右的情况下起不到抑制微生物繁殖的作用，而且一般食品的食盐浓度不可能达到15%～20%。由此可见，仅有食盐是达不到防腐效果的。现在腌制肉时，除食盐外，还添加硝酸盐、亚硝酸盐、食糖、各种香辛料，这些添加物都具有防腐作用。食盐对于微生物的作用只是抑制其繁殖，而不是杀菌。抑制细菌繁殖只是对正常肉而言，对于带致病菌的肉则无此作用。因此作为原料，必须选择合格的产品。食盐也要使用以氯化钠为主要成分、纯度高、质量好的精制盐。纯度低、质量差的食盐浸透速度慢，味道差，还会给产品的色泽等带来影响，因此在加工时需要特别注意。由此，现在市场上的骨头浓缩提取物类产品，一般是添加15%左右的食盐以调味，兼具一定抑菌作用。

二、食糖

甜味是以蔗糖为代表的味。甜味调味料是以蔗糖等糖类为呈味物质的一类调味料的统称，又称甜味调味品。

食品加工中应用的甜味料主要有食糖、蜂蜜、饴糖、红糖、冰糖、葡萄糖、淀粉糖浆、山梨糖醇等。

纯粹的蔗糖是无色透明的结晶体，有甜味，易溶于水，在水中的溶解度随着温度的增加而加大，室温度20℃时，100g水中可溶解食糖203.9g，温度升高至100℃时，能溶解487.2g食糖。同时，糖在水中的溶解度易受其他物质溶解度的影响，因此，食糖在含有蔗汁或甜菜叶的溶液中，其溶解度不仅取决于温度，还取决于杂质的性质和数量，一般不纯糖溶液的溶解度较纯水的溶解度为大，糖的溶解度越大，溶液就越浓，相对密度也越大。食糖的溶解度与温度有关，温度越高，食糖的溶解度越大。

（一）食糖的种类

食糖是甜味料的一种，有很多的分类法及命名法。商业上从其形状上分，可分为砂糖、绵糖、冰糖；从颜色上分，可分为白糖、黄糖、红糖；从制作来源上分，可分为蔗糖、果糖、饴糖和蜂糖等。

1. *砂糖*

砂糖以蔗糖为主要成分，色泽洁白，晶粒整齐均匀，含蔗糖量在 99% 以上，水分、杂质、还原糖的含量很低，甜度较高且纯正，易溶于水，在肉制品加工中能保色，缓和咸味，增鲜，增色，适口，使肉质松软。在盐腌时间较长的肉制品中，添加量为肉重的 0.5%～1% 较合适，中式肉制品中一般用量为肉重的 0.7%～3%，甚至可达 5%～7%。砂糖的保存要注意卫生、防潮，应单独存放，否则易返潮、溶化、干缩、结块、发酵、变味。

2. *绵白糖*

绵白糖又称绵糖，或简称白糖，色泽白亮，晶粒细软，入口溶化快。绵白糖有两种：一种是精制绵白糖，它是用白砂糖磨成糖粉后，拌入 2.5% 的转化糖浆制成的，其质量较佳；另一种是土法制的白糖，色泽稍暗或带微黄。精细、高档产品中经常使用绵白糖，保存方法同砂糖。

3. *红糖*

红糖又称黄糖，有黄褐、赤红、红褐、青褐等颜色，但以色浅黄红、甜味浓厚者为佳，红糖除含蔗糖量约为 84% 外，所含果糖、葡萄糖较多，甜度较高，但因未脱色精炼，其水分含量在 2%～7%，色素、杂质较多，容易结块、吸潮，不容易保存，甜味不如白糖纯厚，但有醇香感。红糖除了含有蔗糖以外，还含有钙、铁等矿物质和其他营养成分。保存方法同砂糖。红糖绵软成熟的口感易被人接受，能为骨肉提取物增加厚感，但仅限于非白汤类产品的制造。在其他肉制品加工中红糖常用于着色。

4. *冰糖*

冰糖是白砂糖的再制品，即将砂糖溶解后，经过再次澄清、过滤，以进一步除去杂质，然后再蒸发去水分，达到饱和的白糖膏，使其在 40℃ 左右条件下进行自然结晶，由于养晶过程较长，晶体形成较大，故呈冰块状。冰糖中杂质、还原糖、水分含量较少，结晶组织紧密，味甜纯正，质量高的可作药用，也可作为糖果食品。冰糖有润肺止咳、健胃生津的功效，冰糖以色白明净（或微黄）透明味浓者为上品。保存方法同白糖。冰糖多用于一些南方风味老汤的熬制中。

5. *饴糖*

饴糖又称麦芽糖，是以大米、玉米、麦芽为原料，将其蒸熟，用淀粉酶液化后，再用麦芽使原料中所含的淀粉糖化，经过滤、浓缩制作而成的一种浓稠状调味品。饴糖的主要成分为麦芽糖50%、葡萄糖20%和糊精30%，饴糖甜柔爽口，有吸湿性和黏性。在肉制品加工中，用于增色和辅助剂，例如，制作北京烤鸭时就需要将饴糖涂在鸭皮上，等糖液干后再放进炉内。饴糖的口感比较复杂醇厚，故也可用于骨肉提取物中以提升综合口感。由于饴糖有软硬之分，软饴糖为淡黄色，硬饴糖为黄褐色，总之以颜色鲜明、浓稠味纯、洁净无杂质、无酸味者为佳。在保存中宜用缸盛装，注意降温，防止溶化。

非终端纯提取类骨肉提取物产品，一般不加糖类产品，只有用于终端消费时，才加入部分适合的食糖以调味。

（二）甜味与其他味的关系

在食品加工中，产品的调味常将酸味剂、甜味剂、咸味剂等多种呈味物质共同使用，它们共同作用的结果是可以改善产品的风味，使产品的味道趋于和谐。同时，这些不同味觉的调味料对糖的甜度会产生影响，它们的相互关系如下所述。

1. 甜味与酸味的关系

甜味因添加少量食醋而减弱，添加量越大，甜味越小。

酸味因食糖的添加而减少，添加量越大，酸味越小，但不是量比关系，与pH有关系。在0.3%以上的醋酸溶液中，即使添加大量的食糖，酸味也难以消失。

在0.1%醋酸溶液中添加5%~10%食糖，酸甜味适中，此浓度大致与糖醋汁浓度相同，能呈现良好的适口性。

2. 甜味与苦味的关系

甜味因苦味的添加而减弱，苦味因食糖的添加而减弱，但是，对0.03%的咖啡因必须添加20%以上的食糖才能减弱其苦味。

3. 甜味与咸味的关系

添加少量食盐能增加甜味，咸味却因添加食糖而减少。

三、味精

（一）概述

味精是现代调味品中不可缺少的主要原料之一。它是以大豆、小麦面筋、玉米淀粉和白薯淀粉为原料，经水解法或发酵法制成的。另外，还有化学合成味精或用甜菜糖蜜中所含焦谷氨酸制成的味精，其质量不同，规格有异，以色白味鲜、含谷氨酸钠量高的粮食味精为好。

味精分为晶体和粉状两种，其主要成分是谷氨酸钠，为无色或白色的结晶性粉末，无臭，有一种特有的鲜味，易溶于水，微溶于乙醇。在150℃时失去结晶水，210℃时发生吡咯烷酮化反应，生成焦谷氨酸，270℃左右时则分解。无吸湿性，对光稳定，其水溶液加热也相当稳定，在碱性条件下加热发生消旋作用，呈味力降低，在pH为5以下的酸性条件下加热时发生吡咯烷酮化，生成焦谷氨酸，呈味力降低，在中性时加热则很少变化。味精储存应密闭保存，且应置于干燥通风处，防止潮解、结块。

谷氨酸钠含分子结晶水，熔点为195℃，易溶于水而难溶于酒精，其结构有D型和L型两种，天然产物为L型，具有鲜味，D型则无味，味精的水溶液呈浓厚的肉鲜味，当有食盐存在时，其鲜味尤其显著。因此，一般的味精中都加有食盐，如市场上所售的味精中。其纯度一般都是80%、90%或95%的谷氨酸钠，同时加入食盐作为鲜味的辅助剂。

味精几乎在所有场合都是同食盐并用的，这两种物质呈味强度的平衡，在肉制品生产中将会产生相当大的影响，因此二者之间有一种定量关系的。据测定，浓度为0.8%~1%的食盐溶液是人们感到最适口的咸味。而在这最适咸度的前提下，味精的添加量也是有一定标准的，如在0.8%食盐溶液中添加0.38%味精，在1%食盐溶液中添加0.31%味精，只有这样才能达到鲜味和咸味之间的最佳统一。

味精在调味增鲜方面是有一定作用的，但不顾实际情况，不采取科学调味的方法，而一味地依靠添加味精来求得鲜美的效果则是不恰当的。正确的方法是应该根据原料的多少、食盐的用量和其他调味料的用量，来确定味精的用量。如果在加工某个肉制品品种时加入过量的味精，反而有损于产品的风味，给人带来某种酸涩味。

味精的鲜味还与pH（即酸碱度）有关，当pH为6.5~7.0（中性）时，味精能在水中全部溶解，此时呈鲜味最强。pH≤3.2（酸性）时，呈味最弱。当pH>7（碱性）时，L型的谷氨酸钠发生外消旋化，生成D型谷氨酸钠而失去鲜味，碱性越强，湿度越高，外消旋化倾向越强。

谷氨酸钠盐属于脂肪族化合物，严格来说，并不只有一种味道，而是甜、酸、苦、咸、鲜五味俱全，其味道成分分布为：鲜味71.4%、咸味13.5%、甜味9.8%、酸味3.4%、苦味13.5%。谷氨酸本身味道成分分布为酸味64.2%、鲜味25.1%、苦味5.0%、咸味2.2%、甜味0.5%。

味精虽然对人体没有直接的营养价值，但它能增加食品的鲜味，引起人的食欲，有助于提高人体对食物的消化率，同时也属于氨基酸类药物。

如何识别真假味精是很简单的，人们只需用舌头一尝，便可知其真假。具体做法为取少许味精直接放在舌头上，如果是合格味精，舌头感到冰凉，且味道鲜美，并带有鱼腥味。若感到有苦咸味，又无鱼腥味，则是掺了较多食盐，若是掺了木薯粉或石膏，不仅难于溶化，且有冷滑、黏糊之感。

正品味精其外观呈透明状的结晶物，含谷氨酸钠含量99%以上，一般分为粉状和结晶状两种，根据晶体长度，又分为细晶和精晶两种，细晶的晶体长度为2～4mm，而精晶的长度则在4mm以上。

味精是一种安全的食品调味料。1988年1月，世界卫生组织宣布：味精使用量不受限制，可以安全使用，将其应用于骨肉提取物中主要起增鲜、提味的作用。

味精易溶于水，进入肠胃后，易被人体吸收和利用，然而使用不当，不仅不能起到应有的作用，而且还有损于身体健康，因此在使用时必须注意以下几点。

1．不要长时间高温加热

当味精加热到120℃以上时，长时间加热易使谷氨酸钠发生分子内脱水，生成羧基吡咯啶酮，也称焦谷氨酸钠。此物质有一定的毒性，因此味精的使用应掌握好温度、用量、应用范围、投放时间及投入原料中的方法，以免引起内容物质较大的变化。其最适溶解温度为70～90℃，故一般提倡在骨肉提取物出锅前加入味精，以便突出鲜味。

2．要有选择性的使用

一般在加工猪肉、牛肉中可加入少量味精，目的是增强其鲜味。而在加工鱼肉及禽类时，不需加入味精，因即使加入味精，其味道也不会得到应有的效果。

3．不要用于酸性、碱性制品

如在制作糖醋汁和番茄汁的肉制品中，无需加入味精，因味精所含谷氨酸是一种两性分子，在它的分子中既含有碱性的氨基（－NH），又含有酸性的羧基（－COOH）。当溶液处于碱性条件下，会转变为具有不良气味的谷氨酸二钠，成为一种毫无鲜味的碱性化合物；当溶液处于酸性条件时，则不易溶解，并对酸味有一定的抑制作用（即味感缓冲作用），如使醋中磷酸单脂酶的活力受到破坏，核苷酸很快降解等，从而失去鲜味，影响风味，所以，当制品处于碱性或酸性条件时，不宜使用味精。

4．不要使用过量

要充分发挥味精调味和补充营养的作用，在加工制品时就必须用量适当。根据有关部门测定，味精的水稀释度是3000倍，人体味精的味觉感为0.033%。在使用时，以稀释1500倍左右为宜。每人每天的味精摄入量不得超过每千克体重120mg，食用过多，不仅不能发挥鲜味作用，而且制作出的产品还会产生一种非咸似咸，非涩似涩的怪味，更有甚者还会引起人的头、胸、背、肩疼痛等一些症状。至于用量一定要恰当，不能压抑制品的主味，而且味浓厚或本味鲜的制品应该少用或不用。肉制品灌肠类、香肠类、火腿类等用量一般为50kg，原料肉用100～150g。总之，味精使用应以制品即有鲜味，又能突出主味为度。

5. 不要用于婴儿食品

科学研究证明，婴儿食品中使用味精，其中的谷氨酸会与血液中所含的锌发生特异性结合，生成不能被婴儿吸收的谷氨酸锌，并被排出体外，从而可导致婴儿缺锌性智力减退及生长发育迟缓等不良后果。因此，3个月以内的婴儿，应禁止食用味精，1周岁以内的儿童，以不食带有味精的食品为宜，哺乳期的妇女，也不宜食用味精，以免影响幼儿的身心健康。

6. 在高温下可以使用味精

近年来有人提出在高温下是否可以使用味精，即味精使用时如果温度超过100℃，是否会产生焦谷氨酸钠？人食用后是否会致癌，味精在高温下究竟会有什么变化？是否会产生致癌物质？根据试验，味精在120℃的条件下加热，会失去结晶水而变成无水的谷氨酸钠，然后有一部分无水谷氨酸钠的会发生分子内脱水，生成焦谷氨酸钠，这是一种无鲜味的物质。若以0.2%味精（一般使用浓度）及2%食盐水溶液，在115℃时加热3h，生成的焦谷氨酸钠为0.014%，而焦谷氨酸钠经研究证明是无毒的。

骨肉提取物生产加热温度一般在100～130℃，其他制品油炸温度在160～200℃，烧烤制品温度在250℃以内。在上述这些温度范围内，添加到肉制品中的味精是十分稳定的，基本不会有任何致癌物质产生。因此，在正常生产加工过程中，味精的热稳定性很好，不会产生大量的焦谷氨酸钠。焦谷氨酸钠虽然没有鲜味，但由于生成量太少也不会影响整个味精的呈鲜效果，所以味精完全可以与盐、糖等其他调味料一样在高温下使用。而且，在骨肉提取物生产中一般是在后期调味时加入，也就无需担心会产生什么有毒的物质了。

（二）味精的种类

1. 强力味精

强力味精又称为鲜味精、特鲜味精、味精之王等，它是工业化生产的第二代味精。它主要是由呈鲜能力强的肌苷酸钠或鸟苷酸钠与普通味精混合制成，按不同的配比量，可使味精的鲜度提高几倍到几十倍不等。强力味精中肌苷酸钠和鸟苷酸钠的制取一般是从一些富含核苷酸的动植物组织中萃取或用核酸酶水解酵母核酸后得到的。

强力味精的主要作用除了强化鲜味、降低鲜味剂使用总量外，还有增强肉制品滋味，强化肉类香味，协调甜、酸、苦、辣味等作用，使制品的滋味浓郁，鲜味更厚圆润，并能降低制品中的不良气味，这些效果是任何单一鲜味调料所无法达到的。

我国目前所生产的强力味精是在98%普通味精中添加2%肌苷酸钠或鸟苷酸钠，混合后，其味精的鲜度可提高3倍以上。如果是在97%普通味精中加3%肌苷酸钠或鸟苷酸钠，其鲜味可增加4倍以上。

强力味精的鲜味与普通味精一样，都必须在有食盐存在的情况下才能体现。在碱性与酸性偏重的制品中其呈鲜效果不明显，原因是其成分以普通味精为主，其用法与普通味精大致相同。

强力味精与普通味精的区别是：在加工中，要注意尽量不要与生鲜原料接触，或尽可能地缩短其与生鲜原料的接触时间，这是因为强力味精中的肌苷酸钠或鸟苷酸钠很容易被生鲜原料中所含有的酶系所分解，失去其呈鲜效果，导致鲜味明显下降。因此，最好在加工制品的加热后期添加强力味精，或者添加在经过80℃加热灭酶以后冷却下来的制品中。总之，要尽量避免与生鲜原料接触的机会。

2. 复合调味料

复合味精又称特色味精，最适合的叫法就是复合调味料（一般意义上的复合调味料大部分是指粉状复合调味料）。复合味精是味精的第三代、第四代、第五代产品，其实就是以味精为主，以香辛料、美拉德反应呈味料等为辅的新型复合调味料。由于普通味精或强力味精作为调味料尚鲜味单调、香味不足。因此，在普通味精和强力味精的基础上产生了复合调味料。复合调味料不仅比普通味精的鲜味强，而且鲜味中带有不同的风味，风格品种多样。复合调味料是一种由香辛料和各种呈味料配制而成的混合型鲜味调料。它的成分中除了普通的鲜味剂外，还加有一定比例的精盐、鸡肉粉、牛肉粉、猪肉粉等，并加有适量的牛油、鸡油、水解植物蛋白、葡萄糖、辣椒粉、洋葱、大蒜、姜黄等一些香辛料。鸡精、鸡粉、排骨粉等即是这类产品的代表。

复合调味料使用极其方便，它一般采用塑料袋或瓶装，使用时不需要另外添加其他调料即可直接用于制品中。因此，使用极为方便。复合调味料的品种也多种多样，除了有牛肉味、鸡肉味、猪肉味等肉味型调料以外，还有虾味、海贝味等海鲜味型的调料，它的产品分别有粉状和酱状等以供选择。

复合调味料的用途很广泛，可直接作为清汤的调味料，由于有香料的增香作用，因此用复合调味料进行调味的肉汤其肉香味很醇厚，可作为肉类嫩化剂的调味料。嫩化剂可使老韧的肉类组织变得柔嫩，但有时味道显得不佳，此时添加与这种肉类风味相同的复合调味料，可弥补风味的不足，可作为某些制品的涂抹调味料。

3．营养强化型味精

营养强化型味精是为了更好地满足人体生理的需要，同时也为了某些病理和某些特殊方面的营养需要而产生的。如赖氨酸味精、维生素 A 强化味精、营养强化味精、低钠味精、中草药味精、鲜辣味精、五味味精、芝麻味精、香菇味精、番茄味精等。

此类味精作为调味品，实际营养意义不大，只能说是一些概念性的东西。

四、肌苷酸钠

肌苷酸钠是白色或无色的结晶性粉末。肌苷酸钠通常与味精一起使用。向制品中添加1/20左右的味精就要加0.01%~0.02%的肌苷酸钠。使用时肌苷酸钠不限于核酸关联物质。因酶（磷酸酯酶）容易分解，所以添加酶活力强的物质以及生鲜原料时应充分考虑后再使用。

五、鸟苷酸钠、胞苷酸钠和尿苷酸钠

这三种物质同样是核酸关联物质，鸟苷酸钠是将酵母的核糖核酸进行酶分解而制成的，胞苷酸钠和尿苷酸钠也是将酵母的核糖核酸进行酶分解而制成的。它们都是白色或无色的结晶或其粉末。其中，鸟苷酸钠是带有蘑菇香味的，因它的香味很强，所以使用量为味精的1%~5%就足够了。核苷酸类鲜味剂的开发成功，为食品鲜味剂开创了一个全新的局面，它没有味精的干涩口感，并且带有强烈的肉感和汤感，也是骨肉提取物中不可或缺的成分之一。

六、琥珀酸、琥珀酸钠和琥珀酸二钠

因琥珀酸是呈酸味的，所以一般使用它的一钠盐或二钠盐，即琥珀酸钠，俗称干贝素，为无色或白色晶体或粉末，易溶于水，微溶于乙醇，不溶于乙醚。具有独特的类似于海贝的鲜味，其阈值为0.02%，与味精、I+G没有协同增效作用。广泛分布于动植物体内。

食品工业通常使用的是含6个结晶水的琥珀酸二钠盐，其分子式为$C_4H_4O_4Na \cdot 6H_2O$，也有用无水琥珀酸钠的。对于骨肉提取物来说，使用量为0.01%~0.03%。一般在汤类制品中添加干贝素可使汤的风味更加饱满丰厚，使汤汁的复杂味感增加，同时具有海鲜味。但这种增味剂的缺点是添加过量则有损于风味。

第四节　畜禽骨肉提取物常用加工助剂

一、酶制剂

酶制剂是一类具有生物催化活性的添加剂。由于酶具有催化活性高、选择性好、作用条件温和等优点，在食品生产中能得到广泛的应用。酶制剂可以加速食品加工过程，提高产品质量，还可以降低成本，节约原料和能源，有利于环境保护等。

酶制剂的来源一般有三种方式：一是从动物脏器中提取，如胰蛋白酶和胃蛋白酶等；二是从植物中提取，如木瓜蛋白酶和果胶酶等；三则是在发酵工业的基础上发展来的微生物发酵法生产的微生物酶制剂，如常用的碱性内切蛋白酶 Alcalase3. 0T、风味蛋白酶、复合蛋白酶、α－淀粉酶制剂、糖化酶制剂等。现在，在食品工业中使用的酶制剂主要是微生物发酵酶制剂。

时至今日，加工健康天然的食品代表了食品工业发展不可逆转的潮流。与传统的化学法如酸法加工食品相比，生物酶技术展现了其独特魅力，它克服了化学法中产生的有害副产物（例如，酸法生产 HVP 容易产生三氯丙醇，而采用生物酶解方法可避免这一物质的产生），为食品加工提供更健康、环保、安全有效的解决方案。

目前，已知的酶制剂有一百多种，常用的已有四十多种。功能性食品行业用酶制剂包括各种蛋白水解酶、蛋白聚合酶、戊聚糖酶、淀粉酶、乳酪香精脂肪酶等。为动物蛋白水解行业（如骨素加工）、植物蛋白水解行业（如大豆蛋白和大豆肽加工）、肉制品（谷氨酰胺转氨酶）、乳制品、婴儿食品、保健食品等食品行业开启了前景无限的应用。随着国内食品原材料提取工业的发展，用于蛋白质酶解提取和分离的酶制剂也已经有十多种，加上相关的脂肪酶，共有二十种之多。下面按照应用行业，介绍目前国内市场尤其是骨肉提取物生产中常用的具有一定代表性的生物酶制剂系列产品，并简单介绍一些与之相关的脂肪酶。

（一）国外酶制剂产品

1. 大豆多肽及大豆磷脂功能食品用酶制剂

有水解蛋白酶 2. 4L FG（Alcalase2. 4L FG）、复合蛋白酶（Protamex）、风味蛋白酶（Flavourzyme 500 MG）和脂肪酶（Lecitase 10L）。

上述酶制剂可将大豆蛋白（大豆分离蛋白或大豆浓缩蛋白等）水解为大豆多肽，提高大豆蛋白的溶解性及功能特性，用作饮料、乳制品、老年及婴幼儿食品的蛋白补充剂和营养补充剂。诺维信脂肪酶（Lecitase 10L）可改性天然大豆磷脂，开发具有多种新型功能的大豆磷脂产品。

2. 动物来源蛋白提取物及肉味香精基料用酶制剂

有复合蛋白酶（Protamex）和风味蛋白酶（Flavourzyme 500MG）。

这两种酶制剂对原料肉、肉渣、骨、血等动物加工副产品进行水解，能使原料获得有效的水解和较高的蛋白质利用率，并且最终产品风味醇厚自然，无苦味等不良口味的干扰，有时还能带来较好的特征气味。

例如，猪肉加工过程中一种重要的副产品就是脂肪炼油后的脂渣（又称油渣）。油渣因其特有的结构及功能特性（如持水性）可用于加工肉制品。但这一应用又因其水不溶性而受到了限制。现在，酶制剂的引入使油渣的再利用成为可能，油渣通过酶水解成为可溶性的猪肉提取物，这种产品具有良好的功能特性，从而提高了油渣利用价值。

使用复合蛋白酶生产的可溶性猪肉提取物的益处如下所述。

(1) 其价值远远高于油渣的价值。

(2) 其中的蛋白质可溶，因而赋予了这种功能性猪肉提取物新的应用，如可作为盐水的组分而用于所有的肉类制品。

(3) 防止和避免了巴氏杀菌过程中沉淀。如果注射入肉制品的盐水内添加有猪肉提取物，因这种盐水可以进行巴氏杀菌，可减少交叉感染，获得非常好的微生物卫生质量控制。

(4) 极低的脂肪含量。

(5) 对于添加了可溶性猪肉提取物的肉制品，可降低烹调损失，加固肉制品的结构。

(6) 对于添加了可溶性猪肉提取物的肉制品，其风味得到了改善。

3. 酵母提取物用酶制剂

有水解蛋白酶 2.4L FG（Alcalase 2.4 L FG）和风味蛋白酶（Flavourzyme 500MG）

酵母提取物作为一种风味增强剂，被添加于多种食品中，如汤类、酱、调味汁、休闲食品和肉制品。酵母提取物含有所有的酵母细胞可溶性成分（如氨基酸、核苷酸、肽、蛋白质、糖、维生素和风味化合物）。可通过水解面包酵母或废啤酒酵母制成。

酵母的水解可以依靠细胞中的酶体系来完成。内源性酶在细胞破裂时被释放出来并通过自溶作用水解细胞内容物。自溶过程一般在 α－氨基态氮超过 50% 时终止。

添加外源性酶制剂可以缩短生产时间，提高得率，并改进最终产品的风味。

一系列酶制剂水解性能的比较试验表明，细菌型蛋白酶——碱性蛋白酶水解酵母最为有效。与其他酶如木瓜蛋白酶相比，碱性蛋白酶水解蛋白质有利于获得高蛋白质得率。而且，酵母水解物的质量可以进一步用外切肽酶——风味蛋白酶（Flavourzyme）进行调整。

除选择合适类型的酶以外，pH 和温度对产率至关重要。

若希望获得更高的氨基态氮含量，可使用风味蛋白酶。然而，风味蛋白酶只有与碱性蛋白酶一起使用才有效。上述两种酶制剂用于酵母提取物，可提高最终产品的蛋白质利用率及风味。

4. 乳品

乳酪香精脂肪酶 20000L（Palatase 20000L）、脂肪酶、中性蛋白酶及风味蛋白酶用于乳酪香精的加工。

乳酪香精为乳酪在加工和成熟（熟化）过程中产生的香气化合物。香气的产生很大程度上由酶活性决定。奶油中酶体系由乳酪、牛乳中的酶以及加入的酵母培养基和奶油凝固剂产生的酶等组成。

众所周知，乳酪香精的生成是一很缓慢的过程。加入外源性的酶制剂，并在合适的加工条件下反应，则能在几个小时或几天内将新鲜乳酪加工成具有浓郁香气的乳酪香精。所用的酶有脂肪酶（乳酪香精脂肪酶 20000L）和蛋白水解酶（中性蛋白酶 0. 5L 或风味蛋白酶 1000L）。脂肪酶利于生成特定的脂肪的香气物质，蛋白酶则利于生成人们味觉能品尝出的香气物质。

由这一过程加工成的产品被称为“乳酪香精”，它是一种非奶油组织结构的乳酪香精，被广泛地应用于休闲食品、快餐、酱类和饼干等。

原材料如下所述。

（1）成熟乳酪　乳酪熟化程度对产品的最终风味几乎没有影响。也就是说，各种熟化程度的乳酪均可用作原材料。

（2）其他的牛乳固型物　脱脂乳粉和酪乳粉可用作乳酪固型物的替代物。脱脂牛乳固型物中的乳糖在乳酪香精加工及应用过程中可能发生褐变反应，而生成不利的副产物。加工高质量的乳酪香精，通常要求原材料中至少含有 25% 以上的乳酪固形物。可使用的酶制剂有乳酪香精脂肪酶 20000L（Palatase 20000L）、中性脂肪酶或风味蛋白酶（Flavourzyme 1000L）。

对味觉要求较低时，建议用中性蛋白酶（Neutrase 0. 5L）。若希望获得较强的味觉时，则建议使用风味蛋白酶（Flavourzyme）。风味蛋白酶利于生成高浓度可用作增香剂的游离氨基酸。也可将中性蛋白酶与风味蛋白酶配合使用。

5. 医药中间体提取

水解蛋白酶 3. 0T（Alcalase 3. 0T）应用于肝素钠、硫酸软骨素、透明质酸等医药中间体的提取。

6. 其他

戊聚糖复合酶 120L（Viscozyme 120L）可对植物蛋白预处理以释放蛋白质，特别是使用未提炼的粗原料时建议使用该酶制剂。

（二）国产蛋白酶产品

1. 木瓜蛋白酶

木瓜蛋白酶（Papain）是从木瓜果实中提炼得到的天然生物酶，简称木瓜酶；木瓜蛋白酶对动植物蛋白质、酯、酰胺等有非常强的水解能力，是一种广谱酶制剂。由于木瓜蛋白酶具有酶活高、热稳定性好及天然、卫生、安全等特点，可广泛用于食品、医药等行业，提高其产品的质量与档次。目前国内生产的木瓜蛋白酶活力最高可达到350 万 IU。

（1）使用条件　反应温度 40 ~ 60℃，pH 为 6 ~ 7；添加量一般为 0.1% ~ 0.3% 以原料计。

（2）保存条件　低温储藏。

（3）用途

① 食品工业。利用木瓜蛋白酶的酶促反应，可把食品中大分子的蛋白质水解成小分子肽或氨基酸，可制成肉类嫩化剂、酒类澄清剂、饼干松化剂、保健食品、高级口服液等，提高食品的营养价值，更有利于消化吸收。

② 医药工业。含木瓜蛋白酶的药物，可起到消炎、利胆、止痛、助消化的功效，进一步研究表明也可治疗妇科病、青光眼、昆虫的叮咬。

（4）注意事项　木瓜蛋白酶是一种生物活性物质，易被重金属离子（Fe^{3+}、Cu^{2+}、Hg^{+}、Pb^{+}等）和氧化剂抑制及破坏，应避免与之接触。

2. 动物蛋白水解酶

动物蛋白水解酶是国内近几年新开发的一种针对动物蛋白质水解的专用复合酶制剂，其主要由内切酶、外切酶和风味酶等组成，通过内切酶切断蛋白质内部的肽链和外切酶从多肽链的末端切断肽键释放出氨基酸，而风味酶对水解的苦味与风味起着优化作用，可广泛应用于畜禽等肉类、鱼虾等水产品蛋白质的水解。

（1）应用范围

① 肉类提取物和肉汤。

② 肉味香精的基料。

③ 骨类提取物及骨汤。

④ 水产鱼、虾、牡蛎、蛤蚌与海产品提取。

⑤ 乳酪蛋白或奶油香精。

（2）性能特点

① 蛋白质水解度高，最高可达 65% 以上，氨基态氮干含量超过 2.5g/100g 干品。

② 水解彻底，蛋白质有效利用率超过 75%。

③ 酶水解的动物风味特征氨基酸高，即风味好、浓郁、无苦味。

（3）应用条件　水解温度 55～60℃，物料浓度（配料）25%～50%，pH 为 6.5～7.0，加酶量 0.3%～0.6%（以物料重计），水解时间 3～5h。

3. 酵母提取酶

酵母提取物（酵母精或酵母味素）主要生产方法为生物酶法，酶法水解避免了过去自溶法的细菌污染、生产时间长、得率低和氨基态氮含量低等缺点，也避免了酸水解法的风味差、含盐量高、腐蚀严重、营养损失大、不安全等缺点。

国内生产的酵母水解专用酶制剂，是一种含内切酶、外切酶、风味酶及磷酸二脂酶的复合酶，它能将酵母中的 RNA 水解，产生 5′-核苷酸（RNT），生成呈味成份 5′-鸟苷酸（CMP），再在酶的作用下，将 5′-腺苷酸转化成 5′-肌苷酸（IMP），从而制得呈味力强的酵母提取物。酵母提取酶具有酶解速度快、分解率高、水解物氨基酸含量高、苦味小、呈味性强、使用方便等特点。

（1）使用条件　温度 55～60℃，底物浓度 12%，pH 为 5.5～7.0，水解时间为 16～20h，加酶量为 0.03%～0.06%（按溶液重量计）。

（2）注意事项　该酶是一种生物活性物质，易被重金属离子（Fe^{3+}、Cu^{2+}、Hg^{+}、Pb^{2+}等）和氧化剂抑制及破坏，应避免与之接触。

4. 风味酶

利用美拉德反应产生的各种天然风味是食品风味研究的潮流。美拉德反应发生在还原糖和氨基酸之间，氨基酸来源的选择对反应的香气和味道有较大的影响。一种或几种氨基酸与还原糖系统经过加热反应可生成各种香味物质。根据这一原理，国内有些公司开始利用米曲霉发酵，经提取生物酶后，再添加必要的能产生不同风味的氨基酸和还原糖，经过均匀设计实验，筛选并配成风味酶。这种风味酶可应用于各种动植物蛋白质的水解，后期经风味优化可制取具有不同风味的动植物水解佳品。

（1）作用原理　在一定温度、pH 及浓度下，风味酶中的外切酶与动植物初水解液中的苦味多肽发生反应，生成水解动物蛋白（eHAP）或水解植物蛋白氨基酸水解液（eHVP），然后这些水解物和氨基酸一起与还原糖发生美拉德反应，产生各种不同风味的天然香气和味道成分。

（2）使用条件　将酶制剂调制成一定浓度的酶液，然后把待水解物浸没于其中，在温度为 50～60℃，pH 为 6～6.5 的反应条件下，水解 2～8h，最好是3～6h。

水解完成后，把温度升高到130～140℃，保温1h，以利于水解物、氨基酸、还原糖三者发生美拉德反应。

（3）参考用量为0.1%～0.3%。

5. 嫩肉酶

嫩肉酶是一种取自番木瓜的天然水解蛋白酶，其主要成分是木瓜蛋白酶（活力≥60万U/g），是肉类加工行业进行产品深加工的一种优良蛋白酶制剂，安全可靠。

（1）肉质嫩化　利用嫩肉酶温和地作用于硬韧肉质，肉质中的筋和肌肉会在烹调或提取时发生部分水解，使和肉类嫩度有关的羟脯氨酸增加40%，使口感柔嫩鲜美。

嫩肉酶对各类肉质嫩化效果显著。尤其是经本品处理的牛肉，其鲜嫩程度完全可与进口牛排媲美，牛肉嫩化不但提高了产品的质量档次，也使广大用户不用为韧牛肉发愁，提高了牛肉的经济价值和营养价值。

将老禽畜的肉及韧性内脏切成块，加少量嫩肉酶搅拌均匀，经过烹调后的肉质都有显著改善。

（2）综合利用　禽畜屠宰后产生的含蛋白质废料，可用嫩肉酶进行水解，以生产优质饲料蛋白。

肉骨上残存蛋白质的回收，这部分肉质至少占骨头重量的5%，用嫩肉酶处理可回收这些肉质，并可用于制造罐头肉和汤料的过程中，除去肉质的骨头用来制造明胶，可提高明胶产品的质量。

（3）稳定性

（4）使用条件　温度50～60℃，pH为3～9；酶解应用添加量为0.2%～0.8%；嫩化应用添加量为0.02%～0.04%。

另外，还有一些比较有意义的酶制剂，在此不一一赘述。酶制剂还具有一定的质量或价格优势，使用者可以多做些对比试验，选择使用。

二、乳化剂

乳化剂是指能使互不相溶的油和水形成均一稳定的乳浊液的一类食品添加剂的统称。骨肉提取物尤其是骨白汤中含有较多的脂肪和水分，容易油水分离，使其液态形成均一稳定的体系，有必要了解乳化剂的作用原理。

乳化剂分子是具有亲水和亲油两种基团的化合物，易在油和水的界面形成吸附层，使互不相溶的油和水两相联结，使这两种组分很好的混合成均一稳定的乳浊液，从而达到乳化的目的，从而改善液体内部的结构以及风味和质构。

亲水疏水平衡值（HLB）值是表征乳化剂分子内亲水和亲油性相对强弱

的数值，HLB 值越大，亲水性越强；HLB 值越小，亲油性越强。相对而言，亲水性越强的，其亲油性越弱。一般来说，HLB 值 <7 的乳化剂可用于油包水型（W/O）乳液体系，即一般理解为含油量较大的体系中；HLB 值 >7 的乳化剂则用于水包油型（O/W）乳液体系。在实际生产过程中，对于不同性质的食品体系，可以选用具有不同 HLB 值的乳化剂。对于含有较多水分和大量脂肪的体系而言，一般采用多种乳化剂进行复配后使用，会起到较好的效果。

另外，乳化剂除了乳化作用外，对淀粉还有络合作用。乳化剂可以降低淀粉分子间的结晶程度，防止淀粉制品的老化、回生、沉凝等；乳化剂对蛋白质也有类似的络合作用，主要表现在它可以改善面团中面筋蛋白的网络结构，进而保持面制品的柔软性；在糖果、巧克力等食品中还可以改善食品的结晶结构；在雪糕、冰淇淋等冷饮制品中可以改善冰晶的均匀程度等。此外，一般的乳化剂还具有发泡、消泡、持水以及抗菌保鲜等作用。可以说，乳化剂是可以广泛应用于汤料、乳化香精、面制品、烘焙制品、冷饮、人造奶油、植脂末、巧克力、糖果、胶姆糖、植物蛋白饮料等产品中的食品添加剂。

食品用乳化剂绝大多数是非离子表面活性剂，少数属于阴离子表面活性剂。目前，国外批准使用的有 60 种之多，我国批准使用的也有近 40 种，全世界总需求量约 40 万 t。当然，经常使用的只有几个较为经济的品种。其中使用量最大的是分子蒸馏单甘酯，约占 55%，其次为蔗糖脂肪酸酯、山梨糖醇酯、大豆卵磷脂和丙二醇脂肪酸酯。其中，大豆卵磷脂等天然提取的乳化剂产品，使用量近年呈较快的上升趋势。本章仅就最为常用的分子蒸馏单甘酯和蔗糖脂肪酸酯做一些介绍。其他种类的乳化剂，可以参阅其他专业书籍。至于应该使用哪种乳化剂才能起到其应有的作用，还要多做一些试验才能确定。

（一）分子蒸馏单甘酯

以纯天然植物油脂为原料的水分散型分子蒸馏单甘酯是在高纯度单甘酯的基础上开发应用的亲水性乳化剂。与市场上由 40% 单甘酯乙酰化后称作“亲水性单甘酯”相比，解决了其乳化性被严重降低和食用安全性问题。其亲水性增加，更易溶于水，使用时可先在冷水中均匀分散，再与其他配料一起加热，加热后易操作，水温在 50～100℃ 皆可，乳液稳定均一，可提高乳液浓稠度，乳液长置不分层，且可应用于固体粉末物料中，使用时开水冲调易溶，不结块、易均匀分散，不沉淀。分子蒸馏单甘酯具有乳化能力更强、膨化率高，用量少，耐剪切力强、耐酸、耐碱和耐高温的优势。

分子蒸馏单甘酯含有 90% 以上的单酯和其他二酯、三酯（即油脂），单酯起乳化、膨化作用，而二酯、三酯作用恰恰相反，起抵消乳化膨胀作用，是消泡剂的主要成分，所以单酯含量越高，二酯、三酯就少，乳化膨化效果好，少量添加，就能达到高乳化膨胀效果。

分子蒸馏单甘酯一般质量指标如下。

(1) 高纯度型　白色粉状；单酯≥98%；碘值≤1.00；凝固点62～66℃；游离甘油≤1.0%；水溶温度65～75℃。

(2) 水分散型　白色粉状；单酯≥95%；碘值≤1.00；凝固点62～66℃；游离甘油≤1.0%；水溶温度50～100℃。

(3) 国家标准　白或黄蜡状；单酯≥90%；碘值≤3.00；凝固点62～66℃；水溶温度65～75℃。

使用方法如下。

1. 利用自乳化特点

利用分子蒸馏单甘酯的自乳化特点，将单甘酯加入水中（水分散型分子蒸馏单甘酯水加热至50～100℃，高纯度型65～75℃），搅拌溶化，制成水合甘油酯，HLB值增加到9～10，亲水性增加，冷却后成为稳定均匀的乳液，将其投入原料，进行混合等其他操作。具体步骤如下。

(1) 将一份分子蒸馏单甘酯置于容器内，用电炉或其他加热方法把分子蒸馏单甘酯加热熔化成液体。

(2) 将4～5份约70℃的热水加入高速搅拌器或打蛋机内，启动搅拌机，将热水激烈搅拌。

(3) 将熔化成液体的分子蒸馏单甘酯（如果搅拌设备良好，也可以直接加入珠粒或粉末单甘酯）徐徐地加入正在被搅拌的热水中搅打混合，即可以生成乳白的水合物膏体，后冷却到室温待用。

(4) 由于乳化效果受产生装备、工艺原料等许多因素的影响，为了更充分地发挥分子蒸馏单甘酯的作用，建议用户采用此方法来使用分子蒸馏单甘酯，其乳化效果最为理想。这是因为，把分子蒸馏单甘酯制成水合物后，其表面积比喷雾结晶的分子蒸馏单甘酯的表面积约大700倍，有利于分子蒸馏单甘酯在水基中的分散。

2. 溶解性

因为分子蒸馏单甘酯也易溶于油脂，可将分子蒸馏单甘酯与油脂一起加热熔化后搅拌混合，再投料。本方法适用于人造奶油、糕点油等产品。此种方法是为了乳化目的而将分子蒸馏单甘酯掺合在油相中的，所以，乳化剂以无水状态为好。

3. 使用量

将分子蒸馏单甘酯粉末与其他原料粉末（如味精、乳粉）直接混合均匀投料，然后依法制成各种产品。

用量为0.3%～0.5%（按产品配方原料重量计），若产品油脂、蛋白质等成分较多，或含不易乳化的原料，则应将分子蒸馏单甘酯的用量增加到1%~5%。

（二）蔗糖脂肪酸酯

蔗糖脂肪酸酯又称脂肪酸蔗糖酯、蔗糖酯，简称SE。以蔗糖的羟基为亲水基，脂肪酸的碳链部分为亲油基，常用硬脂酸、油酸、棕榈酸等高级脂肪酸（产品为粉末状）制取，也用醋酸、异丁酸等低级脂肪酸（产品为黏稠树脂状）。

1. 性状

白色至黄色的粉末，或无色至微黄色的黏稠液体或软固体，无臭或稍有特殊的气味。蔗糖脂肪酸酯易溶于乙醇、丙酮。单酯可溶于热水，但二酯或三酯难溶于水。单酯含量高，亲水性强；二酯和三酯含量越多，亲油性越强。

根据蔗糖羟基的酯化数，可获得由亲油性到亲水性、HLB值为2~16的蔗糖脂肪酸酯系列产品。因此，蔗糖脂肪酸酯的HLB值广泛，具有表面活性，能降低水的表面张力，形成胶束，同时具有良好的去污、乳化、洗涤、分散增溶、湿润、渗透、扩散、起泡、抗氧、黏度调节、杀菌、抗老化、抗静电、抗晶折、抗菌等多功能，可用于制作糕点、面包；可作为人造乳制品中的乳化稳定剂，食品保鲜剂，减肥产品添加剂等。软化点为50~70℃，分解温度为233~238℃，有旋光性。在酸性或碱性时加热可被皂化。

2. 用途

蔗糖脂肪酸酯用作乳化剂，也可作保鲜剂。由于蔗糖脂肪酸酯的HLB值可通过单酯、二酯和三酯的含量来调整，应用范围广，几乎可用于所有的含油脂食品，具体应用如下。

（1）用于肉制品、鱼糜制品，可改善制品的水分含量及口感，用量为面积的0.3%~1%（HLB值为1~16）。

（2）用于焙烤食品，可增加面团韧性，增大制品体积，使气孔细密、均匀，质地柔软，防止产品老化，用量为面粉的0.2%~0.5%。

（3）用于饼干、糕点，可使脂肪乳化稳定，防止析出，改善制品品质，用量为面粉的0.1%~0.5%（HLB值为7）。

（4）用于巧克力，可抑制结晶，防止起霜。用量为面粉的0.2%~1.0%（HLB为3~9）。

（5）用于泡泡糖，使之易于捏合，提高咀嚼感，改善风味和软度，添加量为胶基的0.1%~0.2%（HLB值为5~11）。

（6）用于冰淇淋，增加乳化及分散性，提高比体积，改进热稳定性、成形性和口感。用于油脂时用量为1.0%~10%。

（7）用于炼乳、惯奶油、骨白汤等以稳定乳液，可防止水分离，提高油脂膨胀力。用量为0.1%~0.5%（HLB值为1~16）。

(8) 用于人造奶油，可改善奶油和水的相溶性，对防溅有效。用量为0.1%~0.5%（HLB值为1~3)。

(9) 用于乳化香精、固体香精，最适用于柠檬油、橘子油、葡萄油的稳定乳化，防止制品中的香料损失。用量为0.05%~0.2%（HLB值为7~16)。

(10) 用于禽、蛋、水果、蔬菜的涂膜保鲜，具有抗菌作用，保持果蔬新鲜，延长储存期。用量为0.3%~2.5%（HLB值为5~16)。

此外，也可用于汤料、豆乳、冷冻食品、沙司、饮料、米饭、面条、方便面、饺子等。

3. 使用方法

具体使用时，一般先将蔗糖脂肪酸酯以少量水（或油、乙醚等）混合、润湿，再加入所需量的水（或油、乙醇等)，并适当加热，使蔗糖脂肪酸酯充分溶解与分散。

由于乳化剂具有协同效应，单独使用蔗糖脂肪酸酯远不如与其他乳化剂合用的效果，适当复配后乳化效果更佳。

在骨肉提取物生产中，一般使用以上两种乳化剂的等比例混合物。

第三章

畜禽骨肉提取物的生产工艺

第一节　畜禽骨肉提取物生产原理

畜禽骨肉提取物的工业化生产原理，主要是根据传统高汤的制作方法演变而来的。因此，了解传统高汤的煲制方式及其原理是制定工业化生产工艺的必要依据。

按照传统高汤的分类，一般可分为毛汤、乳汤及清汤三大类。骨肉提取物中的汤精类产品则由于工业化生产的需要，分为白汤和清汤两大类。现了解一下传统高汤的制作方式，以便更清晰地理解骨肉提取物工业化生产的原理及其分类。

毛汤，大量用于普通烹饪，常常连续煮沸，取用后再补水。毛汤原料多为鸡骨、猪骨、鸭骨、碎肉、猪皮等。先用冷水煮沸，然后去沫，再放入葱、姜、酒等，小火慢炖几小时而成。因部分油质在熬煮时产生了乳化作用，所以，汤汁显浑浊，介于清汤白汤之间。在工业化生产时，由于设备和工艺参数的制定、人员不够熟练等方面的原因，会很容易出现此种现象。对于工业化生产和工业应用来说，此类产品在市场上不受欢迎。

白汤，源于传统八大菜系之首的宫廷菜系——鲁菜。传统做法多选用鸡、鸭、猪骨、猪蹄、猪肘、鱼等容易出白汤的原料，用沸水烫过，再加入冷水旺火煮开后，去沫，放入葱、姜、酒等传统天然调味料，文火慢煮至汤稠并呈乳白色，北方著名宫廷菜“乳汤鸡”即采用此种做法。中华汤精中的白汤系列即是根据此种传统工艺，结合现代化生产技术精制而成的。现代工业化生产要求出品率高，原料一般要经过适当的破碎，沸水漂烫破碎后的原料会带来营养成分损失，从而降低出品率，因此，在工业化生产中，不建议采用破碎后漂烫的工艺。为保证原料的卫生及产品的品质，一般采取整块原料温水或高压水清洗的方式。当然，要视具体情况而定。

清汤，分为普通清汤和精制清汤两种。普通清汤，传统做法多选用自然放养的老母鸡，搭配瘦猪肉或火腿，用沸水烫过，放冷水，旺火煮沸，去沫，放入葱、姜、酒，随后改小火，保持汤面微沸即可。火候过大，会煮成白色乳汤；火候太小，则鲜香味不浓。传统的精制清汤，是先将普通清汤用纱布过滤备用。再取鸡肉斩成肉茸，放葱、姜、酒及清水浸泡片刻。把鸡肉茸放入清汤内，旺火加热搅拌，待汤将沸时改用小火，切莫让汤翻滚。汤中浑浊悬浮物被鸡茸吸附后，除尽鸡茸，这一精制过程叫“吊汤”。精制过两次的清汤叫“双吊汤”。清汤是最难熬制的汤，它清澈鲜香，常被用于鱼翅、海参或高档清汤菜肴中。在工业化生产当中，不可能实现这样反复“吊汤”的工艺，而是尽量采用含脂量低的原料和较温和的加热方式，再配合先进的生产设备和工艺，如离心机等来进行清汤产品的生产。

老火靓汤，也是清汤的一种。老火靓汤起源于乾隆年间，由多种名贵上等滋补中药以传统方法精心熬制而成，具有风味别致，食补性强的特点。因其遵循中医原理，配料考究，火候恰到好处，汤汁清甜，醇香怡人，风味独特，既不失原料中原有的营养成分，保留了食品的原汁原味，又含有中药材的药理作用。中华汤精中的老汤系列是根据以上两种清汤的传统制作工艺，结合现代化萃取技术精制而成的。

除以上方式外，在畜禽骨肉提取物的加工过程中，应用到多种化工单元操作过程。工艺有以水为介质的萃取、固—液分离、水—油—固三相分离、乳化均质、真空浓缩和干燥等。因食品为热敏性较强的物料，须在温度上加以控制；另外，食品的卫生要求较高，故其在生产过程中的卫生控制尤为重要。现将其各个加工过程中的技术原理简介如下，以供在实际生产过程中进行参考。

一、萃取

骨肉提取物的提取过程实际上是原料中的营养物质、呈味物质、呈香物质等可溶性物质通过水这一介质，经过适当的浸渍和加热，溶解到介质中去的转移过程。原料骨在刚被加热的时候，骨原料表层的呈味物质及其他可溶性物质的浓度大于水中的浓度，这时，可溶性物质就会从骨料表面通过液膜扩散到水中。当原料表面的可溶性物质进入水中之后，原料表层的可溶性物质的浓度低于原料内层的浓度，这导致了原料内部液体中的溶质浓度不均匀，从而使可溶性物质从内层向外层扩散，再从表层向水中扩散。经过一段时间的加热浸提后，逐渐使原料中的可溶性物质的浓度达到与液相中可溶性物质的浓度相同，也即达到了浸出相的平衡。这一原理依据的是费克定律。

提取物的品质与原料中的呈味物质、其他可溶性物质等向提取液中转移的程度有关，转移得越彻底，则提取物的味道越浓厚，出品率越高。溶质从固相向液相转移的程度常用淬余率（E）来表示：

$$E = (C - C_0)/(C_1 - C_0) \times 100\% \quad (3-1)$$

式中，C——某一时间固相溶质的平均浓度，g/L；

C_1——扩散开始时固相中溶质的浓度，g/L；

C_0——浸出平衡时固相中溶质的浓度，g/L。

淬余率是指溶质残余在固相中的比率。从式 3－1 可以看出，原料中溶质越少，淬余率越小，提取液的浓度越高。

此外淬余率还与原料的形态、可溶物质的扩散系数、蒸煮时间、温度等因素有关系。理论上，原料越小，可溶性物质的扩散系数越大，提取时间越长；淬余率越小，可溶性物质向介质水转移得越彻底。在工业生产中，要考虑的是在最经济、产品品质最高的前提下，怎样加速这一过程的实现。因此，增加加水量、增加物料的破碎程度以及在生产中使用搅拌等手段，可以有效地提高产成品的出品率和缩短加工时间。但是，要考虑的是加水量也不是越大越好。有报道说，骨肉提取物生产添加的最佳水料比是3∶1，但在实际生产当中，大部分厂家都采用 1.2～2∶1 的添加比例，然后采用多次循环蒸煮的方式。这主要是考虑后续浓缩等工序的能耗问题。加水量过大虽然提取率升高了，但是提取液的相对浓度却低了，这相应就会增加蒸煮、过滤、分离、浓缩等工序的加工时间，如果将这些时间累积起来，能耗的损失将会很大。因此，要根据具体情况来制定加水量，避免不必要的损失。一般采用多次萃取的工艺来减少水的使用量，增加提取物的提取率。有的采取二次提取工艺，合并两次提取液后进行浓缩；有的则采取三次蒸煮提取工艺，合并前两次的提取液进行浓缩，第三次的提取液则重新加入新鲜原料，作为后续原料的第一次提取工艺用水。由于骨肉提取物的传统工艺的特殊性，不太适合逆流操作的方式萃取。因为这样会使料液沸腾状态加剧不适宜清汤的制作，而且骨料在高温高压下很容易形成骨泥，会造成管道堵塞等事故。

另外，传统的老汤制作时，会在吊汤制之前在原骨汤中加入少量食盐。虽然加盐有时会影响蛋白质的性质，但在吊骨汤前加入少量食盐，可增加蛋白质溶解度（盐溶作用）。低盐浓度可使蛋白质表面吸附某种离子，使颗粒表面同性电荷增加而排斥加强，同时，与水分子作用增大，从而提高了蛋白质的溶解度。所以，在吊骨汤前加少量的食盐，可以使骨汤的浓度和营养得以增加。同时，在吊骨汤前加盐，有利于清汤的稳定性和黏稠感。因为在骨汤中的蛋白质多以负离子形式存在，如果在其中加入正离子的电解质，其稳定性就会遭到破坏（化学中称为胶体脱稳）。而食盐则是一种中性的阳离子电解质，骨汤中加入食盐后，有一小部分水溶性蛋白质就会脱稳，脱稳后由于清除了相互间的静电排斥，使它们通过加热凝聚成较大的颗粒，再通过过滤等手段将其除去，就能形成更加稳定的溶液体系了。

生物酶酶解型骨肉提取物则是利用生物酶的活性，通过内切酶切断蛋白质内部的肽链和外切酶从多肽链末端切断肽键并释放出氨基酸，促使骨头中较大的蛋白质分子水解成小分子的是朊、胨、肽、氨基酸等，增加其溶解性及其他功能，是提高萃取率及萃取速度的一种加工过程。其在广义上归属于生物提取范畴。

二、固液分离（过滤）

畜禽骨肉提取完成后，为减少后续的操作负担及提高产品品质，首先使用的方法就是将提取液中的较大固体成分骨渣过滤出来，骨渣的过滤的原理与其他物质的过滤原理相同。

（一）过滤

过滤是在外力作用下，使悬浮液中的液体通过多孔介质的孔道，而悬浮液中的固体颗粒被截留在介质上，从而可实现固液分离的操作。在骨肉提取物生产中主要就是实现骨渣和骨肉提取物及其他杂质的分离，其原理如图 3－1 所示。

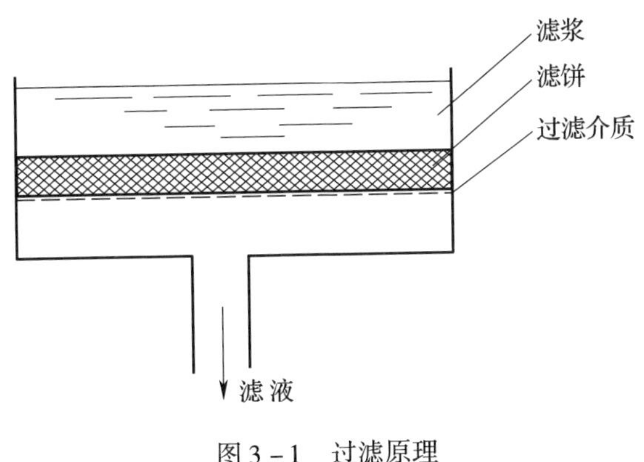

图 3－1　过滤原理

1．定义

多孔介质称为过滤介质，所处理的悬浮液称为滤浆，滤浆中被过滤介质截留的固体颗粒称为滤饼或滤渣，通过过滤介质后的液体称为滤液。

2．推动力

驱使液体通过过滤介质的推动力可以是重力、压力（或压差）和离心力。

3. 目的

过滤操作的目的可能是为了获得清澈的液体产品，也可能是为了得到固体产品。

4. 洗涤的作用

回收滤饼中残留的滤液或除去滤饼中的盐、氨基酸等可溶性。

（二）过滤介质

过滤介质起着支撑滤饼的作用，并能让滤液通过，所以，对其的基本要求是具有足够的机械强度和尽可能小的流动阻力，同时，还应具有相应的耐腐蚀性和耐热性。工业上常见的过滤介质有以下几种。

1. 织物介质

织物介质又称滤布，是用棉、毛、丝、麻等天然纤维及合成纤维织成的织物以及由玻璃丝或金属丝织成的网。这类介质能截留颗粒的最小直径为 5 ~ 65μm。织物介质在工业上的应用最为广泛。其配套设备主要有半筐压滤机、三足离心机、双联过滤器等。

2. 堆积介质

堆积介质由各种固体颗粒（砂、木炭、石棉、硅藻土）或非纺织纤维等堆积而成，多用于深床过滤中。如空气过滤器、活性炭柱等。

3. 多孔固体介质

多孔固体介质是具有很多微细孔道的固体材料，如多孔陶瓷、多孔塑料、多孔金属制成的管或板，能拦截 1 ~ 3μm 的微细颗粒。此类介质除在纯水制造中使用外，较少在有机食品工业中应用。

4. 多孔膜

多孔膜是用于膜过滤的各种有机高分子膜和无机材料膜。广泛使用的是醋酸纤维素和芳香酰胺系两大类有机高分子膜。可用于截留 1μm 以下的微小颗粒。多孔膜主要应用于低分子生物制品的制造或提纯。

（三）滤饼过滤和深层过滤

1. 滤饼过滤

悬浮液中颗粒的尺寸大多都比介质的孔道大。过滤时悬浮液置于过滤介质的一侧，在过滤操作的开始阶段，会有部分小颗粒进入介质孔道内，并可能穿过孔道而不被截留，滤液仍然是混浊的。随着过滤的进行，颗粒在介质上逐步堆积，形成了一个颗粒层，称为滤饼。在滤饼形成之后，它便成为对其后的颗粒起主要截留作用的介质。因此，不断增厚的滤饼才是真正有效的过滤介质，穿过滤饼的液体则变为澄清的液体。

2. 深层过滤

此时，颗粒尺寸比介质孔道的尺寸小得多，颗粒容易进入介质孔道。但由于孔道弯曲细长，颗粒随流体在曲折孔道中流过时，在表面力和静电力的作用下附着在孔道壁上。因此，深层过滤时并不在介质上形成滤饼，固体颗粒会沉积于过滤介质的内部。这种过滤方式适合处理固体颗粒含量极少的悬浮液。

在骨肉提取物实际生产应用中的过滤属于滤饼过滤的范畴，但酶解型清澈透明的产品，使用此种过滤方式尤其重要。

三、离心分离

过滤后的提取液，因含有一定量的油脂、少量骨渣及其他杂质，需要对滤液再进行较为彻底的三相分离，即将过滤后的滤液，再通过适当的方式，将其中所含的过滤不净的骨渣以及油脂进行更为彻底的分离。在畜禽骨肉提取物加工中，要想获得高质量的骨肉提取物产品，离心分离是不可缺少的一个重要步骤，尤其是在清汤类型的产品生产当中。其分离的原理一般都是基于碟片式三相离心机或旋液分离器进行的。因此，了解分离机或旋液分离器的工作原理，即可掌握提取物的分离知识。

（一）离心分离原理

离心分离是在液相非均匀体系中，利用惯性离心力来达到液—液分离，液—固分离，液—液—固分离的方法，通称为离心分离。根据离心力的来源不同，离心分离包括两种，一种是由设备本身的旋转产生离心力，如各种离心机；一种是物料以切线方向进入设备而引起的，如旋风分离器、旋液分离器等，如式 3－2 所示。

1. 惯性离心力

由于离心机产生的离心力可以很大，物料在离心机中所受到的离心力为惯性离心力，如式 3－2 所示

$$F_p = mv_r^2/r \tag{3-2}$$

式中，F_p——物料所受到的惯性离心力，N；

m——料液中颗粒的质量，kg；

r——转鼓半径，m；

v_r——颗粒做圆周运动时的切线速度，m/s；$v_r = 2\pi rn/60$；

n——转鼓转速，r/min。

上式可写成式 3－3

$$F_p = m\omega^2 r \tag{3-3}$$

由式 3－3 可以看出，通过增加转速来增大离心力比增加转鼓直径更有效，

这也就是离心机的理论基础。

2. 离心分离因数

离心机上的离心分离因数是同一萃取体系内两种溶质在相同条件下分配系数的比值，或同一颗粒所受离心加速度与重力加速度的比值。即分离因数指的是相对离心力。如式 3 -4 所示。

$$F_r = R\omega^2/g \tag{3-4}$$

式中，F_r——分离因数；

ω——转鼓回转角速度，rad/s；

R——转鼓半径，m；

g——重力加速度，m/s^2。

离心分离因数是反映离心机分离能力的重要指标，它表示在离心力场中，微粒可以获得比在重力场中大 F_r 倍的作用力，这就是较难分离物采用离心分离的原因。显然，F_r 值越大，表示离心力越大，其分离能力越强，这说明两种溶质分离效果越好，分离因数等于 1，这两种溶质就分不开了。由式 3 -4 可知，离心机的转鼓直径越大，则分离因数越大，但 R 的增大对转鼓的强度有影响。高速离心机的特点是转鼓直径小，转速可达 15000r/min。

（二）离心分离设备的种类和作用

离心分离设备分三类，一类是过滤式离心分离设备，如三足（布袋）式离心机；另一类是沉降式离心分离设备，如旋风分离器、旋液分离器；第三类是离心分离式设备。对于第一类，分离操作的推动力为惯性离心力，常采用滤布作为过滤介质。其分离原理和工艺计算与以上讨论的过滤原理基本类似，对于第二类设备统称为旋流分离器，旋液分离器是利用离心力的作用，悬浮液从圆筒上部的切向进口进入分离器内，旋转向下流动。液流中的颗粒受离心力作用，沉降到器壁，并随液流下降到锥形底的出口，成为较稠的悬浮液而排出。澄清的液体或含有较小较轻颗粒的液体，则形成向上的内旋流，经上部中心管从顶部溢流管排出。这样即可达到固液分离的目的。旋风分离器的工作原理与其相似。

离心分离和过滤、沉降相比，则有分离速度快、分离效果好、生产能力高、制品质量好、设备尺寸小等优点。

工业上还根据离心分离因数大小将离心机分为三类。

（1）普通离心机　$F_r < 3000$，一般为 600 ~ 1200，转鼓直径大，转速低，可用于分离 0.01 ~ 1.0mm 固体颗粒。

（2）高速离心机　$F_r = 3000 \sim 50000$，转鼓直径小，可用于乳浊液的分离。

（3）超速离心机　$F_r > 50000$，转速高（可达 50000r/min），适用于分散度较高的乳浊液的分离。

四、畜禽骨肉提取物油水乳化的基本原理

一般情况下，使用传统大火煲汤的方式，即可做出乳化状态极好的白色乳浊液，但此种乳浊液很不稳定，在久置或后续浓缩过程中极易被破乳，从而失去其均一的乳化结构，给生产过程及产品品质造成不稳定的影响。为了保证产品乳化结构的均一稳定性，一般会在生产过程中加入乳化剂，再借助乳化设备的研磨、剪切等外力，使其彻底乳化。使用小火慢煲的方式，先制出清汤浓缩物，再将其与适量的油脂乳化混合，以制得乳化状态更加均匀的白汤产品。

乳化剂分子是具有亲水和亲油两种基团的化合物，易在油和水的界面形成吸附层，可使络合溶液中的蛋白质和淀粉类物质或将互不相溶的油和水两相联结起来，使这两种液体很好地混合成均一稳定的乳浊液，使混合液达到乳化的作用，从而改善液体内部的结构以及其风味和质构。

HLB 值是表征乳化剂分子内亲水和亲油性相对强弱的数值，HLB 值越大，亲水性越强；HLB 值越小，亲油性越强。相对而言，亲水性越强的，其亲油性越弱。一般来说，HLB 值 <7 的乳化剂可用于油包水型（W/O）乳液体系，即一般理解为含油量较大的体系中；HLB 值 >7 的乳化剂则用于水包油型（O/W）乳液体系。在实际生产过程中，对于不同性质的食品体系，可以选用具有不同 HLB 值的乳化剂。

五、浓缩

浓缩实际上就是蒸发操作。浓缩作为化工领域的重要单元操作之一，在食品工业中被广泛采用。食品工业中，许多液体产品都需要浓缩过程。如果汁的浓缩、牛乳的浓缩、骨汤的浓缩等。又由于食品工业所生产的产品通常为对温度较为敏感的物质，这是蒸发浓缩操作在食品工业中应用时要特别注重的问题。

浓缩是利用热能除去液体物料中过多的湿分（水分或其他溶剂）的单元操作过程。物料经过浓缩使湿分降低到规定的范围内，物料不仅易于包装、运输，更重要的是浓缩后的产品状态更稳定，不易被破坏，便于储存和保证品质更趋于稳定。浓缩可分为电渗析浓缩、超滤浓缩、常温（100℃）常压浓缩和真空浓缩等。一些需要富集金属离子的产品一般会用到电渗析浓缩，但在食品工业中应用得不多；超滤浓缩一般用于不耐热的生物制品的浓缩过程；常温常压浓缩即与过去传统的熬制原理基本一致，该方法适用于附加值较低、对温度与制品品质没有太高要求的粗制产品中。现在因节能方面的原因，也很少使用这种方法了。在实际的应用过程中，综合考虑生产成

本、产品质量和设备投资等因素，蒸发浓缩手段可能视产品的品质与最终要求，与电渗析、离子交换、超滤等浓缩方法共同配合使用，以达到浓缩过程经济合理的目的。蒸发仅是浓缩的方法之一，而不是目的，在设计或选择浓缩设备、工艺流程时，应充分应用或创造性利用现有的科技成果，使设计和选型趋于先进、经济、合理。

在骨肉提取物生产工业中，蒸发操作常将溶液浓缩至一定的浓度，使其他工序更为经济合理，如将稀溶液浓缩到一定浓度再进行沉淀处理或喷雾干燥处理，或将稀溶液浓缩到规定浓度以符合工艺的要求，如将麦芽汁浓缩到规定浓度再进行发酵；或将溶液浓缩到一定浓度以便进行结晶操作等。

蒸发浓缩是将稀溶液中的部分溶剂汽化并不断排出，使溶液浓度增加。为了强化蒸发过程，工业上应用的蒸发通常是在沸腾状态下进行的，因为沸腾状态下传热系数高，传热速度快。根据物料特性及工艺要求采取相应的强化传热措施，可提高蒸发浓缩的经济性。无论使用哪种类型的蒸发器都必须满足以下基本要求。

（1）有充足的加热热源，以维持溶液的沸腾和补充溶剂汽化所带走的热量。

（2）能保证溶剂蒸汽，即二次蒸汽的迅速排除。

（3）要有一定的热交换面积，以保证热量传递。

蒸发可以在常压或减压状态下进行，在减压状态下进行的常称为真空蒸发。在食品工业中通常采用真空蒸发，这是因为真空蒸发具有以下优点。

（1）物料沸腾温度降低，避免或减少物料受高温所产生的质变。

（2）沸腾温度降低，提高了热交换的温度差，增加了传热强度。

（3）为二次蒸汽的利用创造了条件，可采用双效或多效蒸发，提高热能利用率。

（4）由于物料沸点降低，蒸发器热损失可减少。

蒸发装置一般由热交换器（俗称汽鼓）、蒸发室、冷凝器和抽气泵等组成。蒸发设备的种类繁多，可以根据物料特性和工艺要求，选择合适的蒸发设备。

食品和生物工业中大部分中间产物和最终产物是受热后会发生化学或物理变化的热敏性物质。例如，酶被加热到一定的温度会变性失活，酶液只能在低温或短时间受热的条件下进行浓缩，以保证一定的酶活力。有的发酵产品虽经精制，但仍含有一些大分子物质，如甘油，在较高温度下进行蒸发浓缩，甘油中的大分子物质将会发生呈色反应，影响产品质量。因此，食品工业中常采用低温蒸发，或在相对较高的温度条件下瞬时蒸发，来满足热敏性物料对蒸发浓缩过程的特殊要求，保证产品质量。

真空状态溶液的沸点下降，真空度越高，沸点下降得越多。虽然真空蒸发温度较低，但如果蒸发浓缩时间过长，会对热敏性物料有较大影响。为了缩短受热时间，并达到所要求的蒸发浓缩量，通常采用膜蒸发，让溶液在蒸发器的加热表面以很薄的液层流过，溶液很快受热升温、汽化、浓缩，浓缩液会迅速离开加热表面。膜蒸发浓缩时间很短，一般为几秒到几十秒。因受热时间短，可较好地保证产品质量。现在使用较多的是薄膜式蒸发器。

薄膜式蒸发器一般分为管式薄膜蒸发器、刮板式薄膜蒸发器和离心薄膜蒸发器。管式薄膜蒸发器又可分为升膜式蒸发器、降膜式蒸发器、升降膜式蒸发器等。

六、干燥

在食品工业领域，为了易于保持制品的品质稳定型以及包装、运输、储存的需要，都需要将其干燥成粉末或颗粒状，以利于减少水分含量、降低水分活度，增加制品的保质期，便于保藏、运输以及使用。在骨肉抽提物的生产中，将骨肉抽提物干燥制成粉末或颗粒，更加利于保藏和使用。干燥是利用热能除去固体、半固体或液体物料中的湿分（一般是水分），使湿分降低到规定范围内的单元操作。

（一）物料中水分的性质

物料中所含水分的性质与物料内部的组分和结构有关，且取决于水分与物料的结合方式。物料内部组分结构的差异会导致水分与物料本身的结合方式不同，因此，可以根据物料中水分除去的难易程度，将其分为游离水和结合水。

1. 游离水

游离水多存在于产品的细胞外及多孔物料的毛细管中。它与物料的结合力极弱，水分活度近似等于1，游离水与普通水有相同的密度、黏度和热容，游离水能够在原料中流动，并能通过毛细管作用达到物料表面，特别是游离水与普通水有相同的蒸汽压，因此，在干燥过程中，游离水易于被除去。物料中游离水含量越多，干燥速率越快。一般液体食品物料含有较多的游离水。

2. 结合水

结合水主要有渗透水、结构水等，它与物料的结合力较强，水分活度小于1。结合水不能随意流动，它有更高的气化潜热，即结合水比游离水的饱和蒸汽压低，并随物料性质的不同而不同，所以，在干燥过程中结合水比游离水更难以除去。因此，液态食品与其他湿物料一样，在干燥过程中，首先应排除的是结合力弱的游离水，其次排除结合水。不同的物料其结合水的来源不同，在细胞和细胞质内的液体由于溶质的溶解使得蒸汽压降低而表现出结合水的性质，在毛细管中的液体因毛细管作用使得蒸汽压下降而表现为结合水的性质，所有这些因素都可能影响到物料的干燥过程。在一般的去除水分的单元操作中，浓缩工序去除的绝大多数都是游离水，结合水会在加热较为剧烈的干燥工序中被除去。

（二）骨肉提取物的干燥机制

在湿物料的干燥操作中有两个基本过程是同时进行的：一是热量由气体传递给湿物料，使其温度升高；二是物料内部的水分向表面扩散，并在表面汽化被气流带走。因此，干燥操作属传热传质同时进行的过程，且二者的传递方向相反。在干燥过程中，空气既是载热体，又是载湿体，干燥速率既与传质速率有关，又与传热速率有关。

对于质量传递过程，通常由两步构成，如下所述。

1. 湿度梯度

水分由物料内部向表面扩散，水分在物料表面汽化并被气流带走、引起内部扩散的推动力是物料内部与表面之间存在的湿度梯度。其扩散阻力与物料的内部结构和组分有关、与水分和物料的结合方式有关。

2. 压力差

水分从物料内部扩散至表面后，便在表面汽化，向气流中传递。引起这一过程的推动力是物料表面气膜内的水蒸气分压与气流主体中水蒸气分压的差值。

造成这种蒸汽分压差的原因，对于热风干燥来说，是流动气体不断带走汽化的蒸汽，对于真空干燥来说，则是真空系统抽走汽化的蒸汽。而表面汽化的阻力则与气体的流动状态有关。物料在干燥过程中，水分的内部扩散和表面汽化是同时进行的，但二者的传递速率不相等。对于有些物料，水分在表面的汽化速率小于内部扩散速率，而另一些物料，水分在表面的汽化速率大于内部扩散速率。显然，干燥速率受其中最慢的一步所影响。前一种情形称表面汽化控制，后一种则称为内部扩散控制。

（1）表面汽化控制　干燥速率为表面汽化控制时，强化干燥操作就必须改善外部传递因素，在常压对流干燥情况下，因物料表面保持充分润湿，物料的表面温度可近似为空气的湿球温度，水分的汽化可看作是湿球温度下纯水表面的汽化。这时，提高空气温度，降低空气湿度，改善空气与物料之间的流动和接触状态，均有利于提高物料的干燥速率。在真空干燥条件下，物料表面水分的汽化温度不高于该真空度下水的沸点，这种情况下，提高干燥室的真空度，可降低水分的汽化温度，从而可有效地提高干燥速率。

（2）内部扩散控制　干燥为内部扩散控制时，由于水分难以快速到达表面，可使得汽化表面逐渐向内部移动，此时的干燥较表面汽化控制时更复杂。

要强化干燥速率，必须改善内部扩散因素。在这种情况下，减小物料颗粒直径，缩短水分在内部的扩散路程，可减小内部扩散阻力；提高干燥温度可增加水分扩散的自由能，均有利于提高物料的干燥速率。

也就是说，干燥速率为表面汽化控制时，可以选择真空干燥的方式和设备。当然，属于内部扩散控制的物料，选择可以减小颗粒直径的喷雾干燥或微波干燥方式，更有利于物料的干燥。

在干燥操作中常用干燥速度来描述干燥过程。其定义是单位时间内于单位干燥面积上所能汽化的水分的量，如式3－5所示。

$$v = \frac{1}{A}\frac{\mathrm{d}m}{\mathrm{d}t} = -\frac{1}{A}\frac{\mathrm{d}m_1}{\mathrm{d}t} = -\frac{m_2}{A}\frac{\mathrm{d}\omega}{\mathrm{d}t} \qquad (3-5)$$

式中，v——干燥速度，kg/（m^2·s）；

m——汽化水分量，kg；

m_1——湿物料量，kg；

t——干燥时间，s；

m_2——湿物料中的绝干物料量，kg；

A——干燥面积，m^2；

ω——湿物料的湿含量（干基），kg/kg干料。

影响干燥速度的因素很多，不同物料在不同干燥条件下的干燥速度必须通过实验测定。通常实验得到物料湿含量 ω 与干燥时间 t 的关系曲线，即 $\omega - t$ 曲线，再根据干燥速度的定义，转化成干燥速度 v 与物料湿含量 ω 的关系曲线，即 $v - \omega$ 曲线。干燥速度 v 与干燥时间的关系曲线，即 $v - \tau$ 曲线。

干燥速度曲线的形式随被干燥物料的性质而异。恒定干燥条件下典型的干燥速度曲线如图3－2所示。

1. 恒速干燥阶段

在这一干燥阶段中，因干燥条件恒定，空气的温度和湿度不变，则空气的湿球温度不变，又因物料表面全部为游离水分所润湿，湿物料的表面温度便等于空气的湿球温度，所以，空气温度与湿物料表面温度的差值维持不变，传热速率恒定，干燥过程会在恒温下进行。

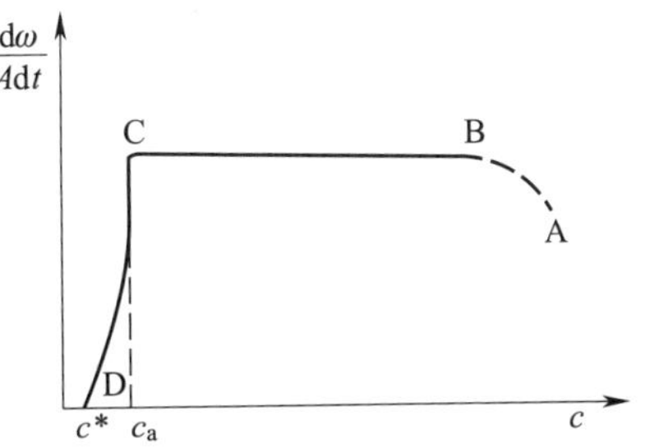

图3－2　干燥速率曲线图

另外，恒定干燥条件下，湿物料表面处的水蒸气压等于空气湿球温度下水的饱和蒸汽压，并且它与空气中的水蒸气分压差维持恒定，则传质速率恒定，湿物料中的水分能以恒定速率向空气中传递。可见，恒速阶段的干燥速度取决于物料表面水分的汽化速率，即取决于物料外部的干燥条件（空气温度、湿度及流速等），所以恒速干燥阶段又称为表面汽化控制阶段，主要排除游离水分。

2. 降速干燥阶段

物料湿含量降至临界点以后，开始进入降速干燥阶段。在这一阶段中，湿物料表面水分逐渐减少，表明水分由物料内部向物料表面传递的速率小于湿物料表面水分的汽化速率。物料的湿含量越小，水分由物料内部向表面传递的速率就越慢，干燥速度就越小。另外，在这一阶段中，空气传递给湿物料的热量，一部分用于水分的汽化，而剩余的热量则使物料的温度升高，因此，干燥在升温下进行。降速干燥阶段的干燥速度主要取决于物料本身的结构、形状及大小等特性，其次是干燥温度，所以降速干燥阶段又称内部扩散控制阶段，主要排除结合水分。

（三）食品物料干燥的特点与影响干燥作用的因素

食品物料的干燥机制与一般化学工业产品的干燥基本相同，但食品物料的干燥条件较为特殊往往不被普通物料的干燥所应用。食品物料一般为热敏性物质。物料在干燥过程中温度过高或受热时间长，都将影响产品的品质、风味的稳定性或使产品营养价值受到不同程度的破坏。因此，用于食品物料干燥的设备必须是快速高效的，加热温度不宜过高，产品与干燥介质的接触时间不能太长，且干燥产品应保持一定的纯度，在干燥过程中不得有杂质混入。一些具有浓郁风味产品的干燥过程，如果干燥条件不当，会使产品风味下降或改变其应有的风味，使产品质量受损。

一般食品的呈香成分会在 80 ~ 100℃甚至更低的温度条件下升华或者快速蒸发甚至发生分解、聚合等反应，100℃时，有些变化已非常严重。

另外，从物理化学的角度上讲，当温度升高时，食品物料在分子结构上会发生化学键的变化，而使食品物料的化学结构产生可逆或不可逆的变化，例如，淀粉的糊化和蛋白质的变性等。从化学角度讲，作为食品的物料都是非单一的化合物，当温度升高时，食品物料的各组分的分子之间会产生如美拉德反应、strecker 降解、Amadori 聚合等一系列的变化，这些变化会直接影响最终产品的风味和品质。在这些化学变化中有些是我们所需要的，有些是不需要的。我们在考虑生产加工工艺的时候，一定要将这些变化考虑进去，以便于制定准确的工艺参数，控制产品质量。

可见，干燥过程所引起产物的形变和质变与干燥温度、维持时间以及物料组分有关。显然，干燥的时间越长、温度越高、物料的组分越复杂，产物质变的可能性越大。除去以上属于物料本身的一些因素影响干燥作用外，以下几点也是影响干燥作用的因素。

1. 物料的组成和大小

多孔性和组织疏松的物料容易干燥。物料切分越小，受热蒸发面积越大，干燥速度越快。

2. 料盘装载量

一般按料盘单位面积上的载重计量（kg/m^2）。装载量小，干燥时间短，干燥程度均匀，但处理量小；装载量大则效果相反。一般鲜菜的装载量为 3 ~ $8kg/m^2$。

3. 热风的温度和相对湿度

热风温度越高，相对湿度越低，干燥速度越快，反之则干燥速度越慢；若热风温度过高，超过安全温度则导致物料变质，热风温度较低，使干燥时间过长，对产品品质也不利。热风的安全温度由物料的种类、初始水分含量、干燥时间和产品要求决定。一般在恒速干燥段，宜采用较高的风温，尽可能发挥最大干燥效率，物料的温度为其周围气流的湿球温度，但温湿度过高会使可溶性物质流失，使糖分焦化或结壳。在减速干燥段，传质逐渐减少，干燥所需热量也减少，故需降低风温。

4. 热风的流速

通过物料周围的热风流速大，能迅速传热并带走水分，提高干燥速度。但流速增大到一定程度，不能相应地增加干燥强度，且会增大能耗。隧道干燥果蔬的热风流速为 0.7 ~ 3.0m/s。

第二节　清汤类产品生产工艺

掌握了骨肉提取物的萃取原理，就可根据原理、产品种类、原料性质以及最终产品的要求，制定出可行的技术方案和各生产流程的工艺参数，可有序地完成整个生产过程。

较常用的骨肉提取物的生产工艺及技术方案大体上有三种，即物理提取法、生物酶酶解法、物理提取和酶解混合法。物理提取法可分为常温常压提取工艺、高温高压提取工艺。工业化生产大都采用高温高压提取、生物酶酶解法以及混合法三种，因为常温常压提取工艺较为耗时，所以工业化生产较少使用。其中，高温高压提取工艺又可根据产品类型的不同，分为乳化和非乳化、前乳化和后乳化工艺等，但基本上大都可以在同一生产线上生产多种骨肉提取物产品。

为了便于掌握和应用，本文采取按产品分类的原则来阐述各种产品生产的具体工艺，即在本节及以后两章节中分别以清汤型产品生产工艺、白汤型产品生产工艺和酶解型产品生产工艺进行阐述。

根据传统的分类，清汤又分为普通清汤和精制清汤两种。普通清汤一般采用自然放养的老母鸡，配以瘦猪肉，用沸水烫过，放冷水，旺火煮开，去沫，放入葱、姜、酒，随后改小火，保持汤面微沸。火候过大，会煮成奶白色汤；火候太小，则鲜香味不浓，有残汤剩饭之感。传统的精制清汤，是先将普通清汤用纱布过滤备用。再取鸡肉斩成肉茸，放葱、姜、酒及清水浸泡片刻。把鸡肉茸放入清汤内，旺火加热搅拌，待汤将沸时改用小火，切莫让汤翻滚。汤中浑浊悬浮物以及油脂被鸡茸吸附后，除尽鸡茸，这一精制过程叫“吊汤”。精制过两次的清汤叫“双吊汤”。清汤是最难熬制的汤，它清澈鲜香，常被用于鱼翅、海参或高档清汤菜肴中。

在工业化生产当中，清汤最难熬制。实际工业化生产不可能实现这样一遍一遍“吊汤”的工艺，而是尽量采用含脂量低的原料以及较温和的加热方式、配合先进的生产设备（比如碟片式离心机）和极为细密的工艺技术参数来实现这个过程的，但不可脱离传统清汤工艺的技术原理，即小火慢熬的方式。

一、鸡骨清汤

一般鸡骨（肉）清汤也需要添加一些如菌菇类的原料来进行增香提味，以增加鸡汤的复杂浓厚感。不过，现行的工业化生产，一般仅以鸡骨架作原料，很少有加入老母鸡及其他原料的，主要是这些原料难以寻找。使用鸡架做原料要尽量少用油脂含量高的鸡架，多用含肉多的原料，这样会在一定程度上相应提高清汤出品率和增加鸡汤的口感，但所表现出来的是肉汤的口感，骨汤的口感相对较弱。

1. 配料

鸡骨架 2000kg，茶树菇 5kg，生姜 2.5kg，纯净水 2400kg，食盐 80kg。

2. 工艺流程

原料计量验收→严格清洗→适度破碎→生鲜原料配合→预煮升温→蒸煮（保持微沸）→降温→出料→过滤→油液分离→鸡骨原汁→调和配料→浓缩→调整→包装或喷雾干燥成粉后包装

油液分离
↓
鸡骨油→精制→包装

3. 操作要点

（1）原料计量验收　原料验收、计量和出库应填制生产记录表和出库单及原辅料质量状况表，不合格原辅料禁止投入生产使用。

（2）清洗　放清水进行适当的浸泡和清洗，根据产品及原料的不同，有时需要用温水浸泡，但至少要保持原辅料呈洁净状态，无污染或附着杂物。浸泡完毕，放到工作台沥净血水。

（3）破碎　准备好消毒洗净的破碎机及接料斗，开机破碎。

（4）混合　将破碎好的原料加入蒸煮罐，进入蒸煮程序，同时对所用器具进行有效清理消毒。每进行完一个工序都要进行清理、清洗、消毒。

（5）蒸煮　蒸煮使用的压力为0.17～0.2MPa，温度为120℃左右（注：由于所用设备的保温效果及温度计的不同，可能会使此时的温度有很大差异），有时需要靠开关进气阀保持锅内液体呈微沸状态，在此压力和温度下维持1～2.5h。此过程中尽量减少搅拌，以减少乳化作用的进行。

（6）降温、出料　蒸煮完毕，可以采用自然冷却的方式对设备进行降压，如果设备配备冷却系统，可以缓慢开启冷却系统，进行降温降压；也可同时稍微开启排气阀进行排气，注意不要开得过大，以防止料液剧烈沸腾而造成料液不必要的乳化，并严格禁止料液溢出。另外，考虑到一些香气成分基本上都是一些易挥发的成分，所以，不易采用直接排气的方式降温降压，否则，香气成分会随着蒸汽被蒸发掉。最好是使用具备冷却回流装置的设备，待设备的压力和温度降下来后，再行排料。

（7）过滤　出料完毕，对于要进行二次蒸煮的原料，加入水后，进入二次蒸煮过程，对于不需要二次蒸煮的，则可直接排渣、清洗设备。蒸煮过滤后的汤汁进入下道分离工序。

（8）油液分离　严格按照分离机操作规程进行油（主要为浮油）、液、渣的分离。此时要特别注意，尽量不要使油脂混入汤液中，以免在后续的工序中再次乳化。

（9）二次分离　分离后的油脂用油脂专用分离机再进行二次分离，如果能达到生产要求，则可直接进行包装。如达不到要求，需要进一步炼制的，再进行另外工序的精制。分离出的汤汁则进入下道工序进行浓缩。

（10）浓缩　浓缩温度尽量不要超过80℃，能保持在45～60℃为最好，真空度若控制在0.09MPa以上，则蒸发速度将会很快。这要视具体的浓缩方式和浓缩器具来定，一般真空度也要控制在0.085MPa以上，否则，浓缩速度将会较慢，从而延长了浓缩时间，总而言之，浓缩工序需要尽可能的缩短浓缩时间。浓缩完毕，进入包装或喷雾干燥工序。

（11）包装　包装要严格按照包装工序制定的工艺要求进行。

（12）干燥　对于需要喷雾干燥的产品，浓缩浓度不需过高，一般可以浓缩到20%～30%，再加入填充物、鲜味剂等，搅拌均匀或过一遍胶体磨，杀菌后即可喷雾干燥。喷雾干燥一般采取的干燥进风温度为190～205℃，出风温度为

95 ~95℃，离心盘转速为14500r/min左右。当然，这也要视具体的设备来定。

猪骨清汤、牛骨清汤和鸡骨清汤的生产工艺基本一致，但也要根据不同的原料、不同的产品类型及具体情况，制定出合理的工艺参数才可生产出不同种类、不同品质的产品。

二、猪骨清汤

一般猪骨清汤的生产可以使用全骨生产，如使用脊骨生产会相对增加骨汤的骨髓感和肉感以及醇香感，当然也可以添加一些如海带一类的蔬菜原料来进行增香提味，以增加猪骨汤的鲜香浓厚感。

1. 配料

猪全骨1500kg，猪脊骨500kg，干海带2.5kg，干香菇1.5kg，纯净水2200kg，食盐100kg。

2. 工艺流程

原料计量验收→严格清洗→适度破碎→生鲜原料配合→预煮升温→蒸煮（保持微沸）→恒温保持→降温→出料→过滤→油液分离→猪骨原汁→调配→浓缩→调整→包装或喷雾干燥成粉后包装

油液分离↓猪骨油→精制→包装→成品入库

利用此配方工艺生产出的猪骨清汤具有浓郁的老火猪骨汤的风味。

三、牛骨清汤

牛骨（肉）清汤的生产，一般可以添加一些萝卜、洋葱等蔬菜类原料及八角、桂皮等香辛料来进行增香、提味、祛膻，以增加牛骨汤的香浓特征风味。因牛骨的特征风味较为明显，也可不加其他配料，但加入一些香辛料来祛膻还是可行的。牛骨清汤的蒸煮温度一般会高于鸡骨汤的蒸煮温度。

1. 配料

牛腿骨1400kg，牛杂骨600kg，胡萝卜15kg，纯净水2400kg，食盐100kg，八角0.15kg，桂皮0.10kg，花椒0.1kg，辣椒0.05kg。

2. 工艺流程

原料计量验收→严格清洗→适度破碎→生鲜原料配合→预煮升温→蒸煮（保持微沸）→恒温保持→降温→出料→过滤→油液分离→牛骨原汁→调配→浓缩→包装或喷雾干燥成粉后包装

油液分离↓牛骨油→精制→包装→成品入库

利用此配方生产出的牛骨清汤具有浓郁的西北牛骨汤的风味，稍具香辛料味。

四、肉类浸膏

随着人们生活水平的提高以及人们食品安全意识的不断加强，天然、营养、健康的食品已经成为人们消费的主流。天然调味料作为食品开发的原料，正是迎合这种发展趋势而产生的，已被越来越多的食品生产商所应用。

例如，牛肉浸膏是一种以鲜牛肉为原料，利用食品生物技术，经物理萃取、酶解、过滤、浓缩等生产环节，加工而成具有浓郁天然牛肉肉香风味的天然调味料。

1. 工艺流程

原料验收→预处理→蒸煮→酶解→过滤→均质→浓缩→调和→包装→成品

2. 操作要点

(1) 原料验收　由生产商质检部门负责，检验牛肉的品质、新鲜度、杂质、来源等。

(2) 预处理

① 清洗。在清洗槽中将合格的鲜牛肉进行清洗，去除鲜牛肉上的污物，减少微生物的污染。清洗用水符合《食品安全国家标准　生活饮用水卫生标准》(GB 5749—2006)。

② 切条。将清洗好的鲜牛肉切成细条。

(3) 蒸煮

① 蒸煮。将切好的鲜牛肉放在蒸煮罐中，打开搅拌器，同时加入适量的水、香辛料（姜粉、五香粉、肉豆蔻粉、白胡椒等），打开蒸汽，蒸煮压力控制在 0.15 ~ 0.2MPa，进行蒸煮，至牛肉熟透为止。蒸煮温度要求在95℃以上。

② 绞碎。将熟牛肉及肉汤经绞肉机绞碎，再经过胶体磨处理，加工后的物料经管道传送至带有搅拌器的酶解罐内，同时调节 pH 为 6.8 ~ 7.2。

(4) 酶解

① 酶解。在夹层锅中加入适量蛋白酶，酶解温度为 50 ~ 55℃，酶解时间 30 ~ 240min。

② 灭酶。酶解结束后，迅速升温煮沸酶解液，煮沸时间持续 20min，之后经管道传送至双联过滤器中进行过滤。过滤完毕传送至均质机内均质。

(5) 均质

① 均质。酶解液经均质机循环作用使酶解液充分乳化、组织混合，均质

时间为20min，均质压力为30MPa。

② 浓缩。均质后的物料由管道传送至真空浓缩罐，并测定其固形物含量，根据应有固形物要求进行浓缩。达到要求后，浓缩液经管道传送至储料罐。

（6）包装　打开储料罐底部的调节阀，将降温后的物料输入无菌包装机进行包装。

（7）储存　包装后的成品放在干净卫生的库房中，于室温下储存，防止破损污染。

五、中华金汤

在所有的清汤类产品中，金汤是最高级的一种清汤。说其高级，不但是从原料配比上，还是从产品品质及生产工艺上，金汤比其他的清汤更为复杂。一般金汤产品除需要添加一些如菌菇类原料来进行增香提味，以增加金汤风味的复杂浓厚感。清汤主要还应用了昂贵的火腿及一些高档药材作为原料。

不过在现行的工业化生产中大量使用金华火腿会造成产成品成本太高，一般消费者难以接受。所以一般以鸡骨架、猪大骨及整鸡作为主原料，再根据需要适当加入金华火腿及其他中药材制成。使用鸡架和整鸡做原料要尽量少用油脂含量高的原料，多用含肉多的原料，这样会在一定程度上提高出品率和丰富金汤的口感，其所表现出来的口感会是浓厚的肉汤的感觉。

1. 配料

鸡骨架1000kg，整鸡300kg，猪腿骨200kg，金华火腿蹄片500kg，干香菇5kg，藏红花5kg，海带2kg，生姜2.5kg，当归1kg，纯净水2400kg，食盐80kg。

2. 工艺流程

原料计量验收→严格清洗→适度破碎→生鲜原料配合→预煮升温→

蒸煮（保持微沸）→降温→出料→过滤→油液分离→二次油液分离→金汤原汁→

调和配料→浓缩→调整→包装（或喷雾干燥成粉后包装）

↓（二次油液分离）

油脂→送化工厂（此油脂因已经大量氧化不能食用）

3. 操作要点

（1）原料计量验收　原料验收、计量和出库应填制生产记录表和出库单及原辅料质量状况表，不合格原辅料应禁止投入生产使用。

（2）清洗　放清水进行适当的浸泡和清洗，根据产品及原料不同，有时需要用温水浸泡，但至少要保持原辅料呈洁净状态，无任何污染或附着杂物。浸泡完毕，放到工作台沥净血水。

(3) 破碎 准备好消毒洗净的破碎机及接料斗，开机破碎。

(4) 混合 将破碎好的原料加入蒸煮罐，使其进入蒸煮程序，同时对所用器具进行有效清理消毒。每进行完一个工序都要进行清理、清洗、消毒。

(5) 蒸煮 使用压力0.17~0.2MPa，温度120℃左右（所用设备的保温效果及温度计的不同，可能会使此时的温度有很大差异），有时需要靠开关进气阀保持锅内液体呈微沸状态，在此压力和温度下维持1~4h。此过程中尽量少搅拌，减少乳化作用的进行。

(6) 降温、出料 蒸煮完毕后，可以采用自然冷却的方式对设备进行降压，如果设备配备冷却系统，可以缓慢开启冷却系统，进行降温降压；也可同时稍微开启排气阀进行排气，注意不要开的过大，防止料液剧烈沸腾而造成料液的不必要乳化，并严格禁止料液溢出。另外，考虑到香气成分基本上都是易挥发成分，所以，不易采用直接排气的方式降温降压，否则，香气成分会随着蒸汽蒸发掉。最好是使用具备冷却回流装置的设备，待设备压力和温度降下来后，再行排料。

(7) 过滤 出料完毕，对于要进行二次蒸煮的原料，加入水后，进入第二个蒸煮过程，对于不需要二次蒸煮的原料，则直接排渣、清洗设备。将蒸煮过滤后的汤汁进入下道分离工序。

(8) 油液分离 严格按照分离机操作规程进行油（主要为浮油）、液、渣的分离。此时要特别注意尽量不要使油脂混入汤液中，以免后续工序中再行乳化。

(9) 二次分离 第一次分离后的汤汁要用更加精密的专用分离机进行二次分离，如果达到生产要求，则可直接进入下道工序，如达不到要求，需要进一步二次分离的，直接打入更精密的分离机进行二次分离。分离出的汤汁则进入下道工序进行浓缩。

(10) 浓缩 浓缩温度尽量不要超过80℃，能保持在45~60℃为最好，真空度能控制在0.09MPa以上则蒸发速度将会很快。这要根据具体的浓缩方式和浓缩器来定，一般真空度也要在0.085MPa以上，否则，浓缩速度将会较慢，从而延长了浓缩时间。总而言之，浓缩工序需要尽可能地缩短浓缩时间。浓缩完毕，进入包装或喷雾干燥工序。

(11) 包装 包装要严格按照包装工序制定的工艺要求进行。

(12) 喷雾干燥 对于需要喷雾干燥的产品，浓缩时则不需要浓缩到较高的像成品膏状产品的浓度一样，一般可以浓缩到20%~30%，再加入填充物、鲜味剂等，搅拌均匀或过一遍胶体磨，杀菌后即可喷雾干燥。喷雾干燥一般采取干燥进风温度190~205℃，出风温度95~95℃，离心盘转速约为14500r/min。当然，这也要视具体的设备来定。

根据以上几种产品的工艺及技术参数，在具体的生产实践当中稍加变化与发挥，即可生产出多种风味类型的清汤型产品，在此不再赘述。

第三节　白汤型产品生产工艺

白汤型产品的主要特征就是汤汁浓白。骨肉提取物产生浓白颜色的原因是提取物中的水与脂肪、蛋白质或者其他乳化剂经过剧烈的物理作用产生了乳化。因此，白汤型产品的生产过程要经过彻底乳化。在乳化工艺控制一节里就乳化的方法做了简单的介绍，可以简单分为前乳化和后乳化两种方法。

前乳化在整个蒸煮过程中保持适当沸腾，使原料内的蛋白质、脂肪等物质充分溶解于水中，并经剧烈的沸腾过程尽可能地使其乳化均匀，直至蒸煮完毕，液料一直维持乳化状态，并在乳化状态下进行后续的过滤、分离、均质、浓缩等工作，并使最终的产品尽可能地保持良好的乳化状态和颜色，以使其在储存和使用过程中一直保持乳化状态，即使产品冲水稀释后，还保持浓白的汤汁颜色。尤其要注意的是在进行均质工序时，料液已经经过蒸煮过程的粗乳化了，再经均质过程的乳化，是将前乳化液添加适当的乳化剂后再进行强化性的乳化，才能保持产品在后续工艺及存储和使用时不至于破乳而损坏其乳化状态。由于此种方法在蒸煮工序就已经有部分不定量的油脂乳化进入了料液，故前者的理化指标、产品颜色以及乳化状态的稳定性等指标不容易被控制，总会有一些波动。因此，很多厂家都不采用此法。但是，此方法有一个最大的优点就是能使产品保持良好的风味，一些需要添加香辛料提味的产品较适合使用此种方法。

后乳化则是先以清汤的工艺生产出一定浓度的清汤，然后根据最终产品的脂肪、蛋白质、水分、食盐等指标要求，将脂肪、水及其他配料与清汤以最终要求的指标进行定量配比后，再一起进行乳化的工艺过程。此种方法则可以较为轻易地将各项指标控制在一个较为准确的范围之内，但其自然风味的保留则不易，做出来的产品特征风味不是很明显，然而其底味则可以通过油脂的再香化而增加产品的浓厚感。因此，根据最终产品的要求来选择合适的生产工艺，显得尤为重要。只要掌握了后乳化的原则，生产出高质量的白汤型产品将不是一件难事。下面先就市场上常见的前乳化白汤型产品逐一进行简单介绍。

一、前乳化骨头白汤

（一）前乳化骨头白汤汤体的形成机制

白汤乳白似奶，故而传统名之为奶汤。这种色泽与汤中油珠颗粒的大小有着密切关系。一般乳状液的外观常呈乳白色不透明状（如果分散相或分散介质本身颜色较深时，乳化液也可能呈现乳黄色及褐色等其他颜色，但稀释冲水之后仍是白色或乳白色或乳黄色的），乳状液之名也由此而得。

这是因为多相分散体系中分散相与分散介质的折光率一般不同，当光照射在分散相的每个质点上时，可能发生散射、折射、反射等现象。具体是哪一种，就要看质点（也就是液珠）的大小与照射光波长的关系了。当质点直径远小于照射光波长时，光可以完全透过，则体系为透明状。当质点直径远大于照射光波长时，主要发生反射现象（也有吸收、折射现象存在）。这时，可分辨出分散相和分散介质。当质点直径稍小于照射光波长时，则有光的散射现象发生，体系为半透明状。一般乳状液的分散相液珠的直径大小在 0.1 ~ 10μm（甚至更大）的范围，而可见光波长为 0.4 ~ 0.8μm，故光照射乳状液时发生反射现象比较显著，由于乳状液中液珠的大小并非完全一致，所以也有少量光被散射、折射，如表 3 - 1 所示。因此，乳状液一般为乳白不透明状。白汤所以为乳白色也是这个原因。

表 3 - 1　　液滴大小与外观的关系

液珠大小	外观
大滴	可分辨出两相
1μm	乳白色乳状液
0.1 ~ 1μm	蓝白色乳状液
0.05 ~ 0.1μm	灰白色半透明液
0.05μm 以下	透明液

熬煮白汤时，原料中的油脂溢出，剧烈翻滚的水就像机械搅拌器的桨叶一般，把大的油珠逐渐粉碎，成为微细油滴，汤也由可见的油水分离状态逐渐转变为乳白不透明状。另外，汤中存在的一些不溶性微小颗粒（如不溶性蛋白质微粒、灰分、无机盐类等），同样会造成汤的不规则光折射，也是白汤呈色的一小部分因素。

熬制白汤时，将各物料按一定比例放入冷水锅内以旺火煮沸，撇去汤面上的浮沫，加盖继续用旺火熬煮 2 ~ 3h，至汤汁浓稠，色泽乳白。在这一过程中，动物骨骼和肌肉组织内的提取物外溢，溶解在水中，脂肪组织的脂肪细胞破裂，也使油脂溢出。同时，猪肘、蹄、猪肚等含胶原蛋白较多的原料经长时间加热后，其中部分胶原蛋白逐渐被分解成明胶溶解于水中。油脂却不能与水混溶，但在汤剧烈翻腾的情况下（如同搅拌作用一样），油脂被均匀的分散在汤里，以微小液珠的状态存在。由此可见，白汤实际上是油脂以液珠状分散在水溶液中形成的多相分散体系，即乳状液。

乳状液以液珠形式（一般如此，但也可以是其他形状）存在的那一相被称为分散相，另一相是连成一片的，被称为分散介质。常见的乳状液，一般都有一相是水或水溶液（通称为“水”相）。乳状液若以“油”为分散介质，“水”为分散相，则称为油包水型乳状液，以 W/O 表示。如油田生产出的原油即为一种 W/O 型乳状液。若分散介质为“水”，分散相为“油”的乳状液，则称为水包油型乳状液，以 O/W 表示. 如牛乳即为 O/W 型乳状液。而我们制作的白汤就是这样的 O/W 型乳状液，其中水与提取物、蛋白构成的溶液为分散介质，油脂为分散相。

纯净的油和水是不混溶的，即使经充分混合搅拌也得不到稳定的乳状液，很快就会分为两层，也就是我们常说的“油水分离”或“油脂离析”，那么熬制好的白汤怎样才能让它稳定存在呢?

要想得到稳定的乳状液，就需要有乳化剂，即表面活性剂或高分子物质。表面活性剂分子一般总是由非极性亲油（疏水）的碳氢链部分和极性亲水（疏油）的基团共同构成的，而且两部分分处两端，形成不对称的结构。因此表面活性剂分子是一种两性分子，具有亲水和亲油的双重性质。熬制乳汤时，由于选料的原因能给汤中带入一些乳化剂，如卵磷脂等。

卵磷脂是由磷脂酸和胆碱结合而成的，动物组织中常有其存在，它的胆碱基具有亲水性，脂肪酸基端具有亲油性。

在熬制白汤过程中，油脂被剧烈翻腾的汤液粉碎成细小的油珠，油珠表面与乳化剂的亲油端相吸引，“黏”在一起，而亲水端则背向油珠，伸向水中。这样细小油珠之间由于乳化剂亲水端的极性相斥作用而被分离，从而形成稳定的分散体系。

动物原料中的卵磷脂含量是有限的，仅依靠卵磷脂作乳化剂是不够的，必须还有另外的物质在乳汤中充当乳化剂。一些天然高分子物质，如水溶性蛋白质，也是一种表活性剂。白汤中溶解的蛋白正是这样一种理想的乳化剂。这类蛋白质一般是胶原蛋白热分解的产物。胶原蛋白是构成动物皮、骨、内脏的主要蛋白质。如白汤用料中的猪肘、蹄、猪骨、猪肚中胶原蛋白的含量就很大。胶原蛋白在水中受热时，首先发生收缩，随着温度的升高和时间延长，吸水胀润为柔软状，继而逐渐分解为可溶性的明胶。胶原蛋白热分解产物的相对分子质量为 1×10^5，是胶原蛋白相对分子质量的1/3，可溶于热水中形成溶胶。胶原蛋白热分解产物的分子中既有亲水基又有亲油基，亲水基如极性基团—OH、—COOH、—NH_3等，亲油基即分子中的烃基，因而胶原蛋白热分解产物具有乳化性能。溶解在水中的胶原蛋白热分解产物可以大大增加分散介质的黏度。乳状液中分散介质的黏度越大，则分散相液珠运动的速度越慢，相互碰撞的机会减少，从而有利于乳状液的稳定。因此白汤中的胶原蛋白热分解产物是维持白汤汤体稳定的一个重要因素，是白汤中油水乳化的理想乳化剂。此外，卵磷脂和胶原蛋白热分解产物的共同存在还起到了复合乳化剂的效果。研究证明，用复合乳化剂的效果比用单一乳化剂的效果更好，所得的乳状液更稳定。如此看来，熬制白汤选用猪肘、猪肚为原料，是极为科学的。

前乳化工艺生产的白汤，醇香浓厚，鲜美异常，这主要是各种物料的提取物溶解在汤汁中并随加热发生变化的缘故。生肉的香鲜味是很不够的，但经加热后，不同种类动物的肉产生各自特有的风味，作为肉的鲜味成分，与氨基酸、核苷酸、肽、酰胺等有关，核心物质是谷氨酸、5′－肌苷酸及其钠盐。香味成分则与硫化物、羰基化合物，低分子脂肪酸等有关。就现阶段的认识，肉的风味中有许多共同成分，但也有因肉的种类不同而特有的部分。前者主要指口感方面，后者则更主要是指嗅觉方面。鸡、鸭、猪肉的风味区别主要也是在嗅觉上。这是因为鸡、鸭、猪肉中的脂肪经加热后生成的羰基化合物不同，构成了它们各自特有香气的主体。如果熬制白汤时，鸡、鸭、猪肉同集一炉，各自产生出自身特有的香气，并复合为一体。当然，这里也有味道之间的互助作用，各物料的滋味彼此促进补充，使鲜味增加。另外，胶原蛋白热分解产物的存在可改善汤汁的物理味觉，使汁液浓稠、爽口，食之不感油腻。汤中胶原蛋白热分解产物还能吸附一些香味成分，起到一定的香味保留作用，使汤的鲜香味悠长、持久。

饮食行业对制白汤有一句俗语：即“无鸡不鲜、无鸭不香、无肚不白”，其中不乏科学道理。前面提到肉类呈鲜的核心物质是谷氨酸和核苷酸，无论鸡、鸭、猪肉中都有这些物质存在。但鸡中的5′－肌苷酸含量较其他原料高，肌苷酸与谷氨酸的协同作用可使鲜味大大增加，鸭在加热后产生的挥发性香气成分较多，较特殊，明显起到了增香的效果。猪肚的作用前面记述得也较清楚，在此不多说了。

（二）前乳化白汤工艺生产的注意事项及要领

根据实践和理论的结合，熬制白汤应注意以下几点。

1. 原料选择

必须选用新鲜、无腥膻气味的原料，原料一定要清洗干净，并用开水去净血污，以免破坏汤的色泽和味感。

2. 中火熬制

熬制过程中，要选用中火以保持汤的剧烈沸腾状态，使油脂尽可能被分割成微小油珠，便于汤液的充分乳化。

3. 浓缩温度

以冷水下锅，且要掌握好原料与水的比例。煮制时如果物料过多，而汤汁较少，在剧烈沸腾的情况下，脂肪易被氧化，生成二羟基酸类，使汤浑浊，并带来不良气味。因此，浓缩时要尽量降低浓缩温度。

4. 把握时间

肉在水中煮制时，在3h以内，其风味会随时间增加而增加，时间延长则风味减弱。因此，白汤熬制时间不宜过久。

5. 调味品的投料顺序和数量

注意调味品的投料顺序和数量，盐不能早放，因为盐有渗透作用，使蛋白质凝固而不易充分溶于汤内，影响汤的浓度和鲜味。

二、鸡骨白汤精

一般鸡骨（肉）白汤需要添加一些菌菇类原料来进行增香提味，以增加鸡汤的复杂浓厚感。下面是鸡骨白汤的配料及工艺。

1. 配料

鸡骨架1800kg，鸡皮200kg，干香菇5kg，生姜3kg，纯净水2400kg，食盐100kg。分子蒸馏单苷酯及蔗糖酯适量。

2. 工艺流程

原料计量验收→严格清洗→适度破碎→生鲜原料配合→预煮升温→蒸煮（保持适当沸腾）→降温→出料→过滤→鸡骨原汁→调和配料→均质→浓缩→调整→包装或喷雾干燥成粉后包装

3. 操作要点

（1）原料计量验收　原料验收、计量、出库、填制生产记录表和出库单及原辅料质量状况表，不合格原辅料禁止投入生产使用。

（2）清洗　放清水进行适当的浸泡和清洗，根据产品及原料不同，有时需要用温水浸泡，但至少要保持原辅料呈洁净状态，无任何污染或杂物附着。浸泡完毕，放到工作台中沥净血水。

（3）破碎　准备好消毒洗净的破碎机及接料斗，开机破碎。

（4）蒸煮　破碎好的原料加入蒸煮罐，进入蒸煮程序，同时对所用器具进行有效地清理消毒。每进行完一个工序都要进行设备清理、清洗、消毒。

（5）检查蒸煮锅各阀门、管件的密封性和安全可靠性以及是否已进行有效清洗消毒。每进行到一个工序都要检查该设备的各部件及连接部件的密封性和安全可靠性，以及是否已进行了有效地清洗消毒。

（6）蒸煮　使用压力为0.16～0.18MPa，温度为115℃左右（注：所用设备的保温效果及温度计的不同，可能会使此时的温度有很大差异），有时需要靠开关进气阀保持锅内液体呈沸腾状态，在此压力和温度下维持1～2.5h。此过程中可以间歇搅拌，也有利于原料中可溶性物质的溶出和促进乳化作用。

（7）蒸煮完毕，可以采用自然冷却的方式对设备进行降压，如果设备配备冷却系统，可以缓慢开启冷却系统，进行降温降压；也可同时稍微开启排气阀进行排气，注意不要开的过大，严格禁止料液溢出。另外，考虑到一些香气成分基本上都是一些易挥发成分，所以，不易采用直接排气的方式降温降压，否则，香气成分会随着蒸汽蒸发掉。最好是使用具备冷却回流装置的设备待设备压力和温度降下来后，再行排料。

（8）待压力降到零时，先打开排气阀门，再打开出料口阀门，然后开启原料泵出料，也可以使用空压机压力式出料。

（9）使用和原料细度相匹配的过滤器及过滤目数进行过滤，避免在出料过程中出现过滤器堵塞的情况。

（10）出料完毕，对于要进行二次蒸煮的原料，加水，进入二次蒸煮过程，对于不需要二次蒸煮的原料，可直接排渣、清洗设备。

（11）确认高压锅内已无料液后，打开设备出渣孔出渣，蒸煮过滤后的汤汁进入下道工序。

（12）一般在均质前需要调配一些包括油脂、乳化剂、鲜味剂等在内的辅料，然后进行均质。

（13）调节料液温度在40～60℃，开启均质机冷却水，打开进料阀、排气阀，开机进料，排气阀有料液喷出时关闭排气阀，调节压力表压力在15MPa左右，至指针无大幅度震动时，再进行正常均质工作。工作完毕，首先将均质机压力卸掉再关机。

（14）均质完毕进入浓缩工序。浓缩温度尽量不要超过85℃，能保持在45～60℃为最好，真空度需控制在0.09MPa以上，则蒸发速度将会很快。这要视具体的浓缩方式和浓缩器来定，一般真空度也要在0.08MPa以上，否则，浓缩速度将会较慢，从而延长浓缩时间，尤其是在前乳化工艺中，浓缩时间和温度的控制尤为重要。总而言之，浓缩工序需要尽可能地缩短浓缩时间。浓缩过程完毕，视产品的色泽及状态，有时需要进行再次均质乳化工序。然后，进入包装或喷雾干燥工序。

（15）包装要严格按照包装工序的要求进行。对于没有无菌罐装设备的无菌间式包装，一定要严格按照下面步骤进行。

① 包装前务必对所用成品罐、工器具等进行有效清洗、热力消毒；并打

开臭氧发生器和紫外线灯，对包装间消毒1h以上。

② 操作开始前2h将必须的包装材料、食盐等其他配料以及所用工器具包括酒精喷壶、电子秤等放入包装间，打开臭氧发生器和紫外线灯至少消毒30min以上，然后，关闭臭氧发生器0.5h后方可进入包装间。

③ 包装人员务必按照正规的消毒、洗手、更衣程序，并配备必要的个人防护措施后，进入包装间，进入包装间后，不得再随意进出，其他非包装间人员更不得随意进出、开关包装间的门窗等，直到工作完毕。

④ 计量包装好之后，可在塑料袋内喷洒少许食用酒精以利消毒，然后尽快将塑料袋内的气体排出，注意不要把料液沾到塑料袋口上，避免增加封口难度，封口后，将多余的塑料袋折叠好放入桶中，但不要密封盖子，可以喷洒少许酒精于其上，再将桶盖盖在上面，等塑料袋达到室温时，再重新喷洒一些酒精于塑料袋上，封盖，移出包装间。

⑤ 所有物料包装完以后，要立即对成品罐进行清洗、消毒，以防止过多的细菌污染。

⑥ 对于需要喷雾干燥的产品，浓缩时则不需要浓缩到较高的浓度，一般可以浓缩到20%～35%，再加入填充物、鲜味剂等，搅拌均匀或过一遍胶体磨，杀菌后即可喷雾干燥。喷雾干燥一般采取进风温度为195～210℃，出风温度为85～100℃，离心盘转速为14500r/min左右。当然，这也要视具体的设备及其具体型号来定。

无论是生产何种产品、何种工艺，以上的工艺也都只是基础步骤，要根据不同的原料、不同的产品类型及具体情况，制定出合理的工艺参数。

三、猪骨白汤精

一般猪骨（肉）白汤习惯添加一些如海带、白菜类的蔬菜原料来增香提味，以增加猪骨汤的香浓厚实感。

1. 配料

猪腿骨1500kg，猪脊骨250kg，猪蹄250kg，干海带5kg，大白菜10kg，纯净水2400kg，食盐100kg，乳化剂适量。

2. 工艺流程

原料计量验收→严格清洗→适度破碎→高温蒸煮→过滤→骨原汁→

浓缩→调和→包装或喷雾干燥成粉后包装

利用此配方生产出的猪骨白汤具有浓郁的海带煲猪骨的风味。

四、牛骨白汤精

牛骨（肉）白汤则习惯添加一些萝卜、洋葱等蔬菜类原料及八角、桂皮等香辛料来进行增香、提味、祛膻，以增加牛骨汤的香浓特征风味感。

1. 配料

牛腿骨 1400kg，牛杂骨 600kg，胡萝卜 25kg，白洋葱 5kg，西红柿 5kg，纯净水 2400kg，食盐 100kg，八角 0. 10kg，桂皮 0. 10kg，花椒 0. 10kg。

2. 工艺流程

原料计量验收→严格清洗→适度破碎→高温蒸煮→过滤→骨原汁→浓缩→调和→包装或喷雾干燥成粉后包装

利用此配方生产出的牛骨白汤具有浓郁的南洋牛骨汤的风味，稍具香辛料味。

五、鱼骨白汤精

鱼类及海鲜类的汤一般较难制作，尤其是在工业化生产中。鱼骨头类的白汤生产，不易使用后乳化工艺，且经过浓缩工艺后，不易把鱼汤做白，这就要求工艺参数的制定要非常严格。鱼白汤的蒸煮压力不可过高，浓缩时间不宜过长，而且在蒸煮过程中乳化得越好，浓缩时间越短，白汤的质量越高，这是由鱼类原料的固有特性决定的。下面举例说明。

1. 配料

去内脏鲫鱼 900kg，猪蹄 100kg，色拉油 70kg，大葱 5kg，生姜 6kg，食盐 45kg，乳化剂 0. 12kg，水 1000kg。

2. 工艺流程

鲜鱼、猪蹄→绞碎→配料 1（水、色拉油、葱、姜）→蒸煮→过滤→配料（乳化剂）→过胶体磨、均质→浓缩→加食盐→罐装

3. 操作要点

（1）绞碎前尽量清除杂质，加软化水，加完水后，加入色拉油、葱、姜，密封，开始蒸煮。

（2）间歇搅拌蒸煮或一直保持沸腾状态；压力保持在 0. 1 ~0. 2MP 即可，时间从沸腾算起持续 90min。90min 后，卸压出料，仔细过滤（蒸煮两次）。

（3）过滤后，合并两次煮液，过胶体磨，均质。同时，均匀加入乳化剂，切忌一次性加入。若有其他鲜味剂等配料可在此时一次性加入，但要保证其全部融化。

（4）浓缩时不可加料超过罐容积的 2/3，另外，要随时注意罐内液面的沸腾状态，要绝对保证沸腾，但不要沸腾过大，否则容易将料液抽出去。浓缩温度不能超过 75℃。凉水塔的水温不能超过 55℃。否则要及时换水。

（5）罐装时要注意保持卫生，不要被污染。

六、单县羊肉汤

单县羊肉汤是山东菏泽及其周边地区传承了上百年的一种醇香浓郁、汤汁乳白的传统名吃。20世纪80年代，单县羊肉汤被收入中华名食谱。单县羊肉汤最早创于1807年，当时由徐、窦、周三家联手创建，故取名为“三义春”羊肉馆。单县羊肉汤的创立在当时的饮食界引起了不小的轰动，为日后“单县羊肉汤”的发展打下了坚实的基础。

有近200年历史的单县羊肉汤，以其“色白似奶，水脂交融，质地纯净，鲜而不膻，香而不腻，烂而不黏”的独特风格，载入中华名食谱，以汤入谱的只有单县羊肉汤，被国人称为中华第一汤。

单县羊肉汤习惯添加白芷、草果、良姜、八角、桂皮等香辛料来进行增香、提味、祛膻，以增加单县羊肉汤的香浓特征风味感。

1. 配料

羊腿骨1400kg，羊杂骨600kg，羊肉200kg，羊脂油100kg，白芷10kg，草果4kg，良姜3kg，八角0.20kg，桂皮0.20kg，花椒0.10kg，纯净水3000kg，食盐100kg。

2. 工艺流程

原料计量验收→严格清洗→适度破碎→高温蒸煮→过滤→骨原汁→浓缩→调和→包装或喷雾干燥成粉后包装

利用此配方生产出的单县羊肉汤具有浓郁的当地风味，稍具香辛料味。

后乳化生产白汤类产品的生产工艺比较讲究，有的还要调整PH，这样做出来的骨白汤乳化得更彻底，在储存和应用过程中不易造成油水分离，尤其是应用于火锅时会更加耐煮。

七、后乳化骨头白汤

后乳化工艺是在清汤工艺的基础之上进行的，因此，对于清汤工序段的介绍，在此处就省略了，只介绍后续乳化阶段的工艺。

（一）牛骨白汤粉

1. 缓冲溶液的制备

（1）0.2mol/L的柠檬酸标准溶液A的配制　称取食用一水柠檬酸42.02g，溶解在1000mL纯净水中，混合均匀。

（2）0.2mol/L的柠檬酸标准溶液B的配制　称取食用二水柠檬酸钠

58.82g，溶解在1000mL纯净水中，混合均匀。

（3）pH4.3标准缓冲溶液的配制　量取柠檬酸标准溶液A220mL于容器中，再加入320mL柠檬酸标准溶液B，混合均匀。

2. 调配

取蛋白质质量分数15%～25%的初级牛骨清汤，用炼制牛油调整脂肪质量分数达5%～17%，用食盐调整食盐质量分数达12%，用上述缓冲溶液调整水分质量分数至50%～60%，用碳酸氢钠调整pH为5.5。

3. 灭菌

将步骤1中的物料，加热到75℃搅拌保温32min，冷却至50℃。

4. 均质乳化

调整步骤3物料温度56℃，在22MPa工况下均质乳化，得牛骨白汤膏。

5. 干燥

将均质完毕的物料，加入质量分数2%的糊精，加水调整固形物质量分数达30%～45%，搅拌均匀后喷雾干燥，干燥进风温度为210℃，出风温度为100℃，离心盘转速为14500r/min。喷雾干燥后得到牛骨白汤粉。

（二）猪骨白汤膏

1. 缓冲溶液配制

（1）0.2mol/L的柠檬酸标准溶液A的配制　称取食用一水柠檬酸42.02g，溶解在1000mL纯净水中，混合均匀。

（2）0.2mol/L的柠檬酸标准溶液B的配制　称取食用二水柠檬酸钠58.82g，溶解在1000mL纯净水中，混合均匀。

（3）pH为3.8标准缓冲溶液的配制　量取柠檬酸标准溶液A210mL于容器中，再加入360mL柠檬酸标准溶液B，混合均匀。

2. 调配

取蛋白质质量分数为30%～46%的初级猪骨清汤，用炼制猪油调整脂肪质量分数为12%～25%，用食盐调整食盐质量分数达13%，用步骤1缓冲溶液调整水分质量分数为45%，用柠檬酸调整pH至4.1。

3. 灭菌

将步骤2中的物料，加热到80℃搅拌保温32min，冷却至55℃。

4. 均质乳化

调整步骤3物料温度53℃，在25MPa工况下均质乳化，均质完毕在15min内将物料降温至20℃，包装，得到猪骨白汤膏。

如果想要得到猪骨白汤粉，则将均质完毕的物料，加入质量分数为5%的糊精，加水调整固形物质量分数达35%，搅拌均匀后喷雾干燥，干燥进风温度为210℃，出风温度为100℃，离心盘转速为14500r/min。喷雾干燥后得到猪骨白汤粉。

（三）鸡骨白汤膏

1. 缓冲溶液的配制

（1）0.2mol/L的柠檬酸标准溶液A的配制　称取食用一水柠檬酸42.02g，溶解在1000mL纯净水中，混合均匀。

（2）0.2mol/L的柠檬酸标准溶液B的配制　称取食用二水柠檬酸钠58.82g，溶解在1000mL纯净水中，混合均匀。

（3）pH为4.0标准缓冲溶液的配制　量取柠檬酸标准溶液A200mL于容器中，再加入380mL柠檬酸标准溶液B，混合均匀。

2. 调配

取蛋白质质量分数为30%~50%的初级鸡骨清汤，用炼制鸡油调整脂肪质量分数达20%~30%，用食盐调整食盐质量分数为15%，用步骤1缓冲溶液调整水分质量分数达42%，用碳酸氢钠调整pH达4.8。

3. 灭菌

将步骤2的物料，加热到75℃搅拌保温28min，冷却至50℃。

4. 均质乳化

调整步骤3物料温度为50℃，在25MPa工况下均质乳化，均质完毕在10min内将物料降温至20℃，包装，得到鸡骨白汤膏。

同样，如果想要得到鸡骨白汤粉，则将均质完毕的物料，喷雾干燥即可得到鸡骨白汤粉。

另外，要做质量好的白汤型产品，有很多因素要考虑，如均质压力溶液的pH以及原料本身所固有的特性、辅料的搭配等。

第四节　酶解提取物类产品生产工艺

在骨肉提取物产品生产中，酶解提取类产品最有代表性的是山东金锣集团以及漯河青山科技公司生产的鸡骨素、猪骨素、牛骨素三种应用于美拉德反应咸味香精制造和肉制品中的功能性骨素产品。除了这两个行业外，骨素产品在其他行业的应用还较少，这有待于市场和技术产品的大力开发。

因为骨素是经生物酶酶解过的产品，所以，它的味感特别好，具有鲜香醇厚、底味丰富、易流动的特点。因此，骨素在调味品行业的开发和应用，将具有不可估量的前景。

一、酶解鸡骨素

1. 工艺流程

鸡骨架→[绞碎]→[调配浓度]→[高温蒸煮(115℃、30min)]→[冷却至55℃水解或(不经高温蒸煮直接升温至55℃水解)]→[调pH为7.5]→[加酶(0.15%~0.2%)]→[酶解]→[灭酶(85℃,30min)]→[过滤分离]→[浓缩]→[干燥]→成品

过滤分离↓渣　浓缩↓膏

2. 操作要点

(1) 鸡骨架需要斩块绞碎,一般加入1:0.8的水并将其混合均匀,加热是为了使蛋白质变性和杀菌,如果不经过加热过程,则工业化生产极难控制微生物的污染问题,从而造成原料浪费。但如果控制得当,还是可以避免坏料事故发生的。当然,在最终产品标准允许的情况下,可以在酶解过程中添加防腐剂来解决此问题。

(2) 一般的酶制剂都要求调节pH,有的甚至会要求在酶解过程中进行调节。

(3) 按原料的量加入适合的酶制剂,温度维持在50~55℃搅拌酶解。酶解结束,加热煮沸灭酶后,酶解工序完成。

(4) 酶解完后,将骨头渣滤出,分离出油脂,清液用管道输送至真空浓缩机浓缩。可浓缩至55%以上成为产品,也可浓缩至30%左右,加入其他物料进行喷雾干燥。

喷雾干燥机出口温度最好控制在85℃左右,喷出后要降温至常温再包装,不要在温度过高时进行包装。因为酶解产品较易吸潮,所以包装间应保持凉爽干燥。

二、酶解猪骨素

1. 工艺流程

猪骨头→[破碎]→[调配浓度]→[高温蒸煮(121℃、30min)]→[过胶体磨]→[冷却至55℃水解]→[调pH为7.5]→[加酶(0.15%~0.2%)]→[酶解]→[灭酶(85℃,30min)]→[过滤分离]→[浓缩]→[干燥]→成品

过滤分离↓渣　浓缩↓膏→成品

2. 操作要点

猪骨相对于鸡骨来说质地较硬,必须斩块破碎,加1:1.2的水进行均匀混合,按照生产工艺要求升温至121℃,维持30min。将胶体磨调节到最宽松状

态，过胶体磨，磨完后放入酶解罐中，冷却至55℃，按原料量加入0.1%的复合酶，温度维持在50～55℃搅拌酶解2h，然后加入0.2%的风味酶，酶解2h后，加热煮沸灭酶，酶解工序完成。在酶解完后，将骨头渣滤出，分离油脂，清液用管道输送至真空浓缩机中进行浓缩，可浓缩至55%以上，加入适量的食盐后成为产品，以使产品有一定的保存期。

膏状产品可以直接加入其他配料后，参与美拉德反应，最终制造成具有明显肉香气的美拉德反应香精，再应用于肉制品、调味品等行业；也可以以功能性肉蛋白的方式加入火腿肠制造过程中，利用骨素特有的黏弹性、持水性、保油性等特性，提升火腿肠等肉制品的品质。也可浓缩至30%左右，加入其他物料进行喷雾干燥。喷雾机出口温度最好控制在90℃左右，喷出后要凉至40℃以下再包装，不要在高温状态下包装。

猪骨和牛骨的质地都较硬，如果不经过高温蒸煮过程，酶就很难作用到骨组织内部，使其出品率降低。除非是利用骨泥设备将其磨到很细的状态，才能达到最大提取率。

酶解牛骨素的工艺基本上与猪骨相同，在此不再赘述。

三、海产酶解物

选用适当的廉价海产品或其下脚料，绞碎，加1∶0.8的水混合均匀，升温至90℃，维持30min后，放入酶解罐中，冷却至55℃，按原料量加入0.08%的复合酶，温度维持在50～55℃搅拌酶解0.5h，然后加入0.1%的风味酶，酶解4～8h后，加热煮沸灭酶。此时酶解工序完成。在酶解完后，将骨头渣滤出后，分离油脂，如果嫌其腥味太重，可以加入活性炭或硅藻土搅拌30min后，再用硅藻土过滤机或板框过滤机过滤，过滤后的清液用管道输送至真空浓缩机中浓缩。可以浓缩至55%以上的为产品，也可将其浓缩至30%左右，加入其他物料填充后进行喷雾干燥。

喷雾机出口温度最好控制在85℃以下，喷出后要凉至40℃以下再包装，不要在温度过高时包装。

第五节 混合法生产畜禽骨提取物的生产工艺

利用酶解和物理提取相结合的方法，对原料肉、肉渣、骨、血等动物加工副产品进行适当水解，能使原料获得有效的水解和较高的蛋白质利用，能获得具有一定功能性的产品，并且最终产品风味醇厚自然，毫无苦味等不良风味，有时还能带来较好的特征气味。鸡、猪、牛等各类动物杂骨，尤其是猪、牛等畜骨尤其适合混合法生产功能性肉蛋白。

混合法生产畜禽骨提取物，一般使用先提取后酶解的方法，这样能最大限度的提高产品溶出率，增加产品的风味和酶解度。产品适用于美拉德反应香精制造等。酶解后再抽出的方法一般用于特殊制品的前处理工序，如先对骨原料酶解后，再将剩余的纯骨渣进行骨明胶的提取等。

使用什么样的工艺和方法，要切实根据最终产品的要求来定。如果以抽出率和抽出风味物质为目的，则适用前者；否则，若以生产质量较高的骨明胶为目的，则适用后一种方法。

一、先提取后酶解畜禽骨肉提取物工艺流程

畜禽骨、肉→清洗→切块粉碎→加水调配浓度→高温蒸煮→冷却→调 pH→加酶→酶解→离心过滤→浓缩→干燥→成品

离心过滤↓渣

浓缩↓膏→成品

二、先酶解后提取畜禽骨肉提取物工艺流程

畜禽骨、肉→清洗→破碎→加水调配浓度→升温灭菌→冷却→调 pH→加酶→酶解→灭酶→过滤分离→液体浓缩→干燥→成品

过滤分离↓骨渣→加水→升温至 115～120℃提取→过滤→分离→骨胶液→浓缩→膏→烘干→食用骨明胶成品

分离↓骨渣

因混合法操作较为复杂，投资较大，虽然能将骨头中的有机营养成分提取完全，但造价太高，且产品附加值与设备投资的性价比不大，在实际生产中意义不大，故本书不再详述述。随着下游应用技术的开发，这也许是一个生产提取物的发展方向。

第六节　食用动物油脂的精炼

骨油，即是在生产骨肉提取物的同时，经蒸煮、二次分离等工序精制出来的骨中的骨髓油，其营养价值较高。一般生产骨肉提取物的工厂，都会在其主要工艺中附加骨油的精制设备和工艺，以增加产品的附加值，提高经济效益。如鸡骨油、猪骨油的价格，在骨肉提取物出现之前，仅四五千元一吨，在骨肉提取物出现之后，尤其是方便面中大骨面的出现，使骨油的价格上升到一万五六千元一吨，甚至更高。其提取技术是与骨汤提取物同时出现的。故在此也不

再赘述，只叙述其他脂肪组织的精炼。

精炼的动物油脂，俗称脂油，它不同于骨油。脂油是用畜禽腹腔里的脂肪或皮下组织熬炼出来的油脂。其溶解状态色泽浅黄透明，香气浓郁，特征香气强。在烹饪中通常起着增香亮色的作用。

随着食品工业的迅猛发展，我国每年肉类总产量在逐步上升，禽畜油脂的产量也在大幅增加，约占600 万 t，其中鸡油就有100 万 t 以上。除极少一部分骨类油脂被畜禽骨提取物生产厂家进行加工利用外，大部分被粗炼后，以极便宜的价格投入到化工厂和饲料厂等附加值不高的行业中。进入 2000 年，我国一些畜禽骨肉提取物加工企业为降低综合成本、提高核心竞争力，借鉴国外的经验，开始将研发的注意力转移到动物油脂的综合加工和利用上。

其实，在民间早就有食用动物油脂尤其是鸡油和猪油的习惯，一些高级大厨更是将鸡油视为勺中珍宝，每遇有高级菜肴（如高档鲍翅菜、燕窝羹汤等）需要烹调，必用鸡油无疑。在日本，鸡油被称之为“鸡香油”“鸡软脂”，可见其地位之高。鸡油的另一个重要作用就是在鸡粉（精）生产中，具有植物油不可替代的作用，除了鸡油，任何植物油、动物油都没有鸡油的风味，使用鸡油可使产品“鸡味十足”。

食用精炼动物油脂在现代食品工业中的应用，主要是其不可替代的特征性香气和其优良的加工性能以及脂肪酸饱和程度高、不易氧化等功能性特征。随着食品工业的发展，其应用领域被扩展到香精香料、鸡精、调味品、方便面、速冻食品、烘焙油脂、人造奶油、起酥油、面包、蛋糕、月饼、饼干、曲奇饼、火锅、冰淇淋雪糕、糖果等多个食品行业。尤其是鸡油，由于它含有人体必需的脂肪酸——亚油酸，且易于消化。所以，精炼鸡油是集营养与调味功能于一体的高级烹调油。当然，由于大多数动物油脂饱和脂肪酸的含量很高，经常大量食用动物油脂，还是不可取的。

由于食用精炼动物油脂在食品工业上的功能性的缘故，其售价一般远高于普通炼制动物油脂，有的高达每千克二十几元，甚至更高。

各种动物油脂精炼的设备、工艺大体相同，只是由于其各自熔点的不同，在炼制温度等方面有所区别。下面以鸡油的精炼为例对动物精炼油脂的生产工艺和技术方案进行简单的介绍。

一、精炼鸡油的生产工艺及技术方案

鸡腹内的脂肪特别柔软细嫩，因此其油脂很容易溶出。

鸡油的传统炼制方法主要有三种。第一种是先把鸡脂放入开水锅中焯一下水，以除去部分水分及异味，然后净锅上火炙锅，下入鸡脂、姜块和葱节，用小火炼制，待炼出鸡油后，去渣即成。用这种方法炼制时，须注意火候，如果温度过高，鸡油便会变得灰暗而浑浊，呈红褐色，鲜香味大减。为了减少这些缺陷，有不少厨师便对第一种鸡油炼制方法做一些改进——把焯水后的鸡脂放入锅中，掺适量清水并放入姜块、葱节一同炼制。待炼至油出且水分稍干后，去渣即成。这是第二种方法。这种方法炼出的鸡油色浅而黄，类似色拉油，烹制烩菜效果较好，不过缺点是香味不足。第三种方法是把鸡脂焯水后放碗内，加姜块密封后，上笼蒸化，取出稍晾，撇取上面的油脂即成，以这种方法蒸炼出来的鸡油，水分含量高，鲜味较浓，但略带异味。过去，不少厨师用这种方法制取鸡油。

但上述诸法皆不能满足工业化生产的需要。编者借鉴国内外先进的食品加工技术和设备，经过数十次的试验和设备选型、改造，再结合传统的炼制方法，总结出一套科学合理、适合工业化生产的精炼鸡油生产线，已于几年前在国内推广应用。其技术核心是利用“水中取油—油中祛水”的特殊炼制方法，配合闪蒸脱臭工艺，生产出香味纯正、状态鲜亮、清香诱人的高档动物精炼油脂；并使得这一加工技术达到国内领先水平，赢得了外商的青睐，曾出口到韩、日等国。工艺流程如下。

鸡板油→清洗→绞碎→加水→过磨→蒸煮→过滤→分离→闪蒸→脱臭→分离→成品

经此工艺炼制的天然精炼鸡油有以下优点。

（1）经加热可产生多种烃类香气物质，构成鸡油的天然香气主体，并呈现出具有鸡肉特征的肉香味，具有良好增香调味作用以及呈味性强且充足的特点，可烘托香气，使加工制品香浓无比，醇厚自然。

（2）具有独特的保香存香、载味持味性，用鸡油与香辛料、肉类等物质，经特殊香化工艺处理后，将香辛料和肉类本身的香气成分吸收并且保存起来，从而赋予鸡油本身一种特殊的风味。有鸡油存在时人的感官对各种呈味成分的感知是不同的，是动态的、变化的。因此，风味有很好的层次感和立体感，缓和了呈味物质的刺激强度，使产品口感丰满圆润，风味绵软悠长，头香—体香—底味和谐统一。因此，精炼鸡油在方便面、粉包、酱包、肉味香精、调味品等食品行业以及四川火锅、烹饪等方面得到了广泛的应用。

（3）由于鸡油具有天然的β'－晶型结构，使得它具有独特的良好分散性、乳化性、乳化稳定性及酪化性，加之本身特殊的风味，使得它在微胶囊化生产香精香料，特别是在前期处理加工中的乳化、均质、分散等特殊加工处理中具有重要的作用，使所得产品具有良好的保香性、缓释性、速溶性、储存性。

（4）由于工艺的特殊性，其过氧化值和酸价均低于国标和其他工艺所生产的精炼油脂。

（5）精炼鸡油的适口性与消化率较牛油、猪油好。因为鸡油的熔点一般在25～33℃。这个温度正好会产生圆润饱满且适口的感觉，不会产生像牛油一样因熔点高而口涩之感。另据研究资料表明：消化率与其溶点密切相关。溶点低于体温的脂肪消化率高达97%～98%，如植物油和炼过的猪油、鸡油等；熔点高于体温的脂肪消化率约为90%，如羊、牛脂等。含不饱和脂肪酸越多的脂肪，熔点越低，消化率越高。

动物油所含饱和脂肪酸均占总脂肪酸的90%以上，只有鸡油例外，鸡油有76%为饱和脂肪酸，其余24%均为多不饱和脂肪酸，且亚油酸占24.7%。另外，中医还认为，鸡的全身都可入药，其中，鸡油可治秃发、脱发。

总之，利用现代科学先进的生产工艺，炼制清澈透明、香醇无异味、应用广泛的纯天然鸡油，使其达到物尽其用，是这一产业的发展趋势。尤其是在香精及调味品行业的应用，更是符合天然、绿色、环保和可持续发展的食品工业的发展理念，为鸡副产品开发了巨大的市场。它不但在国内有很大的潜力，在海外也有广阔的市场，因此，综合利用鸡加工下脚料鸡脂生产精炼鸡油是极有市场前景和市场竞争力的高附加值产品。

二、精炼鸡油的产品质量指标

精炼鸡油的产品质量指标如表3-2所示。

表3-2　　精炼鸡油的产品质量指标

指标	参数
色、香、味等物理性状	室温下黄色至浅黄色油状膏体；溶化后呈澄清透亮状浅黄色液体，无不溶沉淀物；有浓郁的鸡油特有的香气，无哈喇味等不良气味，口感香滑
水分	≤0.5%
酸价	≤3.0mgKOH/g
过氧化值	≤5.0meq/kg
铅	≤1.0mg/kg
砷	≤0.5mg/kg
细菌总数	≤3000个g
大肠菌群	阴性

三、精炼鸡油的生产设备

精炼鸡油的主要生产设备，如表 3－3 所示。

表 3－3　　精炼鸡油的主要生产设备

名称	数量	备注（型号、产量、材质等）
绞肉机	1	300～500kg/h，不锈钢
胶体磨	1	150 型
炼油釜	2	全不锈钢，2000L
过滤器	2	双联过滤器
分离机	2	碟片式分离机，1T/hr，不锈钢
活性炭柱	1	不锈钢
闪蒸脱臭机	1	不锈钢
高位槽	1	普通，不锈钢
冷热缸	4	普通，不锈钢
饮料泵	4	不锈钢

以上设备为一条生产线上的主要设备，其他还有一些辅助设备，在此不一一列出。其生产能力要根据具体要求生产量的大小来进行设计。

另外，除鸡油外，猪油、牛油、鸭油是食品工业中应用最多的几种动物油脂，现在已经有不少企业在进行专业化炼制。

第七节　骨肉纯粉（膏）的生产工艺

骨肉纯粉（膏）即是提取完成后剩余的骨肉渣，一般还含有大量的不溶性蛋白等营养物质，故烘干粉碎可得到营养价值相当高的骨肉纯粉（膏）。或者未经提取而直接粉碎、蒸煮、磨细、酶解、喷雾干燥后制成的骨肉纯粉（膏）。此类纯粉多用于方便面、冷冻调理、膨化等食品行业中。生产最多的当数一些鸡分割企业，他们拥有大量而廉价的鸡骨架资源，经粉碎、蒸煮或者酶解后制成的鸡肉粉市场销量非常大。如果要生产此类产品必须保证原料的卫生程度符合食品级要求，否则，容易造成食品安全事故，如含有较多淋巴结的鸡屁股及鸡肺即属于不卫生因素。

此类产品经酶解后喷雾干燥的比较多，因为经蛋白酶酶解后，会产生一些氨基酸和多肽，能使产品的口味更加丰富和鲜甜。因产品成本低廉，深得调味品生产企业的喜爱，如鸡精、鸡粉等家庭调味品生产企业。这种产品能为他们提供真正的鸡的成分。

下面就鸡肉纯粉的生产工艺做一下简单介绍，其他骨头粉的生产工艺类似，可以根据具体需要，加以变通即可。

1. 工艺流程

整鸡、鸡骨架或鸡脯肉斩块绞碎→加 1∶0.8 的水→混合均匀→加温至 120℃左右→维持 120min→将胶体磨调节到较宽松状态→过胶体磨→放入酶解罐，冷却至 55℃→加入复合酶→55℃酶解 2.5h→加入 0.2% 风味酶→酶解 2h→加热煮沸灭酶→配料→过胶体磨→均质→喷雾干燥

2. 配料

上述酶解液 170mg，蔗糖 5mg，麦芽糊精 25mg，变性淀粉 10mg，鸡骨油 5mg，大豆分离蛋白 10mg，蛋黄粉 5mg，IMP0.5mg，脂肪酸蔗糖酯 0.1mg，分子蒸馏单甘酯 0.1mg。

喷雾干燥时，一般要调整固形物含量 30% 左右。喷雾机出口温度最好控制在 90℃以下，喷出后要晾凉再包装，不要在温度过高时包装。

其他还有一些纯肉类提取物产品，如牛肉浸膏等，除用于食品工业外，还用于微生物培养工业。用于微生物培养基的肉类浸膏，一般是将肉切成大小适宜的肉块，直接加水浸提，也有磨碎后经酶水解的，但实际生产当中不是很多。比较普遍的是直接浸提后浓缩成膏状，这样的产品较容易被微生物吸收利用，但成本高昂，作为调味品而言，只有非常高档的产品方能使用。

3. 牛肉浸膏制作工艺流程

新鲜牛肉→切小块→加入蒸煮罐→预煮→蒸煮（0.15MPa，0.5~4h）→过滤（肉渣可做纯肉粉或牛肉干等）→肉汁→分离油脂→浓缩→调配→成品

这种肉膏的质量非常好，是制作高档肉味调味料的原料之一，也是微生物培养基的主要原料之一。

第四章

畜禽骨肉提取物的加工设备

第一节 清洗设备

因肉骨原料多油脂，也易粘连不洁物等，所以保持原料足够的清洁度以及对其进行有效的清洗，对骨肉提取物的生产来说显得尤为必要。

但纵观国内骨肉提取物生产企业，还没有合适的专用清洗设备。大多数工厂采用足够的内部可加热的不锈钢水槽，配合人工进行清洗、浸泡以及高压水清洗等。这种水槽一般底部配有蒸汽加热管，并且底部出水口是倾斜的，以方便污水的排出，因此类设备以非定型自制设备较多，结构较为简单，在此不再赘述，可由使用者根据具体情况购买或自制。

当然，也有个别的企业采用流动水逆流冲洗的，这种逆流清洗设备，需要配备带有螺旋输送器或带式输送器的清洗槽。设备的一端为进料口和废水出口，另一端为进水口和出料口，通过水流的冲击来实现物料的清洁。这类设备的好处是节省了大量的劳动力，但对于清洁度不高的原料而言，这种清洗方式的效果就很有限了，而且会造成大量水资源的浪费。对于水资源匮乏的地区来说，尤其不适宜。也就是说，在骨肉提取物行业中，这种设备的实际使用意义不大，一般很少使用。

因此，在源头上保证原料足够新鲜、洁净是减少浪费的最好捷径。这也就要求了工厂在采购原料时严格把关，严禁采用不新鲜、受污染的原料进行生产，以减少损失和后续加工的繁杂，增加不必要的劳动力。最简便易行的方式是为原料供应商，即屠宰场提供足够数量的食品原料周转箱或周转袋，让其在屠宰分割完毕后直接将洁净的原料放入周转容器，防止再次污染。实践证明，这是一种最有效的能使原料减少清洗强度的方法。

这样，原料到工厂后，清洗设备就主要用来浸泡易于祛除的血污就行了，不需要很多很复杂的清洗设备了。因此，清洗设备只要具有方便操作，易于排水、加热等功能即可，不是很需要其他复杂的功能。在此也就不多介绍了，由使用者根据工厂的具体条件配置即可。

第二节 破碎设备

在现代食品工业加工中，有一些需要破碎但极不容易破碎的物料，如大块的骨头、冻肉等。为了便于加工，根据所加工的物料特性及加工目的的要求，对物料施加一定的外力，克服分子间的内聚力，获得尺寸更小的物料，所采取的物理方法一般有切割、破碎、粉碎等。在该过程中，物料的物理加工性质会发生变化，如物料的填充密度由小变大，单位体积的表面积（比表面积）由小变大，而化学性质不会发生变化。

物料的切割与粉碎在食品加工过程中的应用很多，常见的目的体现在以下几点。

（1）改善原料的加工性能，便于后续加工，以加快溶解、干燥、换热或发酵等反应速度。

（2）破坏细胞壁结构，便于胞内物质排出，如淀粉和蛋白质以及其他营养物质的提取等。

（3）增大比表面积，扩大食物与消化液的接触面积，提高食物的消化吸收率。

（4）选择性破碎，以分别进行不同成分的利用、剔除或分离，如玉米除胚时需要胚乳的粒度小于胚芽的粒度。小麦提粉时需要保持麸皮具有较大的粒度，以便于麸与粉的筛分等。

（5）改善产品的感官质量，如各种干燥后再粉碎的呈味料等。

（6）便于充填、包装、运输。

在骨肉提取物生产中，最常用的有切割机和三种破碎机械，它们分别是锯切机、骨头专用破碎机和绞肉机。下面分别简单介绍。

一、硬质骨料预切机（锯切机）

在骨肉提取物生产加工中，最常遇到的就是大块的硬质骨头，如牛头骨，牛腿骨等。此类原料的特征是块大且质地硬，一般不易人工破碎，也不宜进入破碎机的喂料口，只有先行利用此机械进行切割成较小的块状后，再行破碎。该类机型具有能耗低，操作安全方便，外形美观等特点。锯切机适合适度切割猪骨头、牛骨头、冻肉等大块硬质原料，是肉、骨、冻肉、家禽、鱼类理想的分解设备，可广泛用于宾馆、酒店、食品加工厂、屠宰场的预处理。其缺点是单位工作时间内的原料处理量相对于其他机器来说较小，不太适合工业化大生产，较适合少量、大块类原料的处理。该类预切机为全不锈钢外壳，凡与食品接触的零部件均采用不锈钢或合金钢或经过表面特殊处理的零部件，符合国家标准。如图 4－1 所示是两种预切机的外形。

图 4－1　两种预切机的外形

二、骨头专用破碎机

在以骨头为原料的食品生产加工中，一般使用锯切机对大块的骨头进行预处理，因为锯切机的工作效率低，不适合工业化大批量加工。因此，就需要加工速度快、效率高的破碎机来进行生产。现在国内一般使用的有两种类型的破碎机。一种是对辊式破碎机，一种是刮刀式破碎机。

（一）对辊式破碎机

对辊式破碎机的特点是破碎的原料块状较小，原料破碎后基本呈颗粒状，也可以根据需要，调整两只对辊的间距，以获得适合加工工艺所要求的尺寸。此类设备适于破碎具有一定粗糙度的原料，如冻肉、鸡架骨、猪杂骨等光滑度较低的原料，单位时间加工量较大。对于猪、牛的筒骨（即腿骨），由于其表面较光滑，当对辊的间隙较小时，则设备不易“咬”住骨头，会出现打滑的现象，使原料无法进入机器，造成工作效率低下。

（二）刮刀式破碎机

刮刀式骨头专用破碎机具有工作效率高、操作安全方便，外形美观等显著特点。可根据后续加工的需要，适当调整物料的破碎尺寸（1～15cm 可调节）。适合破碎猪骨头、牛骨头、鸡骨头、冻肉等高压强度不超过 350MPa 的硬质原料，是骨头、冻肉等理想的破碎设备，可广泛用于宾馆、酒店、食品加工厂、屠宰场。GDJ 系列骨头专用破碎机为全不锈钢外壳，凡与食品接触的零部件均采用不锈钢或硬质合金钢或经过表面特殊处理，均符合国家标准，其一般技术参数如表 4－1 所示。

表 4－1　刮刀式破碎机的一般技术参数

型号	GDJ－150/200	GDJ－200/500	GDJ－500/1000	GDJ－1000/1500	GDJ－2000
生产能力	150～200kg/h	200～500kg/h	500～1000kg/h	1000～1500kg/h	1500～2000kg/h
电机功率	3kW	4kW	5.5kW	7.5kW	
进料硬度	<3 级				

续表

型号	GDJ－150/200	GDJ－200/500	GDJ－500/1000	GDJ－1000/1500	GDJ－2000
破碎程度	1～15cm 可调				
合适原料	猪骨、牛骨、鸡骨等硬质原料骨的粗破碎				
材质	合金钢破碎刀、不锈钢机头				

三、绞肉机

对于人们来说，绞肉机并不陌生，只是用于工业化生产的绞肉机多以不锈钢及特殊钢材料制造，并且型号、功率及加工能力较大，适合工厂工业化生产。随着工业化发展的进程，绞肉机也由最初的手动，逐步发展为自动、全自动等更加方便、安全实用的形式，外观也越来越漂亮。在骨肉提取物尤其是肉类提取物的生产中，绞肉机是必备设备之一。

（一）全自动绞肉机

全自动绞肉机适合加工鲜肉和小块状冻肉，其优点就是可以靠机械的作用连续加工，基本不用担心会有肉块堵塞绞龙的现象出现，如图 4－2 所示。

（二）普通机械绞肉机

普通绞肉机在设计上将标准的冻肉块送入原料肉斗，利用机器的刨冻肉装置，将块状原料肉切割成符合冻肉绞笼要求的原料肉规格，对于非冷冻状态的肉也可不通过刨冻肉装置，将新鲜的原料肉直接送入鲜肉料斗中，通过鲜肉绞笼对原料肉进行加工，如图 4－3 所示，对于骨质较脆弱的鸡、鸭等原料，也可以直接用此类设备进行绞碎。这种机器的鲜肉加工能力一般能达到 2～3t/h，大型设备能达到 10t/h。具有清洁卫生、拆卸方便、绞肉量大、升温小、外形美观等特点，是骨肉提取物加工厂必备的加工设备之一。

图 4－2　全自动绞肉机

图 4－3　普通机械绞肉机

第三节　蒸 煮 设 备

骨肉提取物的生产就是将骨头或肉中的可溶性成分，如蛋白质、脂肪以及其他营养成分提取出来的过程，一般在此行业中，用得最多的就是提取罐（行业俗称蒸煮罐）和酶解罐。蒸煮罐及酶解罐根据厂家及用途的不同，又有很多分类，但都需要容积较大并且需要承受一定的压力。下面依次介绍。

一、蒸汽直接加热式蒸煮罐

蒸汽直接加热式蒸煮罐又分卧式罐和立式罐两种，立式罐可以带搅拌，以促进热传递和避免加热死角的出现，卧式罐就只能靠蒸汽的对流来进行加热。不管是哪一种罐，罐内加热管都需尽量做到能均匀分布热源。一般是在罐内加热管上均匀开些小孔，以使蒸汽能均匀分布，这样也可减少蒸汽进入冷水时的噪音。

蒸煮罐的共有特点：

(1) 承受一定的压力　根据工艺参数的不同，罐的工作压力及设计可以自行选定，从0.2~0.8MPa，但罐的设计压力一定要高于工艺所要求的实际工作压力，以免出现生产安全事故。

(2) 必须配备适用的压力表和温度表　在合适的位置配备压力表和温度表是制定和控制工艺参数的必要所在。否则，将无法控制工艺参数。

卧式蒸汽直接加热式蒸煮罐外形如图4－4所示，此种蒸煮罐进料方式为车筐式，在罐的底部配有车筐轨道，物料装入车筐后，沿轨道推入罐内，封闭好之后再加水进行蒸煮。此类罐一般设计压力为0.4MPa，最高工作压力0.3MPa，最高工作温度140℃，采用洁净蒸汽直接加热。底部物料出口配备较大孔径的过滤网进行粗过滤，连接罐口的管道要尽可能的缩短，然后接驳过滤器，以防管道堵塞。一般上部有压力表、温度表、安全阀、进水口、排汽口等管道接口以及适当的保温层。有的在侧面还配有液位计，以备观察罐内液位而用，详见图4－5。此类罐的缺点是装卸料不方便，自动化程度不高。

图4－4　卧式蒸煮罐外形

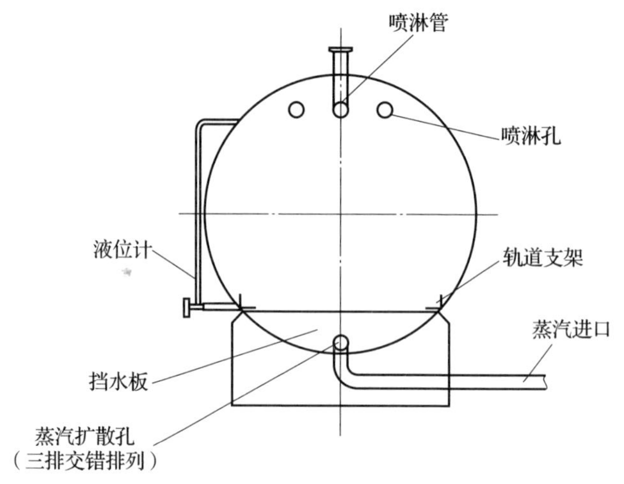

图4-5　卧式蒸煮锅刨面图

立式蒸汽直接加热式蒸煮罐也是由罐的底部直接通入蒸汽，在锥形罐底的上面覆盖一个有一定斜度的孔板过滤器，为初步过滤一些骨渣而备，以减轻下步过滤工序的负担。这种罐现在一般有两种形式：一种是罐内配备比罐体直径稍小的盛装原料的笼筐，笼筐可以被容易地吊起来，以装卸原废料，这样，还要求在罐体上方配备行车，以起吊笼筐和罐盖。压力表、安全阀、进水口、排汽口等管道接口一般都配备在罐盖上部。侧面配备液位计和温度表。这种罐的优点是可以根据需要和具体情况配备一些自动化程度较高的设施，如气动开关盖、行车等，以降低劳动强度，增加卫生程度。另一种是上部开一人孔大小的进料孔，原料直接由孔口直接倒入罐内；在罐侧壁下方旁边开一稍小的出料孔，蒸煮完成需要出料时，靠人力将废渣扒出，这种罐的缺点就是罐体结构更加复杂，最后出渣时比较费力，一般不建议使用。

二、夹层加热式蒸煮罐

夹层加热式蒸煮罐基本样式、配置与蒸汽直接加热式蒸煮罐基本一致，无非是在罐体内壁与保温层之间多了一层加热层而不是使用蒸汽直接加热。但同样要配备适用的压力表和温度表以及人孔、视镜、安全阀、排气阀等。也就是说此类罐是靠通入到夹层中的加热介质来对物料进行加热的，夹层中的加热介质可以是蒸汽也可以是导热油等，这可以根据具体需要来进行定制。另外，夹层加热式蒸煮罐的罐体制作需要双层罐体都能够承受较高的压力，其制作工艺较蒸汽直接加热式蒸煮罐更为复杂。而在实际生产过程当中，较多使用的是直接加热和夹层加热相配合的蒸煮罐。这种复合式蒸煮罐的好处是加快蒸煮过程的进行及利于掌控温度和压力。纯粹夹层式加热罐不建议在骨肉抽提物行业中使用。

三、盘管式蒸煮罐

盘管式蒸煮罐则是在罐体内部安装有加热盘管的蒸煮罐。这类罐体给洗刷和清洁带来了很大的不便，很难保证食品的卫生安全，所以很少用到。

第四节　过滤设备

在骨肉提取物的生产过程中，过滤是一个较为复杂且必不可少的过程。主要根据产品要求的最终状态来选择合适的过滤设备和设计合理的过滤工艺，如生产酶解骨素，如果要求产品有一定的透明度，最好选择可以连续性生产的板框压滤机；对于浑浊的白汤型产品，就没必要选择这种设备，可选用结构简单、操作容易的双联过滤器，反而有利于提高工作效率和减少固定投资。过滤设备种类较多，下面就骨肉抽提物行业内可能用到的一些过滤设备做简要介绍，以便在实际工作中有所选择。

按过滤推动力分类，可将过滤设备分为常压过滤机、加压过滤机和真空过滤机三类。常压过滤效率低，仅适用于易分离的物料，如骨渣的粗分离，使用振动筛即可。加压和真空过滤设备在骨肉提取物工业尤其是酶解精制产品中被广泛采用。

一、板框压滤机及板式压滤机

1. 板框压滤机结构

板框压滤机结构如图 4－6 所示。

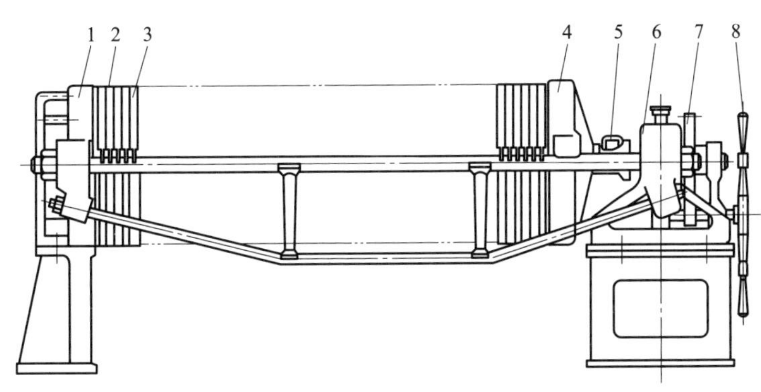

图 4－6　板框压滤机外形

1—固定端板　2—滤板　3—滤框　4—活动端板

5—活络接头　6—支承　7—传动齿轮　8—手轮

板和框的结构如图4-7、图4-8所示。

图4-7　板框压滤机的板和框

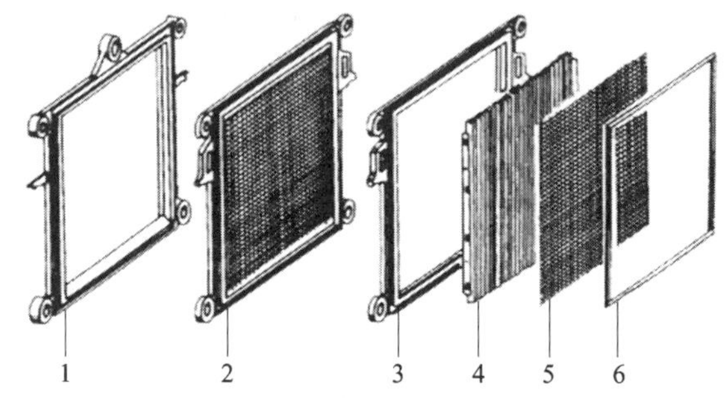

图4-8　滤框和滤板结构图

1—滤框　2—滤板　3—滤板外框架　4—滤板栅　5—支撑格筛　6—压盖框

板框压滤机的板和框多做成正方形，角端均开有小孔，如图4-7、图4-8所示，装合压紧后即构成供滤浆或洗水流通的孔道。框的两侧覆以滤布，空框与滤布围成了容纳滤浆及滤饼的空间，滤板用以支撑滤布并提供滤液流出的通道。为此，滤板的两面制成沟槽，如图4-8所示，并分别与洗水孔道和滤液出口相通。滤板又分为洗涤板与非洗涤板两种，其结构与作用有所不同。每台板框压滤机有一定的总框数，其数目由生产能力和悬浮液固体浓度确定，最多可达60个，需要板框数少时，可插入盲板以切断滤浆流通的孔道。如果将非洗涤板编号为1、框为2、洗涤板为3，则板框的组合方式服从1—2—3—2—1—2—3的规律。组装之后的过滤和洗涤原理如图4-9所示。

滤液的排出方式有明流和暗流之分，若滤液经由每块板底部旋塞直接排出，则称为明流；若滤液不宜暴露于空气中，则需要将各板流出的滤液汇集于总管后送走，称为暗流。前者适用于一般场合，如发酵液的过滤，后者则用于滤液需保持无菌，不与空气接触等场合。对于要求较严格的果汁、骨肉提取物生产企业而言，如果选用板框压滤机，则最好选用暗流式。

板框压滤机在过滤时，骨肉提取物悬浮液由离心泵或齿轮泵经物料管道通道打入框内，如图4-9（1）所示，骨肉提取液穿过滤框两侧滤布，沿相邻滤板沟槽流至滤液出口，细骨渣则被截留于框内形成滤饼。骨肉提取液穿过滤饼和滤布到达两侧的板，经板面从板的左下角旋塞排出。待框内充满滤饼时，过滤效率会降低，可视骨肉提取液流出的速度，来决定是否停止过滤。

如果滤饼需要洗涤（不适用于非酶解产品），先关闭洗涤板下方的旋塞，洗水从洗板左上角的洗水通道（位于框内）进入，滤板与滤布之间，依次穿过滤布、滤饼、滤布，到达非洗涤板如图4-9（2）所示。由于关闭洗涤板下部的滤液出口，洗水便横穿滤框两侧的滤布及整个滤框厚度的滤饼，最后由非洗涤板下部的滤液出口排出。以上介绍的洗涤方法称为横穿洗涤法，其洗涤面积为过滤面积的1/2，洗涤液穿过的滤饼厚度为过滤终了时滤液穿过厚度的2倍。若采用置换洗涤法，则洗涤液的行程和洗涤面积与滤液完全相同。

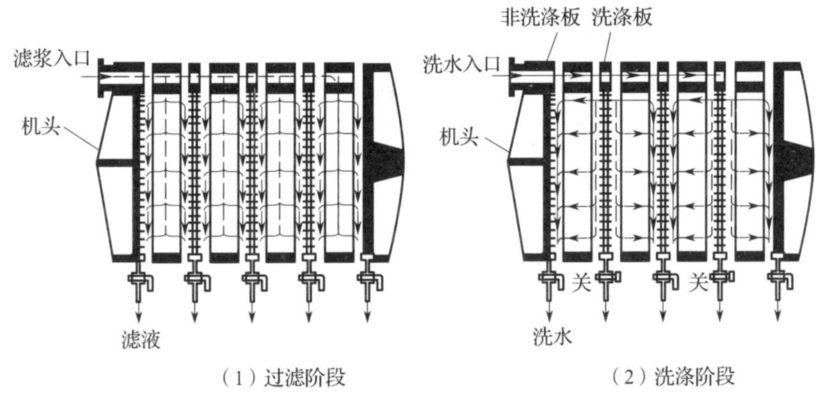

（1）过滤阶段　　（2）洗涤阶段

图4-9　板框压滤机操作示意图

洗涤结束后，旋开压紧装置并将板框拉开，卸出滤饼，清洗滤布，重新组装，进行下一循环操作。

板框压滤机的主要优缺点：

（1）板框压滤机的优点是机器构造简单，过滤面积大而占地小，过滤压力高，过滤效果明显，适用于过滤精细物料的操作，还可根据需要更换不同型号、适合于工艺要求的滤布，便于用耐腐蚀材料制造，操作灵活，过滤面积可根据产生任务调节。

（2）板框压滤机的缺点是间歇操作，每个操作循环由装合、过滤、洗涤、卸渣、整理五个阶段组成。工序繁缛，劳动强度大，生产效率低。

（3）板框压滤机的最大操作压力可达1MPa，通常使用压力为0.3～0.5MPa。因此，适用于一些需要较高压力过滤场合。

2. 板式压滤机

较常见的板式压滤机是凹腔板式压滤机，也称箱式压滤机，它全部由滤板并列组合而成，即滤板具有板和框的双重作用。滤板通常为凹面形的圆盘(也有方形的)，滤板两侧各有一凸出的边框，这样当两块滤板合拢时，中间的内腔即形成滤箱。每块滤板的两侧覆以滤布，利用螺旋活接头将滤布紧贴于板的凸缘平面上，这样可将滤箱空间分隔成滤布与板面间的滤液空间及滤布外部的滤浆空间。

过滤时，骨肉提取液经滤板的中央进料孔进入滤浆空间，滤渣沉积于滤布上形成滤饼，而骨肉提取液穿过滤布进入板面的沟槽内，流向滤板下部的集液槽，通过旋塞排出机器外，如图 4－10 所示。

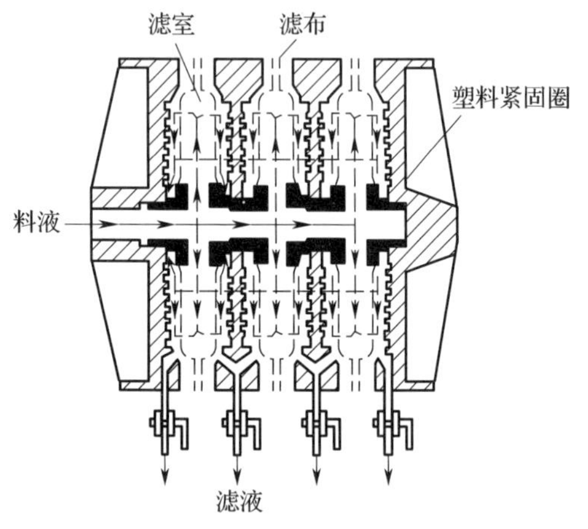

图 4－10　凹腔板式压滤机示意图

(1) 板框式硅藻土过滤机　板框式硅藻土过滤机如图 4－11 所示，与典型的板框式压滤机没有本质上的差别。只是以硅藻土过滤介质代替滤布，它使用特制的多孔隙滤纸板夹持在板和框之间，作为硅藻土层的支撑物，每一过滤周期结束后需更换新的滤纸板和硅藻土。这种过滤机更适用于需要更精细过滤的原料，如需要澄清度很高的酶解类产品。

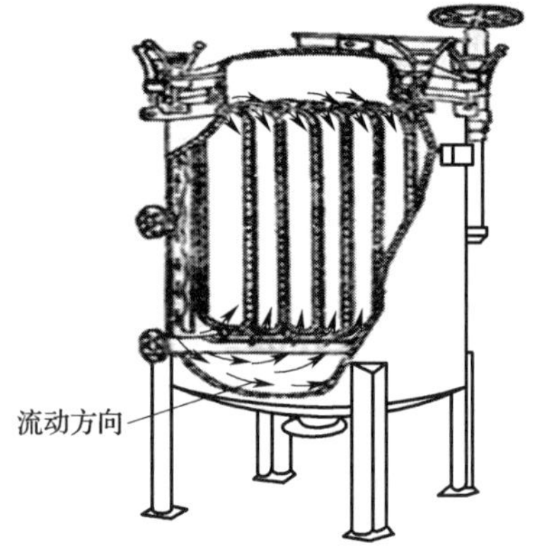

图 4－11　板框式硅藻土过滤机

板式或板框式压滤机结构简单，价格低，过滤面积大，耐受压力高，动力消耗小，适用于较难处理物料的过滤，故使用较广泛。但这种压滤机不能连续操作，劳动强度大，辅助操作时间长，滤布易损坏。目前市场上较多使用的是半自动和全自动压滤机。

（2）自动板框式压滤机 自动板框压滤机在板框压紧；卸饼、清洗等操作可自动完成，劳动强度小，辅助操作时间短。

图4-12所示为一种自动板框压滤机的操作过程示意图。这种压滤机只有滤板没有滤框，由滤板两侧的凹陷部分组成滤饼室，将其称为板框压滤机不过沿用过去的习惯称呼而已。滤板的材料可根据过滤液性质和要求采用铸铁、铸钢、不锈钢等，在其凸出的边缘处衬上橡胶或在铸铁上涂树脂涂料等以使其增加密封性。

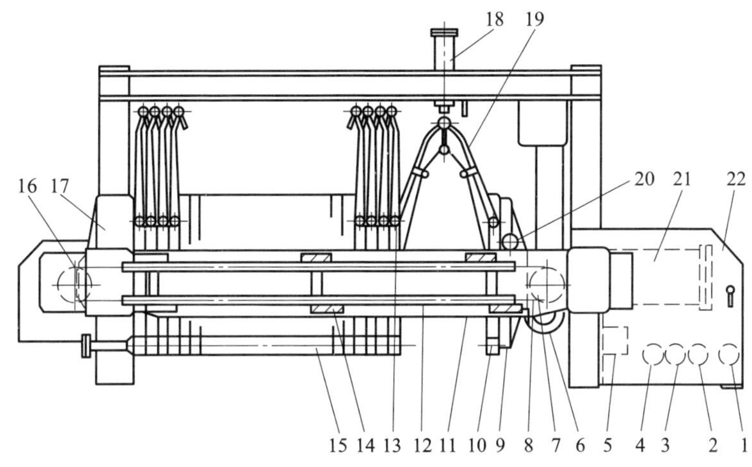

图4-12 自动板框压滤机示意图

1—油压开关 2—油压阀 3—滤板输送电机 4—减速机 5—接线盒 6—齿轮箱 7—传动轮 8—输送链 9—限位开关 10—活动端板 11—横梁 12—导轨 13—滤板关闭装置 14—附件 15—滤板 16—张紧轮 17—固定端板 18—滤布振动器 19—滤板张开装置 20—活动端板滚轮 21—油压缸 22—传动装置箱

图4-13是IFP型自动板框压滤机的操作过程示意图。该压滤机与上一种压滤机不同，其结构与普通板框压滤机大体相同。只是板与框各有4个角孔，滤布是首尾封闭的整体，并配有自动控制操作系统。

过滤时，骨肉提取物悬浮液从板框上部两个角孔形成的通道并行压入滤框，骨肉提取液穿过滤框两侧的滤布，沿滤板表面的沟槽流入下部角孔形成的通道中，滤饼则在滤框内形成。洗涤滤饼也按过滤流向进行。洗涤完毕，油压机将板框拉开，并使滤框下降。然后开动滤饼推板，框内滤饼将以水平方向推出落下。传动装置带动环形滤布绕一系列转轴旋转，以达到洗涤滤布的目的，最后使滤框复位，重新夹紧，完成一个操作周期。全部操作可在10min内完成。

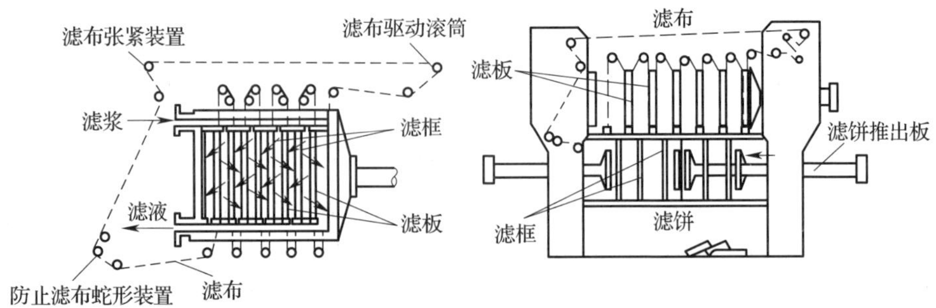

图 4－13　IFP 型自动板框压滤机的工作原理图

表 4－2 为各种自动板框压滤机的规格尺寸及过滤面积，由此我们可以根据表 4－2 中的数据，选择适用的各种规格型号的自动板框压滤机。

表 4－2　　IFP 型自动板框压滤机规格

框外部尺寸/mm	800×800			1000×1000			1250×1500		
框数/个	20	30	35	20	40	60	30	50	60
总过滤面/mm	19.1	28.6	33.4	31.0	62.0	93.0	104.6	172.3	209.1
框总体积/L	286	428	500	465	929	1394	1568	2614	3136
全长/mm	3000	5000	6000	3000	7000	8700	5000	7850	8700
全宽/mm		1400			1600			2300	
全高/mm		2500			3000			4000	

二、叶滤机

1. 结构与工作原理

叶滤机由许多滤叶组成。滤叶是由金属多孔板或多孔网制造的扁平框架，内有空间，外包滤布，将滤叶装在密闭的机壳内，为滤液所浸没。滤液中的液体在压力作用下穿过滤布进入滤叶内部，成为滤液后从其一端排出。过滤完毕，机壳内改充清水，使水沿与滤液相同的路径通过滤饼进行洗涤，故为置换洗涤。最后，滤饼可用振动器使其脱落，或用压缩空气将其吹下。典型代表就是叶滤式硅藻土过滤机，滤叶可以水平放置也可以垂直放置，滤浆可用泵压入也可用真空泵抽入。如图 4－14 所示。

图 4－14　叶滤式硅藻土过滤机

硅藻土过滤机在白酒、果酒、低度酒、黄酒、药酒、葡萄酒和水处理等行业广泛应用。过滤澄清度可达99.8%，操作得法甚至可滤除大肠杆菌。能滤除0.1～1μm的微粒（包括微生物）。

2. 叶滤机结构特点

（1）由壳体、中间轴、过滤板、过滤网、导杆、气阀、玻璃视镜、胶轮等件组成，所有液体接触的机件均采用不锈钢材料制成，壳体分为多节、单节，节间用橡胶密封圈密封，便于拆卸清洗。

（2）采用硅藻土过滤机，与陈旧的棉饼过滤机相比有明显的优势：能源可节约92%，酒损失减少90%，设备成本低，生产用工人少、占地面积小、轻巧灵活、移动方便。

使用硅藻土过滤后的酒和饮料，风味不变，无毒、无悬浮物、沉淀物、澄清透明、滤清度高。在骨肉提取物行业中适合于酶解后需要更大精细度的骨素类产品的过滤。

3. 叶滤机主要优缺点

叶滤机也是间歇操作设备。它具有过滤推动力大，过滤面积大，滤饼洗涤较充分等优点。其生产能力比压滤机还大，而且机械化程度高，较省劳动力。缺点是构造较为复杂，粒度差别较大的颗粒可能分别聚集于不同的高度，故洗涤不均匀。

三、双联过滤器

双联过滤器为双桶式并列连接过滤器，因此习惯称为双联过滤器。一般全部采用SUS304优质不锈钢制造，由两只圆柱桶体组成，内、外表面抛光，顶部装有压力表、排气阀；内部装有可以安装滤网的篮筐或滤网固定装置；两个桶体靠管道和三通阀进行连接，也有用两只阀门和一个三通阀进行连接的。两只阀门可以同时使用，也可以单独使用。两只同时使用时，将上部进料三通阀打到同时进料位置，同时打开顶部排气阀，待料液充满罐体，有液体从排气孔溢出时，关闭排气阀，打开下部出料三通阀进行正常的过滤工作。单只使用时，将上下两个三通阀打成两通位置，即打开将要工作的过滤器，关闭另一只过滤器，进行正常地工作。

图4－15　双联过滤器

双联过滤器适用于除去鲜乳、糖液、饮料、口服液、骨肉提取液等液体中各种固体杂质，如图4－15所示。两只过滤器交替使用，可在不停机的情况下更换滤网，适用长期连续生产的过程，工作效率较高，造价较低，使用方便，劳动强度更低，卫生控制较容易等优点。一般在骨肉提取物和果汁生产的粗滤过程中，都会使用这种过滤器。因其滤网的过滤精度较差，不适用于对滤液要求澄清度较高的情况。

骨肉提取物行业过滤工序使用最多的就是双联过滤器，因为它简捷有效，操作方便、造价低。

第五节　分 离 设 备

一、概述

在骨肉提取物的生产中，蒸煮完毕后会出现固（即骨渣或肉渣）、液（主要是以水为溶剂的蛋白液）、油（即各种动物油脂）的混合体系。大量的骨渣或者肉渣，在前一道过滤工序中会被过滤掉，但由于过滤精度的影响，液态提取物中还会存在一些细微的骨渣和肉渣以及大量的油脂。尤其是在清汤类型的产品和酶解精制产品的生产当中，产品的含油量和含渣量是有严格限制的。为了得到不含渣不含油的产品，就需要一种专用的、精度较高的设备来进行处理。这个处理过程就是三相分离，也就需要用到离心分离机。

这里主要讨论离心式离心分离设备，这也是骨肉提取物行业中最适合的分离设备。

（一）离心机分离原理与分离因数

离心分离是在液相非均匀体系中，利用离心力来达到液—液分离，液—固分离，液—液—固分离的方法，通称为离心分离。根据离心力的来源不同，离心分离包括两种，一种是物料以切线方向进入设备而引起的，如旋风分离器、旋液分离器等；一种是由设备本身的旋转产生离心力，如管式离心机和碟片式离心机等。

骨肉抽提物行业常用的离心机有碟式离心机和管式离心机两种，其离心分离原理基本相同。如果是单纯为了过滤骨渣，也可以使用三足式离心机，不过，这种机器的缺点是不能连续生产，且转鼓上方开口较大，不太符合卫生要求。

碟式离心机，如图 4－16 所示，是 1877 年由瑞典的德拉阀斯发明，它是在管式离心机的基础上发展起来的，在转鼓中加入了许多重叠的碟片，如图 4－17 所示，缩短了颗粒的沉降距离，提高了分离效率。

图 4－16　碟式离心机

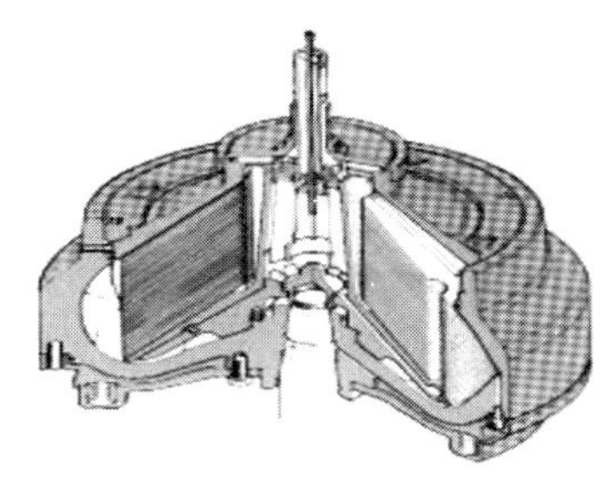

图 4－17　碟式离心机的碟片组示意图

当悬浮液在动压头的作用下，经中心管流入高速旋转的碟片之间的间隙时，便产生了惯性离心力，其中密度较大的固体颗粒在离心力作用下向上层碟片的下表面运动，而后在离心力作用下被向外甩出，沿碟片下表面向转子外围下滑，而液体则由于密度小，在后续液体的推动下沿着碟片的隙道向转子中心流动，然后沿中心轴上升，从套管中排出，达到分离的目的，如图 4－18 所示。

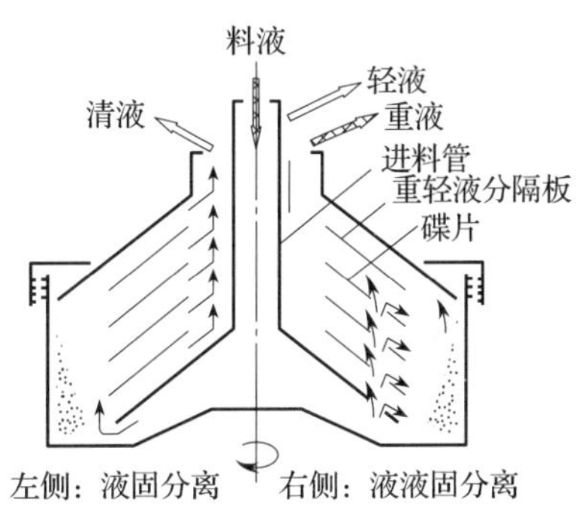

图 4－18　碟片式离心机工作原理

同理，对于两种密度不同或互不相溶的液体（如乳浊液）的分离，轻液在后续液体的推动下沿中心向上流动，重液在离心力作用下沿周围向下流动，从而得到分离。

1．惯性离心力

物料在离心机中所受到的离心力为惯性离心力，如式 4－1 所示。

$$F_p = mv_r^2/r \tag{4-1}$$

式中，F_p——物料所受到的惯性离心力，N；

m——料液中颗粒的质量，kg；

r——转鼓半径，m；

v_r——颗粒做圆周运动时的切线速度，m/s；$v_r = 2\pi rn/60$；

n——转鼓转速，r/min。

上式可写成：

$$F_p = m\omega^2 r \tag{4-2}$$

由式 4－2 可以看出，增加转速来增大离心力比增加转鼓直径更有效，这也就是离心机的理论基础。

2. 离心分离因数

离心力（F）是在非惯性系中为计算方便假想的一个力。向心力使物体受到指向一个中心点的吸引或推斥或任何倾向于该点的作用。笛卡儿把离心力解释为物体保持其“限定量”的一种趋势。它们的区别就是，向心力是惯性参考系下的，而离心力是非惯性系中的力。我们处理物理问题时都是在惯性系下（此时牛顿定律才成立），所以一般不用离心力这个概念。由于根本不是一个系统的概念，我们无法对他们的方向和大小进行比较。

离心机上的离心分离因数是同一萃取体系内两种溶质在相同条件下分配系数的比值，或同一颗粒所受离心加速度与重力加速度的比值，即分离因数指的是相对离心力，如式 4－3 所示。

$$F_r = R\omega^2/g \tag{4-3}$$

式中，F_r——分离因数；

ω——转鼓回转角速度，rad/s；

R——转鼓半径，m；

g——重力加速度，m/s^2。

离心分离因数是反映离心机分离能力的重要指标，它表示在离心力场中，微粒可以获得比在重力场中大 F_r倍的作用力，这就是较难分离物系采用离心分离的原因。很显然，F_r 值越大，表示离心力越大，其分离能力越强，这说明两种溶质分离效果越好，分离因素等于 1，这两种溶质就分不开了。由式 4－3 可知，离心机的转鼓直径大，则分离因数大，但 R 的增大对转鼓的强度有影响。高速离心机的特点是转鼓直径小，转速可达 15000r/min。

（二）离心分离设备的种类和作用

离心分离设备分三类，一类是过滤式离心分离设备，如三足（布袋）式离心机；另一类是沉降式离心分离设备，如旋风分离器、旋液分离器；第三类是离心分离式设备。对于前者，分离操作的推动力为惯性离心力，常采用滤布作为过滤介质。其分离原理和工艺计算与之前所讨论的过滤原理基本相同。对于第二类设备统称为旋流分离器（可以分离液体也可以分离气体），旋流分离器是利用离心力的作用，悬浮液从圆筒上部的切向进口进入器内，旋转向下流动。液流中的颗粒受离心力作用，沉降到器壁，并随液流下降到锥形底的出口，成为较稠的悬浮液而排出。澄清的液体或含有较小较轻颗粒的液体，则形成向上的内旋流，经上部中心管从顶部溢流管排出。达到了固液分离的目的。旋风分离器的工作原理与其相似。

离心分离和过滤、沉降相比，有分离速度快、分离效果好、生产能力高、制品质量好、设备尺寸小等优点，在骨肉提取物行业使用得也最多。因此本节着重介绍此类设备。

工业上根据离心分离因数大小将离心机分为三类。

1. 普通离心机

$F_r<3000$，一般为 600 ~ 1200，转鼓直径大，转速低，可用于分离 0.01 ~ 1.0mm 固体颗粒。

2. 高速离心机

$F_r=3000\sim50000$，转鼓直径小，可用于乳浊液的分离。

3. 超速离心机

$F_r>50000$，转速高（可达 50000r/min），适用于分散度较高的乳浊液的分离。

二、管式离心机的结构及操作

管式离心机如图 4 – 19 所示，具有一个细长而高速旋转的转鼓。增加转鼓长度的目的在于增加物料在转鼓内的停留时间。这类离心机分两种，一种是 G – F 型，用于处理乳浊液而进行液—液分离操作，另一种是 G – Q 型，用于处理悬浮液而进行液—固分离的澄清操作。用于液—液分离操作是连续的，而用于澄清操作则是间歇的。澄清操作时沉积在转鼓壁上的沉渣由人工排除。在骨肉提取物的生产过程中有人用过此种离心机，但工作效率不佳。

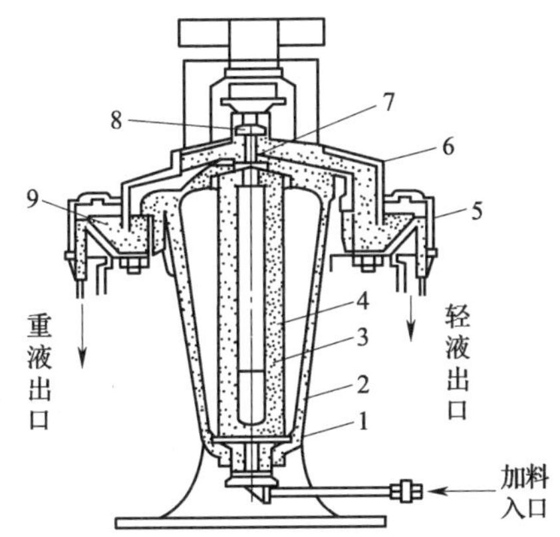

图 4 – 19　管式离心机结构图

1—浮动式滑动轴承　2—底盖　3—顶盖　4—电动机　5—张紧轮　6—皮带轮　7—主轴　8—连接螺母　9—溢液盘

管式离心机转鼓直径小，转速高，一般为 15000r/min，分离因数大，可达 50000，为普通离心机的 8 ~ 24 倍。因此分离强度高，可用于液—液分离和微粒较小的悬浮液的澄清。表 4 – 3 为GF – 105 型和 GF – 150 型管式离心机的技术规格。如表 4 – 3 所示。

离心机的转鼓由三部分组成，如图 4 – 20 所示，顶盖、带空心轴的底盖和管状转筒。在固定的机壳 2 内装有管状转鼓 4。通常转鼓悬挂于离心机上端的挠性驱动轴 7 上，下部由底盖形成中空轴并置于机壳底部的导向轴衬内心机的外壳是转鼓的保护罩，同时又是机架的一部分，其下部有进料口。上部两侧有重液相和轻液相出口。用于澄清操作的 GQ 型离心机的顶盖只有一个液相出口，其他结构与 GF 型相同（即把 GF 型的重液相出口堵塞，便可用于澄清操作）。

表 4－3　　管式离心机的技术规格

名称＼型号	GF－105	GF－150
转鼓直径/mm	105	150
高/mm	750	750
转速/(r/min)	15000	13500
液面上沉降面积/m^2	0.071	0.118
液面处分离因数	13000	15835
鼓壁处分离因数	3780	5400
转鼓壁厚/mm	5	7.5
操作体积/L	6.3	11
装卸限度/kg	10	15
电机功率/kW	2.8	7
分离乳浊液	连续操作	连续操作
分离悬浮液	间歇操作	间歇操作

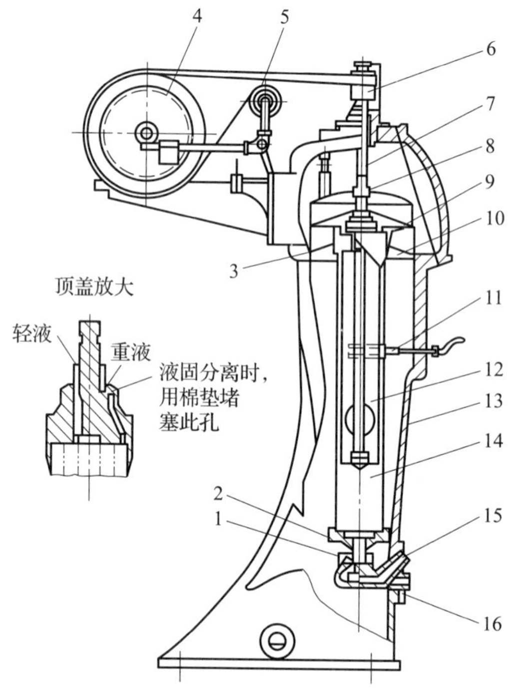

图 4－20　管式离心机工作示意图

1—折转器　2—固定机壳　3—十字形挡板　4—转鼓　5—轻液室　6—排液罩
7—驱动轴　8—环状隔盘流环　9—重液室　10—集液盘　11—制动器
12—翅片　13—外壳　14—转鼓　15—进料口　16—喷嘴

操作时，待处理的骨肉提取液在一定压力（约30kPa）下由进料管经底部空心轴进入鼓底，靠圆形折转挡板1分布于鼓的四周。为使液体不脱离鼓壁，在鼓内设有十字形挡板3，液体在鼓内由挡板被加速到转鼓速度，在离心力场下，浮浊液（或悬浮液）沿轴向上流动的过程中被分层成轻液（油）相和重液相（液相和固相）。并通过上方环状溢流口排出。改变转鼓上端环状隔盘8的内径可调节重液相和轻液相的分层界面。

处理悬浮液时，可将管式离心机的重液口关闭，只留有中央轻液溢流口，则固体在离心力场下沉积于鼓壁上，达到一定数量后，停机，人工除渣。

三、碟式离心机的结构及操作

碟式离心机是骨肉提取物工业中应用最为广泛的一种离心机外形，如图4-21所示，其中，作者应用较多的是南京华盛分离机械有限公司根据Alfa Laval公司碟式离心机改良的各种离心机。碟式离心机又分为离心澄清机和离心分离机两种。因离心沉降速度的不同将悬浮液中的液相、固相分开的离心机称作离心澄清机。因离心沉降速度的不同将轻重不同或互不溶解的两种液体分开的离心机称作离心分离机。

离心分离机与离心澄清机在构造及分离的机制方面很相似。区别是离心分离机的每只碟片在离开轴线一定距离的圆周上开有几只对称分布的圆孔，许多这样的碟片叠置起来时，对应的圆孔就形成垂直的通道。如图4-22所示。

图4-21　碟式离心机外形

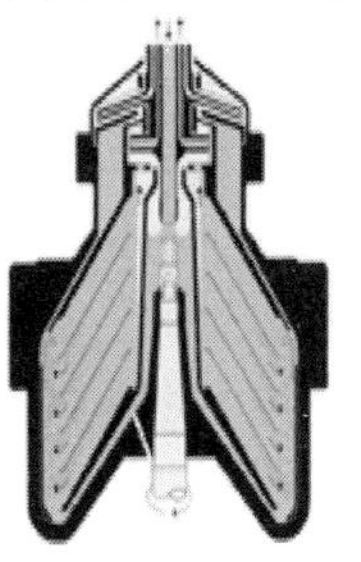

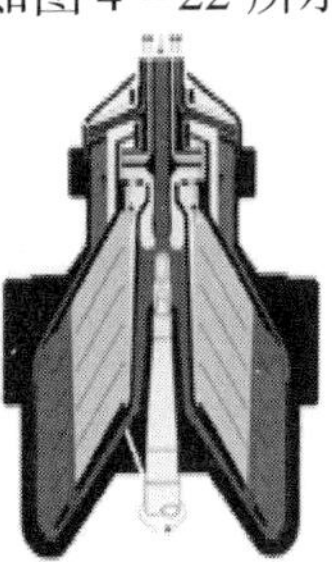

图4-22　离心澄清机与离心分离机在结构上的区别

左图为离心澄清机，右图为离心分离机

（一）离心澄清机的结构和原理

离心澄清机的转鼓内有数十个至上百个形状和尺寸相同、锥角为600～1200°的锥形碟片，碟片之间的间隙用碟片背面的狭条来控制，一般碟片间的间隙为0.5～2.5mm。当具有一定压力和流速的悬浮液进入离心澄清机后，就会从碟片组外缘进入各相邻碟片间的薄层隙道，由于离心澄清机高速旋转，这时悬浮液也被带着高速旋转，具有了离心力。此时固体和液体因密度不同而获得的离心沉降速度不同，在碟片间的隙道间出现了不同的情况。

简单的碟式离心机没有自动排渣装置只能间歇操作，待沉渣积累到一定厚度后，停机打开转鼓清除沉渣。因此，要求悬浮液中固体含量不超过1%，以免经常拆卸除渣。

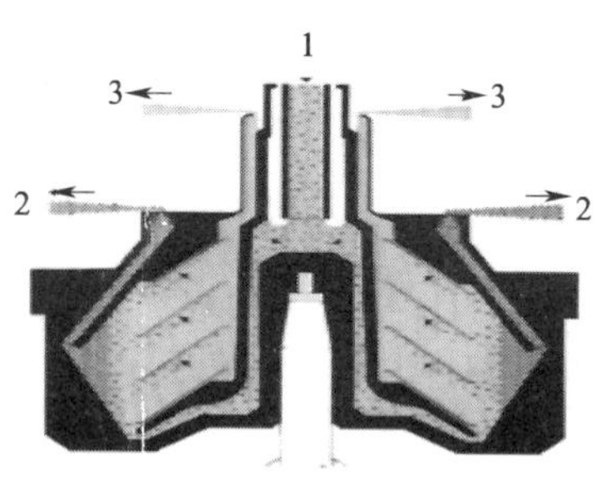

图4－23　自动除渣离心澄清机工作原理

1—进料口　2—固体颗粒出口　3—澄清液出口

自动除渣碟式离心澄清机，如图4－23所示，碟片式离心机是在有特殊形状内壁的转鼓壁上开设若干喷嘴（或活门），喷嘴数一般是8～24个，孔径0.75～2mm，喷嘴总截面积取决于悬浮液中固体的含量。由于喷嘴始终是开启的，因此常使连续排出的残渣中含有较多的水分而成浆状。如果喷嘴以活门取代，则活门平时是关闭的，当鼓壁上积累一定量的沉渣后，活门在沉渣的推力下被打开而排出沉渣。自动排渣离心机适合处理骨肉提取液的油、液固三相分离，其分离因数一般为6000～10000，能分离的最小微粒为0.5mm。

（二）离心分离（浓缩）机的结构和原理

离心分离机的结构在本节已经介绍了，图4－21是离心分离机的实物图，图4－24是离心分离机的工作原理图。该机更适合两相液体的分离或浓缩。它的转鼓内有数十个至上百个形状和尺寸相同、锥角为600～1200的锥形碟片，碟片之间的间隙用碟片背面的狭条来控制，一般碟片间的间隙为0.5～2.5mm。每只碟片在离开轴线一定距离的圆周上开有几个对称分布的圆孔，许多这样的碟片叠置起来时，对应的圆孔就形成垂直的通道。当具有一定压力和流速的两种不同重力液体的混合液（或两种互不相溶的液体的混合液）进入离心分离机，由于离心分离机的碟片组高速旋转，混合液通过碟片上圆孔形成的垂直通道进入碟片间的隙道后，也被带着高速旋转，具有了离心力。此时两种液体因重力不同而获得不同的离心沉降速度，在碟片的隙道间出现了不同的情况：重力大的液体获得的离心沉降速度大于后续液体的流速，则有向外运动的趋势，就从垂直圆孔通道在碟片间的隙道内向外运动，并连续向鼓壁沉降；重力小的液体获得的离心沉降速度小于后续液体的流速，则在后续液体的推动下被迫反

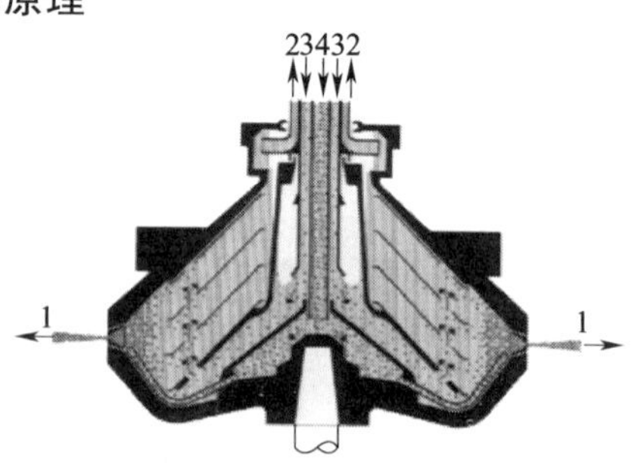

图4－24　离心分离机的工作原理

1—浓缩液出口　2—轻液出口　3—再循环进口　4—料液进口

方向向轴心方向流动，移动至转鼓中心的进液管周围，被连续排出。这样，两种不同重力的液体就在碟片间的隙道流动过程中被分开了。

离心分离机是因离心沉降速度的不同将轻重不同或互不溶解的两种液体分开的离心机，与其他的分离方法相比，既简单又经济；但是仍然做不到两相完全分离，而是起到对重液（或轻液）进行浓缩的作用。

离心分离机可以根据产品的性质或对两种不同重力液体（或两种互不相溶的液体）中某一成分的需求，通过更换不同的碟片来实现产品中不同成分的分离。

如果离心分离的结果是为了收集重液并要求保证重液的质量，可使碟片上开孔在距离轴线 2/3 的位置上。如在乳品行业中对牛乳进行离心是为了得到高质量的乳脂，而对脱脂乳中的成分没有严格要求（即允许有少量的分散乳脂），如图 4－25（1）所示。

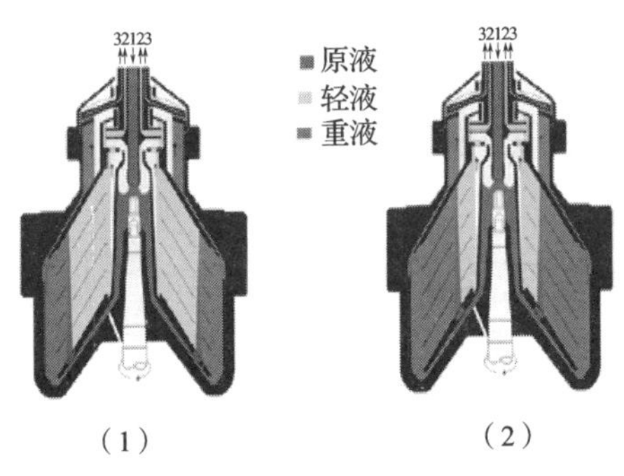

图 4－25　离心分离机工作示意图

如果离心分离的结果是为了收集轻液并要求保证轻液的质量（浓缩的倍数高），而对重液的成分没有严格要求（浓缩的倍数低），可使碟片上开孔在距离轴线 1/3 的位置，如图 4－25（2）所示。这类设备在骨肉提取行业中较少被用到。

第六节　酶解设备

酶解设备最基本的要求就是要有良好的卫生要求，以避免在长时间（1～12h）、低温（45～60℃）状态下高营养的物料被细菌污染，以期获得较高品质的酶解产物。有些企业因为投资所限，也有利用普通的冷热缸作酶解罐的，但这样就势必会增加物料的污染系数。有些企业本身车间的卫生条件也较差，所以很容易造成污染事故的发生。为避免这种资源上的浪费，一般都会采用卫生级酶解罐和密闭管道连接，以期获得较高的卫生条件。

现在，普遍使用的酶解设备，均采用SUS304或SUS316材料制作，罐体内部表面经镜面抛光（粗糙度 $Ra<0.4um$）处理，配备搅拌机（固定转速或无级变速）、温度计或液位显示计、无菌呼吸气孔（或无菌正压器）、无菌采样口、CIP清洗喷淋头、可密闭式入孔或视孔、冷热（一般蒸汽为多）水进出口等，具有加热、冷却、保温、搅拌等功能。各进出管口、视镜、人孔等工艺开孔与内罐体焊接处采用翻边工艺圆弧过渡，光滑易清洗、无死角，符合GMP标准卫生规范，可用于制药、食品、日化、生物工程等领域。卫生级酶解罐的外形如图4-26所示。

图4-26　卫生级酶解罐

另外，一般的酶解罐都是标准设备，除上述提到的一些必备条件与配置外，没有其他特殊的结构。只要与前后设备衔接好，保证工艺所要求的工艺条件，操作相对简单。

第七节　乳化均质设备

一、高压均质机在骨肉抽提物生产中的工作原理及应用

高压均质机以高压往复泵为动力传递及物料输送机构，将骨肉抽提物输送至工作阀（一级均质阀及二级乳化阀）部分。要处理的骨肉提取物在通过工作阀的过程中，在高压下产生强烈的剪切、撞击和空穴作用，从而使骨肉提取物或以液态骨肉提取物为载体的固体颗粒得到超微细化，如图4-27所示。

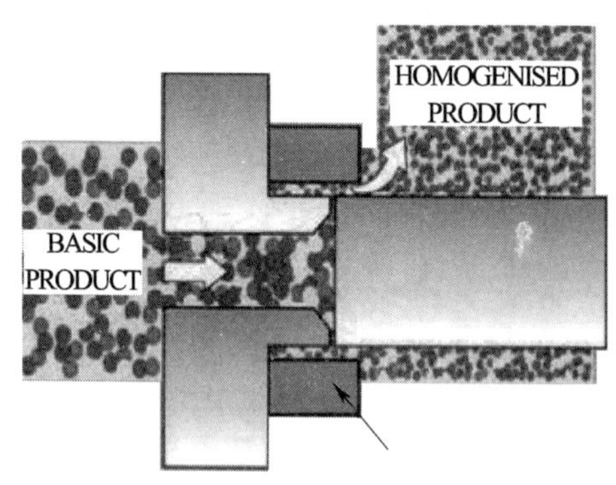

图4-27　高压均质机

如图4-28所示，骨肉抽提物在尚未通过工作阀时，一级均质阀和二级乳化阀的阀芯和阀座在力 F_1 和 F_2 的作用下均紧密地贴合在一起。骨肉抽提物在

通过工作阀时，如图4-29所示，阀芯和阀座都被液态骨肉抽提物强制地挤开一条狭缝，同时，分别产生压力 P_1 和 P_2 以平衡力 F_1 和 F_2。物料在通过一级均质阀（序号1、2、3）时，压力从 P_1 突降至 P_2，随着此压力能的突然释放在阀芯、阀座和冲击环这三者组成的狭小区域内产生类似爆炸效应的强烈的空穴作用，同时伴随着物料通过阀芯和阀座间的狭缝产生的剪切作用以及与冲击环撞击产生的高速撞击作用，使颗粒得到超微细化。一般来说，P_2（即乳化压力）的值调得很低，二级乳化阀的作用主要是使已经细化的颗粒分布得更均匀。据美国 Gaulin 公司的资料介绍，对于一些容易乳化的原料，在绝大部分情况下，单使用一级均质阀即可获得理想的效果。

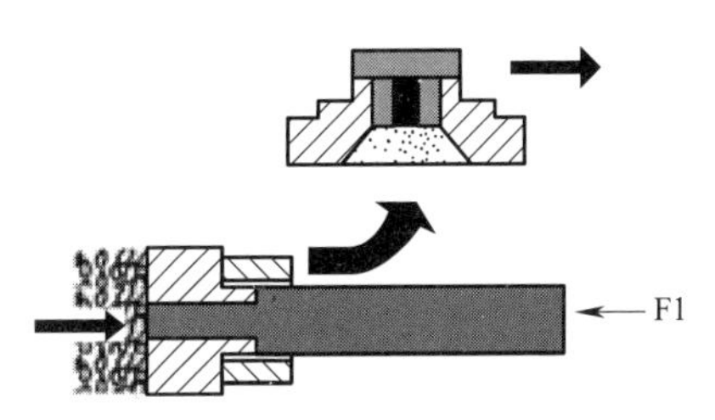

图4-28 物料被输送至工作阀进口

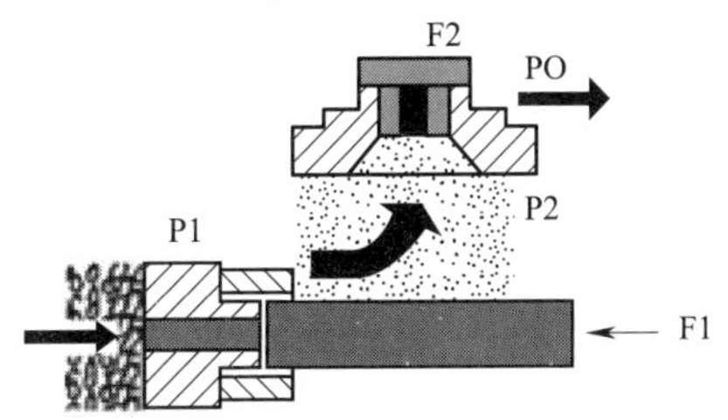

图4-29 物料源源不断地通过一级（尚未通过工作阀）均质阀和二级乳化阀

相对于离心式分散乳化设备（如胶体磨、高剪切混合乳化机等），高压均质机有以下特点。

（1）细化作用更为强烈。这是因为工作阀的阀芯和阀座之间在初始位是紧密贴合的，只是在工作时被料液强制挤出了一条狭缝；而离心式乳化设备的转子与定子之间为满足高速旋转并且不产生过多的热量，必然有较大的间隙（相对均质阀而言）；同时，由于均质机的传动机构是容积式往复泵，所以，从理论上说，均质压力可以无限地提高，而压力越高，细化效果就越好。

（2）均质机的细化作用主要是利用了物料间的相互作用，所以物料的发热量较小，因而能保持物料的性能基本不变。

（3）均质机能定量输送物料，因为它依靠往复泵送料。

（4）均质机耗能较大。

（5）均质机的易损件较多，维护工作量较大，特别是在压力很高的情况下。

（6）均质机不适合于黏度很高的情况。如本书介绍的后乳化工艺中，不适合此种机械，但较适合前乳化工艺中的乳化再加强。

下面介绍一些较常用均质机的性能及特点，以备在工作中根据需要来选择。

1. JHG 系列实验用高压均质机

JHG 系列实验用高压均质机，如图 4－30 所示。其结构有以下特点。

（1）用柱塞水平运动结构，与柱塞垂直（上下）运动的实验机相比，其柱塞处可喷淋冷却水，从而延长柱塞密封圈的寿命。

（2）物料泄漏后不会进入油箱，不会污染外部工作环境。

（3）传动箱部分的润滑油能够使连杆、十字头等得到有效的润滑，减少了每次开机前加润滑油的工作。

（4）整体造型美观且操作方便，并可加轮子，以方便搬运；工作时只要 1L 物料就能够做实验。

2. 大型卧式高压均质机、喷雾泵

大型卧式高压均质机、喷雾泵，如图 4－31 所示。

图 4－30　实验型高压均质机

图 4－31　大型卧式高压均质机

结构与技术有以下特点。

（1）外形

① 合金钢锻件曲轴。

② 采用强制压力润滑和飞溅润滑相结合的系统。

③ 配备强制冷却系统。

（2）液力端组件

① 自紧式柱塞密封设计，密封圈连续使用寿命长达 3～4 个月，并且更换维护方便。

② 阀芯、阀座采用沉淀型不锈钢，该材料具有较强的韧性和耐磨性，完全能够适应各类 CIP 的清洗要求。

③ 独有的易拆装泵体结构设计，清洗维护特别方便。

④ 以上所选材料均耐酸、耐碱、耐腐蚀（即能满足酸碱浓度 2%～3%、温度 80～90℃的 CIP 清洗）。

⑤ 所有与加工物料接触的部位均符合食品级卫生要求，并保证清洗时无死角。

（3）调压系统　特殊结构的压力控制系统设计，简单实用，故障率极低，一般维护人员在经过简单培训后，均能上岗维护。适用于骨肉提取物行业的压力喷雾干燥前的乳化泵送。

二、胶体磨在骨肉提取物生产中的工作原理和应用

(一) 工作原理

胶体磨在骨肉提取物生产中的工作原理是骨肉提取物受离心力的作用下，强制通过在高速相对运动下的定子与转子之间进行剪切，摩擦、高频震动，有效地进行油脂和蛋白质分子间的粉碎乳化、均质、分散、混合等。可满意地获得精细加工的白汤型骨肉提取物。由此可知，定子与转子之间的高速相对运动是获得骨肉提取物微细度的主要保证。只有提高转子的线速度，才能达到良好的加工效果。因此市场上胶体磨转子的线速度一般都在1000m/min左右。但高速运转必然会产生大量的热量，并要求各零件的制造精度相互配合得相当精密，而且还要进行水冷却，如图4－32所示。

图4－32　立式胶体磨

(二) 应用范围

该机应用广泛，主要在食品工业和日化行业被广泛应用。除了骨肉提取物，含有软质颗粒的物料也比较适用，如豆酱、果酱、花生酱等。另外，适用于油质物料的初步乳化和对质感要求不甚高的物料乳化过程。

三、高速乳化罐工作原理及应用

高速乳化罐是用于连续生产或循环处理需要分散、乳化、破碎的骨肉提取物的高性能均质、乳化设备，主要用于快速的前道工序乳化。它是由电动机全速运转带动主轴，经主轴带动叶轮，使其高速旋转。另与具有放射状导流槽的定子协同作用而构成，其核心元件是1～3组相互咬合的多层转子和定子。转定子周边均开有相同数量的细长切口，如图4－33所示。经特殊设计的转子(叶轮)上、下翼做高速旋转，产生很大的向心力和离心力，从而将液态骨肉提取物从叶轮上、下分别吸入，使被处理骨肉提取物从转子的细长切缝中以离心力高速抛射。因叶轮与定子间有较小的间隙，所以物料在被吸入与抛出过程中经过了强烈的剪切、挤压、混合、喷射等一系列复杂的物理反应，从而将混合骨肉提取物充分乳化，如图4－34所示。

应用范围：

(1) 食品饮料　乳制品、冰淇淋、巧克力、豆乳、果汁、果酱、汤料、调味品等黏度较低的物料。

图4-33 乳化罐工作转子

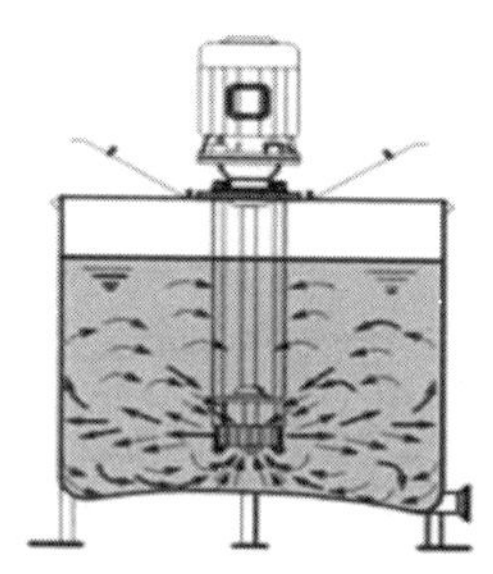

图4-34 乳化罐转子工作示意图

（2）化工行业 润滑油、润滑脂、重油乳化、柴油乳化、消毒剂、杀虫剂、感光胶乳、橡胶浆、树脂浆、增稠剂、香精、硅材料、炭黑、氧化镁、二氧化钛、防黏剂、脱模剂、消泡剂、密封胶等。

（3）化妆品行业 洗涤剂、调理剂、洗发剂、润肤露、香水。

（4）制药行业 注射剂、药乳液、药乳膏、保健品、药浆制剂。

（5）造纸行业 纸浆、胶黏剂、注剂、树脂乳化等。

乳化罐是由电动机全速运转带动主轴，经主轴转动化框槽内乳化翼片，使其将桶槽内的液体经框槽上、下两侧的导流叶片吸入环状框槽内，经过以主轴为中心高速圆周旋转叶片；连续使乳化翼端刀面与乳化框间极小的间系高频率强力切割剪断、粉碎，再借叶片高速离心旋转排挤，持续循环混合，以极短的时间完成均质乳化的处理。

四、管线式乳化机（泵）在骨肉提取物生产中的应用

（一）管线式乳化机的用途与性能

管线式乳化机是一种通过定子与转子之间的精密组合，在高速旋转中产生强大的剪切力来实现混合、分散、乳化为目的的乳化机器。与普通高剪切乳化机相比，管线式乳化机工作的原理与其基本相同。它是一种高效的在线分散、乳化的设备，安装在管路上可对骨肉提取物进行连续处理，也可用于对乳化效果要求不是很高喷雾干燥前的乳化，并且可以消除批次间的品质差异，基本结构由泵腔和一对定子与转子组成。传动轴由电机直联，一般采用机械密封，也可选用其他密封形式。适用于低黏度的物料循环处理与工序间的传递。建议与间歇式乳化机同时使用，其处理效果更佳。但是管线式乳化机性能的最大不同在于可配置一套或多套定子与转子，从而使乳化效果实现质的提升。此外，管线式乳化机可实现连续生产，一端进料，一端出料，使生产效率大幅度提升。

管线式乳化机可用于多相液体介质连续乳化或分散，同时对于低黏度的液体介质起到输送的作用，也可以实现粉体、液体按比例连续混合。广泛适用于

日化、食品、医药、化工、石油、涂料、纳米材料等领域。

特点是处理量大，适合工业化在线连续生产，粒径分布范围窄，匀度高，节能高效，噪音低，运转平稳，无死角，物料100%通过高速剪切。乳化剪切头由转子和定子组成，其中转子以其极高的线速度和高频机械效应所带来的强劲动能，使物料在定子与转子精密的间隙中受到剪切、离心挤压、深层摩擦、撞击撕裂湍流等综合作用，从而达到分散、研磨、乳化的效果。管线式高剪切分散乳化机是由二层或六层对偶咬合的定子与转子组成，物料通过层层剪切、分散、乳化。

管线式乳化机按照定子和转子结构的不同定级，配备一套定子与转子的为单级管线式乳化机；配备两套定转子结构的乳化机为二级管线式乳化机，以此类推。

（二）工作原理

连续式（管线）高剪切乳化机，其工作原理是在电机的高速驱动下，物料在多层转子与定子之间的狭窄间隙内高速运动，在某种特殊结构作用下使物料在工作腔内承受每分钟几十万次甚至上百万次的高速剪切，形成了强烈的液力剪切和湍流，使骨肉提取物在同时产生离心、挤压、研磨、碰撞、粉碎等综合作用力的协调下，得到充分分散、均质、乳化、破碎、细化、混合等工艺要求。工作腔内的转子与定子层数越多，剪切面越大，效果越好。物料细化度最高可达0.5μm，实现了集分散、均质、粉碎、乳化、混合、溶解、悬浮、输送等为一体的多功能设备。

（三）乳化机结构、外形尺寸及技术数据表

操作使用简单，维修方便，可与间歇式乳化机同时使用，处理效果更佳。下面利用图表的方式对应用于骨肉提取物中主要的几种管线式乳化机做些说明，以供使用者选用。

管线式乳化机外形与多级泵类似。由电机、传动轴、定子、转子、泵腔和进出口组成。根据物料的处理量或处理要求，可以选择单级、二级、三级及不同功率的管线式乳化机，如图4－35所示。

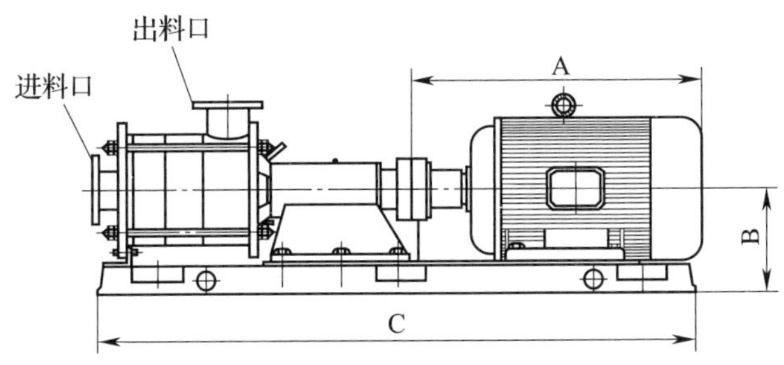

图4－35　管线式乳化机外部轮廓结构图

1. 单级管线式乳化机内外部结构图及数据表

单级管线式乳化机内外部结构图及数据表，如图4－36、表4－4所示。

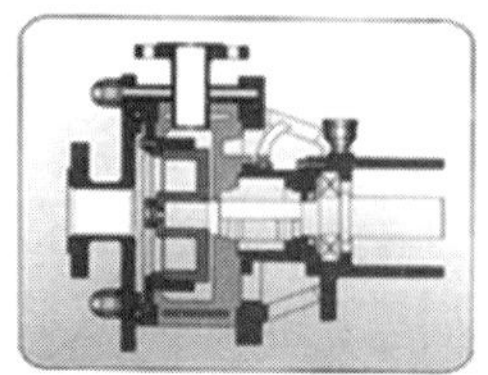

图4－36 单级管线式乳化机内外部结构图

表4－4 单级管线式乳化机数据表

型号	功率/kW	转速/(r/min)	产率 m^3/h (H_2O)	基本尺寸/mm A	B	C	D	进料口	出料口
SME601/1.1	1.1	2950	0.5	285	80	732	900	DN25	DN20
SME601/2.2	2.2	2950	1	323	100	850	900	DN32	DN25
SME601/4	4	2950	5	400	112	880	950	DN40	DN32
SME601/7.5	7.5	2950	7	475	132	1130	950	DN50	DN40
SME601/18.5	18.5	1470	10	670	180	1317	1035	DN65	DN50
SME601/22	22	1470	15	710	180	1364	1035	DN80	DN65
SME601/37	37	1480	40	820	225	1600	1035	DN100	DN80
SME601/55	55	1480	80	930	250	1900	1035	DN125	DN100

2. 二级管线式乳化机内外部结构图及数据表

二级管线式乳化机内外部结构图及数据表，如图4－37、表4－5所示。

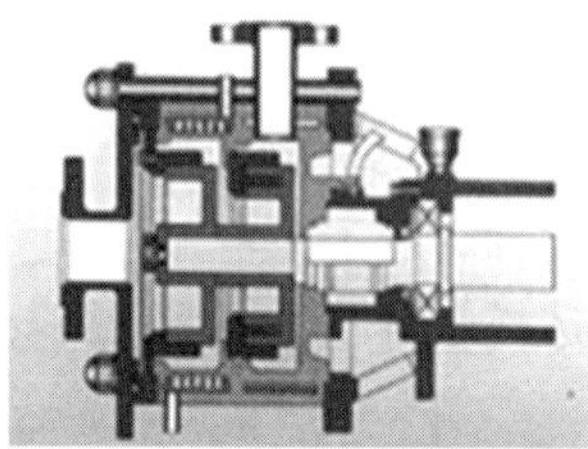

图4－37 二级管线式乳化机内外部结构图

表4－5 二级管线式乳化机数据表

型号	功率/kW	转速/(r/min)	产率 m^3/h (H_2O)	基本尺寸/mm A	B	C	D	进料口	出料口
SME602/4	4.0	2950	2	285	112	995	900	DN40	DN32
SME602/7.5	7.5	2950	4	475	132	1300	1050	DN50	DN40
SME602/18.5	18.5	1470	8	670	180	1489	1050	DN65	DN50
SME602/22	22	1470	18	710	180	1536	1050	DN80	DN65
SME602/37	37	1480	30	820	225	1840	1050	DN125	DN100
SME602/55	55	1480	60	930	250	2157	1050	DN150	DN100

3. 三级管线式乳化机内外部结构图及数据表

三级管线式乳化机内外部结构图及数据表，如图 4－38 和表 4－6 所示。

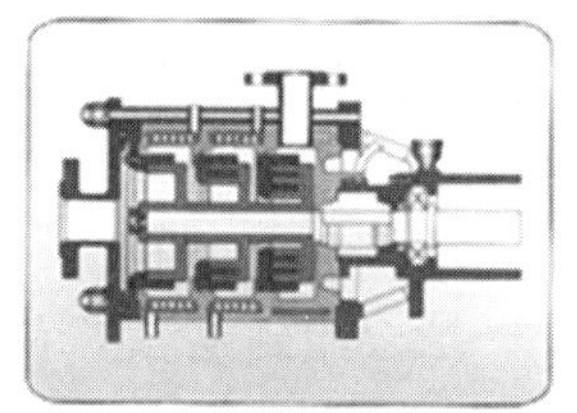

图 4－38　三级管线式乳化机内外部结构图

表 4－6　　三级管线式乳化机数据表

型号	功率/kW	转速/(r/min)	产率 m^3/h (H_2O)	基本尺寸/mm A	B	C	D	进料口	出料口
SME603/4	4	3000	2	323	100	897	900	DN40	DN32
SME603/7.5	7.5	3000	4	518	160	1196	1050	DN50	DN50
SME603/22	22	2890	8	766	200	1483	1050	DN80	DN65
SME603/37	37	1500	30	818	225	1705	1050	DN150	DN125
SME603/55	55	60	930	280	2000	1705	1050	DN150	DN125

4. 典型工艺流程

在管线式乳化机的使用上，比较通用的做法是进料口连接与原料储存罐上，而出口则连接到成品储存罐上，这样的工作方式能使生产能力达到最大，但乳化效果并不是最好的。要想得到最佳的乳化效果，最好是将管线式乳化机与间歇式乳化罐同时使用，并且使物料在间歇式乳化罐与管线式乳化机之间进行循环，如图 4－39 所示，处理效果最佳。这是骨肉提取物生产中最常用的乳化方式。

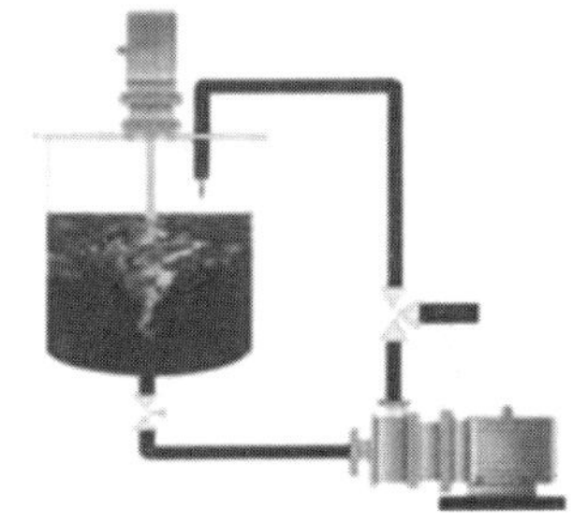

图 4－39　管线式乳化机与立式分散机混合分散乳化工艺流程示意图

第八节　真空浓缩设备

一、概述

浓缩（蒸发操作），为化工领域的重要操作单元之一，在食品工业中被广泛采用。如果汁的浓缩、牛乳的浓缩、骨肉提取液的浓缩等。又由于食品工业所生产的产品通常是对温度较为敏感的物质，这是浓缩操作在食品工业中应用要特别注重的问题。

浓缩是利用热能除去液体物料中过多的湿分（水分或其他溶剂）的单元操作过程。物料经过浓缩使湿分降低到规定的范围内，物料不仅易于包装、运输，更重要的是浓缩后的产品状态更稳定，不易被破坏，便于储存、品质更稳定。浓缩可分为电渗析浓缩、超滤浓缩、常温（100℃）常压浓缩和真空浓缩等。一些需要富集金属离子的产品一般会用到电渗析浓缩，除纯净水制作外，电渗析在食品工业中应用不多；超滤浓缩一般用于不耐热的生物制品浓缩；常温常压浓缩即与过去传统上的熬制原理基本一致，该方法适用于附加值较低的，对温度与制品品质没有太高要求的粗制产品中，但现在考虑到节能方面的因素，也很少使用这种方法了。本节简要介绍常温常压浓缩方法，着重介绍在骨肉提取物工业生产中应用得最广泛的真空浓缩方法及设备。

在实际的应用过程中，应综合考虑生产成本、产品质量和设备投资等因素，通过蒸发浓缩手段并视产品的品质与最终要求，常与电渗析、离子交换、超滤等浓缩方法共同配合使用，以达到浓缩过程经济合理的目的。蒸发仅是浓缩的方法之一，而不是目的，在设计或选择浓缩设备、工艺流程时，应充分应用或创造性地利用现有的科技成果，使设计和选型先进、经济、合理。

在发酵工业中，蒸发操作是用于将溶液浓缩至一定的浓度，使其他工序更为经济合理的工作，如将稀酶液浓缩到一定浓度再进行沉淀处理或喷雾干燥；或将稀溶液浓缩到规定浓度以符合工艺要求，如将麦芽汁浓缩到规定浓度再进行发酵；或将溶液浓缩到一定浓度以便进行结晶操作等。

蒸发浓缩是将稀溶液中的部分溶剂汽化并不断排除，使溶液增加浓度的操作。为了强化蒸发过程，工业上应用的蒸发设备通常是在沸腾状态下进行的，因为沸腾状态下传热系数高，传热速度快。根据物料特性及工艺要求采取相应的强化传热措施，以提高蒸发浓缩的经济性。无论使用哪种类型的蒸发器都必须满足以下的基本要求。

（1）充足的加热热源，以维持溶液的沸腾和补充溶剂汽化所带走的热量。

（2）保证溶剂蒸汽，即二次蒸汽的迅速排除。

（3）一定的热交换面积，以保证传热量。

蒸发可以在常压或减压状态下进行，在减压状态下进行的常称为真空蒸发。在食品工业中通常采用的是真空蒸发，这是因为真空蒸发具有以下优点。

（1）物料沸腾温度降低，避免或减少物料受高温而产生质变。

（2）沸腾温度降低，提高了热交换的温度差，增加了传热强度。

（3）为二次蒸汽的利用创造了条件，可采用双效或多效蒸发，提高热能利用率。

（4）由于物料沸点降低，蒸发器的热损失会减少　蒸发装置一般由热交换器（俗称汽鼓）、蒸发室、冷凝器和抽气泵等组成。蒸发设备的种类繁多，可以根据物料特性和工艺要求，选择合适的蒸发设备。

食品和生物工业中大部分中间产物和最终产物是受热后会发生化学或物理变化的热敏性物质。例如，酶被加热到一定的温度会变性失活，酶液只能在低温或短时间受热的条件下进行浓缩，以保证一定的酶活力。有的发酵产品虽经精制，但仍含有一些大分子物质，如甘油，如在较高温度下进行蒸发浓缩，这些大分子物质将会发生呈色反应，影响产品质量。因此，食品工业中常采用低温蒸发，或在相对较高的温度条件下瞬时蒸发来满足热敏性物料对蒸发浓缩过程的特殊要求，保证产品质量。

在真空状态，溶液的沸点下降，真空度越高，沸点下降得越多。虽然真空蒸发温度较低，但如果蒸发浓缩时间过长，对热敏性物料仍有较大影响。为了缩短受热时间，达到所要求的蒸发浓缩量，通常采用膜蒸发，让溶液在蒸发器的加热表面以很薄的液层流过，溶液很快受热升温、汽化、浓缩，浓缩液会迅速离开加热表面。膜蒸发浓缩时间很短，一般为几秒到几十秒。因受热时间短，能较好地保证产品质量。薄膜式蒸发器一般分为管式薄膜蒸发器、刮板式薄膜蒸发器和离心薄膜蒸发器。管式薄膜蒸发器又可分为升膜式蒸发器、降膜式蒸发器、升降膜式蒸发器。现在骨肉提取物生产中使用较多的是升膜式薄膜蒸发器。

二、管式薄膜蒸发器

这类蒸发器的特点是液体沿加热管壁成膜而蒸发。按液体流动方向可分为升膜式、降膜式、升降膜式蒸发器等。

（一）升膜式蒸发器

1. 升膜式蒸发器结构与特点

升膜式蒸发器的结构是由蒸发加热管、二次蒸汽液膜导管、蒸发室（也叫汽液分离器）和循环管四部分组成。

升膜式蒸发浓缩设备是指在蒸发器中形成的液膜与蒸发的二次蒸汽气流方向相同，由下而上并流上升。设备的基本结构，如图 4－40 至图 4－42 所示。

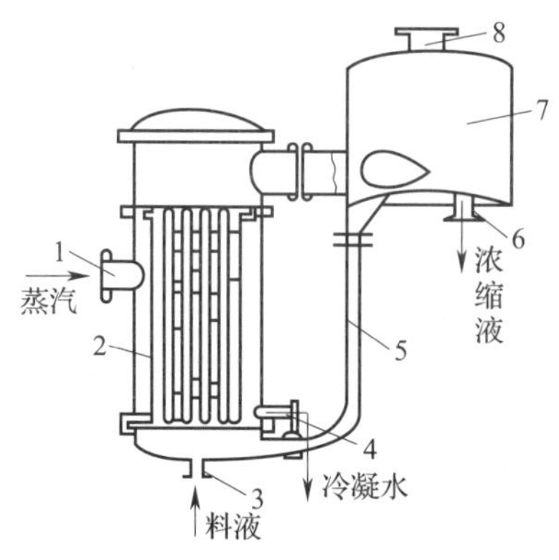

图4－40　升膜式浓缩装置示意图

1—蒸汽进口　2—加热器　3—料液进口

4—冷凝水出口　5—循环管　6—浓缩液出口

7—蒸发室（汽液分离器）　8—二次蒸汽出口

图4－41　升膜式浓缩器外形图

骨肉提取物原液从加热器下部的进料管进入，原料液在加热管内经预热达到一定温度后，由加热室底部引入管内，受热沸腾后迅速汽化，在加热管中央形成蒸汽柱，高速上升的二次蒸汽带动物料沿壁面呈膜状向上流动，从加热器上端沿蒸发室筒体的切线方向进入蒸发室，气液在此室内完成分离，同时进行蒸发，如果料液浓度达到工艺技术要求，则浓缩液可由蒸发室底部排出，二次蒸汽进入冷凝器。如果达不到要求，则其自然形成循环，由循环管回流至加热器底部，进行第二次加热和蒸发，直至浓缩液达到要求为止。

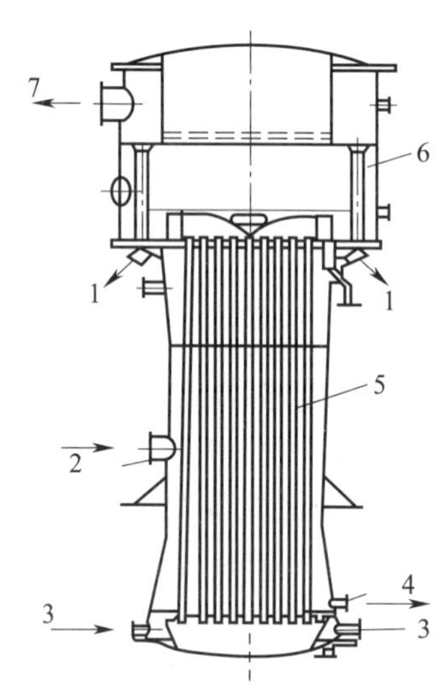

图4－42　升膜式浓缩装置示意图

1—浓缩液　2—蒸汽入口

3—原料进料　4—冷凝液出口

5—加热管　6—闪蒸器　7—二次蒸汽出口

对浓缩倍数要求高的工艺条件，如果物料对加热时间相对较长无不良后果，可将流至排料口的浓缩液部分回流至进料管，以增加浓缩倍数。由于在蒸发器中物料受热时间很短，对热敏性物料的影响相对较小，此种蒸发器对于发泡性强、黏度较小的热敏性物料较为适用。不适用于黏度较大、加盐的骨肉提取物，因其受热后易产生积垢或浓缩时有盐晶体析出。

另外，由于此设备的真空系统会强制加速料液的循环过程，也可使其自动进料，不必配用进料泵。同时，如果经验够丰富，还可一边进料一边出料。故而，此设备的工作效率非常高，蒸发速度快。但对物料的黏度要求较高，即物料在低黏度状态下使用该设备，则蒸发效果非常明显。

2. 升膜式蒸发器成膜原理

升膜式蒸发器正常操作的关键是让骨肉提取物的液体物料在管壁上形成连续不断的液膜。液膜在长管中的形成过程如图 4－43 所示，图 4－43（1）~（8）是分阶段解释在长管中汽、液两相的变化及液膜形成的过程。

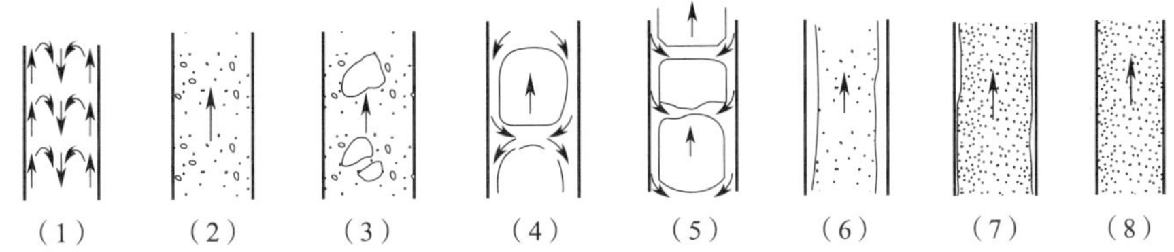

图 4－43　液膜的形成过程

如图 4－43（1）所示如果骨肉提取物原液进入蒸发器时的温度低于其沸点，蒸发器中应有一段加热管作为预热区，传热方式为自然对流。为了维持蒸发器正常操作，加热管中液面一般为管高度的 1/4 ~ 1/5，液面太高，设备效率低，出料达不到要求的浓度，应当控制适当的进料量和进料温度，使设备处于较佳的工作状态。

如图 4－43（2）所示，骨肉提取物原液经加热达到沸腾温度时，溶液便开始沸腾，产生蒸汽气泡分散于连续的液相中。因蒸汽气泡的密度小，故气泡通过液体而上升。流体相对密度降低。

如图 4－43（3）所示骨肉提取物原液继续受热，温度不断上升。随着气泡量的不断增加，小气泡可结合形成较大的气泡，气体上升的速度则加快。液相因混有蒸汽气泡，使液体静压力下降。

如图 4－43（4）所示当气泡继续增大形成柱状，占据管子中部的大部分空间时，气体以很大的速度上升，而液体受重力作用沿气泡边缘下滑。

如图 4－43（5）所示骨肉提取物原液下降较多时，大个柱状汽泡则被液层截断。此时液相仍然是连续相。这时混合流体处于一种强烈的湍流状态，气柱向上升并带动其周围的部分液体一起运动。

如图 4－43（6）所示处于管壁和气柱之间的骨肉提取物原液在重力作用下，向下运动，管壁上的液体受热不断蒸发，气柱不断增大，最后气柱之间的液膜消失，蒸汽占据了整个管的中部空间，形成连续相，液体只能分布于管壁，形成环状液膜，并在上升蒸汽的拖带下形成“爬膜”。

如图4－43（7）所示如果气流速度进一步加大，即蒸发强度过高，溶液蒸发很激烈，蒸汽流速太快，液体蒸发时蒸汽会把溶液以雾沫形成式夹带离开液膜，进入管中部的高速蒸汽流，在管内形成带有雾沫的喷雾流，同时也使所形成的“液膜”迅速变薄。

如图4－43（8）所示如果蒸汽流速进一步增加，雾沫夹带进一步严重，使液膜上升的速度赶不上溶液蒸发速度，则加热管上的液膜将会出现局部被干燥、结疤、结垢、结焦等不正常现象。所以，此时应控制加热的强度。

3. 骨肉提取物原液在加热管中产生爬膜的必要条件

要有足够的传热温差和传热强度（一般在机器运行中靠连续不断的真空和加热来实现），使蒸发的二次蒸汽量和蒸汽速度达到足以带动溶液成膜上升的程度。温度差对蒸发器的传热系数影响较大。如温差小。物料在管内仅被加热，液体内部对流循环差，传热系数小。当温差增大，内壁上液体开始沸腾，当温差达到一定程度时，管子的大部分长度几乎为汽液混合物所充满，二次蒸汽将溶液拉成薄膜，沿管壁迅速向上运动。由于沸腾传热系数与液体流速成正比，随着升膜速度的增加，传热系数不断增大。再者，由于管内不是充满液体，而是汽液混合物，因液体静压强所引起的沸点升高所产生的温差损失几乎完全可以避免，增加了传热温度差，传热强度也增加。

但是，如传热温差过大或蒸发强度过高，传热表面产生蒸汽量大于蒸汽离开加热面的量时，蒸汽就会在加热表面积聚形成大气泡，甚至覆盖加热面，使液体不能浸润管壁，这时传热系数迅速下降，同时形成“干壁”现象，导致蒸发器非正常运行。因此要控制物料的加热程度与真空度相适应，才能达到最大的传热效果。

升膜式蒸发器具有传热效率高，物料受热时间短的特点。为保证设备的正常操作，应维持在爬膜状态的温度差，和保持真空度的稳定，并且控制一定的蒸发浓缩倍数，一般为5倍。

4. 升膜式蒸发器的传热系数与影响因素

升膜式蒸发的传热系数是不稳定的，它是随操作状况的变化而变化的。一条加热管中出现成膜过程有几个阶段，各阶段的传热系数各不相同。管子下部浸没溶液的一段为加热段，内部液体只靠自然对流循环，故它的传热系数很低，加热段的长度随进料温度和温度差不同而变化。物料受热后，沸腾传热系数也得到很大的提高，但此时的传热系数是随管子高度而变化的。

对于加热管子直径、长度选择要适当，管径不宜过大，一般在 25 ~ 80mm，管长与管径之比一般为 100 ~ 500mm，这样才能使加热面供应足够成膜的蒸汽流速。

事实上由于蒸汽流量和流速是沿加热管上升而增加的，故爬膜工作状况也是逐步形成的。因此管径越大，则管子需要得越长。但长管加热器结构比较复杂，壳体应考虑热胀冷缩的应力对结构的影响，需采用浮头管板或在加热器壳体加膨胀圈。

为了减少升膜式蒸发器的管长，可采用套管办法来缩短管长。套管式升膜蒸发器如图 4 – 44 所示。

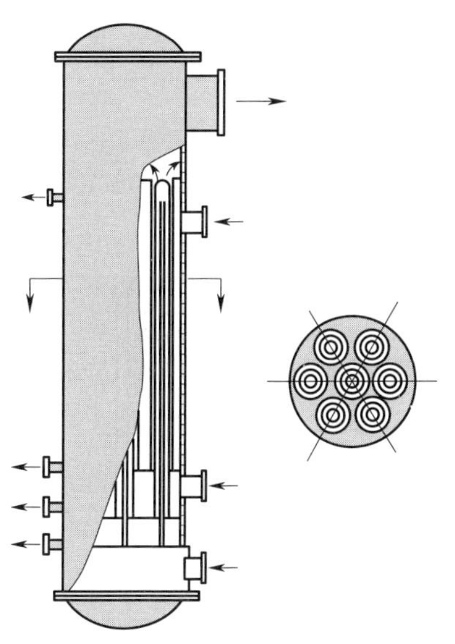

图 4 – 44　套管式升膜蒸发器

这是用于链霉素浓缩的蒸发器，其外管 ϕ117mm × 3mm，内管 ϕ89mm × 3mm，则管子间隙为 11mm，而传热面积为内、外管子面积的总和。因间隙截面积小，而加热周边面积大，故溶液进入加热管后，很快就能吸收足够的热量，产生大量的蒸汽，并达到必要气流速度，使溶液能沿着内、外管子壁面形成爬膜状况，故加热管可较短。

该设备只有 1.4m，而且也不能长，管子长了，浓缩比会增大，在管子上部会出现喷射流或干壁现象。该蒸发器的传热面积为 5.5m^2，总传热系数约为 4.186 ×600kJ/（m^2 · h · ℃），用于低温浓缩链霉素溶液，效果较好，能自然循环，操作方便。

升膜式蒸发器也有采用大套筒形式，其结构如图 4 – 45 所示。外加热圆筒直径为 300mm，内加热圆筒直径为 282mm，圆筒间隙为 4mm。为保持各间隙一致成膜均匀，内圆筒上焊上 3 个支撑点，内、外加热面同时通入蒸汽加热时，蒸发液料即在筒间间隙爬膜上升。该设备用于低温浓缩核苷酸溶液效果良好。

（二）降膜式蒸发器

降膜式蒸发器与升膜式蒸发器物的结构基本相同，但液膜与蒸汽的流动方向是由上到下，所以与升膜式蒸发器相反，进料口在上面而分离器在下面，如图 4 – 46 所示。料液由顶部加入，通过液料分配器均匀地分配到每根加热管中被加热蒸发，因重力的影响增加了蒸汽的抽拉作用和液膜的流动速度，所以在同样条件下降膜式蒸发器的液膜比升膜式蒸发器要薄，传热系数也较大，K =

500～5000kJ/（m^2·h·℃）。同时，由于液流加速方向与重力方向一致，加速压头所引起的沸点升高也没有了。液体的运动是靠本身的重力和二次蒸汽运动的拖带力的作用，其下降的速度比较快，因此成膜的二次蒸汽流速可以较小，对黏度较高的液体也较易成膜。降膜式蒸发器比升膜式蒸发器具有更多的优点，是目前越来越广泛采用的一种浓缩蒸发形式。

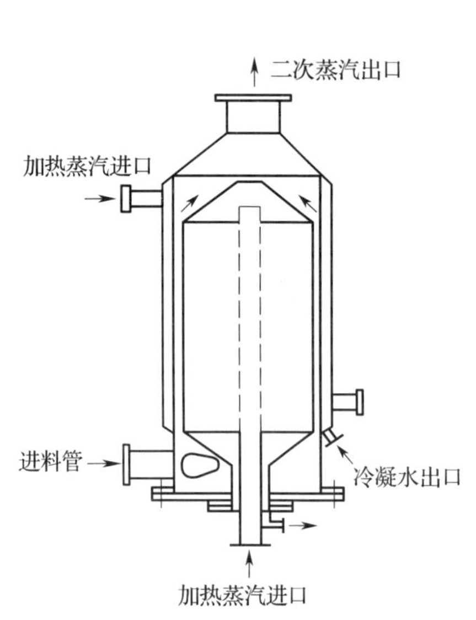

图4－45　套管式升膜蒸发器

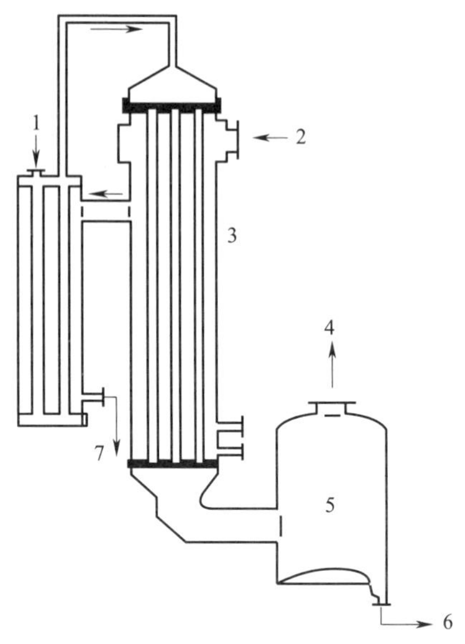

图4－46　降膜式蒸发器

1—进料口　2—蒸汽进口　3—加热器
4—二次蒸汽出口　5—分离器
6—浓缩液出口　7—冷凝水出口

关键问题是液料分配不够均匀时，会出现有些管子液量很多，液膜很厚，溶液蒸发的浓缩比很小；有些管子液量很小，液膜很薄，溶液蒸发的浓缩比很大，甚至没有液体流过而造成局部或大部分干壁现象。为使液体均匀分布于各加热管中，可采用不同的分配器，如图4－46所示。

该类设备结构较为复杂，造价高于升膜式蒸发器，所以，在骨肉提取物行业中很少用到。

1. 降膜式蒸发器工作特点

降膜式蒸发器，顾名思义是料液在重力、真空或其他外力的作用下自上而下快速流过蒸发器的加热面，在蒸发器加热面的表面形成一层薄薄的膜状液流层，而被加热，如图4－47所示。目前，降膜式蒸发器在乳品、果汁、骨肉提取物等食品工业中应用最广，它有以下特点。

(1) 因利用液膜的重力作用降膜，故能浓缩高黏度的液体（1Pa·s以下）。

(2) 被处理物料在加热面的停留时间短，可以处理热敏性物料。

(3) 由于它的传热效果好，同时不存在因液体静压而引起的沸点升高，料液的沸点均匀，有效温差较大，可以在较低温差下操作，特别适用于多效蒸发以及利用热泵再压缩的二次蒸汽或利用废蒸汽加热等情况，可节约能源。

图4－47　降膜蒸发器实物图

(4) 由于蒸发管较长，加热管内高速流动的液料沸腾时所生成的泡沫易在管壁上受热破裂，因此适于蒸发易生泡沫的物料。

(5) 清洗方便，适于浓度较大，不易结晶、结垢的物料。

(6) 一次通过的浓缩比不大于7，最适宜的蒸发量不大于进料量的80%。要求浓缩比较大的情况，可以采用液体再循环的方法。

(7) 制造费用不高，投资少，占地面积小。

2. 降膜式蒸发器料液分布器工作原理

在加热管的上方管口周边切成锯齿形，以增加液体的溢流周边。当液面稍高于管口时，则液体可以沿周边均匀地溢流而下，由于加热管管口高度一致，溢流周边比较大，致使各管子间或管子的各向溢流量比较均匀。当液位稍有差别时，不致引起很大的溢流差别，但当液位差别比较大，液位高度有变化时，深液分布还是不够均匀的，如图4－48、图4－49所示。

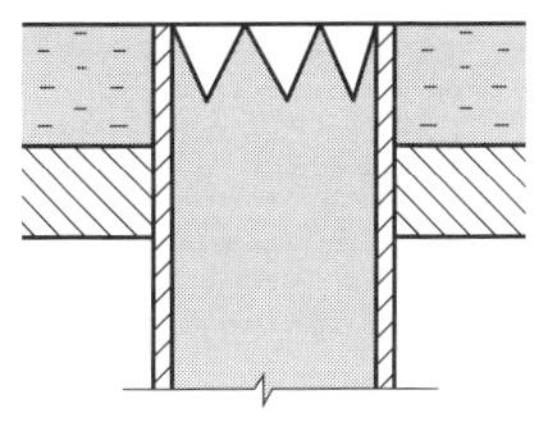

图4－48　齿形溢流器

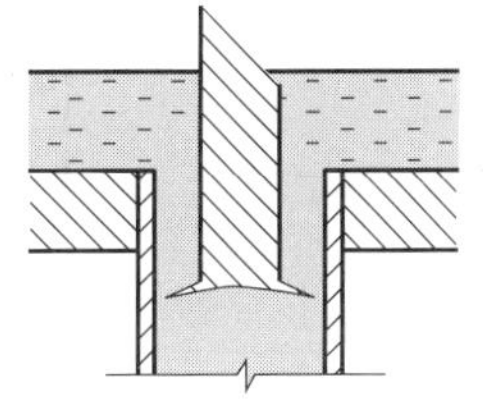

图4－49　导流棒

在每根加热管的上端管口内插入一根呈八字形的导流棒。棒底的宽边与管壁呈一定的均匀间距，液体在均匀环形间距中流入加热管内的周边，形成薄膜。这样液体流过的通道不变，液体的流量只受管板上液面高度变化所影响，这样分布比较均匀，但遇有物料带颗粒时，则会造成堵塞。如图4－50所示。

在加热管口插入刻有螺旋形沟槽的导流管，当液体沿着沟槽下流时，则使液体形成一个旋转运动。沟槽的大小要根据液料的性质而定，但若沟槽太小，则会增加液料阻力，造成堵塞。如图4－51所示。

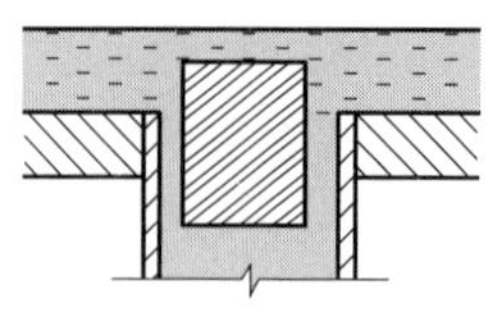

图 4－50　螺纹导流管

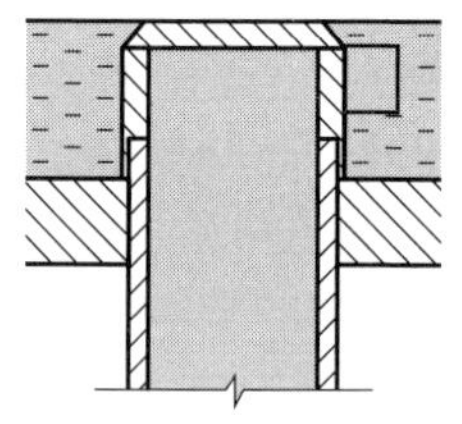

图 4－51　切线进料旋流器

旋流器插放在加热管口上方，液体以切线方向进入而形成旋流，但是设计时要注意各切线进口的均匀分布，否则会因互相影响而造成进料不均匀。

（三）升降膜式蒸发器

升膜式与降膜式蒸发器各有优缺点，而升降膜式蒸发器可以互补不足，提升工作效率。

升降膜式蒸发器是在一个加热器内安装两组加热管，一组作升膜式，另一组作降膜式，如图 4－52 所示。骨肉提取物溶液先进入升膜加热管，沸腾蒸发后，汽液混合物上升至顶部，然后转入另一半加热管中，再进行降膜蒸发，浓缩液从下部进入汽液分离器，分离后，二次蒸汽从分离器上部排入冷凝器，浓缩液从分离器下部出料。比较适用于骨肉提取物的浓缩，但设备结构较为复杂，与单一的升降膜式设备相比，造价稍高，操作稍复杂。

升降膜式蒸发器具有以下特点。

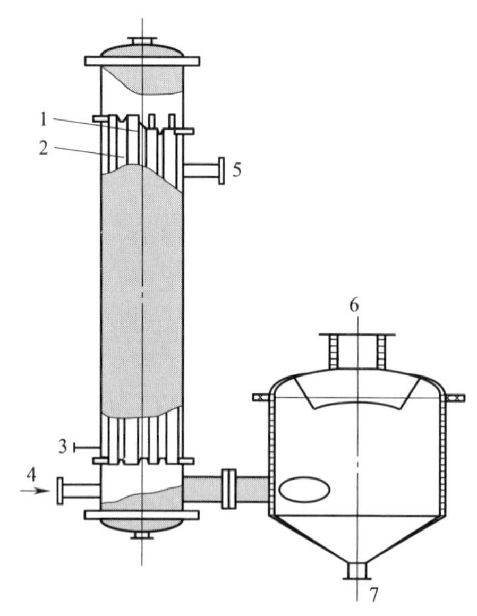

图 4－52　升降膜式蒸发器

1—升膜管　2—降膜管　3—冷凝水出口　4—料液进口
5—加热蒸汽进口　6—二次蒸汽出口　7—浓缩液出口

1. 成膜性好

符合物料的要求，初进入蒸发器，物料浓度较低，物料蒸发内阻较小，蒸发速度较快，容易达到升膜的要求。物料经初步浓缩，浓度较大，但溶液在降膜式蒸发器中受重力作用还能沿管壁均匀分布形成膜状。

2. 蒸发效率高

经升膜蒸发后的汽液混合物，进入降膜蒸发，有利于降膜的液体均匀分布，同时也可加速物料的湍流和搅动，以进一步提高降膜蒸发的传热系数，以提高蒸发效率。

3. 利于控制

用升膜来控制降膜的进料分配，有利于操作控制。

4. 浓缩过程串联

将两个浓缩过程串联，可以提高产品的浓缩比，降低设备高度。其他形式的蒸发器很多，由于在骨肉抽提物行业中很少被用到，故在此不再赘述，如有需要，可查阅相关资料。

三、真空浓缩设备的附属装置

骨肉提取物行业用到的真空浓缩设备的附属装置，与其他行业用到的装置是一样的，主要包括捕集器、冷凝器、蒸汽喷射器和真空装置等。这些附属装置有时会影响到产品的质量，如香气回收装置，可以回收产品的香气，能保留产品的原始香味等。所以，在此做些简单介绍。

（一）捕集器

捕集器如图 4 – 53 所示。

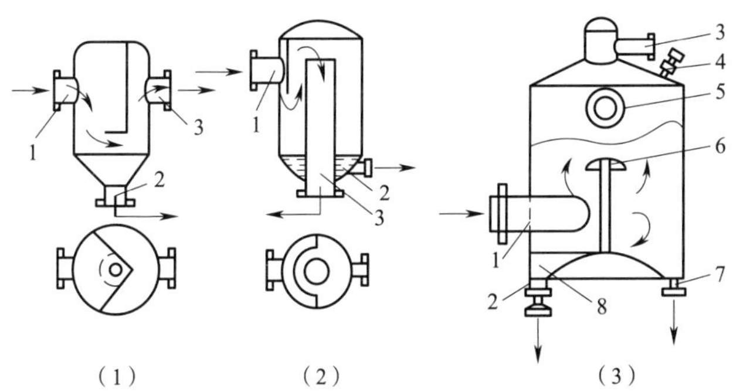

图 4 – 53 各种补集器的结构示意图

（1）、（2）惯性捕集器 （3）离心性捕集器

1—二次蒸汽进口 2—料液回流口 3—二次蒸汽出口 4—真空解除阀 5—视孔 6—折流板 7—排液口 8—挡板

捕集器的功能是防止蒸发过程形成的细微液滴被二次蒸汽带出，减少料液的损失，同时防止污染。

1. 惯性捕集器

它是在二次蒸汽流的通道上设置若干挡板，为了提高分离效果，一般捕集器的直径比二次热汽入口直径大 2.5 ~3 倍。

2. 离心型捕集器

形状与旋风分离器相似，液滴在离心力的作用下被甩到壳壁，并沿壁流回蒸发分离室内。二次蒸汽由顶部排出。在蒸汽流速较大时，分离效果较好，但阻力也较大。

（二）冷凝器

冷凝器的功能是将二次蒸汽冷凝，并将其中的不凝气体分离，以减轻真空系统容积负荷。

1. 间接式冷凝器

间接式冷凝器又称表面式冷凝器，在这种冷凝器中，二次蒸汽与冷却水不直接接触，而是利用金属壁隔开间接传热，有列管式、板式、螺旋板式和淋水管式。

特点是冷凝液可以回收利用，但传热效率低，故用作冷凝的较少。

2. 直接式冷凝器

直接式冷凝器又称混合式冷凝器。分为逆流式和喷射式两种。在这种冷凝器中，二次蒸汽与冷却水直接接触而冷凝。

（1）逆流式冷凝器

逆流式冷凝器，如图 4 –54 所示。

（2）喷射式冷凝器　水力喷射泵利用喷射泵的原理，具有满足系统要求真空的抽气作用，又有将二次蒸汽冷凝成水的冷凝作用，它是利用高速喷射水流（一般流速为 15 ~30m/s）与蒸汽直接接触进行热交换，迅速将蒸汽冷凝成水，使蒸汽占有的体积急剧缩小，从而获得一定的真空度，同时高速喷射水流又能把少量未冷凝的蒸汽和不凝性气体拖带通过喉部，经过增压后排出，而进一步提高真空度。通常水喷射泵的最高真空度为 95.992Pa，但随着水温的升高，水蒸气分压的增大，真空度将会下降，这就要求水泵压力较高，故通常采用多级

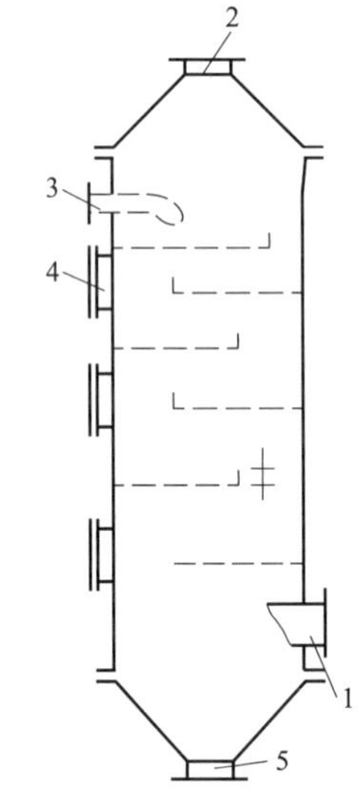

图 4 –54　逆流多层多孔板式冷凝器结构示意图

1—二次蒸汽进口　2—不凝结气体出口　3—冷水进口　4—检查孔　5—冷凝水出口

离心泵配合应用。高压水流在喷射室中是通过喷嘴形成高速射流的，喷嘴可以是单个，也可以是多个组合，但要根据水量和喷嘴直径而定，而多个喷嘴喷射时、喷射方向必须经一定长度后汇聚在同一个焦点上，集中冲出喉部，以达到较高的真空度。水力喷射泵安装高度可根据需要而定，但高位安装效率较高（低位时效率下降40%～80%），并可有效地防止冷凝水倒流。泵的排水管要插入水箱液面下，水箱用隔板隔开而下部连通，部分高温冷却水通过溢流管排走，部分从隔板下部流过与新加水的冷凝水合流，由多级水泵抽出循环，以保持喷射水温恒定，如图4－55所示。

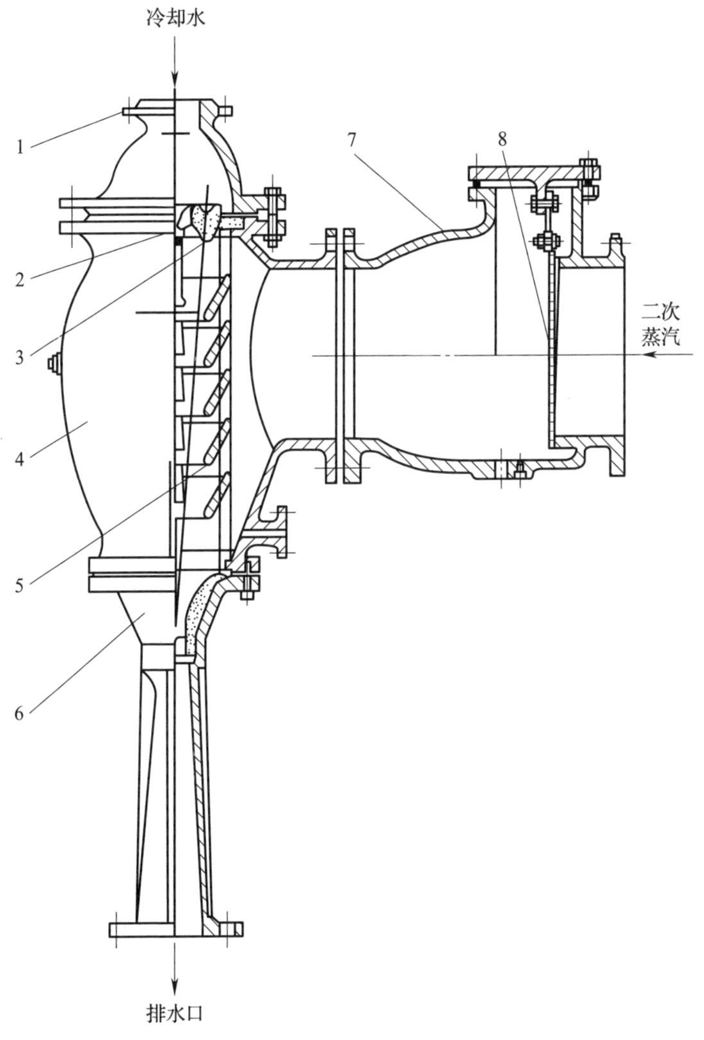

图4－55　喷射式冷凝器结构原理图

1—器盖　2—喷嘴座板　3—喷嘴　4—器壁　5—导向盘　6—扩散管　7—止逆阀体　8—阀板

喷射式冷凝器由喷嘴、吸气室、混合室、扩散室等组成。

喷射式冷凝器的优缺点有以下几点。

① 兼有冷凝器及抽真空作用，故不必再配真空装置。

② 结构简单，造价低廉，冷凝器自身没有机械运转部分不需经常检修。

③ 适用于抽吸腐蚀性气体。

④ 安装高度低，可与浓缩锅的二次蒸汽排出管水平方向直接相连。

⑤ 整个装置的功率消耗较小。

⑥ 工作效率高，应用广泛。

⑦ 缺点是不能获得较高的真空度，并随水温而变。

喷射式冷凝器的安装要求有以下几点。

① 从水泵至喷射器冷却水入口的管路，应尽量减少管件和弯头，使阻力损失减小。

② 排水管要求垂直，如必须曲折时，折角不大于45°，转折不多于两次。

③ 各接口要求严密，避免泄漏。

④ 连接扩散管出口的尾管长度，一般在2m以上，且不伸入循环水池的水中。

（三）真空装置

真空装置的作用是保证系统的真空度，降低浓缩锅内的压力，使料液在低温下沸腾。不凝气体来源有以下几方面。

① 溶解于冷却水中的空气。

② 料液中分解的气体。

③ 设备泄漏。

常用的真空装置有以下几种。

1. 蒸汽喷射器

蒸汽喷射泵的结构类似于水力喷射器。如图4－56、图4－57所示。其优点是抽气量大，真空度高，安装运行和维修简便、价廉、占地面积小。其缺点是要求蒸汽压力较高，蒸汽量稳定，需要较长时间运转，才能达所需的真空度。排出的气体还有微小压强。

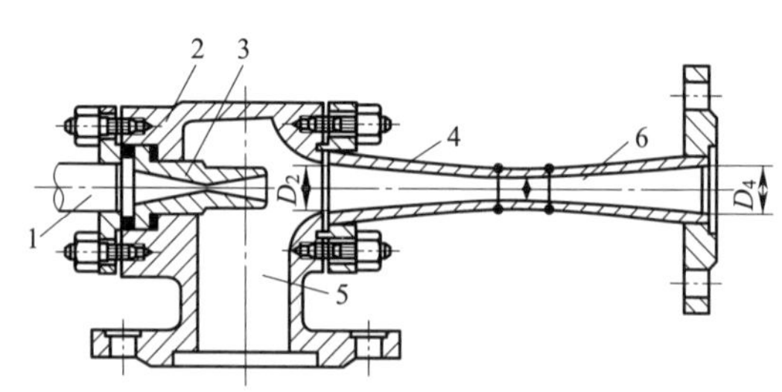

图4－56　蒸汽喷射器

1—蒸汽室　2—喷嘴座　3—喷嘴　4—混合室　5—吸入室　6—扩散室

2. 水环式真空泵（水环泵）

水环式真空泵，如图 4－58 所示。

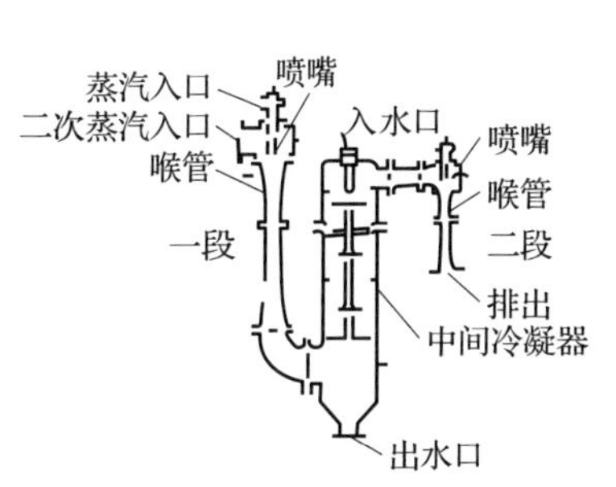

图 4－57 二级蒸汽喷射泵系统

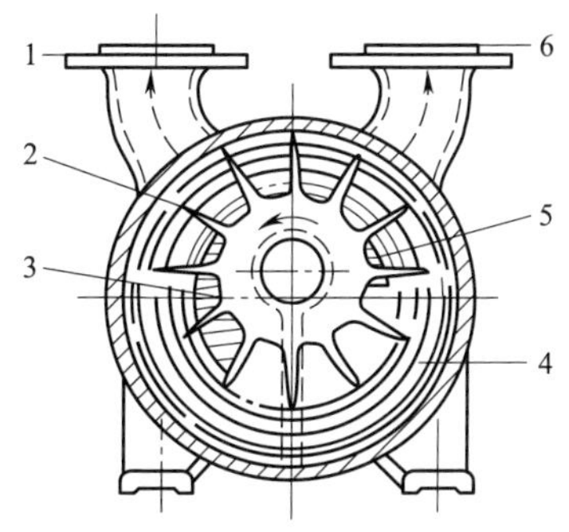

图 4－58 水环式真空泵

1—进气管 2—叶轮 3—吸气口 4—水环 5—排气口 6—排气管

这类泵结构简单。易于制造，操作可靠，转速较高，可与电机直联，内部不需润滑，可使排出气体免受污染，排气量较均匀，工作平稳可靠。但因高速运转，水的冲击使叶轮与轮壳受到磨损，造成真空度下降，需经常更换零件。效率较低，为 30%～50% 。真空度较低，为 2.0～4.0kPa。一般在试验室做小型试验时，可以使用。

3. 往复式真空泵

往复式真空泵，如图 4－59 所示。

（四）芳香物质的回收设备

1. 工作原理

提取回收物料中的芳香物质是利用其在蒸发中易挥发的性质，在蒸发冷凝器中完成的。在肉类提取物的研究与生产中，人们曾尝试使用合适的设备对蒸煮后的汤汁进行香味物质的回收工作。但由于缺少理论支持和实践检验，所用设备相对较为复杂，目前，在此类生产活动中还很少有人使用设备进行香味成分的回收。不过，随着研究工作的深入，在不久的将来，一定会有适宜的设备和工艺技术应用于骨肉提取物的生产工业中的。到那时，被回收的骨肉提取物的香味成分将是难得的纯天然的肉味香料物质。这类香味物质将呈现更加自然纯正的香气，用于肉制品或咸式调味料的调理，将是调配和反应香精不可比拟的，其价值也是不可比拟的。

该装置主要由两组板式换热器组成，如图 4－60 所示。工作时，原料液（以原果汁为例）先送入下板组的通道中，被相隔通道内的蒸汽加热蒸发，提香后的浓缩液与含芳香物的水蒸气由下板组上部流出，利用挡板改变方向，使

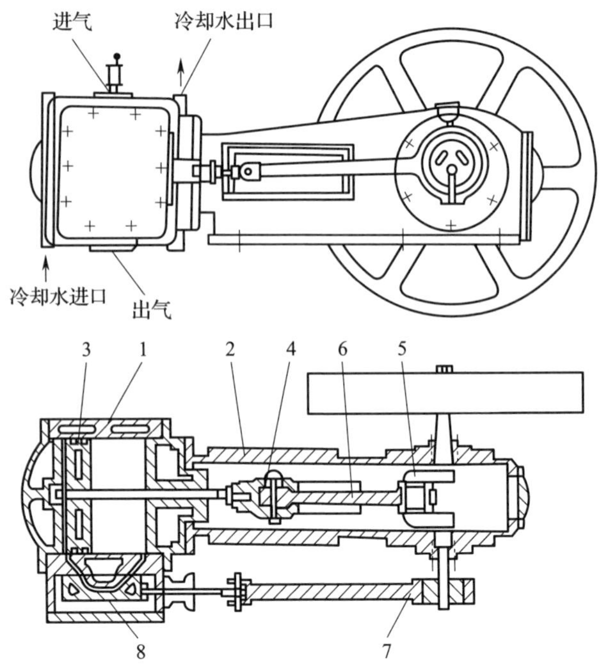

图4－59　往复式真空泵

1—气缸　2—机身　3—活塞　4—十字头　5—曲轴　6—连杆　7—偏心轮　8—气阀

其流向下方，汽液进行分离，然后浓缩液由壳体底部排出；含芳香物的水蒸气上升导入上板组的通道中，被相隔通道内的冷却水降温冷凝，形成芳香物水溶液，从上板组的底部排出，而冷却水由上板组的上部排出。芳香物水溶液，经两次蒸发冷凝，才能制成较纯的芳香液。

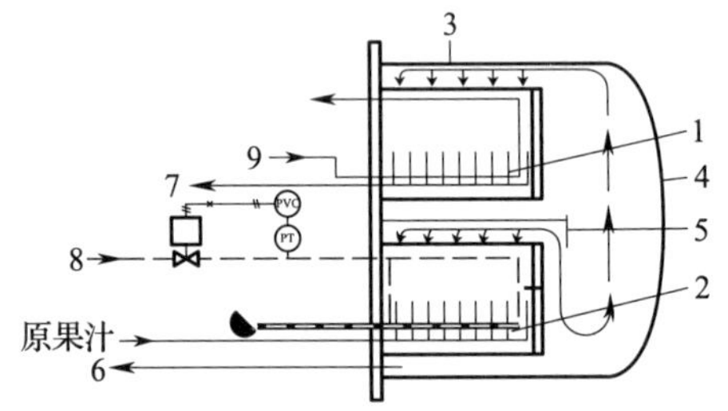

图4－60　芳香物质回收工作原理图

1—上板组　2—下板组　3、4—壳体　5—挡板　6—浓缩液出口
7—芳香物水溶液出口　8—蒸汽进口　9—冷却水进口

2. 组成和流程

图4－61所示为PAR－22/PAR－01型芳香物质回收设备流程图。由三级板式蒸发冷凝器、预热器、两个螺旋管冷凝器、计量器和各种泵、阀构成。

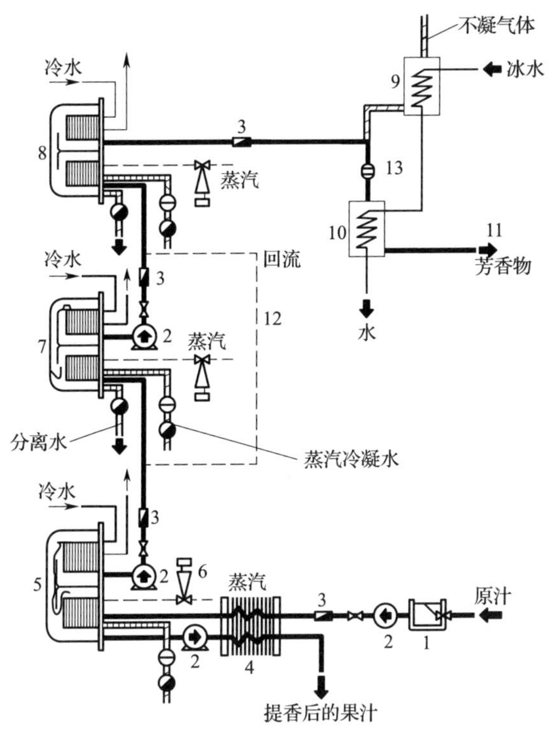

图 4－61　PAR－22/PAR－01 型芳香物质的回收设备流程图

1—平衡罐　2—离心泵　3—流量计　4—预热器　5—第一级蒸发冷凝器　6—调节阀　7—第二级蒸发冷凝器　8—第三级蒸发冷凝器　9、10—螺旋管冷却器　11—芳香液出口　12—回流管　13—脱气管

四、浓缩设备的选型原则

（一）选型要求和应考虑的因素

1. 料液的性质

料液的性质包括成分组成、黏滞性、热敏性、发泡性、腐蚀性，是否含有固体、悬浮物、是否易结晶、结垢等。

2. 工艺要求

工艺要求包括处理量、蒸发量、料液和浓缩液的进出口的浓度和温度、连续作业和间歇作业等。

3. 产品质量要求

产品质量要求符合卫生标准，色、香、味和营养成分等。

4. 当地资源条件

当地资源条件包括热源、气象、水质、水量和原料供给情况等。

5. 经济性和操作要求

经济性和操作要求包括厂房占地面积和高度、设备投资限额和传热效果、热能利用、操作和维修是否方便等。

（二）选型原则

1. 物料的黏度

料液的原有黏度及蒸发过程中黏度不断增大，使物料流速降低，传热系数减小，生产能力下降，对这种物料，宜选强制循环型、刮板式或降膜式蒸发器。

2. 热敏性

对热敏性强的物料，浓缩时要求受热时间短、温度低，否则易引起物料的分解或变质；一般宜选液料在加热器内停留时间短，真空度较高的薄膜蒸发器，如片式、离心式的蒸发设备。若允许料液在较低温下，较长时间受热或液料浓度较低，浓缩比不高时，可用盘管式真空蒸发器和升膜式蒸发器。

3. 结垢性

结垢是液料在浓缩过程中因黏度增大、悬浮的微粒积沉、局部过热焦化等因素所造成的。结垢后，增加热阻，降低传热系数，甚至使作业无法运行。故宜选刮板式或强制循环型蒸发器。

4. 结晶性

若浓缩过程中有晶体析出，易沉积于传热面上，影响传热效果，宜选带搅拌的或强制循环型蒸发器。刮板式蒸发器也适用。

5. 发泡性

有些液料在浓缩时产生大量汽泡，会污染附属装置，还造成液料的损失，故应考虑消除汽泡；一般采用升膜式、强制循环式蒸发器，因其液料的流速大，具有破泡作用。此外标准式蒸发器装有较大的汽液分离室，也可使用。对发泡严重的物料，可采用加入适当的消泡剂（黄油、植物油等）的方法。

6. 腐蚀性

液料的酸度高时，在蒸发中易对设备的金属部件产生腐蚀，宜用防腐蚀且导热性良好的蒸发器。

7. 蒸发量

蒸发器生产能力的大小取决于传热速率，一般传热面积小时，宜选用搅拌式浓缩锅、单效膜式等蒸发器。传热面积大时，为减少蒸汽耗量，宜选用多效、膜式、离心式等蒸发设备。

8. 经济性

浓缩设备的热能消耗较大，节能是选型的重要因素。从提高热能的经济性考虑，宜选用带蒸汽喷射器或多效蒸发器。

综上所述，骨肉抽提物的生产较为适合的就是升膜式蒸发器或者多效降膜式蒸发器。如表 4－7 所示。

表 4-7 蒸发设备选型的基准表

蒸发器型式	制造价格	总传热系数		停留时间	料液循环与否	浓缩液浓度是否能恒定	浓缩比	设备处理量	料液的性质是否适合						
		稀薄溶液 $(1\sim50)\times10^{-3}Pa\cdot s$	高黏度溶液 $0.1Pa\cdot s$ 左右						稀薄溶液	高黏度溶液	易产生泡沫	易结垢	有结晶析出	属热敏性	有腐蚀性
标准式	廉	较高	较低	长	循环	可	高	大	适	可	适	适	尚适	较差	尚适
盘管式	廉	较高	较低	长	循环	可	高	不大	适	可	适	尚适	较差	较差	不适
外加热式	廉	高	低	较长	循环	可	良好	大	尚适	差	尚适	尚适	适	不适	尚适
强制循环式	较高	高	高	较短	循环	可	高	大	适	可	适	好	好	尚适	不适
升膜式	较高	高	低	短	循环	尚可	良好	大	好	差	好	较差	不适	适	适
降膜式	较高	高	较高	短	否	尚可	良好	大	适	可	适	较差	不适	适	适
刮板式	高	高	高	短	否	尚可	良好	不大	适	好	适	适	适	适	不适
板式	高	高	低	较短	否	尚可	良好	较大	尚适	差	尚适	尚适	不适	适	不适
离心式	很高	高	较高	很短	否	尚可	良好	大	好	可	好	尚适	不适	好	

第九节　干 燥 设 备

中国的干燥技术与装备，经过近三十年的发展，已发生了根本性的变化。目前，国内已有数百家干燥设备制造企业，并且成立了干燥设备行业协会；国内企业制造的常用干燥设备，基本上已能满足国内市场的需求，某些型号的设备还出口到国外，其中喷雾干燥装置、旋转快速干燥装置、振动流化床干燥机、用蒸汽管传热的回转圆筒干燥机及粮食干燥机等，均接近或达到20世纪90年代国际先进水平，从而结束了大量依赖进口的时代。但在某些干燥技术领域，如冷冻干燥、生物活性制品干燥等，国内与国外仍存在着较大的差距。

干燥通常为完成产品生产过程中的最后工序，因此往往与最终产品的质量与状态有密切关系。干燥方法的选择对于保证产品的质量至关重要，骨肉提取物生产中常用的干燥方法有对流干燥（包括固定床干燥、流化床干燥、气流干燥和喷雾干燥）、真空干燥、微波干燥等。在骨肉提取物及其相关行业中，需要干燥的不只是骨肉提取物这一单一产品，还有相关联的香辛料、食盐等一些原辅料。所以，本章就以上干燥过程的设备及其工作原理加以讨论，以供读者进行适当选择。

一、干燥设备的选型原则

确定合理的干燥方法，选择适宜的干燥设备，应该以所处理物料的化学物理性质、生物化学性能及其生产工艺为依据。例如，物料的黏稠性、分散性、热敏性、失活性能等，这就要求按照一般设备选型的综合原则来考虑。其基本原则如下所述。

（一）选型前需要确定的条件和要求

1. 当地的资源与自然条件

（1）热源和动力　可提供的煤、电、油等情况。

（2）原料　来源地、批量、供料季节、方式等。

（3）自然条件　温度、相对湿度等。

（4）交通运输　道路与运输设备等。

2. 物料性能及干燥特征

不同的物料特性如下所述。

（1）物料的形态　包括大小、形状、固态或液态等，如颗粒状、滤饼状、浆状、水分的性质等应选择不同的干燥设备。例如，颗粒状物料的干燥可考虑选择沸腾干燥或者气流干燥，结晶状则应选择固定床干燥，浆状可选择滚筒干燥、真空干燥、微波干燥、喷雾干燥等。

① 物料的物理特性。包括密度、黏附性和含水量及其结合状态等。

② 干燥特性。包括热敏性和受热收缩、表层结壳等性质。

（2）干燥产品的要求 ① 许多食品都有特定的风味和品质的要求，为避免高温变性、分解、聚合等物理化学变化，干燥设备的选型首先应考虑满足产品的质量要求。如高活性且价格昂贵的食用益生菌等生物制品，则必须选择真空干燥或冷冻干燥设备；而微胶囊包埋香精产品则选用配备冷却装置的离心或压力式喷雾干燥机等；而有些产品还需要在干燥过程中产生一定的风味物质，如烤味等则可以选择微波干燥货喷雾干燥。

② 对产品产量的要求，按单位时间的成品产量或原料处理量或水蒸发量计量。

③ 对产品形态的要求，包括几何形状、结晶光泽和结构（如多孔组织）等。

④ 对产品水分的要求，主要是最终产品含水量的高低，则要求有不同的设备来满足。

⑤ 对产品干燥均匀性的要求。

⑥ 对产品的卫生要求符合卫生标准。食品都要求有一定的纯度，且无杂质或杂菌污染，则干燥设备应能在无菌和密闭以及独立的条件下操作，且应具有灭菌设施，以保证产品的微生物指标和纯度要求。

⑦ 最终产品的物理状态。对于很多食品的最终产品，都会有的状态、溶解性、颗粒度等物理方面的要求，所以，还要根据不同的物理状态要求来选择设备。如乳粉和汤料就需要有较好溶解性和方便的包装性能，选择喷雾干燥或配合沸腾干燥较为合适。

（二）设备选型的步骤

1. 初选

首先按湿物料的形态、物理特性和对产品形态、水分等的要求，初选干燥器的类型。

2. 确定操作方法

按投资能力和处理量的大小，确定设备规模操作方法（连续作业或间歇作业），自动化程度。如浆状物料的干燥，产量大且料浆均匀时，可选择喷雾干燥设备，黏稠较难雾化时可采用离心喷雾或气流喷雾干燥设备，产量小时可用滚筒干燥设备。否则，应考虑劳动强度小，连续化、自动化程度高，投资费用小，便于维修、操作等。

3. 选择干燥方法

根据物料的干燥特性和对产品品质的要求，确定采用常压干燥或真空干燥，单温区干燥或多温区干燥等。

4. 确定加热装置

根据热源条件和干燥方法，确定加热装置。

5. 估算容积

按处理量估算出干燥器的容积。

6. 估算产品成本

按原料、设备及作业等费用，估算产品成本。

就热敏性而言，食品工业制品的干燥设备有以下几种类型。

1. 瞬时快速干燥设备

瞬时快速干燥设备，如喷雾干燥设备、滚筒干燥设备、气流干燥设备、沸腾干燥设备等，这类设备干燥时间短，气流温度高，但被干燥的物料温度不会太高。

2. 低温干燥设备

低温干燥设备，如真空干燥设备、冷冻干燥设备等，其特点是在真空低温条件下进行工作，更适用于高热敏性物料的干燥，但进行干燥的时间较长。另外还有其他类型的干燥设备，如红外干燥器、微波干燥器等。大多情况下，由于食品具有较高热敏性等特点，因此，干燥设备最好选择快速瞬时干燥设备或低温干燥设备。

当然，在实际生产当中，以上各因素，还要综合或组合来考虑，可能只考虑单一的原则，会起到相反的效果；另外，相同的食品物料还可能会因具体情况的不同，而选择不同的干燥设备。常见食品物料的常用干燥方式及设备，如表4－8所示。

表4－8　　　　食品工业常用干燥设备表

设备类型	被干燥物料
固定床干燥	麦芽、粮食等
卧式沸腾干燥	柠檬酸晶体、酵母、鸡精、速溶咖啡等
沸腾造粒干燥	葡萄糖、味精、酶制剂（颗粒状）等
冷冻干燥	蜂蜜、蜂王浆、活性生物肽等
旋风式气流干燥	淀粉等

续表

设备类型	被干燥物料
气流式喷雾干燥	蛋白酶等
压力式喷雾干燥	酵母及其提取物、骨肉提取物、食用胶体、乳粉等
离心式喷雾干燥	酶制剂、酵母提取物、乳粉、骨肉提取物、汤料等
喷雾干燥与振动流化干燥	酶制剂（颗粒状）、骨肉提取物、汤料等
气流干燥	味精、抗生素、葡萄糖、淀粉、糊精等
滚筒干燥	酵母、单细胞蛋白、汤料等
真空或微波干燥	汤料、呈味料等

二、干燥方法的分类和发展趋势

（一）干燥的目的和意义

干燥：即从物体中除去水分的操作。

目的：防止变质，便于储存运输，加工出不同风味。

干燥对象：需要干燥的所有食品原料和产品等。

干燥的意义：为了更加易于保持制品的品质稳定性以及包装、运输、储存的需要，都需要将其干燥成粉末或颗粒状，以利于减少水分含量、降低水分活度，增加制品的保质期，便于保藏和运输以及使用。因此，在干燥在食品加工中意义重大。

（二）干燥方法

1. 自然干燥

自然干燥，即利用被干燥物体表面与外界空气间的湿度差，依靠太阳光以及自然风的作用，对物料进行干燥的方法。此种方法大多适用于少量农副产品的干燥，如农村的谷物晾晒等。

2. 人工干燥

人工干燥，即人为的增加干燥物体表面与外界空气间的湿度差，依靠外部条件对物料进行干燥的方法。例如，机械干燥、物理化学干燥、热风干燥、真空干燥、冷冻干燥、介质接触干燥、辐射干燥等。

农产品与食品的适用干燥方法，如表4－9所示。

表 4－9　　农产品与食品的适用干燥方法

名称			处理和作业方式	所需设备类型	湿料状态					适用产品
					浆状	膏糊状	粉状	粒状	块片状	
自然干燥			晒干、吹干、晾干、间歇	晾晒场或棚、房				√	√	谷物、枣、辣椒等
人工干燥	加压		加热、加压膨化、连续	螺旋式		√	√	√		膨化食品
	常压	热风	对流给热、间歇	固定床、箱式			√	√	√	果、蔬等农副土特产
		热风	对流给热、半连续	隧道式			√	√	√	果、蔬、挂面、瓜子等干制品
		热风	对流给热、连续	带式			√	√	√	果、蔬、花生等干制品
		热风	对流给热、连续	气流式			√	√		淀粉、味精等
		热风	对流给热、连续	流化床式			√	√		砂糖、乳粉、固体饮料等
		热风	对流给热、间歇或连续	喷动床式			√	√		玉米胚芽、谷物等
		热风	导热或对流给热、间歇或连续	转筒式			√	√		牧草、瓜子、油炸胚等
		喷雾	对流给热、连续	箱式、塔式	√	√				骨肉提取物、乳粉、血粉、蛋粉、酵母粉等
		薄膜	导热、连续	滚筒式、带式	√	√				乳粉等
		远红外线	辐射、间歇或连续	箱式、隧道式			√	√		糕点、肉类等

（三）发展趋势

干燥工艺和干燥设备的发展趋势，有以下几个方面。

1. 干燥设备向系列化、大型化发展

现在国内干燥设备以中小型为主，正逐步向系列化、大型化发展。大型设备具有热能消耗少和操作费用低等优点。现国产最大乳粉生产设备的日处理鲜乳量已达100t，并引进了日处理200t的国外乳品生产设备。气流、喷雾等干燥设备及热风炉等配套装置，均有系列产品问世。

2. 改进和完善现有的干燥设备

改进和完善现有的干燥设备，强化干燥过程，如隧道式、带式干燥中物料与热风的流向，由平流改为穿流，可显著缩短干燥时间，改善干燥均匀性，如气流干燥机，从直管气流干燥，改为脉冲气流干燥，强化传热传质过程。

3. 降低热能消耗

因干燥设备的热能消耗大，国内外均研究节能措施，如余热回收利用，改进热风炉结构，使燃料充分燃烧。提高设备的保温绝热效果等。

4. 改善干燥工艺

如将带式干燥机的热风参数（温度、流量和相对湿度），由单温区改为多温区，以符合物料的干燥特性和要求，提高产品的质量和干燥效率。

5. 联合干燥方法的应用

采用两种不同的干燥装置串联使用，如喷雾干燥与流化床干燥联合，制作速溶乳粉、速溶汤料等。

6. 对环境的影响

消除对环境的污染，如粉尘的回收、降低噪音等。

7. 改善劳动强度

改善劳动强度，如提高干燥设备的自动化程度等。

三、热风干燥设备的分类

在初期的骨肉提取物行业中或一些特殊的产品加工中，会用到热风干燥设备。

1. 移动式干燥器

移动式干燥器包括传送带式、车厢式、链板式。如图4－62所示。

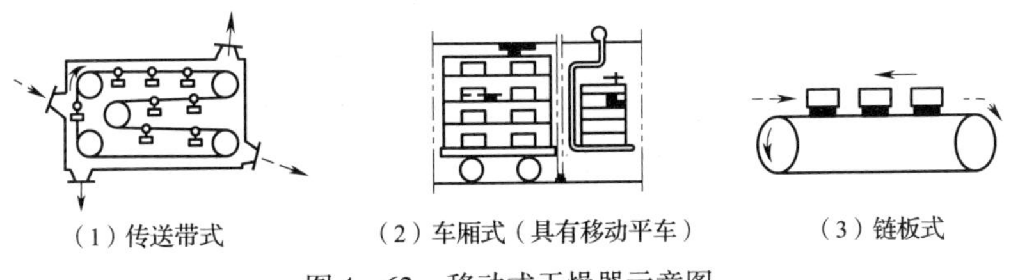
（1）传送带式　（2）车厢式（具有移动平车）　（3）链板式

图4－62　移动式干燥器示意图

2. 固定式干燥器

固定式干燥器如图 4-63 所示。

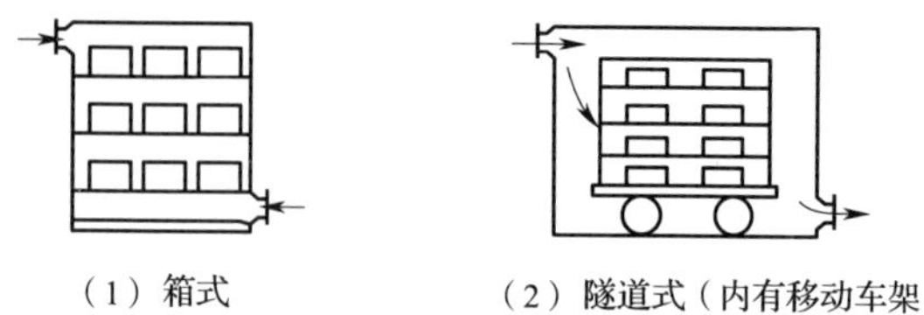

图 4-63 固定式干燥器示意图

3. 粉粒体物料干燥设备

（1）重力下落式干燥器如图 4-64 所示。

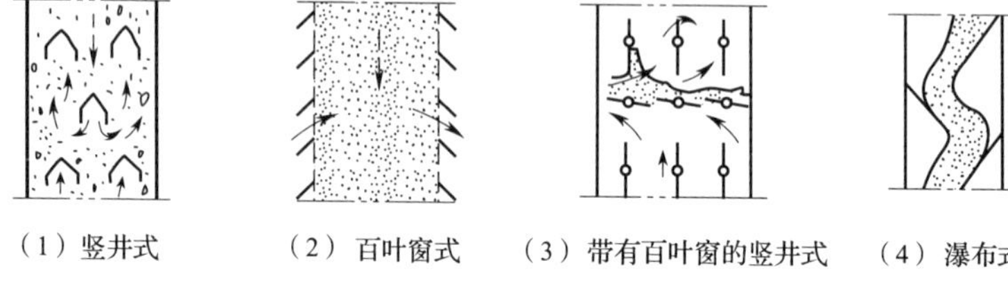

图 4-64 重力下落式干燥器示意图

（2）机械搅拌式干燥器如图 4-65 所示。

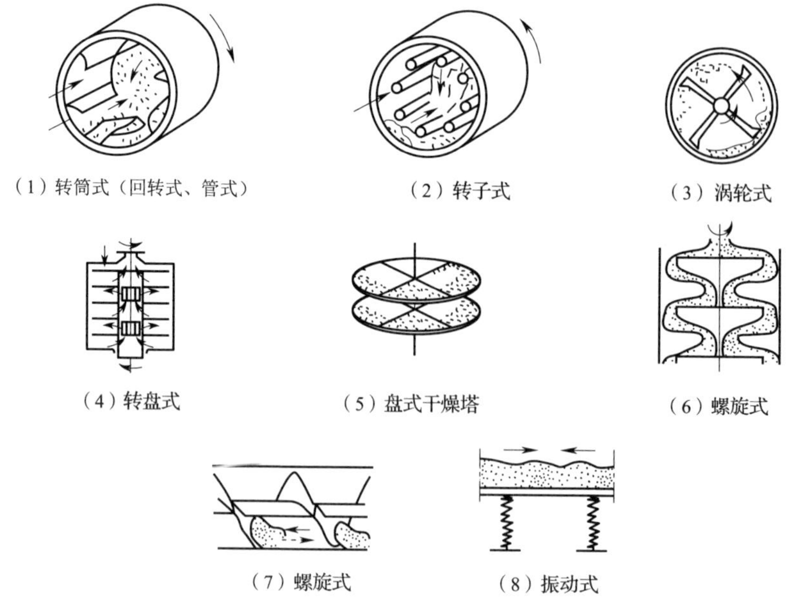

图 4-65 机械搅拌式干燥器示意图

(3) 流化床干燥器如图 4－66 所示。

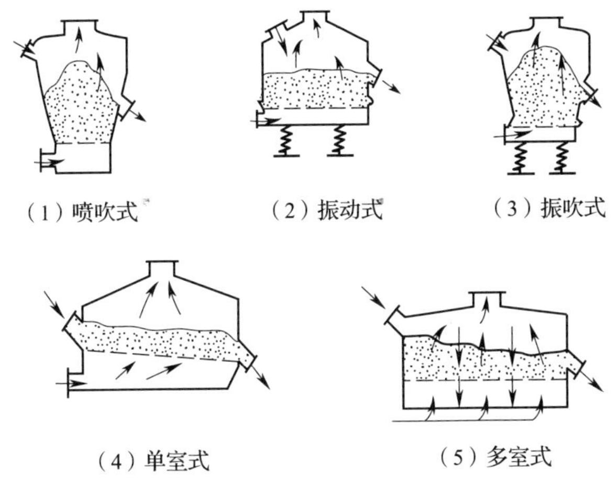

图 4－66 流化床干燥器示意图

(4) 气流干燥器如图 4－67 所示。

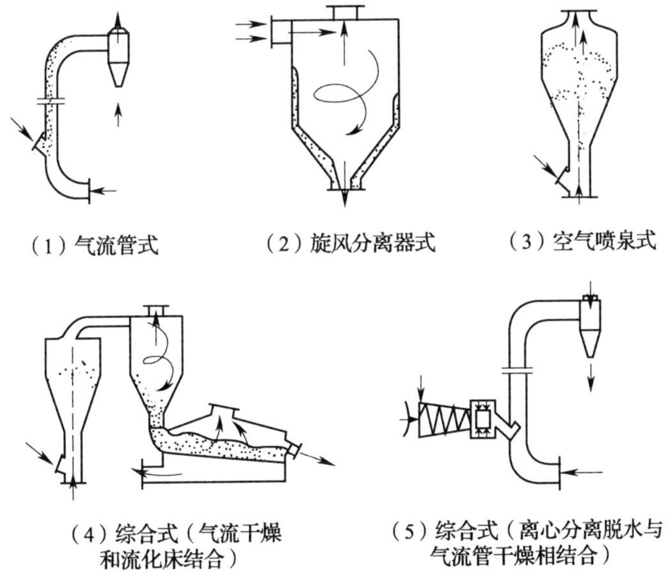

图 4－67 气流干燥器示意图

4. 液态原料干燥设备

(1) 喷雾干燥设备如图 4－68 所示。

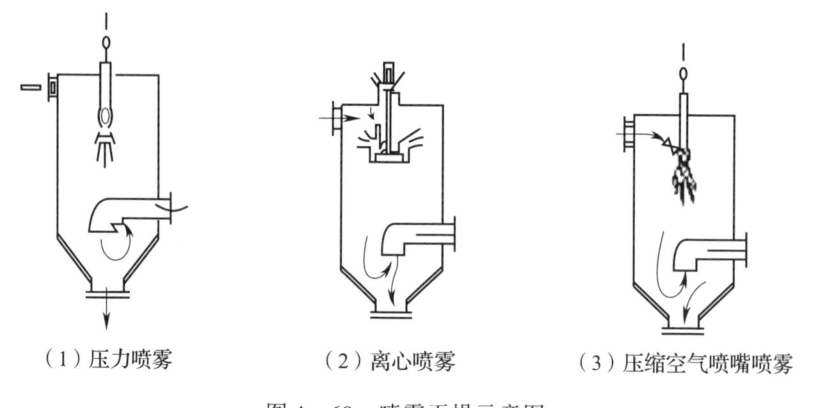

图 4－68　喷雾干燥示意图

（2）流化床喷雾干燥设备　即喷雾结合流化床式的干燥方式，如图 4－69 所示。

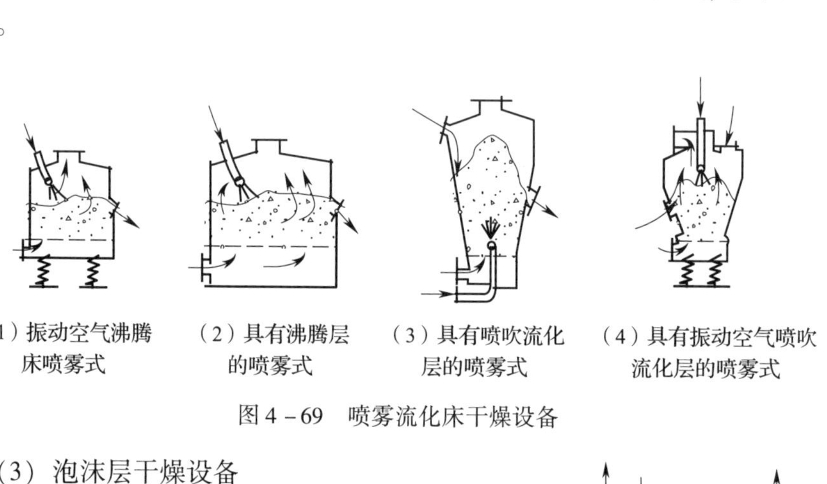

图 4－69　喷雾流化床干燥设备

（3）泡沫层干燥设备

泡沫层干燥设备，如图 4－70 所示。

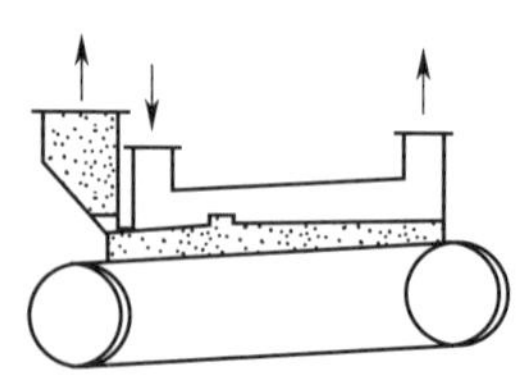

图 4－70　泡沫层干燥设备
（供料器中充气鼓浪）

（4）滚筒式干燥设备　滚筒干燥机有多种型式，如单滚筒式、双滚筒式，常压式与真空式，顶槽式与喷雾式。滚筒干燥机适用于非热敏性物料的干燥。

（5）顶槽式双滚筒干燥机工作原理

铸铁滚筒直径 0.6～0.9m，长度 1～3m。滚筒和其端部挡板，构成供料的顶槽。双滚筒必须同速，其间隙可以调节。贴着每个滚筒外圆装有刮刀。加热蒸汽从滚筒中心轴的一端进入筒内，饱和蒸汽压力可达 600kPa，温度 150℃。工作时，经杀菌或浓缩后的物料，先进入顶槽，滚筒转动后，由于吸附作用，将薄薄的一层液料带出，通过滚筒表面，很快被加热蒸发达到干燥要求，并连续不断地将烘干的薄片刮掉，落入输送槽，再进行粉碎、过筛和包装。蒸发所产生的二次蒸汽从滚筒上部排出，加热蒸汽产生的冷凝水由滚筒底部排出。如图 4－71 所示。

（6）喷雾式双滚筒干燥机工作原理

喷雾式双滚筒干燥机工作的原理和过程与顶槽式基本相同。主要区别是滚筒上装有喷嘴，工作时在滚筒表面上喷洒薄薄一层物料。这种供料方法，加热面的热利用率可达 90%，而顶槽式还不到 70%，如图 4－72 所示。

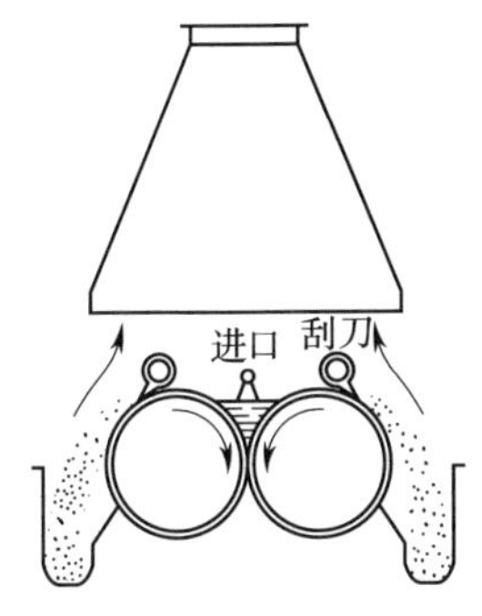

图 4－71　顶槽式双滚筒干燥机工作原理

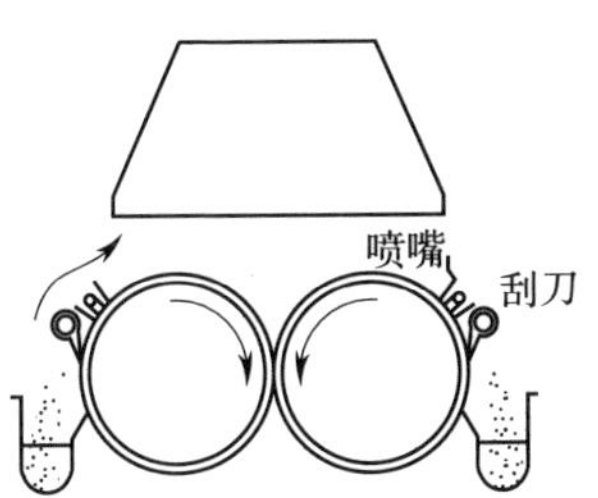

图 4－72　喷雾式双滚筒干燥机工作原理

四、固定床和箱式干燥机

随着干燥工业的发展，干燥设备的种类也日渐增多。下面简单介绍一些能用于骨肉提取物及相关调味品行业的通用干燥设备。如遇有需要，请参考相关机械方面的书籍。

（一）固定床式干燥机

固定床干燥特点是结构简单、容易制造、投资小、通用性强；但设备安装不当易漏气、装卸物料不便、生产效率低。一般只有低值农副产品（如香辛料等）才用到。如图 4－73 所示。

另外，还有一种较为简易的主要用于小批量土特产品、果品干制的固定式干燥设施——烤房。它一般由烤架、加热炉、烟道、烟囱、烤架、烤盘等组成。烤房为土木砖结构，周围有保温层。如图 4－74 所示。

这种设备的优点是升温排湿快，烘房较高，空间利用率较大，热能利用较好。缺点是操作劳动强度大，还可以在这类烘房内，利用蒸汽管道间接加热制作果脯等产品。

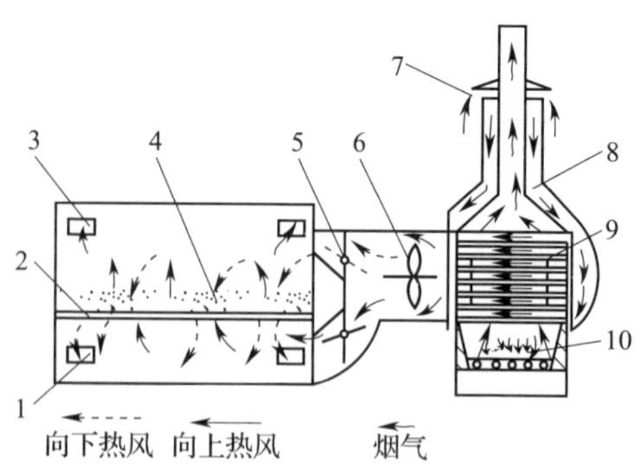

图 4－73　固定床双向通风干燥机示意图

1—废气出口　2—固定床　3—蒸汽出口　4—物料
5—换向门　6—风机　7—空气进口　8—预热风筒　9—换热器　10—燃煤炉

（二）箱式干燥器

在一些较小型的调味品生产企业中，因为考虑到投资的问题，一些需要干燥的粉、粒、膏状产品，往往会使用箱式干燥器来加工产品。这种干燥器属间歇性干燥设备，干燥速度较慢，对于膏状物料，往往还需要拌入填充剂（如食盐等）来进行干燥，相对又增大了劳动强度。常用于对风味损失要求不高的物料。这类干燥器在排风口上可以加装真空系统，制成真空式干燥器，其工作效率高于普通的箱式干燥器。箱式干燥器工作原理及外形如图 4－75、图 4－76 所示。

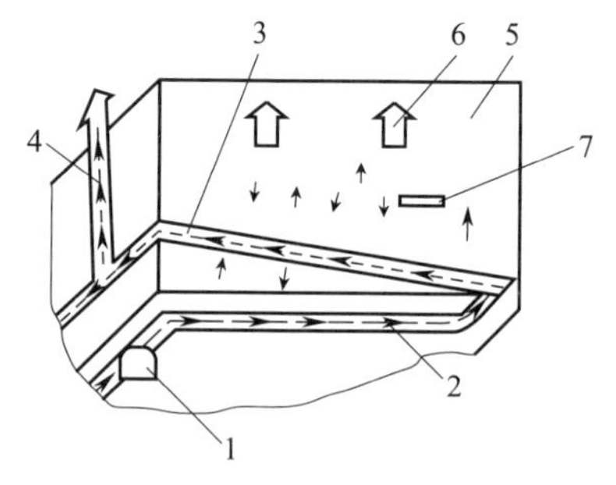

图 4－74　烤房示意图

1—加热炉　2—地烟道　3—加热管道
4—烟囱　5—排湿气筒　6—烤房侧壁　7—烤架

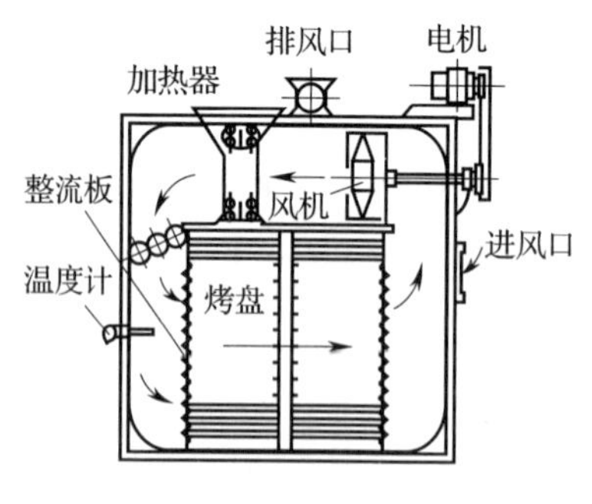

（1）平流式箱式干燥机

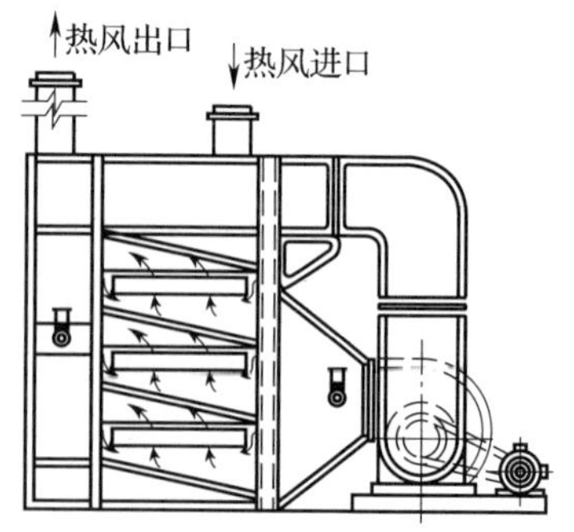

（2）穿流式箱式干燥机

图 4－75　箱式干燥机

图 4－76 箱式干燥机实物图

五、隧道式干燥设备

（一）隧道式干燥设备的结构和工作过程

隧道式干燥设备的最大特点就是投资少、结构简单，一般可以由砖混结构和保温层建成，结构上类似于箱式干燥器。适合农副产品和风味损失小的物料的干燥，如食盐、果蔬等。如图 4－77 所示。

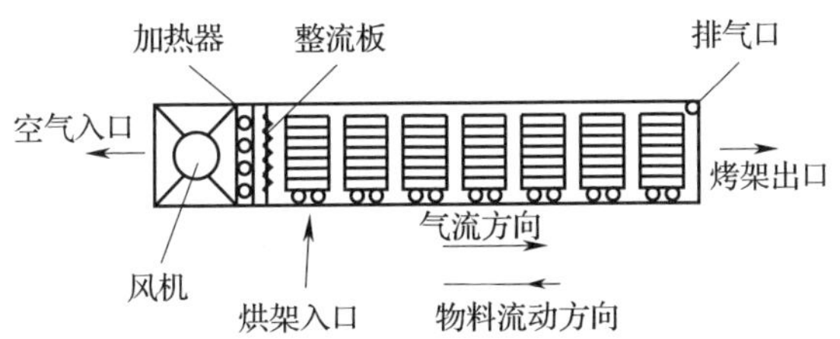

图 4－77 隧道式干燥设备结构和干燥原理图（顺流式）

（二）隧道式干燥设备的类型和特点

根据加热方式的不同，可分为顺流型隧道式干燥机、逆流型隧道式干燥机、混合式隧道干燥机和穿流型隧道式干燥机。它们的特点如下所述。

1. 顺流型隧道式干燥机

风机、加热器多设在隧道顶的上边。料车从隧道一端推入，湿物料先与高温热风接触，对高水分物料，可采用较高的热风温度，也不致损伤产品品质。而物料接近干燥成品时，热风温度降低，可防止产品过热，但难以获得低水分产品。如图 4－78 所示。

2. 逆流型隧道式干燥机

逆流型隧道式干燥机，如图 4－79 所示。

上述两种隧道式干燥机的共同优缺点是：

（1）构造简单，容易制作，投资较少，操作方便。

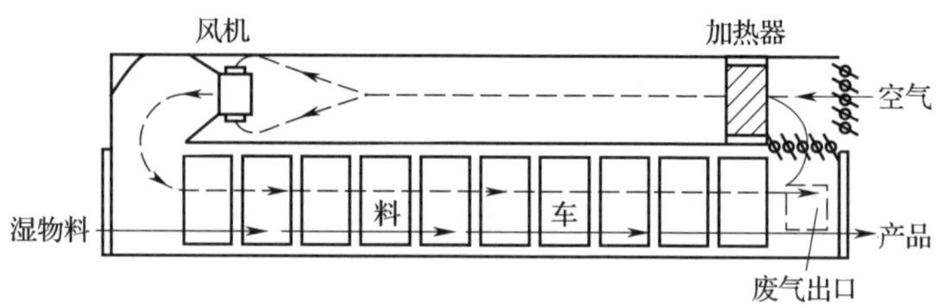

图 4-78　顺流型隧道式干燥设备结构和干燥原理图

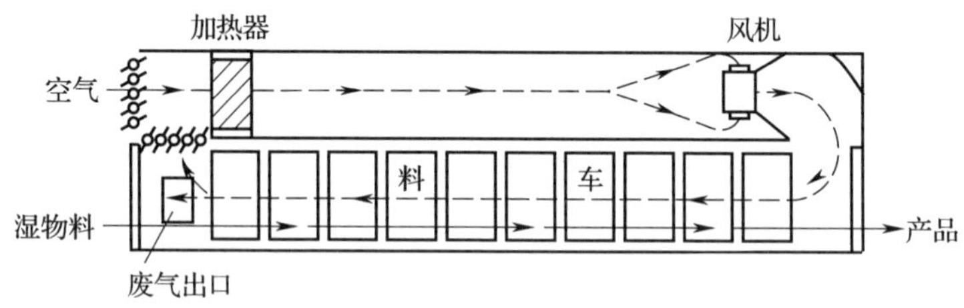

图 4-79　逆流型隧道式干燥设备结构和干燥原理图

（2）适应性强，可用做多种果蔬、土特产、中草药与经济作物产品的干燥。

（3）生产能力较大，适于大中型生产规模。

（4）隧道排出的部分废气，可与新鲜空气混合，经加热器，重新进入隧道，进行废气再循环，以提高热能的利用、调节热风湿度，适应物料的干燥要求。

（5）物料干燥过程中处于静止状态，形状无损伤。物料与热风接触时间较长，热能利用较好。

（6）热耗大，如胡萝卜干燥热耗，国外约 8.36MJ/kg（H_2O），国内约达 12.54MJ/kg（H_2O）。

（7）不能按干燥工艺分区控制热风的温度和湿度。

（8）结构庞大，如砖混结构的隧道干燥设备的总高约 3m，宽约 2m，长几米到十米。

3. 混合式隧道干燥机

湿物料入隧道先与高温而湿度低的热风作顺流接触，可得到较高的干燥速率；随着料车前移，热风温度逐渐下降、湿度增加，然后物料与隧道另一端进入的热风作逆流接触，使干燥后的产品能达较低的水分。两段的废气均由中间排出，也可进行部分废气再循环。如图 4-80 所示。

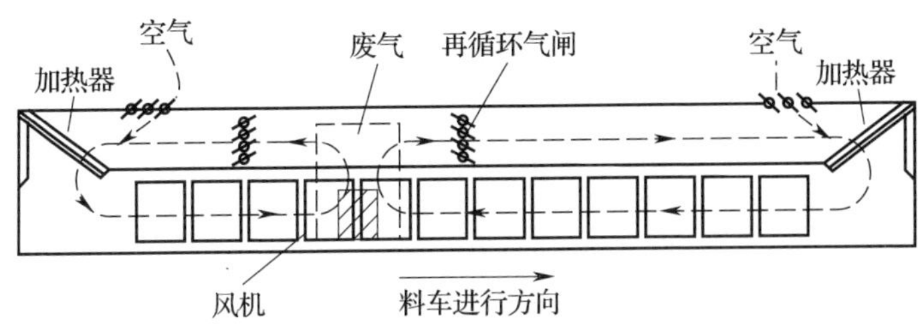

图 4－80　两段中间排气型隧道式干燥设备结构和干燥原理图

这种设备与单段隧道式干燥设备相比，干燥时间短、产品质量好，兼有顺流、逆流的优点，但隧道体较长。

表 4－10 是顺流、逆流和混合式隧道干燥机的各种指标比较。

表 4－10　　顺流、逆流和混合式隧道干燥机的各种指标比较

项目	顺流式	逆流式	混合式
可使用之危界温度	最高	次高	两个
初期自由水之脱除	最多	少	最多
初期烘干速率	快	慢	快
烘焦之危险性	无	有	有
后期干燥	不完全	完全	最完全
产品水分	多	少	最少
平均热风温度	最低	较低	最高
达到露点之危险性	最大	较大	最小
有效风筒长度	最短	较长	最长
产量	最少	较多	最多
热效率	最小	较大	最大
燃料成本	最大	较大	最小

4. 穿流型隧道式干燥机

穿流型隧道式干燥机，如图 4－81 所示。

在隧道体的上下分段设有多个加热器。在每一个料车的前侧固定有挡风板，将相邻料车隔开。热风垂直穿过物料层，并多次换向。热风的温度可以分段控制，如图 4－81 所示。

国外有一种两隧道并列的穿流型干燥设备，如图 4－82 所示。沿整个隧道纵向分若干干燥段，在两列隧道各干燥段的上部装一个轴流风机，使热风在段内穿过两列隧道的物料层，同时输入一定量外界空气，排出一定量废气，进行部分废气再循环。

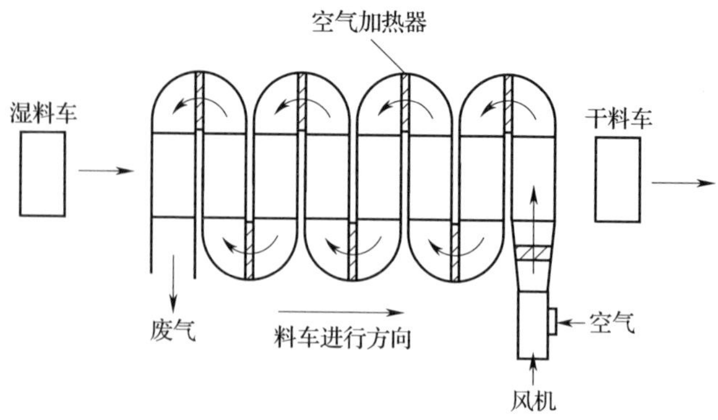

图 4 - 81　穿流型隧道式干燥设备结构和干燥原理图

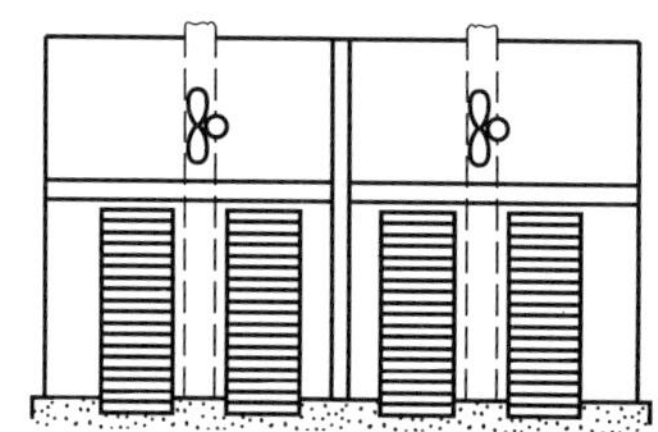

图 4 - 82　双列隧道穿流型干燥设备横断面图

这类穿流型隧道干燥机的特点是干燥迅速，比平流型的干燥时间短，产品的水分均匀，但结构较复杂，消耗动力较大。

六、带式干燥机

带式干燥机是将物料置于输送带上，在随带运动的过程中与热风接触而干燥的设备，因结构和流程不同，有多层、单级和多级等各种类型。

（一）多层带式干燥机

多层带式干燥机一般由多个链板输送带叠加在一起，空气从输送带之间平流吹过或部分空气向上穿流而过，使物料在动态下得以干燥，最后废气可以经集中后对送料输送带上的物料进行预热，也可以进行循环再利用，使得能源尽量得到最大化利用。如图 4 - 83、图 4 - 84 所示。

（二）单级穿流带式干燥机

由一个循环输送带、两个空气加热器、三台风机和传动变速装置等组成。全机分成两个干燥区。第一干燥区的空气自下而上经加热器穿过物料层。第二干燥区是空气自上而下经加热器穿过物料层。每个干燥区的热风温度和湿度都是可以控制的，也可以在干燥过程中，对物料上色和调味，如图 4 - 85 所示。

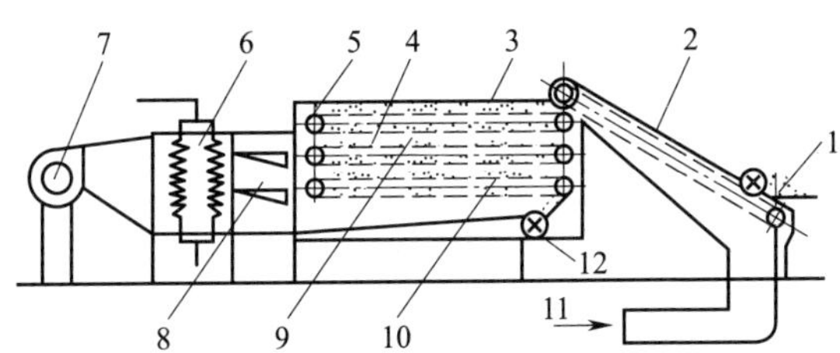

图4-83　多层带式干燥机示意图

1—进料口　2—送料输送带　3—第一组链板输送带
4—第二组链板输送带　5—翻板　6—换热器　7—风机　8—分层进风柜
9—干燥室　10—第三组链板输送带　11—回收废气进口　12—卸料口

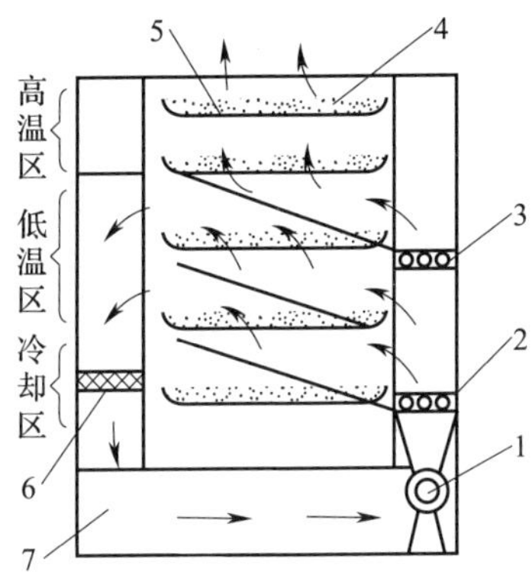

图4-84　多层带式穿流干燥机热风流程图

1—风机　2—低温加热区　3—高温加热区
4—物料　5—网状输送带　6—过滤器　7—废气循环通道

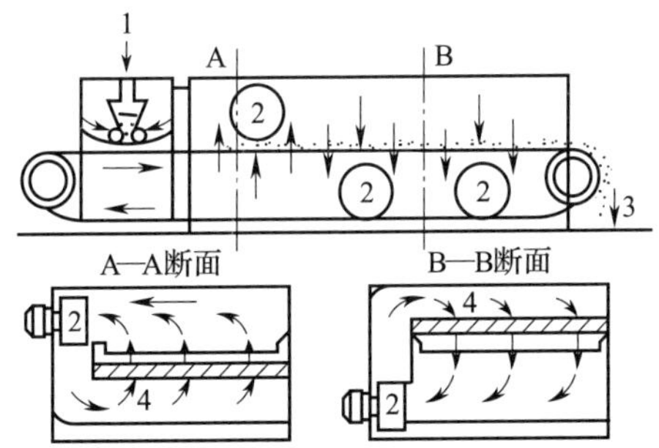

图4-85　单级穿流带式干燥机热风流向示意图

1—进料口　2—风机　3—出料口　4—加热器

（三）多级穿流带式干燥机

多级穿流带式干燥机由多个输送带、多个空气加热器、多台台风机、冷却器、传动变速装置等组成，可分段控制温度和干燥区间，干燥后也可分段冷却的大型带式干燥机。如图 4－86 所示。

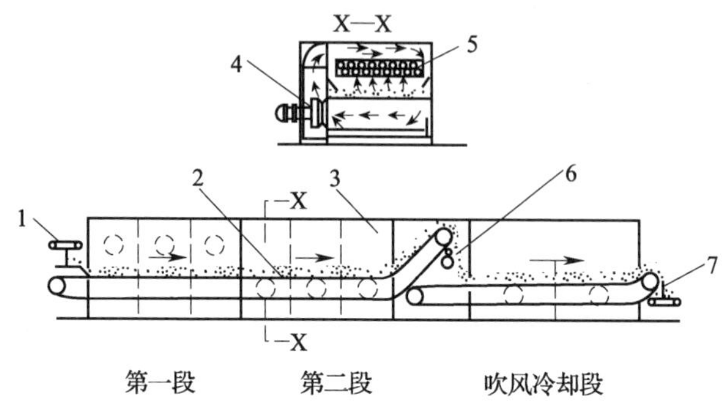

图 4－86　多级穿流带式干燥机

1—振动进料分布器　2—输送带　3—干燥室　4—风机　5—加热器　6—拨料器　7—卸料口

它用于制作各种脱水蔬菜、葡萄干、麦片、酵母等产品。优缺点是：

（1）物料在干燥过程中，不受振动或冲击，不损伤，粉尘飞扬少。

（2）物料在带间转移时，得到松动和翻转，使物料的蒸发表面积增大，改善通气性和干燥均匀性。

（3）干燥区的数目较多，每一区的热风流量、流向、温度和湿度均可控制，能符合物料干燥工艺的要求。

（4）结构较复杂，设备费用高。

（5）设备的进出料口，密封不严，易产生漏气。

七、气流干燥机

（一）气流干燥机的特征

1. 干燥强度大

干燥强度大，容积换热系数平均值为 8.36～25.08MJ/（m^2·h·℃）。

2. 干燥时间短、物料温度低

干燥管长为 10～20m，物料的干燥时间为 0.5～2s。干燥管的进风温度为 134～144℃，物料在干燥管出口的温度为 55～70℃。

3. 结构简单

结构简单、处理量大。除干燥管外，只需风机、热源、加料器及产品回收装置等，设备投资费用较少。占地面积较小。

4. 适应性

要求被干燥物料的颗粒粒径在 0.5 ~0.7mm 以下。对块、膏糊状湿物料，需先进行粉碎再气流干燥。对产品的水分要求在 3% 以下或要求保持结晶形状、光泽，易黏附于干燥管的物料不适用。

5. 动力消耗大

由于使用较高速气流，需选用高、中压离心风机，动力消耗较大。

(二) 气流干燥机的类型和性能

1. 单级气流干流机

它属于直管式小型生产设备，多用于制作淀粉，按含水率为 13.5% 的成品计，生产率为 0.2 ~0.5t/h；采用蒸汽加热的翅片式空气预热器，蒸汽压为 5 ~7kg/cm^2；干燥管的高为 7 ~12m，管径为 30 ~40cm，管内风速为 20m/s，如图 4 -87 所示。

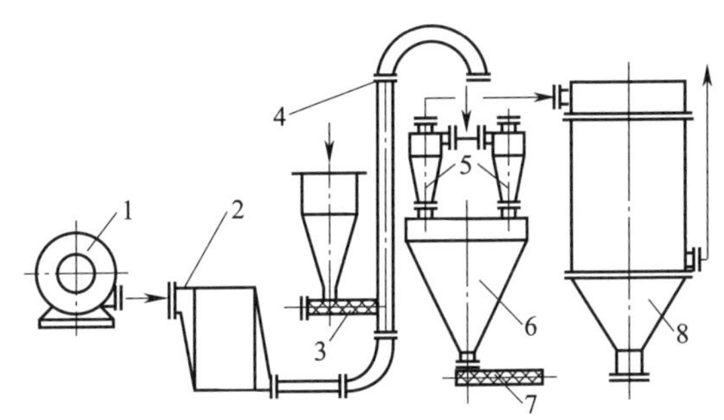

图 4 -87　单级气流干燥机示意图

1—鼓风机　2—翅片加热器　3—螺旋加料器
4—干燥管　5—旋风分离器　6—贮料斗　7—螺旋出料器　8—布袋过滤器

2. 两级气流干燥机

该机是直管中型生产设备。用于制作淀粉，按含水率为 13.5% 的成品计，生产率为 1.2 ~3.2t/h。采用二级干燥管可以节约热能，降低管的高度。其蒸汽压力、风温、风速、管径等与一级干燥机基本相同，如图 4 -88 所示。

(三) 操作和维护

1. 进料的含水率

进料的含水率需低于 40%，防止杂物混入加料器、风机和管道内。

2. 开车前检查

开车前应检查风机、管道和加料器等设备安装是否完善可靠及其润滑情况。

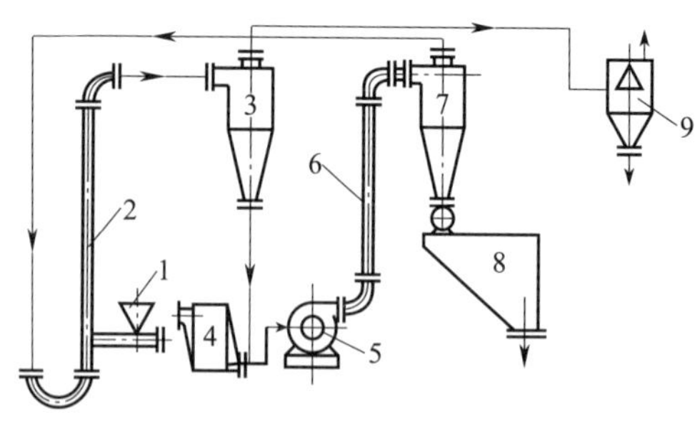

图4-88 两级气流干燥机示意图

1—螺旋加料器 2——一级气流干燥管 3、7—旋风分离器
4—空气加热器 5—鼓风机 6—二级气流干燥管 8—振动筛 9—湿式捕集器

3. 手控操作时，开车的次序

(1) 开启蒸汽间至规定汽压。

(2) 风机（如为两级干燥先开第二级风机，后开第一级风机）。

(3) 螺旋进料器（控制方法按规定操作）。

(4) 停车时次序则相反。

4. 查看干燥管

干燥管一侧有检查孔，每班应检查一次，有无积粉、堵塞等情况。

5. 定期检查

定期更换或清洗空气滤清网、润滑传动部件、检查滚子链的松紧程度。

6. 检修

工作半年至一年检修一次，更换磨损零件。

八、喷雾干燥机

（一）喷雾干燥机的工作原理

喷雾干燥利用雾化器将溶液、乳浊液、悬浊液或膏状料液分化成细小的雾状液滴，在其下落过程中，与热气体（空气、氮气或过热蒸汽等）接触，进行热交换，瞬间将大部分水分除去而成为粉末状或细小颗粒状的产品操作过程，即称为喷雾干燥。喷雾干燥在食品工业上应用广泛，尤其是一些天然成分粉末状产品的制备，更是离不开喷雾干燥，如乳粉、蛋粉、骨汤粉、老汤粉、果汁粉、速溶茶、速溶咖啡、骨肉提取物以及一些微胶囊制品等的生产。

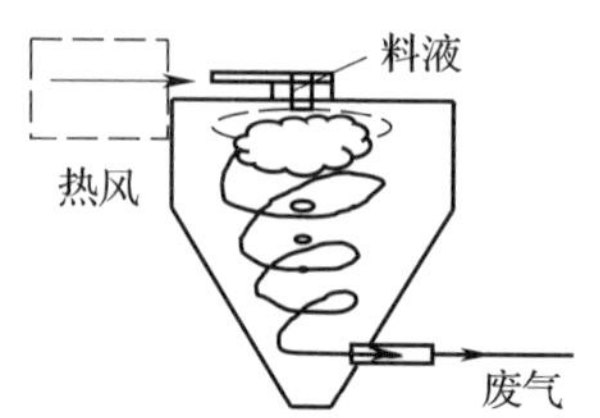

图4-89 喷雾干燥机的基本工作原理

喷雾干燥机的基本工作原理如图4-89所示。

由喷雾干燥机的干燥室顶部引入热风，同时料液也由顶部引入，料液经过雾化器雾化成细小的雾滴，由于雾滴具有极大的表面积，与热空气接触后，物料的水分被瞬间蒸发，雾滴成为细小而有间隙的粉粒从干燥室的底部卸料口经卸料装置排出。热风吸收水蒸气后温度降低，湿度增大，作为废气由引风机从干燥室下侧抽出，废气中夹带的微粉，经分离回收装置回收，即完成了一个干燥过程。当然，这种过程是连续的，该类设备在骨肉提取物干燥中应用最多。

（二）喷雾干燥机的主要结构

喷雾干燥设备主要包括原料液供给系统、空气加热系统、干燥系统、气固分离系统、控制系统及冷却系统。

其中，供料系统一般由储存罐、过滤器、供料泵（可分为普通供料泵和压力供料泵两种）组成。料液经由泵通过管道直接输送到雾化器。

空气加热系统用于为干燥器输送干燥热空气，包括空气过滤器、加热器、风机及其管道。一般的送风系统的风机功率要小于引风系统的功率，以便使干燥室内形成一定的负压。

气固分离系统主要要求将废气排出干燥室外，以排除水蒸气降低加热室内的温度，避免物料长时间加热而产生质变。同时将废气中所带出的微细粉末产品有效的分离和回收。以保证喷雾干燥能获得最大产量和防止粉尘污染。它主要由旋风分离器、引风机、排风管以及布袋除尘装置等组成。

控制系统即整套干燥设备的电器控制系统，可以设定及控制雾化器转速、进料速度、热风进口温度、出口温度、塔内温度、塔内压力等技术参数的可控系统。

冷却系统一般用于热敏物料的冷却。它属于辅助系统，可根据物料的性质来决定是否选用此系统。

干燥系统是喷雾干燥设备的关键，包括雾化器、干燥室等。雾化器使料液雾化成雾滴，是分化喷雾方式的主要部件。干燥室是料液与空气进行热交换的重要场所，也是喷雾干燥设备分类的重要依据，如箱式干燥机和塔式干燥机的名称由来即以其外形来定的。

雾化器是喷雾干燥设备的关键部件，雾化后液滴的大小和均匀程度，对产品的品质有重要影响。雾滴平均直径为20～60μm，在这个尺寸下，一般都能达到产品干燥度的要求，不至于过湿或过干。雾化器可分为压力式、离心式和气流式三种。每一种雾化器又有不同的结构形式，可以处理不同性质的物料，生产出不同性状的产品，可满足不同性质产品的需求。

1. 压力式雾化器

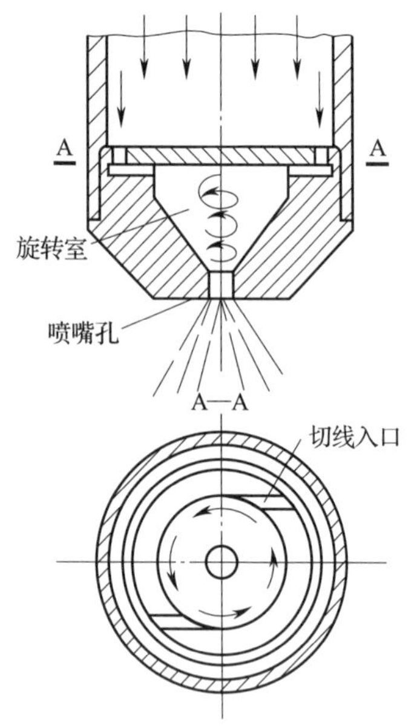

图 4-90　料液在雾化器内的流动示意图

压力式雾化器即压力喷嘴。液体在高压泵高压的作用下通过喷嘴时，因喷嘴的结构，液体雾化可形成旋转运动，最后经喷嘴孔高速喷出而被雾化成微细液滴。为使料液更好的被雾化，提高制品的质量，在实际应用中，一般会将压力喷嘴设计成能旋转喷出物料的结构，以利于雾化。图 4-90 是压力式雾化器的流动雾化示意图。

物料通过高压泵，在 2～20MPa 下，从切线入口进入旋涡室获得强烈的旋转运动，在喷嘴中央形成一股旋转气流，料液离开喷嘴后，形成绕旋转中心旋转的环形液膜，液膜伸长变薄，最后分化为小雾滴。料液的雾化程度取决于喷嘴的结构、溶液流出的速度和溶液本身的物理性质（表面张力、黏度、密度）等。

因促使液体形成旋转运动的喷嘴结构不同，压力喷嘴又分为很多种，以有旋转形和离心形最为常见。旋转型：中空，无芯，喷嘴内设有旋转室，容量较大。如图 4-91（1）所示，料液在压力作用下经由旋转室切向导入口导入，由喷嘴孔喷出。而如图 4-91（1）所示为通常所称的“M”型喷嘴，旋转室有螺线型水平沟槽，料液引入方向与料液旋转方向垂直。离心型：有芯，料液斜向或螺旋形导入，由喷嘴孔处喷出。如图 4-91（2）所示。

压力式雾化器适于黏度较低、无明显颗粒的物料，因其物料输送工具高压泵具有很好的均质效果，所以，对于需要微胶囊包埋的加香类物料尤其适用。

压力雾化器的优点是结构简单、制造成本低、维修、更换方便；改变喷嘴的内部结构，可获得不同的雾化效果；相对于离心式雾化器，其需要的塔体较小。

压力雾化器的缺点是喷嘴孔径很小、易堵塞、磨损，需经常更换；操作弹性小，生产过程中流量及操作压力不好单独挑接，否则影响雾化质量；产量调节范围窄。

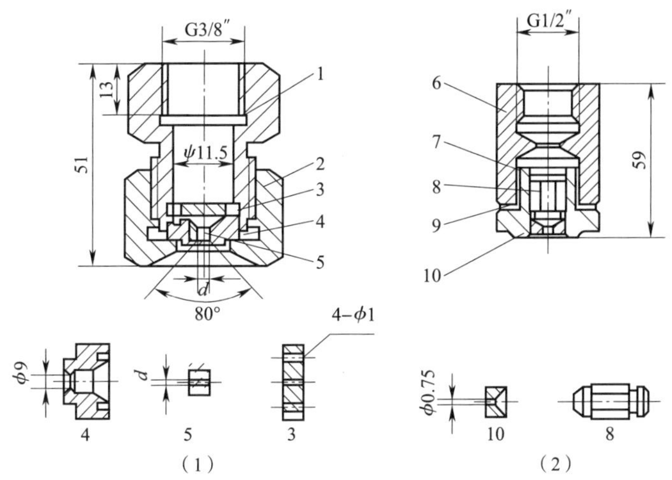

图4－91　喷嘴结构图（A. M型 B. S型）

1—管接头　2—螺帽　3—孔板　4—喷头座

5—喷头　6—管接头　7—喷头座　8—芯子　9—垫片　10—喷头

2. 离心式雾化器

离心式雾化器，如图4－92所示。由电机、摩擦离合器、变速齿轮、主轴，分配器、离心盘及冷却装置组成。

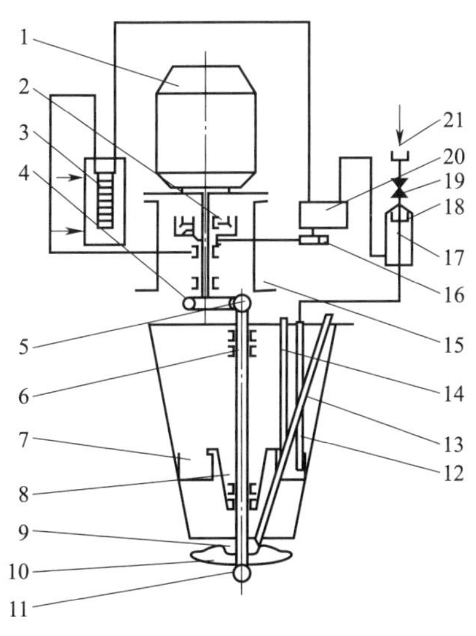

图4－92　离心式喷雾机结构图

1—电动机　2—摩擦离合器　3—冷却器　4—大齿轮

5—小齿轮　6—主轴　7—油槽　8—回油器　9—分配器　10—离心盘

11—盖型螺母　12—吸油管　13—进料管　14—油标尺插入管　15—透气塞

16—油泵皮带轮　17—充油器吸油管　18—过滤网　19—旋塞　20—油泵　21—油杯

离心式雾化器的工作原理是物料通过自流或压力不太高的定量泵，进入高速旋转的离心盘，靠离心盘高速旋转产生的巨大离心力，将物料由离心盘边缘的小孔甩出离心盘，完成雾化，如图4－93所示。由于离心式雾化器适用范围广且喷射速度高、调节方便、不受物料黏度的影响，因而应用十分广泛。骨肉提取物、骨汤粉、高汤粉及各种肉类纯粉等新型调味料的干燥多使用此类雾化器，如图4－91所示。

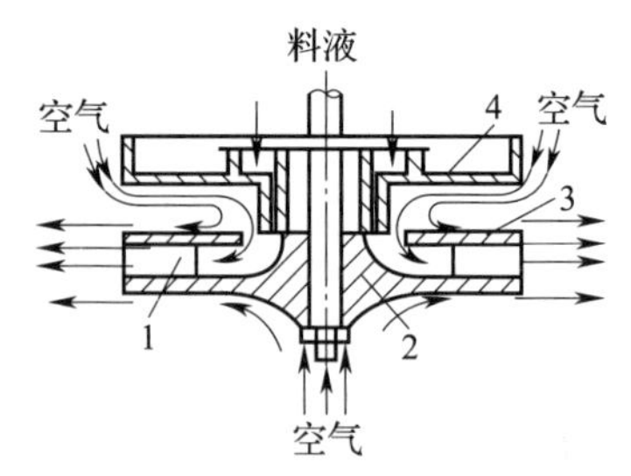

图4－93　离心雾化器工作原理图

1—叶片　2—盘壳体　3—盘顶盖　4—罩

当料液被送至高速旋转的离心盘上后，在自身惯性、离心力和重力的作用下得到加速而分离雾化，其中，离心力远大于重力的，称为离心雾化；液体和周围空气的接触面产生的摩擦力形成液滴的，称为速度雾化。这两种雾化同时存在，随着料液量和雾化器转速的增大，会顺序发生直接分裂成液滴、丝状割裂成液滴和膜状分裂成液滴三种雾化形式。

离心式雾化器产生的液滴的大小和喷雾的均匀性，主要取决于旋转圆盘的圆周速度和液膜的厚度。液膜的厚度则与料液的物理性质（表面张力、黏度、密度等）和喷雾量有关。圆盘的圆周速度小于50m/s时，喷雾的不均匀性随圆盘转速的增加而减小，当圆盘的转速大于60m/s时，就能克服喷雾的不均匀性。然而，要得到均匀的液滴，除了雾化器的转速要足够高外，还需同时满足下列四个条件。

（1）雾化轮转动时无震动

（2）液体通道表面光滑

（3）料液在流体通道上能均匀分布

（4）进料速度均匀

由此可见，雾化器需要相当精密。另外，由于离心式雾化器的结构复杂、造价高，只适用于顺流立式喷雾干燥器。

离心式雾化盘按结构可分为光滑盘和叶片盘两大类。

光滑盘离心雾化器的流体通道表面为光滑结构，没有限制流体流动的结构，如图4－94（1）所示为碟式离心盘。这种离心盘的结构简单，具有较长的湿润周边，利于雾化，但料液难以获得较大的离心力，影响雾化效果，因而用途不是很广。其他类似的还有平板型、碗型和杯型。

叶片盘与光滑盘不同，这种盘的料液被限制在矩形、螺旋形或圆管形通道内流动，料液的切向速度接近于圆周转速，雾化效果好，如图4－94（2）（3）（4）所示。这类离心盘的特点是在离轴中心一定距离的盘盖和圆盘间设置有矩形、螺旋形或圆管形的叶片，形成沟槽，用于防止料液的滑动，同时增加湿润面的周边，使液膜沿沟槽的垂直面移动，并借助沟槽的深度来提高喷雾能力，并使喷雾的粒度更加均匀。而图 4 – 94（4）所示的盘型则是在不增加圆盘直径且喷距相同的情况下增加喷雾量的一种设计，适合生产能力较大的场合。

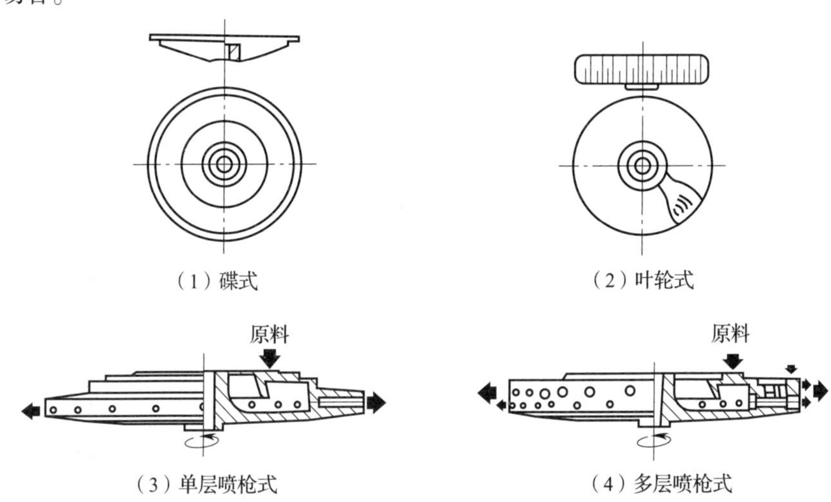

图 4 – 94　各种形式的离心转盘

离心雾化器的优点是液料通道大，不易堵塞；对液料的适应性强，高黏度、高浓度的液料均可；操作弹性大，进液量变化 ±25% 时，对产品质量无大影响；喷雾易调节，雾滴均匀易控制。

缺点是结构复杂、造价高；动力消耗比压力式大；只适于顺流立式喷雾干燥设备。

3．气流式雾化器

气流式雾化器又称二流体雾化器，它是利用蒸汽或压缩空气的高速运动（一般为 200 ~ 300m/s）使料液在出口处相遇而产生液膜分裂而雾化。由于料液速度不大而气流速度很高，两种流体存在着极高的相对速度，液膜因此被拉成丝状，然后分裂成为细小的雾滴。雾滴的大小取决于相对速度和料液的速度。相对速度越高，雾滴越细；黏度越大，雾滴则越大。增加气液的重量比，可得到均匀的雾滴。在一定的范围内，液体出口越大，雾滴也越大。液滴的直径还随气体黏度的减小或气体比重的增加而减小。

气流式雾化器喷嘴结构简单，磨损小，对于物料的适应性广，一般含有少量颗粒杂质的物料也能实现雾化。但动力消耗较大，是离心雾化器的 5 ~ 8 倍。

4. 三种雾化器的性能比较

三种雾化器的性能比较，如表4－11所示。

表4－11　三种雾化器的性能比较表

型式	优点	缺点
压力式	1. 结构简单、紧凑、价格便宜 2. 能量消耗低 3. 产品的颗粒粗大 4. 可多个联用于大型干燥塔	1. 操作参数弹性很小 2. 喷嘴易磨损 3. 需配供料高压泵 4. 料液必须预先过滤 5. 物料适用范围较小，不适于高黏度物料
离心式	1. 操作简单，对物料的适应性强 2. 可以雾化不同料液 3. 能量消耗最低 4. 不易堵塞，腐蚀性小 5. 产品粒度较均匀	1. 不适于热风的逆流操作 2. 雾化器及传动部件的造价较高 3. 不适于卧式干燥器 4. 成品颗粒粒度有上限 5. 维护工作较复杂
气流式	1. 能处理黏度较高的物料 2. 可得20μm以下的雾滴 3. 可多个联用于大型干燥器 4. 也可适用于小型设备或实验设备	1. 能量消耗大，50～60kW/t溶液 2. 产品粒度均匀性差

5. 雾化器的选择标准

雾化器的选择标准，如表4－12所示。

表4－12　雾化器的选择标准表

雾化器	项目	压力式	离心式	气流式
干燥室	并流型	适合	适合	适合
	逆流型	适合	不适合	适合
	混合流型	适合	不适合	适合
料液性质	低黏度	适合	适合	适合
	高黏度	不适合	适合	适合
	不磨耗料	适合	适合	适合
	一般磨耗料	适合	适合	适合
	高磨耗料	不适合	适合	不适合
	可泵送糊状物	适合	适合	适合
供料速度	＜3m/h	适合	适合	适合
	＞3m/h	有条件	适合	有条件
平均雾滴直径	30～120μm	不适合	适合	适合
	120～250μm	适合	不适合	不适合

资料来源：摘自崔建云《食品加工机械与设备》（中国轻工业出版社）。

（三）喷雾干燥的主体设备——干燥室

喷雾干燥的主体设备干燥室，即通常所说的塔体。它是物料雾化后的雾滴与干燥介质（热空气）进行热交换，从而达到干燥要求的场所。其内部安装有雾化器、热风分配器及出料装置等，有的内部还装有自动清扫器和 CIP 自动清洗器，并开有进出气口、出料口、人孔、灯孔、视孔等。

1. 干燥室的结构和类型

喷雾干燥室分为箱式和塔式两大类。箱式干燥即水平方向的压力喷雾干燥，由于箱式干燥在操作上、物料应用范围上的限制以及最终产品性能上的缺陷，不适用于产品种类较多和大批量产品的生产场合。现在一般都不再采用此种干燥方式了，应用最多的是塔式干燥室。

塔式干燥室即通常所说的干燥塔。比较典型的是上部圆柱体，下部圆锥体塔体结构类型，也有斜底和平底的样式。但不管是什么底，底部都会配备出料口，以方便卸料。

对于吸湿性较强且有热塑性、经常造成干粉黏壁现象，且不易回收的物料，就要采取冷却塔壁的方式，方可避免黏壁现象的发生和物料的有效回收。常用冷却塔壁的方式有两种：一是由塔的圆柱体下部切线方向旋转进入经过除湿的冷空气，扫过圆柱体下部至整个圆锥体，通过冷空气冷却塔壁及接触塔壁的物料，同时可以清扫塔壁；二是在塔体的圆柱体和锥形塔底设置夹套。冷空气由圆柱体上部夹套进入，由锥形夹套底部排出。

还有一种塔内冷却方式，这种冷却方式的特点是冷空气由锥形底底部进入，然后旋转上升，使物料在出口处形成逆流冷却。这种冷却方式更适合热敏性物料和低熔点物料的干燥。

最后，干燥室足够大的直径，可以避免黏壁现象的发生。当然，干燥室的直径也不是越大越好，以喷出的雾滴不会碰壁为最佳。

2. 干燥室内热空气与物料的流动方式

喷雾干燥室内热空气与物料（即雾滴）的流动方式直接关系到产品的质量及其他操作问题。在现行的喷雾干燥设备中，热空气和物料的流动方式可分为并流、逆流和混合流三类。其中，并流又分为向下并流、向上并流、水平并流三种。目前，骨汤粉、调味料、乳粉、蛋粉等食品生产中，大部分采用向下并流操作，少见向上并流，水平并流则应用于箱式干燥器，目前也较少见。

向下并流即喷嘴和热风进口都安装于塔体顶部，雾滴喷出之后首先与热风在温度最高的区域接触，大量吸收高温空气的热量，而使水分迅速蒸发，空气温度也急剧下降，当物料颗粒运动到塔的下部时，产品已干燥完毕，此时，空气温度也已降到最低值，从出料口出料即可。

逆流操作即热风从塔底进入，由塔顶排出，而料液从塔顶向下喷出，产品由塔底引出。形成物料和热风的逆向运动。逆流操作的特点是热利用率较高，有利于物料的彻底干燥，因物料出口处温度太高，不适于热敏物料的干燥。

混合流是既有逆流又有并流的操作，由于设计、操作较为复杂，食品行业也较少使用。

3. 热风分配器

热风分配器使热风和雾滴充分均匀混合以及有效接触，防止热气流在塔内形成涡流，迫使热风在塔内按需要做直线或螺旋线状流动，以避免或减少物料黏壁的情况。热风分配器有直流型和螺旋型两种。

直流型热风分配器形成的热风呈与干燥塔轴线平行的直线流动，热风流动速度均匀，所用热风分配器一般为平面孔板和直导板结构，开孔率为20%～40%，气流速度在0.4m/s以下。这种热风气流可以减少物料黏壁现象的发生，但为保证物料的干燥程度，要求干燥塔有较高的高度。

螺旋型热风分配器形成的热风呈螺旋状流动，可使物料的干燥时间延长，干燥塔的高度较低。热风可从干燥塔的侧壁切向引入，使其自然形成螺旋状流动；也可经塔顶的螺旋型热风分配器引入。在离心喷雾中大多数采用设置于塔顶的螺旋型热风分配器，使热风以及雾滴呈螺旋线流动。

4. 喷雾干燥的附属装置

喷雾干燥设备中还有一些必须的附属装置和系统，来协助主体设备完成整个喷雾干燥的生产过程，这些附属设施包括卸料装置、气粉分离系统、塔壁振荡器、介质加热系统、输送系统等。

(1) 卸料装置　卸料装置是在不影响正常喷雾工作的前提下，可以连续或间歇地将干燥成品移出或协助移出塔体外的一些装置。这些装置一般都具有阀门的性质。有手动的，也有靠机械转动的，还有靠气流带动的等。不过，无论何种出料方式，以方便出料且不浪费为准则。

① 间歇卸料阀。间歇卸料阀主要有手动蝶形阀、手动滑阀和自动衡重阀，适用于中小型喷雾干燥设备。手动蝶形阀为较大型的蝶阀，卸料时靠手柄扳动使阀内的蝶形装置倾斜，使产品滑落；手动滑阀相当于一个圆形板堵在下料口，需要卸料时推动圆板上的把手，圆板滑出下料口后，使粉状产品失去依托，而下落到盛料器中；自动衡重阀为阀上部粉状产品堆积到一定重量后自动打开阀门使其滑落的装置。

② 鼓形旋转阀。鼓形旋转阀是在卸料口出装有如图4－95所示的靠小型电机带动的能旋转

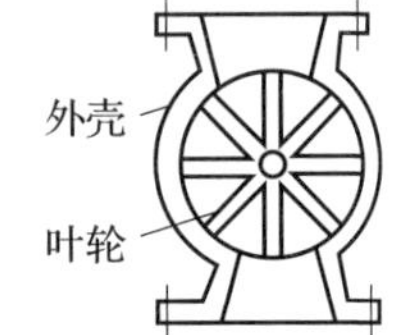

图4－95　鼓形旋转阀示意图

的叶轮，正常工作时启动电机中间的叶轮使其缓慢转动，产品即可在叶轮的转动下被带到下部出口。此种装置的缺点，是会使外部空气串入塔内，造成下落的粉体被空气带回塔内而影响产品的质量，卸料时也不够顺畅。

③ 涡漩气封阀。涡漩气封阀一般与旋风分离器配合用于废气中细粉的回收。其工作原理如图4－96所示。废气夹带着粉尘由2进入旋风分离器，在重力的作用下，粉尘颗粒沉降到分离器1底部的涡旋阀，废气经上部排气管4排出；经过滤后的洁净空气8由涡漩阀上部的空气进口管6沿切线方式进入涡漩阀7，使其在涡漩阀内形成中间具有一定真空度的漩涡，将旋风分离器沉降下来的粉尘颗粒旋转前进，不至于再返回旋风分离器，而是由涡漩阀下部的出料管5随空气带走，完成一个涡漩气封过程，此过程是连续的，不需要人工间歇卸料。

（2）气粉分离系统　气粉分离装置有布袋过滤器、旋风分离器和湿式除尘器三种，布袋过滤器和旋风分离器用于细粉的回收，如图4－96、图4－97所示，湿式除尘器主要用于超细粉尘的回收，以防止废气排出后污染空气而设计，它是将废气引入水中，经水吸附粉尘颗粒后再将废气排入大气的。一般附于前两者之后。

（3）塔壁振荡器　塔壁振荡器是为了减少粉尘黏壁而附加在塔壁上的能使塔壁产生敲击或震动作用的设施，一般喷雾干燥设备上都有配备。塔壁振荡器可手动控制，也可自动定时控制。有空气击振器和电锤两种。

空气击振器利用压缩空气推动柱塞产生敲击和振荡，作用力的大小由柱塞直径和空气压力决定，其结构如图4－98所示。

电锤则由振动体，橡胶共振弹簧，磁铁底板电磁线组成。它是靠电流形成的磁性使振动体产生振动，从而振动到塔壁。

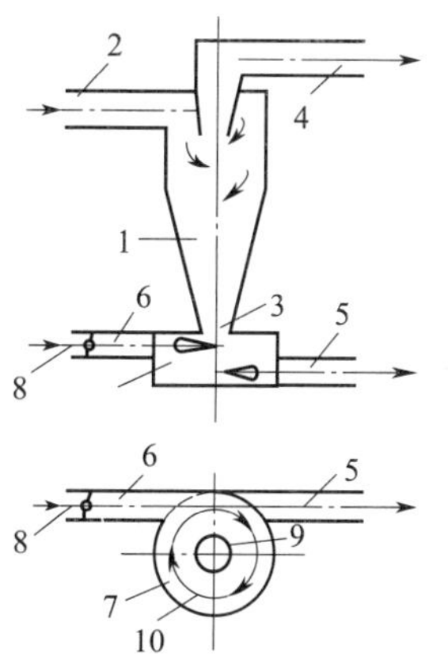

图4－96　涡漩气封阀与旋风分离器

1—旋风分离器锥体部分　2—废气到旋风分离器的进口
3—锥体下料出口处　4—废气排入大气
5—落下粉尘被空气带走　6—过滤后空气进口管
7—涡漩气封阀主体圆筒
8—具有一定温度一定压力的过滤后空气
9—处于负压下的漩涡中心　10—在气封阀内空气旋转前进

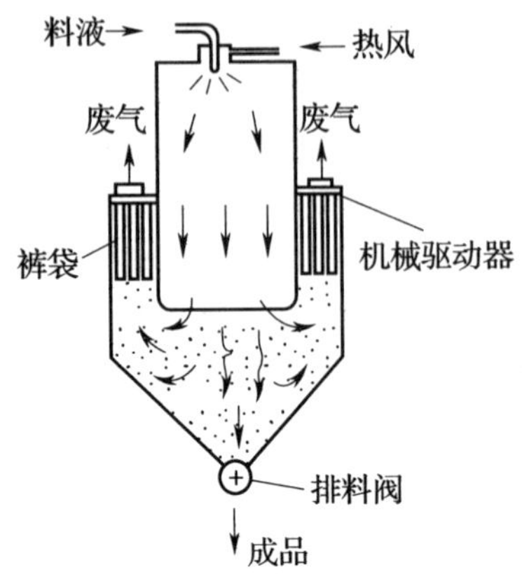

图 4-97　干燥塔内的布袋过滤器一般布置

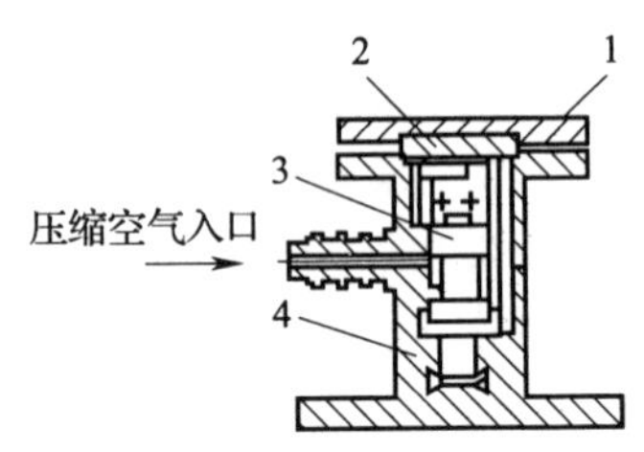

图 4-98　空气击振器

1—压盖　2—垫板　3—柱塞　4—壳体

(四) 喷雾干燥的优缺点

1. 优点

(1) 干燥过程非常迅速，干燥过程中物料的温度低，产品质量好，适于处理热敏性物料。料液经雾化器雾化成极细小的雾滴微粒（直径 10～200μm）后，与高温热空气接触的瞬间，就可蒸发 95%～98% 的水分，完成整个干燥时间仅需 5～40s。虽然喷雾干燥使用的热风温度范围广（一般食品行业的温度范围在 80～300℃），但即使采用较高的热风温度，物料的温度一般都不会超过周围热空气的湿球温度（50～60℃），从而避免了物料的高温质变。

(2) 生产过程简单，操作控制方便。喷雾干燥通常用于处理含水量在 40%～70% 的溶液，特殊物料即使含水量高达 90%，也可以不经过浓缩，一次性干燥成粉末。大部分浆状原料可直接干燥成粉粒状产品。采用喷雾干燥后，通常不需要再进行粉碎、分级等操作，可直接制成粉末产品，简化了工序，节省了设备。

(3) 制品的溶解性和流动性好，且可以满足对产品的各种要求。雾滴与热风接触，水分蒸发极快，可以形成中空球状或疏松团粒状的粉体，制品有良好的冲调性和流动性。另外，可增加某些措施或运用操作上的灵活性，能制成不同形状（球形、粉末、疏松团粒）、性质（流动性、速溶性）和各种色香味的产品。

(4) 容易改变操作条件，控制或调节产品的质量指标、改变原料的浓度、热风温度等喷雾条件，可获得不同水分和粒度的产品。

(5) 制品纯度高，不易污染。喷雾干燥完全在封闭状态下进行，不易混入杂质，易保证生产卫生条件。

（6）可连续作业，处理量大。目前国内中小乳粉厂，喷雾干燥设备的蒸发量为 50～500kg/h。大、中型乳粉生产厂，每小时可处理 1000～5000kg 鲜乳。

2. 缺点

（1）整套设备（如干燥室）及附属设备（如微粉分离设备、冷却系统等）设施较庞大，投资费用、动力和热能消耗均较大。

（2）因设备庞大，卫生条件要求高，设备的清理清洗工作量大。

（3）设备的热效率较低（一般为 30%～40%），热消耗较大，动力消耗较大。

（五）物料对喷雾干燥机的一般技术要求

（1）物料在干燥过程中，凡与物料相接触的设备部位，必须便于清洗灭菌。

（2）应采取措施防止焦粉，避免热空气产生逆流，满足工艺要求。

（3）要保证热风洁净，避免外部和设备内部的异物包括检查风管和加热器中是否有铁锈或渗漏保温材料混入产品。

（4）为了提高产品的溶解度及速溶性，干燥后的产品，应能够迅速从干燥室连续排出，经冷却后包装。

（5）排风温度不允许超过要求，以保证产品质量和安全。

（6）为提高干燥室的热效率。要保证喷雾时被干燥的料液和热空气均匀接触，加热器、干燥室和热风管，需隔热保温。

（7）对黏性物料，应采取措施尽量减少黏壁现象。

（六）典型喷雾干燥机的工作流程

喷雾干燥设备除了一些主要配置外，还需要其他附属设施的有效配合，才能更好地完成喷雾干燥工作。下面就一些典型型号的喷雾干燥机在骨肉提取物生产应用中的工作流程做一些简单介绍，以供参考。

1. 箱式平底型喷雾干燥机

由空气过滤器、进风机、空气加热器、高压喷雾器（喷嘴）、干燥室、布袋过滤器、排风机等组成。干燥室为平底箱式结构，进风口和雾化器位于箱体一端的中上部，为水平并流操作。经空气过滤器过滤后的洁净空气由进风机送入空气加热器加热后，在热风分配器内分成多股均匀气流，进入干燥箱，当与从喷嘴中喷出的分散成雾滴的骨肉提取物料液接触时，骨肉提取物被加热干燥，粉状骨肉提取物落入箱底，间歇由人工进行清扫出粉。废气则经过布袋过滤器回收夹带的粉尘后经风机排入大气，如图 4－99 所示。

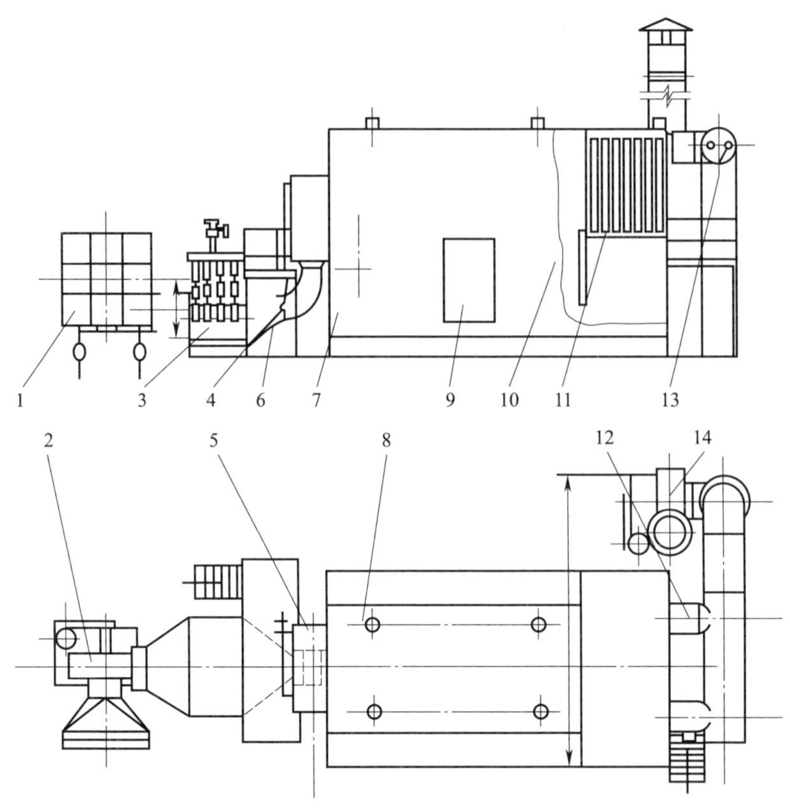

图 4－99　箱式平底型喷雾干燥机

1—空气过滤器　2—进风机　3—空气加热器　4—进风管
5—热风分配器　6—高压进料管　7—干燥室　8—灯孔　9—门
10—窥视镜　11—布袋过滤器　12—排风蝶阀　13—排风管　14—排风机

这种设备的特点是整个干燥过程在密闭的状态下进行，需要出料时，须停机出料，室内具有一定的负压，既保证生产卫生条件，又可避免粉尘外逸。结构简单，造价低廉，采用平底，有利于人工进入及清理，但出粉比较困难。除用于骨肉提取物的间歇性喷雾干燥外，尚可适用于乳制品及其他热敏性物料的喷雾干燥。但不适于较大规模的生产。

2. 带冷却器的塔式压力喷雾干燥机

带冷却器的塔式喷雾干燥机主要由高压泵、蒸汽加热的空气预热器、干燥室、旋风分离器、除尘器和冷却装置等组成。浓缩骨肉提取物液料从贮料罐通过高压泵和雾化器喷入干燥室。洁净空气经两侧的蒸汽间接加热，形成热风也送入干燥室，与雾化器喷出的骨肉提取物充分混合，将骨肉提取物加热，骨肉提取物中的水分则迅速蒸发。大部分干燥成品由于重力的缘故经过干燥室落入下部的圆锥形分离室后，到达流式两段冷却器，遇到回转上升的除湿冷却气流，将骨肉提取物冷却至接近室温，然后从底部卸出。废气中挟带的粉末经旋风分离器后重新进入干燥室回收。废气则经除尘器除尘后排入大气。此类干燥工艺有利于脂肪的固化和乳糖类产品的结晶。同时，此类塔形和工艺也适用于离心式喷雾干燥。如图 4－100 所示。

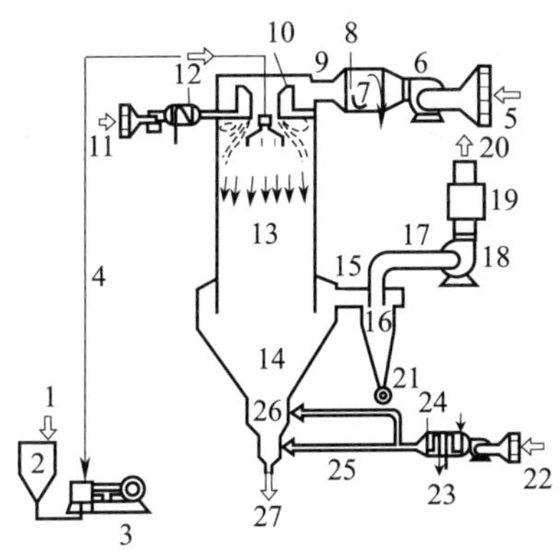

图 4－100　带冷却器的塔式喷雾干燥机

1—浓缩液　2—贮料罐　3—高压泵　4—输料管
5、11—空气　6—风机　7—空气预热器　8、12、24—蒸汽
9—热风管　10—热风分配器　13—干燥室　14—分离室　15—废气排出管道
16—旋风分离器　17—排气管　18—引风机　19—除尘器　20—出风口
21—涡漩气封阀　22—除湿洁净空气　23—冷水　25—冷风（管）　26—冷却室　27—成品

3. 丹麦“尼罗”离心喷雾干燥机

丹麦“尼罗”离心喷雾干燥机具有典型的代表性，多用于脱脂乳粉、大豆分离蛋白、麦乳精、骨肉提取物粉等要求速溶性好的产品。其整套系统如图 4－101 所示。

丹麦“尼罗”离心喷雾干燥机工作过程：浓缩骨肉提取物从物料平衡槽，经双联过滤器滤去物料中的杂质及颗粒物后，由螺杆泵泵至塔顶离心喷雾机，将骨肉提取物喷成雾状，与经蜗壳式热风盘送入的热空气进行热交换，被瞬时干燥成粉粒落入干燥塔下部锥体部分，由螺旋输送器输送到沸腾冷却床进一步干燥、冷却，再送至振动筛过筛后，落入粉箱被真空吸至贮粉罐中充氮贮存。

新鲜空气经空气过滤器过滤后，由鼓风机鼓入燃油热风炉加热，使温度提高到 220℃ 左右，输入蜗壳式热风分配盘均匀旋转进入干燥塔，与雾状浓缩物料热交换后，进入旋风分离器回收夹带的粉尘，废气则由排风机排入大气。

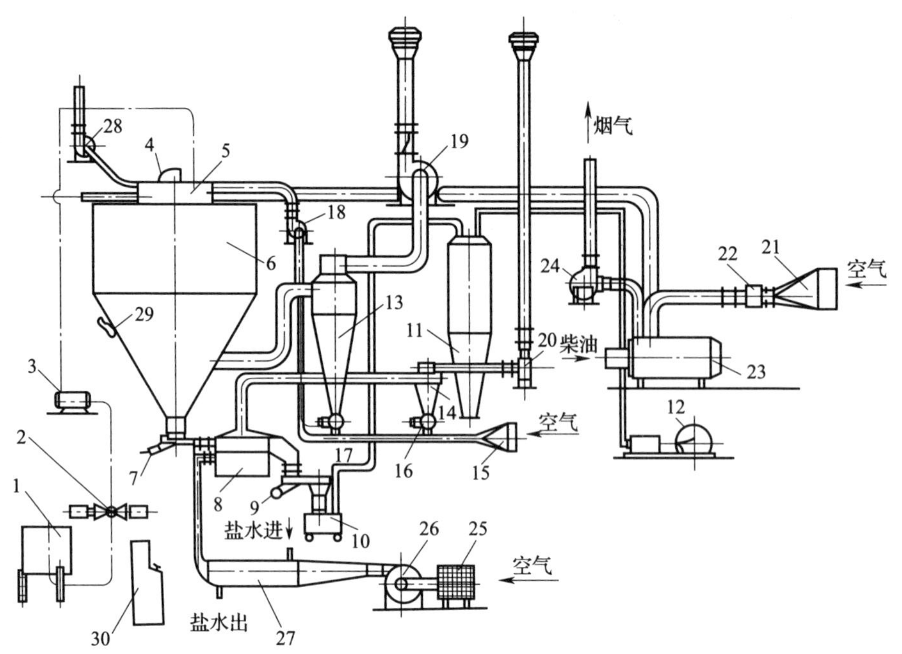

图 4-101　丹麦“尼罗”（Niro）离心喷雾干燥机

1—物料平衡槽　2—双联过滤器　3—螺杆泵
4—离心喷雾机　5—蜗壳式热风分配盘　6—干燥室　7—螺旋输送器
8—沸腾干燥（冷却）床　9—振动筛　10—粉箱　11—贮粉罐　12—真空泵
13、14—旋风分离器　15、21、25—空气过滤器　16、17—涡漩气封阀
18—细粉回收风机　19、20—排风机　22—燃油热风炉鼓风机　23—燃油炉　24—排烟风机
26—冷却风机　27—除湿冷却器　28—冷却风圈排风机　29—电磁振荡器　30—电器仪表控制柜

沸腾冷却床所用冷空气，先经空气过滤器过滤，由风机鼓入减湿冷却器降低其所含水分后进入沸腾冷却床。从干燥塔来的骨肉提取物粉粒在床上呈沸腾状态得到进一步的干燥和冷却，排出的废气由旋风分离器回收夹带的细粉后经排风机排入大气。

旋风分离器回收的骨肉提取物细粉，则又经空气管道被输送至干燥塔顶部，与雾状的物料聚合后被重新干燥，形成较大的颗粒粉。

丹麦“尼罗”离心喷雾干燥机最大特点就是产品可一次成型，不需要另行加工即可达到速溶性的要求，所生产产品颗粒大且均匀，单位体积质量小，速溶性好。但整个系统较复杂，附属设备多，投资额度大，需自动化控制才能显示其优越性。

九、流化床及喷动床干燥机

（一）流态化干燥的特征

1. 接触面积大，传热系数高

物料与热风的接触面积大，体积传热系数较高，一般在 8.36 ~ 25.08MJ/（m^2·h·℃）。

2. 容易调和控制

由于气固相对激烈地运动，热传递迅速，处理能力大；温度分布均匀，且易调和控制。

3. 水分低

物料受热时间的调节范围大，可使产品的最终水分达较低程度。

4. 设备结果简单

所用设备结构简单，造价低廉，运转稳定，操作维修方便。

5. 尤其适于颗粒物料的干燥

（二）流化床干燥机的类型、组成和特点

流化床干燥机按结构形式分为单层型、多层型、多室型、立式和卧式等。按附加装置分有带振动器和间接加热器的。按作业方式分为连续式和间歇式。以下只介绍两种常用的流化床干燥机。

1. 卧式多室型流化床干燥机

卧式多室型流化床干燥机由多孔板、风机、空气预热器、隔板、旋风分离器等组成。在多孔板上按一定间距设置隔板，构成多个干燥室，隔板间距可以调节。物料从加料口先进入第一室，借助于多孔板的位差，依次由隔板与多孔板间隙中顺序移动，最后从末室的出料口卸出。如图 4 - 102 所示。

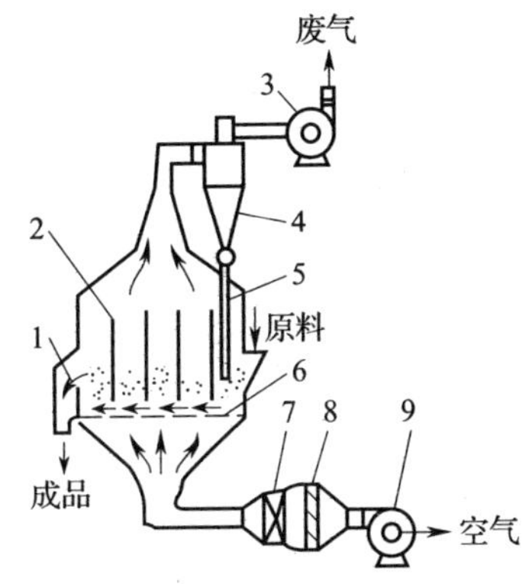

图 4 - 102　卧式多室型流化床干燥机结构与工作原理图

1—出料口　2—隔板
3—排风机　4—旋风分离器
5—循环下料管　6—多孔板
7—空气预热器　8—空气过滤器　9—鼓风机

空气加热后，统一或通过支管分别进入各干燥室，与物料接触进行干燥。夹带粉末的废气经旋风分离器，将分离出的物料重回入干燥室，并使净化的废气由顶部排出。

这种干燥机对物料的适应性较大。连续作用，生产能力大。因设有隔板，

可使物料均匀干燥；也可对不同干燥室，通入不同的风量和风温，最后一室的物料还可用冷风进行冷却；但热效率比多层流化床干燥机低，另外物料过湿易在前两个干燥室中产生结块，需注意清除。因此，不太适用于水分含量高的骨肉提取物的干燥工序。

2．振动流化床干燥机

振动流化床干燥机由振动给料器、振动流化床、风机、空气加热器、空气过滤器和旋风分离器等组成。流化床的机壳安装在弹簧上，可以通过电机使其振动。流化床的前半段为干燥段，空气用蒸汽加热后，从床底部进入床内，后半段为冷却段，空气经过滤器、用风机送入床内。工作时，物料从给料器进入流化床前端，通过振动和床下气流的作用，使物料以均匀的速度在滑床面上向前移动，同时进行干燥，然后冷却，最后卸出产品。带粉尘的气体，经旋风分离器回收物料并排出废气。根据需要整个床内可变成全送热风或全送冷风，以达到物料干燥或冷却的目的。制作速溶乳粉时，流化床可与喷雾干燥室的底部装置相接，串连作业，如图4－103、图4－104所示。

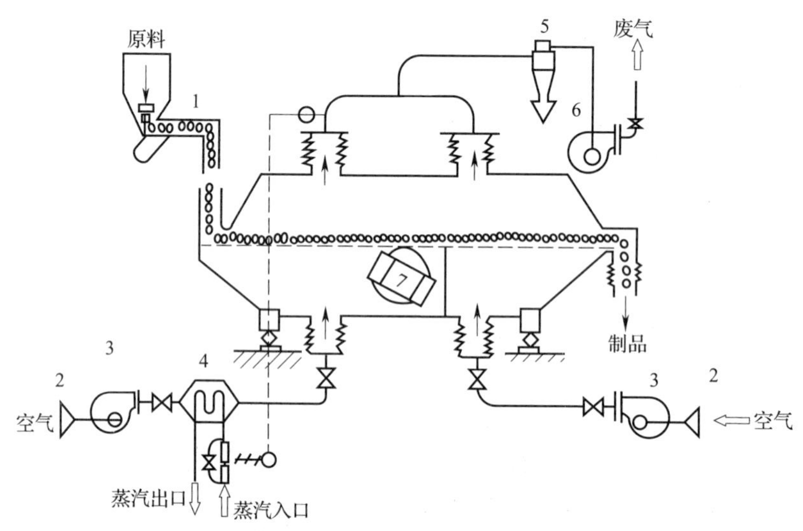

图4－103　振动流化床结构及工作原理图

1—振动给料器　2—空气过滤器　3—鼓风机　4—加热器　5—旋风分离器　6—引风机　7—振动电机

图4－104　振动流化床实物图

3. 喷动床干燥机

喷动床干燥机由喷动床、风机、空气加热器、旋风分离器等组成。喷动床下部为圆锥形，上部为圆筒形。工作时，湿物料由螺旋输料器进入喷动床内。空气经加热后，以较高速度从锥底吹入，冲开物料并夹带一部分物料向上运动，形成一个中央通道，物料的密度随运动的高度而增加，至床顶部从中心喷出，向四周散落，然后因重力向下移动，到锥底后又被上升气流喷射上去，如此循环喷动，达到干燥要求后，由底部放料阀卸出产品，再进行下一批湿物料干燥，属间歇性干燥设备，如图 4－105 所示。

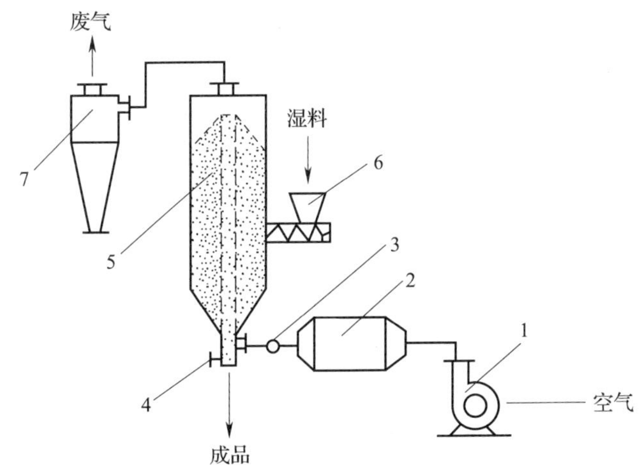

图 4－105　立式喷动干燥机结构及工作原理图

1—鼓风机　2—加热器　3—蝶阀　4—放料阀　5—喷动床　6—加料器　7—旋风分离器

十、真空干燥机

在常压下的各种加热干燥方法，因物料受热，其色、香、味和营养成分均会受到一定的损失。若在低压条件下，对物料加热进行干燥，能减少品质的损失。这种方法称为真空干燥。一些美拉德反应呈味料的生产多使用此法。

真空干燥是一种在真空条件下操作的接触式干燥过程，与常压干燥相比，真空干燥温度低，水分可在较低的温度下汽化蒸发，不需要空气作为干燥介质，减少空气与物料的接触机会，故适用于热敏性和在空气中易氧化物料的干燥。但真空干燥生产能力低，需要专门的抽真空系统。

真空干燥设备一般由密闭干燥室、冷凝器和真空泵三部分组成，生物工程中常用于维生素、热敏性产品等的生产中。常用的真空干燥设备有箱式真空干燥器、带式真空干燥器、耙式真空干燥器等。

另外若先将物料冻结，然后在真空条件下加热进行干燥，物料的品质和性状几乎不受损失，可获得优质产品，但成本比热风干燥和真空干燥高很多，这种方法称冻结或升华干燥，国内现只用于人参、蜂产品等珍贵营养品与药品的干燥作业。

（一）真空干燥设备特征、用途和类型

真空干燥设备特征、用途和类型如下所述。

（1）物料在干燥过程中的温度低、避免过热。

水分容易蒸发，干燥时间短，同时可使物料形成多孔状组织，产品的溶解性、复水性、色泽和口感较好。

（2）物料干燥程度高。

（3）可用较少的热能得到较高的干燥速率，热量利用经济。

（4）适应性强，对不同性质、不同状态的物料，均能适应。

（5）与热风干燥相比，设备投资和动力消耗较大，产量较低。

类型有箱型、转筒型、带式连续型、喷雾薄膜型等。

真空干燥主要用于热敏性强；适合产品的速溶性和品质较好的食品干燥作业，如果汁型固体饮料、脱水蔬菜和豆、肉、乳及各种风味呈味料等各类干制品。现国内用于麦乳晶、豆乳晶、肉类呈味料等的加工。真空干燥的类型很多，大多数密闭的常压干燥机，都能用作真空干燥机。

（二）组成、工作过程和技术性能参数

1. 真空干燥箱

真空干燥箱是箱式真空干燥机的主要工作部分，它由箱体、加热板、门、管道接口和仪表等组成。箱体是用钢板制作的，箱体内装有数块夹层加热板，内通蒸汽、热水或冷却水。箱体上端装有真空管接口与获得真空的装置相通；还设有真空表、温度表和各种阀门，以控制操作条件。工作时，先将预处理过的物料置于烘盘内，再将烘盘放入箱内加热板上，打开抽气阀，使真空度达到1.3～5.3kPa，然后打开蒸汽阀使箱内达到工艺要求的设定温度，逐步抽真空，达干燥要求后，关闭蒸汽阀、抽气阀，开启排空阀，打开箱门，卸出产品。制作麦乳晶时，需经抽气、加热、干燥、发泡成型、冷却固化等过程。制作呈味料时也要经抽气、加热、干燥、冷却等过程。真空干燥箱的结构如图4－106所示。

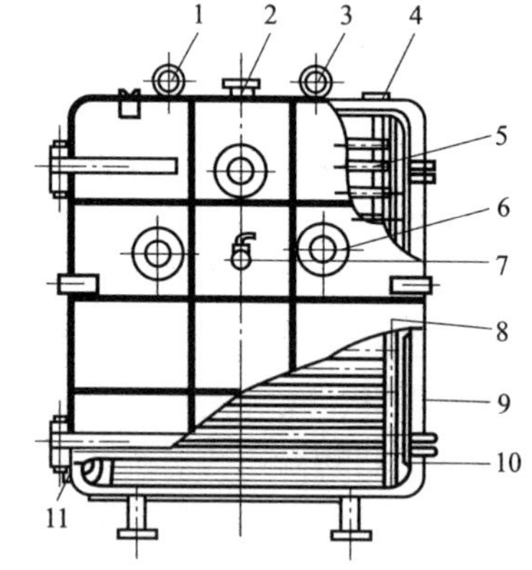

图4－106　真空干燥箱

1—温度表　2—真空管接口　3—真空表　4—冷却水进口　5—物料烘盘　6—视镜　7—排空阀　8—门　9—箱体　10—门填料　11—冷凝水出口

2. 带式真空干燥机

带式真空干燥机由干燥室、加热与冷却系统、原料供给、输送和抽气系统等部分组成。如图 4－107 所示。

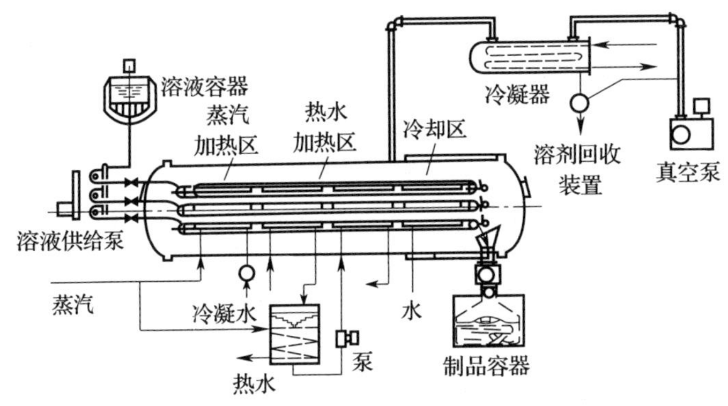

图 4－107　带式真空干燥机流程图

工作过程是液状或浆状的原料先行预热，经供料泵均匀地置于干燥室内的输送带上，带下有加热和冷却装置，分为蒸汽加热、热水加热和冷却三个区域，加热区域又分为四或五段，第一、二段用蒸汽加热为恒速干燥段，第三、四段为减速干燥，第五段为制品均质段。加热过程都用热水加热。按原料性质和干燥工艺要求，各段的加热温度可以调节。原料在带上边移动边蒸发水分，干燥后形成泡沫片状物，然后通过冷却区，再进入粉碎机粉碎成颗粒状制品，由排出装置卸出。干燥室内的二次蒸汽用冷凝器凝缩成水排出。

这种干燥设备的特点是干燥时间短，为 5～25min，能形成多孔状制品，物料在干燥过程中能避免混入异物防止污染，可以直接干燥高浓度、高黏度的物料，简化工序，节约热能。

（三）真空冷冻干燥

冷冻干燥技术（简称冻干技术）是将含水物质在低温下冻结，而后使其中的水分在真空状态下升华的技术。冻干技术是前苏联科学家拉巴斯塔罗仁茨基于 1921 年发明的。这一技术最早被用于医药工业中生物物质的脱水。1930 年，Flosdorf 开始进行食品的冻干试验。1940 年，英国的 Fikidd 提出了食品冻干技术。1943 年，在丹麦出现了最原始的食品冻干技术和设备。1961 年，英国食品部公布冷冻干燥法用于食品工业，并在 Berdeen 实验工厂开始了工业生产。因为冷冻干燥技术是一种获得优质食品的优良方法，几乎在同一时期，美国、日本、德国、荷兰、丹麦等国家相继建立了冻干食品厂。1965 年，全球已有冻干食品厂 50 多家。美国冻干食品发展最快，在全美方便食品中冻干食品占 40%～50%，在 20 家生产咖啡和茶的工厂中，就有 10 家采用了冻干方法进行生产。到1989年为止日本的冻干食品厂已发展到38家，若按冻干设备放置被加工食品的搁板面积来计，已达17170m²，加工冻干食品的年脱水量达35000t，年产值达1700亿日元。美国、日本冻干蔬菜在市场上已占近10%。

国内早在解放前已开始在实验室中用简易的冻干装置来做保存菌种、病毒的试验了。20世纪50年代初期，我国引进真空冷冻干燥技术，主要应用于医药及生物制品。在食品方面的应用起步较晚，到20世纪80年代后期，山东、广东等地才建立了几家冻干食品厂。20世纪90年代初，特别是近年来，随着市场经济的不断发展和人民生活水平的不断提高，市场对冻干食品的需求量越来越大，许多企业纷纷投身于冻干食品工业中了。目前，山东、江苏、浙江、湖南、新疆、福建等地也相继建成了一批冻干食品生产厂，这大力地促进了我国冻干工业的发展。

1. 冷冻干燥原理及特点

冷冻干燥原理及特点，如图4-108所示。

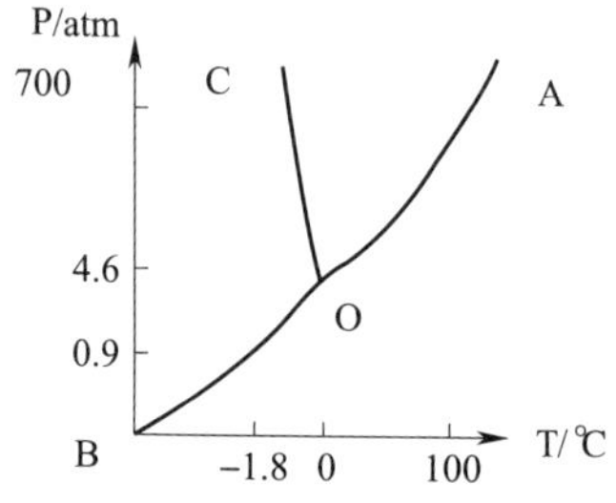

图4-108　水的三相图

注：1atm = 1.01325 × 10^5 Pa。

冷冻干燥是将湿物料（或溶液）在较低温度下（-50～-10℃）冻结成固态，然后在高度真空（130～0.1Pa）下，将其中固态水分直接升华为气态而除去的干燥过程，也称升华干燥。冷冻干燥也是真空干燥的一种特例。

实现真空冷冻干燥的必要条件是干燥过程的压力应低于操作温度下冰的饱和蒸汽压。常控制在相应温度下冰的饱和蒸气压的1/4～1/2。如-40℃时干燥，操作压力应为2.7～6.7Pa。

冷冻干燥也可将湿物料不预冻，而是利用高度真空时水分汽化吸热将物料自行冻结。这种冻结能量消耗小，但对液体物料易产生泡沫或飞溅现象从而损失物料，同时也不易获得多孔性的均匀干燥物料。

一般情况下，热量由加热介质通过干燥室的间壁供给，因此，既要供给湿物料的热量以保证一定的干燥速率，又要避免冰的溶化。

冷冻干燥中升华温度一般为-35～-5℃，其抽出的水分可在冷凝器上冷冻聚集或直接从真空泵排出。升华时，需要的热量直接由所干燥的物料供给，这种情况物料温度降低很快，使冰的蒸汽压很低、升华速率降低。

与其他干燥相比，冷冻干燥具有以下特点。

（1）干燥温度低　特别适合于高热敏性物料的干燥，如抗生素类、生物制品等活性物质的干燥。在真空下操作，氧气极少，物料中易氧化的物质得到了保护，因此，制品中的有效物质及营养成分损失得很少。

（2）能保持原物料的外观形状　物料在升华脱水前先进行预冻，形成稳定的固体骨架。干燥后体积形状基本不变，不失原有的固体结构，无干缩现象。

(3) 冻干制品具有多孔结构，因而有理想的速溶性和快速复水性。干燥过程中，物料中溶于水的溶质就析出，避免了一般干燥方法中因物料水分向表面转移而将无机盐和其他有效成分带到物料表面，产生表面硬化的现象。

(4) 冷冻干燥脱水彻底（一般低于 2%～5%），质量轻，产品保存期长，若采用真空密封包装，常温下即可运输、保存，十分简便。

但冷冻干燥需要较昂贵的专用设备，干燥周期长，能耗较大，产量小、加工成本高，一般适用于附加值高的产品的干燥。

2. *冷冻干燥流程及设备*

冷冻干燥过程分为两个阶段。第一阶段，在低于溶点的温度下，使物料中的固态水分（游离水）直接升华，有 98%～99% 的水分在这一阶段被除去。第二阶段，将物料温度逐渐升高甚至高于室温，使水分汽化被除去，此时水分可以减少到总量的 0.5%。待干燥的物料放入干燥室内，开动预冷用冷冻机对物料进行冷冻，随后开启冷凝器和真空装置，实现升华干燥操作。

冷冻干燥系统主要由四部分组成，如图 4－109 所示，即冷冻装置、真空装置、水气去除装置和加热部分（干燥室），预冷冻和干燥均在一个箱内完成。待干燥的物料放入干燥室内后，启动预冷用冷冻机对物料进行冷冻，随后开启冷凝器和真空装置，实现升华干燥操作。加热器以作冷凝器内化霜之用。第一阶段升华干燥结束后，开启油加热循环泵对干燥室加热升温，使之汽化排除剩余的水分。

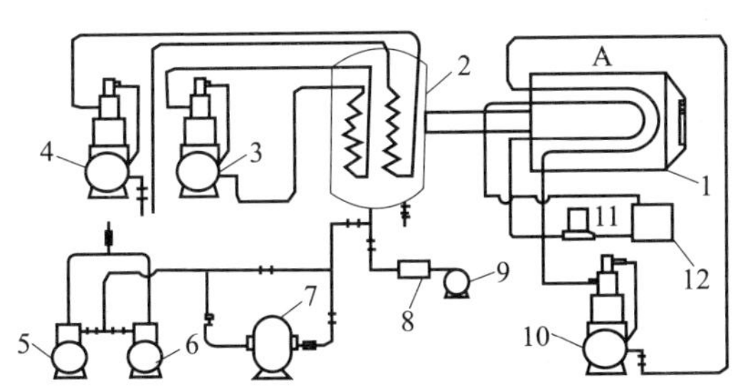

图 4－109　一般冷冻干燥系统图

1—干燥室　2—冷凝器　3、4—制冷机　5、6—前级泵
7—后级泵　8—加热器　9—风扇　10—预冻用制冷机　11—油循环泵　12—油箱

这种冷冻干燥系统为间歇式操作，设备结构简单、投资少，但效率不高，适用于 $50m^2$ 以下的物料干燥。另一种为连续式冷冻干燥系统，即冷冻部分在速冻间完成，升华除水则在干燥室内进行，这类系统效率高，产量大，但设备复杂，投资较大。普通附加值的产品不适宜应用此类设备。

十一、微波干燥

（一）微波干燥原理

微波是指频率在300～300000MHz或波长0.001～1m的高频电磁波。微波加热干燥实际上是一种介质加热干燥。当待干燥的湿物料置于高频电场时，湿物料中的水分子具有极性，其分子会沿着外电场方向排列。随着外电场高频率变换方向（如50次/s），水分子会迅速转动或做快速摆动。又因分子原有的热运动和相邻分子间的相互作用，使分子随着外电场变化而摆动的规则运动将受到干扰和阻碍，从而引起分子间的摩擦而产生热量，使其温度升高。

微波常用的材料可分为导体、绝缘体、介质、磁性化合物等。微波在传输过程中会遇到不同的材料，产生反射、吸收和穿透的现象。这取决于材料本身的特性，如介电常数、介电损耗系数、比热、形状和含水量等。导体能够反射微波，在微波系统中常用的传输装置——波导管，就是矩形或圆形的金属管，一般由铝或黄铜制成。绝缘体可以穿透并部分反射微波，吸收微波的功能小，连续干燥中常用的输送带就是涂有聚四氯乙烯的。介质的性能介于金属与绝缘体之间，它具有吸收、穿透和反射的性能。其中吸收的微波便转化成热量。

微波干燥与普通干燥法的主要区别在于，微波干燥属于内部加热干燥法，电磁波深入到物体内部，把物料本身作为发射体，使物料内、外部都能均匀加热干燥。

（二）微波干燥的特点

1. 加热干燥时间比较短

常规加热如火焰、热风、电热、蒸汽等，都是利用热传导的原理将热量从被加热物外部传入内部，逐步使物体中心温度升高，称之为外部加热。要使中心部位达到所需的温度，就需要一定的时间，导热性较差的物体所需的时间就更长。微波能深入物料内部，物料的热量产自物料内部分子间的摩擦，而不是一般情况下的热传导，因此水分子从物料中心向外部扩散的路程比接触传导加热要少一倍，干燥过程非常迅速。

2. 干燥均匀

常规加热，为提高加热速度，就需要升高加热温度，但这样容易产生外焦内生现象。由于微波干燥是内部加热法，所以，不管物料形状复杂程度、含水量多少，都能加热均匀，使干燥物料表里一致。另外，由于物料中水的介电常数大，吸收能量多，因此水分蒸发快，热量不会集中于干燥的物体中，均匀性也就大大改善了。

3. 便于自动化控制

利用微波加热，无升温过程，开机数分钟便可正常生产，停机后也不存在“余热”现象。若配用计算机控制，则特别适宜于加热过程中加热工艺的自动化控制。

4. 热效率高

在微波加热中，微波能只能被加热物体吸收而生热，加热室内的空气与相应的容器都不会发热，所以热效率极高，也避免了环境的高温，改善了劳动条件。

5. 低温杀菌、无污染

微波能自身不会对食品产生污染，微波的热效应有双重杀菌作用又能在较低的温度下杀死细菌，这就提供了一种能够较多保持食品营养成分的加热杀菌方法。

6. 选择性加热

微波对不同性质的物料有不同的作用，这一点对干燥作业有利。因为水分子对微波的吸收最好，所以含水量高的部位，吸收微波的功率会多于含水量较低的部位，这就是选择加热的特点。烘干木材、纸张等产品时，利用这一特点可以做到均匀加热和均匀干燥。

7. 微波干燥设备费用较高，耗电量大，且须注意劳动保护，防止强微波对人体的损害

值得注意的是有些物质温度越高、吸收性越好，从而形成恶性循环，出现局部温度急剧上升形成过干甚至炭化的现象。对这类物质进行微波加热时，要注意制定合理的加热工艺。如对于含糖同时氨基酸含量较高的呈味料而言，如果湿度控制不好，加热过度，则较容易发生过度美拉德反应而使产品焦糊。对于此类产品应尽可能地将待干燥的产品均匀涂布于履带上，产品涂层越薄越不易产生焦糊现象。

（三）微波干燥设备

微波炉的外形似箱，故又称箱式加热器，它是利用驻波场的微波加热干燥设备，结构如图 4 - 110 所示，主要由矩形谐振腔、输入波导、反射板、搅拌器等组成。

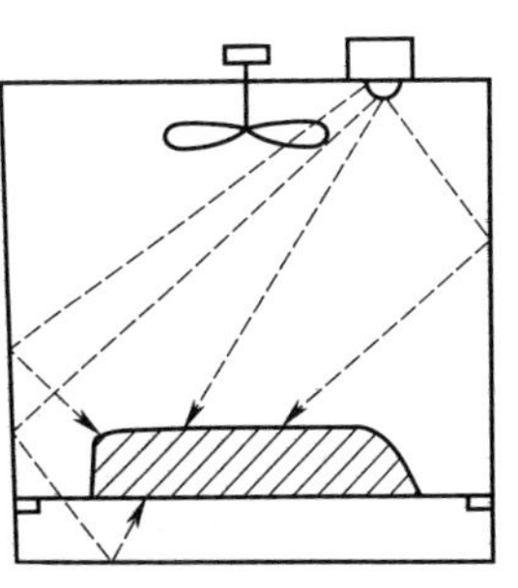
图 4 - 110　微波干燥原理

图 4 - 111 为平板形连续式微波干燥设备，物料通过输送带不断送入一个个串联在一起的微波干燥箱，干燥后的制品由输送带不断送出，实现连续化生产。用于粉状、颗粒状、片状或胶体状

等的食品、添加剂、调味品、药品、中医药材原料、营养保健品、农副土特产品等的干燥、灭菌；花生仁、板栗等的干燥脱皮、焙烤；休闲食品：土豆片、鱼肚等的膨化；口服液、酱菜、各种小包装食品的防腐、杀菌保鲜；冷冻鱼、肉禽的“回温”解冻；大豆的干燥脱腥等，应用非常广泛。

图 4 – 111　平板形连续式微波干燥设备

第十节　其　　他

一、超临界流体萃取

（一）超临界流体（SCF）的定义

任何一种物质都存在三种相态——气相、液相、固相。

液、气两相成平衡状态的点叫临界点。不同的物质其临界点所要求的压力和温度各不相同。在临界点时的温度和压力分别被称为临界温度 T_c，临界压力 P_c。

超临界流体是指超过临界温度与临界压力状态的流体。如果某种流体处于临界温度之上（即 $T > T_c$），无论压力多高（即 $P > P_c$），也不能液化，这个状态的物质常常不称为气体或液体，而被称为超临界流体（Supercritical Fluid, SCF）。

事实上当温度和压力达到一定值时，物质就会出现超临界状态。物质的超临界状态是指其气态与液态共存的一种边缘状态。在此状态中，液体的密度与其饱和蒸汽的密度相同，因此界面消失。

（二）超临界流体的特性

超临界流体具有溶解性。我们都知道气态 CO_2 几乎不溶解于任何固体，在较高温度的超临界区内，压力较小的变化会引起 CO_2 超临界流体密度 ρ 的较大变化，使 CO_2 超临界流体的密度接近于液体的密度。当 CO_2 在特制容器内的压力达到一定的数值时，有些物质（如某些精油类物质）就会溶解在流体 CO_2 中，这说明此时的流体 CO_2 具有了气体 CO_2 所没有的性质——溶解性。同时，它却还具有液体所没有的气体易流动性、易扩散性和与固液两相易分离特性。因此，超临界流体兼具气体和液体的特性，所以在越来越多的提取领域用到超临界技术，如香辛料精油的萃取、中药的萃取等领域，如图 4－112、图 4－113 所示。

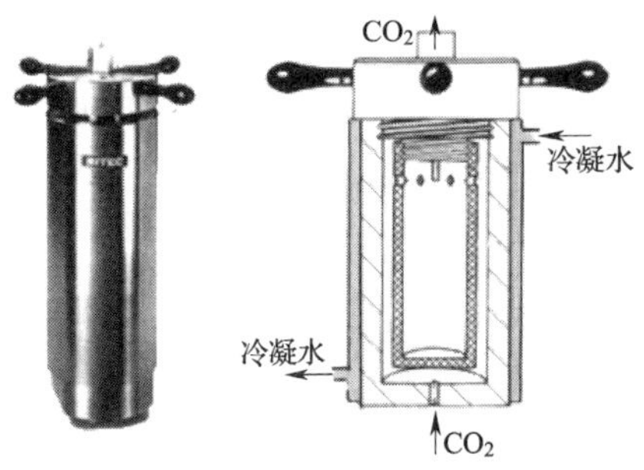

图 4－112　萃取器的外观图和剖视图

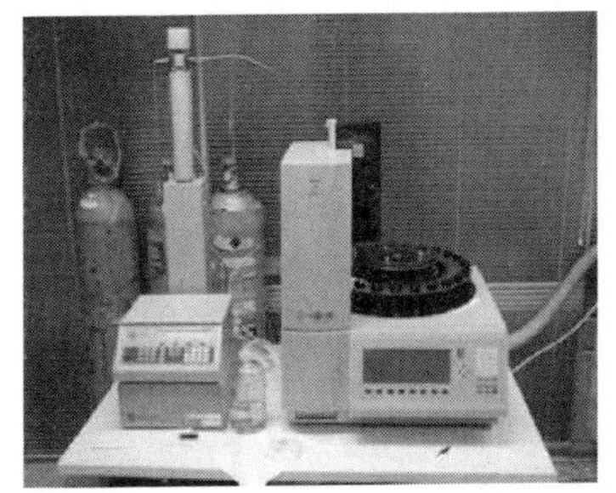

图 4－113　实验室用超临界萃取设备

在现行的超临界萃取应用技术中，CO_2 是使用较多的超临界流体，图 4－114 为二氧化碳超临界流体的 P－T 性质。

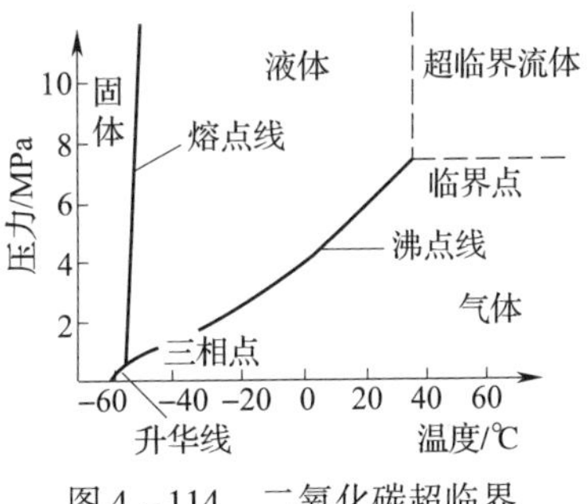

图 4－114　二氧化碳超临界流体的 P－T 性质

超临界萃取技术将有着广泛的用途，因骨肉提取物行业物料的复杂性及成本的限制，还未有应用。相信在不远的将来，或许在其香味料萃取方面能有所发展。

二、灭菌系统

骨肉提取物虽然是经过高温提取的产品，但在生产过程中，无论工艺设备有多先进，经过过滤、分离、浓缩、调配等工序后，都不可避免地有些许微生物污染，要使产品保持较长的货架期，就要对最终的产品进行有效的再消毒处理。

骨肉提取物的最终产品如果是粉状产品，则经过喷雾干燥时的高温处理，一般无需另外考虑杀菌问题，或是在喷雾前方便地在保温罐内进行二次灭菌，从而使其达到商业无菌的目的。

骨肉提取物的终产品一般为较黏稠膏状或粉状产品。而膏状浓缩产品则由于真空浓缩时的温度较低，或者浓缩完成后还要在添加其他如食盐、鲜味剂之类的配料，这就对膏状产品的保质问题产生了重要的影响。因此，浓缩产品必须要考虑再灭菌的问题。因国内的骨肉提取物行业起步较晚，本就没有很系统的设备，所以，在最终消毒方面也没有非常成熟的设备。一般厂家都是使用具有加热和冷却功能的较为密闭的冷热缸进行保温处理，以达到灭菌的目的。但是，这种方式存在着易使产品变色、易焦糊、易破乳、水分难以控制、效率低下、产品质量不稳定等不利因素，另外还需要考虑有好的包装和储存方式，保证在包装过程中不再染菌，才能保证产品在货架期内不至于变质。对于膏状产品的灭菌问题，有设备厂家专门开发了一种膏状全自动多管式超高温灭菌(UHT)系统，如图4－115所示，可以解决以上容易出现的问题，现将该设备的特点简述如下。

图4－115　膏状全自动多管式超高温灭菌（UHT）系统图

（1）经UHT系统处理后的产品在无菌包装情况下，其品质或新鲜度能够在常温下保持数月之久，以免除冷藏链。

（2）经UHT系统处理过的产品的风味、色泽及营养成分均能够保持原有水平，而受到影响的部分极其微弱。

（3）内套管采用波纹多管束的结构，从而获得了良好的紊流效果，换热效率远高于盘管式换热器，接近于板式换热器。

（4）适用任何一种物料，尤其能够适合较高黏度及含有微小颗粒的液态食品，尤其适合即食类骨肉提取物产品的包装。

（5）独特的浮动头设计，可避免热应力的影响；管壁不易结焦或结垢，连续运行时间长，套管的清洗十分便利。

（6）双密封结构消除了污染的危险，维护成本远低于板式换热器，只有O形密封圈需要更换，方法简便。

（7）整个灭菌系统的管腔内无一死角，防止食品残留物引起细菌的孳生，管道检修方便，符合国家卫生标准要求。

(8) 自动化程度高，操作维护费用低。

(9) 材质可靠，可承受较高的产品压力。

三、包装设施和设备

现在的机械设备很少是针对大包装产品的无菌灌装系统，作为中间产品的骨肉提取物来说，也就没有专门的大型罐装设备。随着科学技术的进步，相信在不远的将来会有大包装无菌灌装系统的出现。现在，对于大包装的骨肉提取物浓缩产品的包装方式，一般都是采用在无菌间内进行灌装的方法进行的，尽量避免二次污染。无菌间的设计严格按照卫生级无菌室的要求来进行，由人员更衣消毒系统、缓冲系统、灭菌系统和无菌空气换气系统组成，如图 4－116 所示。

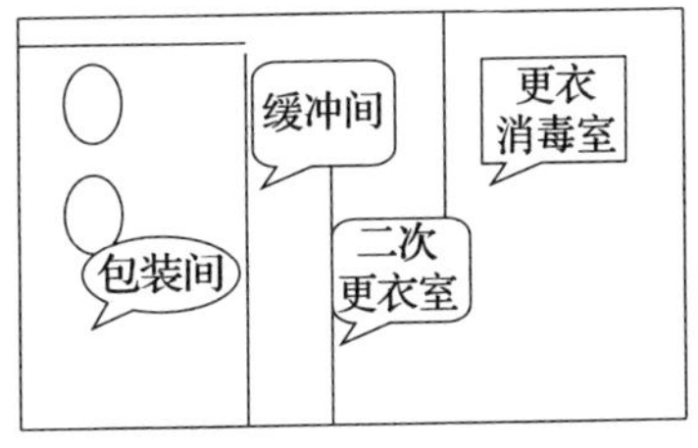

图 4－116　无菌间示意图

在更衣消毒间配置适当的更衣、换鞋、洗手消毒、紫外线灯等设施，最好采用自动开关的感应门，至少要采用带弹簧装置的能自动关闭的门；衣橱内外要有足够的紫外线灯；洗手消毒基本采用常用的“六步洗手法”设置，必须采用感应水龙头，避免二次污染和不必要的手消毒死角；各更衣室、缓冲间、包装间配备足够的紫外线杀菌灯及臭氧发生器，并安装适当的无菌空气过滤器，以使室内保持空气清洁和使室内气压为正压。另外，在每次工作之前，至少要打开臭氧发生器消毒 1h，紫外线消毒 30min。空气过滤系统最好能达到 10 万级以上水平。当然，包装材料也要事先经过有效消毒，操作人员必须严格无误地按照操作规程进行操作等。在工作期间，还要尽量避免人员及货物的进出，以保证无菌室的无菌环境，方能使产品得到最大的保障。

面向终端的少部分小包装产品，可视包装方式的不同选用比较自动化的膏体包装机和液体包装机等。这类包装机械在浓缩果蔬汁等行业中有较多的应用，但要配备较完善的灭菌措施和严格的包装环境，否则，很容易造成二次污染而大大降低产品的货架期，在实际生产当中难以控制，且实用价值不大。

对于近年来国际市场上尤其是东南亚一带流行的小包装骨肉提取物，则采用无菌罐装机，如一些瓶装、袋装或利乐枕包装的骨汤、鸡汤、高汤等，一般都配备有非常严格的灭菌设备，如图 4－115 所示的高温杀菌设备等和无菌灌装设施，这样才能使产品的货架期有些保障，这也是终端消费产品的一种发展趋势。

另外，还可以直接采用马口铁罐头的包装形式，进行包装后再杀菌，以达到货架期无菌或商业无菌的目的。经实践检验，这种包装方式是较为完善的方式之一，但缺点是容易造成产品的分层和营养成分的破坏。对于这两点要求不是很严格的使用者来说，这是最保险的包装方式。

总之，随着市场及科学技术的发展，骨肉提取物的包装形式也将多样化，并朝着更安全、更方便、更易行的方向发展。

| 第五章 |

骨肉提取物生产过程质量控制

在骨肉提取物生产工艺中，生产过程和环节的控制，是骨肉提取物生产的重中之重，生产工艺的控制关系到产品品质的优劣以及生产效率的高低。因此，工厂在制定生产工艺和规程时一定要严格、细密，还要根据设备的实际生产效能以及所用原料、所出产产品的品质要求来制定。并要求每一步做到时事检测和监控，并记录在案，以备随时查验。

现就一些关键的过程，根据通用 GMP 标准要求加以说明，以供生产者根据实际情况来选用。

第一节　生产原料的采购规程

为保证高品质骨肉提取物产品的生产，防止不卫生、不合格原料的流入。提高产品出成率以及企业经济效益。制定相应的原料采购流程或规则，是企业管理的必要措施。

一、主要骨肉原料的特殊验收规则及标准

骨肉原料的验收标准，除按照 GB/T 4789.17—2003《食品卫生微生物学检验肉与肉制品检验》执行外，还需遵循以下规则。

（1）采购原料必须能有原料原产地卫生部门及厂家签发的防疫证明，并确实进行过防疫检查，并且无疫症之原料方可采购，无此证明的散户原料，原则上应不予收购使用。

（2）所采购的原料必须为新鲜或经速冻（速冻温度 -30℃以下），且一直在 -18℃冷藏存放的原料，冷藏原料的冷藏时间一般不得超过三个月。

（3）所采购的原料在运输过程中，必须由具有制冷条件的冷藏车或柜来运输，并保证在整个运输过程中不得解冻，直接进入工厂冷藏库。

（4）已经腐败变质的原料不得采购，不得进入工厂，更不能被使用；不

能确认的骨肉原料要进行必要的微生物、酸价、过氧化值检测。其中各指标如下：酸价≤1.5mgKOH/g 原料，过氧化值≤16meq/g 原料；微生物指标中细菌总数≤5000 个/g 原料，大肠菌群≤30 个/100g 原料，致病菌不得检出。

（5）附着有大量不卫生物的原料不得被采购进厂。

（6）在原料收集和采购过程中，所用包装物必须符合食品卫生要求，不能使用非食用级的编织袋等物，最好采用食品专用周转箱。

（7）所用包装物必须及时消毒，未经消毒处理的包装物不得使用。

（8）经分级处理的原料，分级要清晰，不得掺杂非本级别原料，在仓库中要分别存放，不得混淆。

（9）不能确定品质的原料，在必要的时候要进行检疫检测，经检疫检测合格后的原料，确认可以使用的方可收购。

二、原辅料的一般验收规则及程序

（1）原材料的品质管制，应建立其原材料供货商的评鉴及追踪管理制度，并详订原料及包装材料的品质规格、检验项目、验收标准、抽样计划（样品容器应予适当标识）及检验方法等，并确实实行。

（2）采购原料前，首先要查验防疫证明、生产许可证及供货方检验报告等相关证明文件，每批原料需经品管检查合格后，必要时要查验官方检测报告。确认原料合格方可收购进厂。

（3）在原料收购和入库时，原料验收员必须随时对原料进行目测、嗅味等感官检查，一旦发现不卫生、变质、掺杂有假原料即刻停止收购和入库；以保证原料的可食用性。

（4）原料验收后，对每一批原料都要做好详尽地记录，并随时监控各原料库内的温度（肉骨原料应低于 -18℃），以保证进厂后原料的新鲜度。其他原料验收标准有关指标至少要达到相应的国家标准。

（5）原料可能含有农药残留、重金属或黄曲霉毒素等，应确认其含量符合相关法令的规定后方可使用。

（6）内包装材料应定期由供货商提供符合安全卫生要求的检验报告，惟有改变供货商或内包装材料规格时，应重新由供货商提供检验报告。

（7）原材料经检验符合其书面规格者，应予准用，不合格者应予拒用，包括包装材料。

（8）经准用的原材料，应以先进先用为原则，如长期储存或暴露于空气、高温或其他不利条件下时，应重行检验有无可能存在变质的成分。

（9）经拒用的原材料，应予标示“禁用”或“可经适当处理后使用”，并分别储存。

(10) 食品添加物应设专柜储放，由专人负责管理，注意领料正确及有效期限等，并以专册记录使用的种类、卫生单位合格字号、进货量及使用量等。

(11) 对于委托加工者所提供的原材料，其储存及维护应加以管制，如有遗失、损坏或不适用时，均应作记录，并通报委托加工者做适当的处理。

(12) 应定期检查原料水中的细菌总数、大肠菌群、粪便性链球菌及绿脓杆菌，必要时加验其他可能发生的病原菌。

三、骨肉提取物所用分类原辅料及验收通用标准

验收标准一般遵循有国家标准的按照国家标准执行，没有国家标准的按照双方商定的标准执行的原则进行。

(一) 粉体物料

1. 分类

(1) 食品添加剂　有关指标至少要达到相应的国家标准。

① 增味剂。味精、I+G、IMP、干贝素。

② 甜味剂。白糖、葡萄糖、果葡糖浆、蛋白糖等。

③ 酸味剂。柠檬酸、柠檬酸钠，维生素 C 等。

④ 保质剂。TBHQ、维生素 E、茶多酚、BHA、山梨酸钾、干燥剂等。

⑤ 增稠剂。明胶、黄原胶、阿拉伯胶、变性淀粉等。

⑥ 营养增强剂。甘氨酸、半胱氨酸盐酸盐、卵磷脂、大豆粉末磷脂等。

⑦ 其他。单甘酯、蔗糖酯、碳酸氢钠等。

(2) 香辛料及脱水蔬菜粉　黑胡椒粉、桂皮粉、八角粉、辣椒粉、蒜粉、姜粉、白胡椒粉、花椒粉、孜然粉、白芷粉、五香粉、丁香粉、陈皮粉、小茴香粉、甘草粉、肉蔻粉、红萝卜粒、青葱粒、胡萝卜粉、蘑菇粉、芹菜籽粉、芹菜粉、香菜等。

(3) 淀粉类　玉米淀粉、马铃薯淀粉、α-预胡化淀粉、β-环状糊精。

(4) 调味粉　牛肉、猪肉、鸡等呈味料、HVP；M-C100、M-M100、M-P100、酱油粉等。

(5) 其他　酵母精、麦芽糊精、蛋黄粉等。

2. 感官检验

感官检验，如表 5-1 所示。

表 5－1　　感官检验表

项目	合格	不合格
色泽	与样品完全一致	色差明显；色泽不均匀
香气	与样品完全一致或更好；留香持久	香型不一致；香气平淡；留香时间短
口感	口感协调一致，醇厚柔和	有异味；平淡无味；焦味
形态	与样品一致；干燥，完全粉状，流散性好，粗细度合适；无杂；无虫	凝团或结块；不均匀；粗细度不合要求；杂质多；虫蛀
包装	包装完整整齐，密封好，标签清楚，干燥清洁	重量不合要求；包装不完整；密封不严；标签不正确

3. 理化指标

（1）水分

① 食品添加剂。达到 GB 2760—2014《食品安全国家标准　食品添加剂使用标准》标准。

脱水蔬菜粉：≤8%。

② 淀粉类。≤13%。

③ 调味粉。≤7%。

④ 其他。酵母精（≤6%）、麦芽糊精（≤6%）、乳粉（≤3%）、乳清粉（≤4%）、可可粉（≤5%）、蛋黄粉（≤4%）、未说明的按国家标准或与供应商共同协商的标准。

（2）粗细度

① 细粉类。全部通过 CQ24（60 目），CB33（80 目）留存≤10%。

② 粉包蔬菜。指红萝卜粒、青葱粒等，颗粒大小要求在（3×3）mm，最大不超过 5mm。

（3）其他指标　符合供需双方商定要求或按国家标准。

微生物指标：细菌总数≤5000 个/g；大肠菌群≤30 个/100g；致病菌：不得检出。

（二）干货

1. 分类

（1）海鲜干货　鱿鱼干、虾皮、干贝、鱼干、海带等。

（2）蔬菜干货　香菇、干蘑菇、辣椒干、洋葱干、花椒粒、孜然粒、蒜片、姜片、胡椒粒等香辛料。

2. 感官指标

干货的感官指标，如表 5－2 所示。

表 5－2 干货的感官检验表

项目	合格	不合格
色泽	具有其应有的自然干燥色泽	反差明显；色泽不均匀
香气	具有其应有的自然香气，浓度高；留香持久	香型不一致；香气平淡；留香时间短
口感	具有其应有的自然滋味	有异味；平淡无味；焦味
形态	与要求一致；干燥，大小合适；无杂；无虫	大小不合要求；杂质多；虫蛀
包装	包装完整，干燥清洁	重量不合要求；包装不完整

3. 水分

（1）海鲜干货 ≤25%。

（2）蔬菜干货 ≤15%。

4. 其他指标

符合供需双方商定要求或供应商提供的出厂标准。

（三）油料

包括色拉油、香辛料油、猪油、鸡油、牛油、羊油等。

1. 水分

水分：≤0.5%。

2. 酸价、过氧化值

① 动物油脂。酸价≤1.5mgKOH/g，过氧化值≤16meq/g。

② 植物油。酸价≤4mgKOH/g，过氧化值≤12meq/g。

3. 其他指标

符合供需双方商定要求或按国家标准。

4. 微生物指标

细菌总数≤5000 个/g；大肠菌群≤30 个/100g；致病菌：不得检出。

5. 感官指标

油料的感官指标，表 5－3 所示。

表 5－3 油料的感官检验表

项目	合格	不合格
色泽	与样品完全一致	色差明显；色泽不均匀
香气	与样品完全一致或更好；留香持久	香型不一致；香气平淡；留香时间短
口感	口感协调一致，醇厚柔和	有异味；平淡无味；焦味
形态	流动性与样品一致，无分层或浑浊，无杂质	分层；浑浊；有杂质
包装	包装完整整齐，密封好，干燥清洁	重量不合要求；包装不完整；密封不严；脏

(四)液体原料

1. 感官指标

液体原料的感官指标，如表5－4所示。

表5－4　液体原料的感官指标表

项目	合格	不合格
色泽	与样品完全一致	色差明显；色泽不均匀
气味	气味一致，浓度一致或更好，无特异气味	气味不一致；有其他异味
形态	与样品一致；澄清透明，稳定	浑浊；不稳定；沉淀
包装	包装完整整齐，密封好，干燥清洁	重量不合要求；包装不完整；密封不严；脏

2. 理化指标

液体原料的理化指标，如表5－5所示。

表5－5　液体原料的理化指标表

指标	水性原料	油性原料
折光指数/20℃	$n_{20℃}$ ±0.005	$n_{20℃}$ ±0.005
相对密度/(25/25℃)	$D_{25℃}$ ±0.008	$D_{25℃}$ ±0.008
过氧化值/%	—	≤0.5
溶解度/25℃	1g样品全溶于700～1000倍水中或完全溶于300～500倍20%(V/V)乙醇中	—
可溶性无盐固形物	≥15%；	

3. 其他指标

符合供需双方商定要求或供应商提供的出厂标准。

(五)酱膏物料

1. 理化指标

(1)酵母膏　水分≤35%。

(2)调味肉精膏　水分≤40%。

2. 微生物指标

细菌总数≤5000个/g；大肠菌群≤30个/100g；致病菌不得检出。

3. 感官指标

酱膏物料感官指标，如表5－6所示。

表 5－6　　酱膏物料感官指标表

项目	合格	不合格
色泽	与样品完全一致	色差明显；色泽不均匀
香气	与样品完全一致或更好；气味舒服	香型不一致；香气平淡；或不舒服
口感	口感协调一致，醇厚柔和	有异味；平淡无味；焦味
形态	流动性与样品一致，稠度合适，细腻均匀	分层；太稀或太稠；凝团
包装	包装完整整齐，密封好，标签清楚，干燥清洁	重量不合要求；包装不完整；密封不严；标签不正确

4．其他指标

符合供需双方商定要求或供应商提供的出厂标准。

四、原材料包装标识

根据《中华人民共和国产品质量法》，原材料包装标识应具有以下几点。

（1）有产品质量检验合格证明。

（2）有中文标明的产品名称、产品规格、等级、生产厂家的名称和厂址。

（3）须有生产日期和保质期。

五、取样方法

一般以一批为单位，随即抽样，最低不少于 8 个包装单位（不含净含量抽样），样品量不少于400g，等量分成检验试样和备检样。

六、检验标准

按照相关国家标准执行。

七、附注

对于降级处理的原料所采取的相应措施，一般企业内部会做出相应的惩罚标准，以利原料采购的质量监控等制度的顺利实施。

（1）凡理化指标超过标准的，将按超标部分的相应倍数来执行供需双方协商好的处罚措施。

（2）凡微生物指标超过标准的，则按供需双方协商的策略执行。

总之，生产原料采购的有效控制，事关产品的质量安全和产品品质的控制。只有树立并强化员工以预防为主的思想、不断培养员工的安全意识以及对事件发生的紧急应变和处理能力，才能更好地让采购工作服务于产品，服务于企业，服务于消费者。

第二节　原料预处理操作规程

根据原料的不同和产品的要求不同，要对原料进行一系列的预处理，如清洗、对大块原料的破碎、预煮、灭菌等，以便于后续加工工作的顺畅。

一、原料预处理操作规程

（1）合格原料出库，填制生产记录表和出库单。

（2）放清水进行适当地浸泡，根据产品及原料不同，有时需要用温水浸泡，浸泡完毕，放到工作台上沥净血水。检测人员应随时检测原料的被清洗程度是否符合要求，如果不符合要求应立即进行返工。

（3）准备好消毒洗净的破碎机及接料斗，开机破碎；检测人员随时检测原料的破碎程度是否符合工艺要求，如果不符合要求应立即进行返工。

（4）对特大块不能进行被碎的原料要先用锯骨机锯成较小的块，再行破碎。

（5）破碎好的原料加入蒸煮罐，进入蒸煮程序，同时对所用器具进行有效地清理消毒。

二、注意事项

（1）检测出库原料是否变质，是否附着不卫生的物质，在处理过程中发现变质和不卫生的原料，要及时将其处理掉，不得投入生产。

（2）检测清洗完毕的原料是否做到真正地干净清洗。

（3）机械设备及其他工器具是否经过有效消毒，必要时进行不定期抽查，否则，易增加污染系数。

（4）在破碎机运转时，一定要特别注意不要将手伸进机器中，以免发生危险。由于机器挤压原料，机器中可能会有碎骨飞出，操作人员一定要注意突发事件。

（5）尽量不要把原料掉在地上，尤其是破碎好的原料，一经洒落在地，便要做废物处理，不能再投入使用。

（6）对于骨肉提取物生产来讲，原料的破碎尺度原则上是越碎越好，原料体积越小，与水的接触表面积越大，可溶性固形物越易溶出，当然这也要考虑后续工序设备的加工处理能力及功能。对于纯物理提取来讲，细密的骨渣或肉泥，会增加过滤和分离器的工作负荷，有时会堵塞设备，造成生产工序的中断，这时需停下来进行人工清理。因此，在特定的情况下，并不是将原料破碎得越细小越好。一般要综合考虑工艺的连续性。

（7）以上每个工序的记录是否完备，各工序的记录是否能清晰地反映真实的生产情况，要做到每个生产环节都要记录在案。

第三节　萃取（蒸煮）工序操作规程

畜禽骨肉提取物生产过程中的萃取实际上就是通常所说的蒸煮。非酶解生产的骨肉提取物的产品类型（清汤、白汤等），主要是由蒸煮工序来定型的。另外，蒸煮工序也会影响酶解类产品的最终质量。此工序的控制还关系到产品的品质和性能，所以，该工序是骨肉提取物生产工艺中最为繁复的过程之一。原料不同，将会产生不同的生产工艺参数；产品类型不同，也将会有不同的生产工艺参数做对照；另外，设备的大小、加热方式以及其配套附属设施的状况等也会直接影响到工艺参数的制定。所以，此工序工艺参数的制定必须要根据具体设备、具体原料、具体的产品类型及产品功能，经过一定时间的摸索，才能最终确定。不能原套照搬，也不能马虎对待。否则，产品质量将没有统一的标准和保证。

下面简单介绍一下蒸煮工序的操作流程，具体的工艺参数及流程还需根据现场具体情况来具体制定。

一、蒸煮操作规程

（1）破碎后的原料计量，填制生产记录表格。

（2）检查蒸煮锅各阀门、管件的密封性和安全可靠性，以及是否已进行有效地清洗。

（3）蒸煮　按照原料的重量，在蒸煮罐内加入一定比例的纯化水，加入原料，开启进气阀进行升温，待锅温度升到100℃或自然沸腾时，关闭高压锅上部的排气阀，进行升温、升压，压力及温度达工艺所需时，关闭进气阀，停止升压。根据原料及设备制定的不同工艺参数，靠开关进气阀在规定的压力和温度下维持1～2.5h。在此过程中间歇搅拌，有利于原料中可溶性物质的溶出。另外，在白汤制作时，搅拌也能促进乳化作用的进行。保温完毕，要根据最终产品的要求，进行取样检测，以确定是否可以结束蒸煮。

（4）蒸煮完毕后，可以采用自然冷却的方式对设备进行降压，如果设备配备冷却系统，可以缓慢开启冷却系统，进行降温降压；亦可同时稍微开启一点排气阀进行排气。注意：不要开得过大，严格禁止料液溢出。另外，考虑到一些香气成分基本上都是一些易挥发成分，所以，不宜采用直接排气的方式降温降压，否则，香气成分会随着蒸汽蒸发掉。最好是待设备压力和温度降下来，再行排料。

(5) 出料要待压力降到零时，先打开排气阀门，再打开出料口阀门，然后开启原料泵进行出料，也可以使用空压机进行压力式出料，但要保证压缩的空气中无机油等污物方可使用。另外，要尽量避免料液洒、露和接触空气。

(6) 尽量使用和原料细度相适应的过滤器及过滤目数，以免给后续分离工序带来大量的渣滓，增加分离工序的难度；尽量避免在出料过程中出现过滤器堵塞的情况，以避免拆卸相关设备，让物料暴露在空气当中，防止二次污染。

(7) 出料完毕，对于要进行二次蒸煮的原料，加入水后，进入第二个蒸煮过程，对于不需要二次蒸煮的，则可直接排渣、清洗设备。

(8) 确信高压锅内已无料液后，打开设备出渣孔出渣，渣要迅速移出车间。并对高压锅及相关设备设施立即清洗。

(9) 此时的料液和油脂要尽快送检，符合生产要求的进入下一工序，如果不能符合生产工艺要求，则要记录在案后尽快按不合格品或报废品分别处理掉。

二、注意事项

(1) 生产记录是否真实，完整。

(2) 所使用的设备、工器具是否经过有效清洗消毒后再使用。

(3) 双联过滤器内的过滤网是否已清洗。

(4) 高压锅上的压力表、温度计、安全阀是否安全有效，是否灵敏（应定期校验，正常生产每月校验一次，长时间停产后，再生产前必须校验)。

(5) 注意身体及裸露部分不要贴近高压锅及其管道，以免烫伤。

(6) 一定要注意清洗过滤器及管道泵等容易污染的死角，并且每次用完后要及时清理残留液体，否则，会造成管路堵塞等事故。

(7) 出现异常事故后，要填制车间异常事故处理表。

三、工作中极易出现的异常事故及处理措施

(1) 气阀关闭不严，高压锅压力升高，容易出现危险，应迅速关闭进气阀，必要时打开排气阀降压。

(2) 管道及阀门出现异常泄露，应及时降压，对泄露的地方进行有效维修。尽量避免料液的损失。

第四节　分离工序操作规程细则

在骨肉提取物生产的渣、油、汤汁分离，是一个较难控制的工序，很多生产厂家选择的工艺不合理和设备不配套，生产出的产品经常处于不清不浊的状态，其产品在工业化应用上就会存在诸多的缺陷。

目前，在骨肉提取物生产中使用较多的是碟片式高速离心分离机，并且以可进行油、液、固三相分离的碟片式全自动高速离心分离机为最好。它不但可以进行油、液分离，还可以自动排渣，对产品状态要求较高的产品生产尤为适用。离心分离机是整个畜禽骨肉提取物生产工艺中最精密的设备之一，需要严格的操作程序和相当熟练的操作技术来进行操作。全自动三相分离机要根据物料的具体含渣量和实际操作经验来设定具体的排渣时间，现就 Alfa Laval 的半自动除渣碟片式离心机为例，简单阐述一下分离工序的操作规程，具体的操作规程同样要根据所选用的机器型号及物料的具体情况来制定。

一、操作规程

（1）准备工序记录表，检查进料口阀门是否已关闭，高位水箱是否有水，机油是否在油位线上，刹车柄是否在松开位置，各管路是否已紧固。

（2）开启电源开关 6 ~ 8min，将机器达到恒速后，开启密封水进水阀。

（3）待密封水出水口有水排出后，将水阀转到补偿位置，开启进料阀门（视料液的含油、含渣程度，掌握阀门的开启大小），开始分离，同时观察排污口有无漏液，确认出封完好后，调整进料阀，至所需处理的生产能力。分离过程中除需要根据经验判断分离效果外，还要随时取样检测残留脂肪量，以控制最终产品的脂肪含量。

（4）根据经验判断，若分离机在运行中需要排渣时，应先关闭进料阀，然后将控制阀转到开放位置。听到冲击噪声后，排渣结束，再将控制阀转至“空位”位置。

（5）若需继续分离重复步骤（3）。

（6）若需停机，应重复排渣程序，确信机内清洁后，再停机，以免有渣滓停留在机器内部来不及清洗，造成污染，产生大量的细菌。

二、注意事项

（1）开机前的检查工作一定要做好，记录表格一定要如实填写。

（2）进料后一定要注意排污口有无漏液（即料液泄漏），如有漏液应重复密封工作，已经分离出的料液要倒回去重新进行分离。

(3) 清洗、排渣用水是否清洁，温度（80℃）是否适宜，清洗、排渣用水不清洁，容易造成机器内部堵塞，从而损坏机器，达不到分离效果。当温度过低时，容易使物料内的油质产生凝固现象，从而堵塞机器。

(4) 随时检查分离出的料液是否符合质量要求（料液澄清无油星、油脂中没有明显的汤汁），必要时，料液和油脂要尽快送检，符合生产要求的进入下一工序，如果料液不能符合生产工艺的要求，则要记录在案后尽快按照工艺数据要求进行纠正。

(5) 分离机工作时，要随时注意料液温度（≥80℃）是否符合要求。

三、工作中容易出现的异常事故及处理措施

(1) 机器运行中，进出料口突然漏液，是进料压力太大造成的，这时应迅速将出料阀门打开。将进料阀关闭，当不遗漏时，应将漏液处旋紧（需要时更换密封圈），确信无遗漏时再出料。

(2) 突然停电时，应关闭进料阀，迅速排渣，并在停机后迅速用热水清洗机器内部。

(3) 机器运转中若突然出现异常噪音，则应迅速按停机步骤停机检查，确信无故障后再开机生产。

第五节　酶解工序操作规程

酶解是一个人为控制蛋白水解程度的复杂工艺。在保证整个水解过程卫生的前提下，首先要根据最终产品水解度的要求制订水解工艺路线，包括水解时间、水解温度以及水解所需的底物浓度，这些都要有严格的数据来控制整个加工过程。另外，有些底物还需要适度变性后才方便酶解，有些则不需要太过剧烈的变性，有些底物则需要人为添加一些金属离子以刺激酶活性，还有一些则需要添加适当的缓冲剂来调节底物溶液的pH，以保持整个水解体系的稳定性。例如，利用动物血液水解血液中的蛋白质来制备小肽血红素。由于血液本来就是一个比较稳定的缓冲体系，就没有必要再人为地添加缓冲剂来保持血液的pH。当然，在水解前适量添加抗凝剂还是有必要的。但在酶解一些植物蛋白时，如果加入缓冲体系，就可以不必每时每刻检测和调节pH。还有些要求酶解时间特别长的产品，在必要的时候还要添加对产品、对酶活力没有影响的防腐剂，以防止在长时间的温暖环境中滋生不必要的细菌，造成原料腐败。另外，由于原料也是品种多样、千变万化的，也需要针对不同的原料来选择酶的种类、组合以及配比等。

因为一般的蛋白原料非一类蛋白质组成，组成一个动物体的蛋白质体系也

是相当复杂的，所以，在酶解蛋白类原料时，一般还会采用多种酶系组合的方式来进行酶解。这样有助于整个蛋白质体系都能得到平衡地酶解。这样的多酶系组合还有降低蛋白酶水解产生的苦味的好处。传统经验表明，用蛋白酶水解蛋白质到一定程度后都有苦味，不论动物蛋白酶、植物蛋白酶还是微生物蛋白酶水解蛋白质（包括植物蛋白、动物蛋白）都会产生苦味肽。但在经过长时间、多酶系发酵水解后的发酵产品（如酱油、鱼露等）中，是没有明显的苦味的。这并不能说明在此过程中没有苦味肽的产生。有两种说法可以解释这种现象：第一是因为这类制品是经过长时间多酶系甚至是多菌种发酵而成的，在此过程中各种天然酶系共存，就会有许多专门避开疏水性基团并作用于亲水性基团的酶存在。这些酶作用的结果就是减少肽链中疏水基团的产生，从而减少苦味的产生。这应该是最主导的作用，由此可见，采取多酶系组合是降低蛋白质水解产物苦味的有效方式。例如，丹麦诺维信推出的复合蛋白酶（Protamex）和风味蛋白酶（Flavourzyme 500MG）就是很有效的组合。第二是由于发酵物中由于有淀粉类物质的存在，菌类产生的淀粉酶将其分解为糖类物质，因此产生的糖类及其他物质掩盖了苦味肽中的苦味。当然，这种作用也是很明显的。

作者曾经做过一个多酶系组合的实验：将活性干酵母溶于水，在适当的条件下使其破壁，以释放出自身的酶系，然后，将这种自溶后的酵母液，按照一定的比例，添加进磨好的猪肉浆中，酶解4～5h后，所得产品的酶解度与添加0.03%的复合蛋白酶（Protamex）和风味蛋白酶（Flavourzyme 500MG）的酶解度相当，但风味和口感优于这两种酶系的组合，几乎没有苦味，后味相当醇厚。可见，酵母自身的酶是相当复杂的酶系。此试验的原理来自于鱼露的天然发酵原理。

总之，酶工程——不管是上游工程，还是下游应用工程都是相当复杂和相当精细的过程。这就要求研究和生产者有足够的耐心和丰富的经验来研究它。当然，一般酶制剂供应商也会提供一些特定酶的最适宜作用温度、用量、底物浓度等基本数据。根据提供的这些数据做些简单的产品是没有什么问题的。如果要做出非常有特色的产品，以及制订出非常合理、非常实用的工艺技术参数，还需使用者通过大量的试验，根据设备、底物浓度以及最终产品的要求（酶解度）的不同来制订出酶解温度、时间、酶的添加量和种类等最适合的工艺参数。下面就以酶解肉膏的操作规则及注意事项为例说明此内容，仅供参考。

一、工艺流程

解冻→绞肉→变性→胶磨→酶解→清洗

二、操作及要点

(1) 解冻　夏季时用常温水解冻，冬季用不得超过 50℃ 的温水解冻。解冻过程中需多换几次水，直到将肉中的血水洗净为止。

(2) 绞肉　将解好冻的肉放入绞肉机绞碎。

(3) 变性　将绞好的肉按肉水比为 1∶0.7 的比例加水蒸煮，先将水升温到 70℃ 再投入绞好的肉，再升温至 100℃，保温计时：牛肉保温 60min，猪肉保温 50min，鸡肉保温 40min。

(4) 胶磨　将蒸煮好的料液过一遍胶体磨，并直接用泵抽到酶解罐中。

(5) 酶解　待物料全部抽入酶解罐后，调 pH 至 7 ±0.2，温度调控在 55 ±2℃，加入复合酶保持温度，中途还需测 pH，2h 后加入风味酶，在此之前再次测 pH 并将其调至 7 ±0.2，保持温度在 55 ±2℃，4h 后酶解结束。

三、注意事项及关键点

在既定的工艺技术参数下，本工序需要注意的事项有以下几点。

(1) 确定蛋白酶的活性是否降低或失活。不适当的保存方式，在一定的时间内会使蛋白酶的活性有所降低或失活。失活的蛋白酶根本不可用，活性降低的蛋白酶可能会增加使用量或导致不合格的产品出现，这些现象应该杜绝。

(2) 酶解前的底物是否经过有效灭菌或有适当的防腐措施，尤其是需要酶解时间长的产品，如果没有经过有效灭菌或适当的防腐措施，那么，在漫长的酶解过程中，很容易因污染杂菌而产生腐败，失去酶解的意义。

(3) 酶解后要及时彻底地灭酶，否则，在适宜的条件下，酶解继续进行，会造成产品质量问题。

(4) 随时检测产品的酶解度，及时监测酶解过程，以确保产品质量的稳定。

(5) 一定要按照工艺技术参数来进行操作。

本工序的关键点有以下几点。

(1) 在解冻时水温不能超过 50℃，多换几次水，将肉的血水清洗干净。

(2) 肉与水按 1∶0.7 的比例，水不能多加。

(3) 酶解温度控制在 55℃ ±2℃，pH 调至 7 ±0.2，pH 超高会影响酶解效果。pH 低于 7 时，用碱溶于水调值，一般的牛肉、猪肉 pH 都在 5.6 左右，1000kg 肉的酶解液需加 4 ~ 5kg 碱来调值，鸡肉的 pH 则相对较高，如 pH 高于 7 时，可用柠檬酸溶于水调 pH，风味酶加入后无需再测 pH，酶解罐需保温。

四、相关记录

检查《酶解生产记录表》《设备设施清洗、消毒记录表》等相关记录是否记录完全。

第六节 乳化均质工序操作规程

该工序视具体设备、具体工艺来定，有的是前乳化，有的是后乳化。前乳化即根据传统煲汤工艺将原料经大火煮沸，在整个蒸煮过程中保持适当沸腾，使原料内的蛋白质、脂肪等物质充分溶于水，并经沸腾过程尽可能将其乳化，直至蒸煮完毕。液料一直维持乳化状态，并在乳化状态下进行过滤、分离、均质、浓缩等工作。其中均质工序进行时，料液已经经过蒸煮过程的粗乳化，再经此步的均质过程，将前乳化液添加适当的乳化剂后再进行强化性的乳化，以保持产品在后续工艺及存储期间不至于破乳而损坏其乳化状态。后乳化则是先以清汤的工艺生产出一定浓度的清汤，然后再根据最终产品的脂肪、蛋白质、水分、食盐等指标要求，将脂肪、水及其他配料与清汤以最终要求的指标进行定量配比后，一起进行乳化的工艺过程。前者在蒸煮工序就已经有部分不定量的油脂乳化进入了料液，故前者的理化指标、产品颜色以及乳化状态的稳定性等指标不容易控制，总会有一些波动，而后者则可以较为轻易的将各项指标控制在一个较为准确的范围之内。因此，一般情况下都会考虑应用后乳化的工艺。但后乳化工艺对设备的配置要求较高，投资较大，不适宜小型投资者。

一、乳化均质的一般要求

(1) 保证料液内无硬质颗粒，如骨渣、铁屑等物，检查确信没有时方可进行乳化操作。

(2) 乳化工艺要求有特定的工艺温度，一般在 40～60℃ 时进行乳化，乳化时，视料液的具体情况来调整胶体磨的间隙大小和均质机的压力大小。

(3) 乳化工艺中要求必需有一定数量的脂肪、蛋白质或乳化剂存在，否则，将无乳化效果。

二、乳化工艺中的注意事项

乳化的两种工艺过程在本章第四节骨白汤的生产工艺中已阐述得很详尽了，在此不再赘述，只就一些注意事项阐述如下，希望能引起重视。

(1) 对所用的乳化设备进行检查，如乳化罐、胶体磨或均质机等首先要确定其是否能正常运转，并能调节乳化罐乳化头的转速及胶体磨的间隙和均质机的压力，以及在开机前检查有无接通冷却水等因素。乳化时，视料液的具体情况来调整乳化罐乳化头的转速、胶体磨间隙的大小和均质机压力的大小。

(2) 检查料液内有无硬质颗粒，如骨渣、铁屑等物，检查确信没有时方可进行乳化操作。

(3) 乳化工艺要求有特定的工艺温度，一般在40～60℃时进行乳化。

(4) 乳化工艺中要求必需有一定数量的脂肪、蛋白质或乳化剂存在，否则，将起不到乳化效果。

(5) 乳化后的料液要迅速做强化破乳实验，如果乳化效果达不到工艺要求，要尽快查找原因，修正工艺参数，以改善乳化效果。

(6) 使用均质机时要特别注意均质机压力表的指针突然指向高压力，此时应将压力阀柄旋松以泄压，否则，压力突然升高易引起机器故障，产生危险。

第七节　浓缩工序操作规程

在畜禽骨肉提取物的生产过程中，浓缩工序也是一个非常精细的过程，这主要体现在设备的选择上。设备选择得好坏，将直接影响到各工艺参数的制定和施行。适用于畜禽骨肉提取物浓缩的设备很多，主要有管式薄膜蒸发器中的升膜式蒸发器、降膜式蒸发器、升降膜式蒸发器和板式蒸发器。其中又有单效、双效和多效蒸发器之分。但不管采用哪种蒸发器，以能最大限度地降低料液的蒸发温度，最大限度地缩短蒸发时间，最大限度地保证卫生条件，不至于在浓缩过程中污染杂菌并节能环保为最佳。生产过程中要做到对产品随时检测，对工艺参数随时监控。

一般设备厂家都会在浓缩设备上附有设备使用说明书，在使用前要仔细阅读使用说明书，可参照使用说明书制定具体的操作规程和生产工艺。在生产过程中，具体的操作规程要视具体的设备来制定，在此不再详述。下面就间歇式和连续式两大类应用于骨肉提取物生产的浓缩设备的操作知识，做简单介绍。

一、间歇式真空浓缩设备的操作要点

（一）准备工作

首次使用设备前，最好熟悉设备的工作原理，了解设备的结构、管路阀门和仪表的操作规程；电机应装地线，传动部分应装保护罩。在吸入液料前，先

将浓缩锅充分洗涤，并送入蒸汽，保持 15～30min，进行杀菌；然后放出冷凝水，关闭所有阀门，向冷凝装置中注人冷却水，同时启动真空装置，使真空度达规定的要求。

（二）开始运行

以盘管式蒸发器为例，准备工作完成后，即可吸入液料，当液面浸过各层加热盘管后，顺次开启各排管的蒸汽阀门，通入蒸汽。开始时必须保持盘管中的蒸汽压力不要过高，防止料液中空气突然形成泡沫，随真空抽出罐外，造成液料损失；当料液处于稳定的沸腾状态时，再逐渐增加蒸汽量达到一定的蒸汽压，同时可以稍微打开进料阀门，缓慢进料，使料液面保持恰恰能将最上层加热盘管完全浸没的高度。随着浓缩的进行、浓度和黏度逐渐增高，使蒸发速度减慢，这时需适当提高真空度，保持所规定的液料温度。

（三）停止运行

当罐内浓缩物达到浓缩器的容积，液料达浓度要求时，即关闭蒸汽阀，解除真空，卸出浓缩成品；然后向浓缩锅通水进行清洗。

（四）常见的故障及产生原因

1. 真空度过低

原因是接管、阀门漏泄或冷却水不足、水温过高或真空装置内部有故障。

2. 沸腾突然停止

原因是平衡槽抽空、液料中进入空气或真空系统的工作中断。

二、连续式真空浓缩设备的操作要点

（一）试车

1. 试车前的准备工作

全面检查设备安装的正确性、安全性和密封度。组织试车人员进行设备的学习和安全教育。设备内做彻底清洗。

2. 试车步骤和要求

部件试运转→水试车→物料试车。

首先检查物料是否合乎要求。部件试运转主要检查各泵的运转是否正常，冷却水泵必须在给水后方可启动，并应保持规定的水压。

在水试车过程中要调节管路上的节流装置，使各真空部件的真空度和温度达到要求数据。物料试车的投料前，用碱、酸、水洗涤液将设备清洗干净。开始的投料量应比要求投料量大 10% 以上，然后按出料浓度逐渐调整。

水试和物试均应按操作规程进行。

（二）开车前的准备工作

打开蒸汽总供汽阀，检查锅炉供汽压力是否达到要求。用氯水或热水对蒸发器和管道进行消毒，然后打开平衡槽进水阀，把水放满。

（三）开车

以 RP6K7 型双效真空设备为例，首先打开冷却水泵的给水阀，调水压至规定的要求，然后依次开动平衡槽出料阀、进料泵、出料泵和真空装置，以水代物运行。当二效分离器真空度达 82.7kPa 时，打开杀菌器和热压泵的蒸汽阀，并调节热压泵的蒸汽压力约为 490kPa，当杀菌温度和各效蒸发温度达到要求时，再用物料把水换出，同时关闭出料阀，使物料浓缩后先回人平衡槽，进行大循环，并调节进料量和各工艺参数，当物料达浓度要求时，关闭回流阀，打开出料阀，然后连续进料运行。

（四）停车和清洗

进料当一个班次结束或一批原料处理完毕时，先关闭蒸汽阀，破坏真空度、然后关闭进、出料泵、冷却水阀和真空装置，抽出设备的浓缩液；最后进行一次清洗，清洗的顺序一般是水洗→ 2% 氢氧化钠溶液洗→水洗→ 2% 硝酸溶液洗→水洗；各清洗时间均有要求。

（五）常见故障与产生原因

1. 真空度低、蒸发温度高

原因是螺旋接头松弛，垫圈等密封件损坏；或冷却水不足，排水温度过高；或热压泵的工作蒸汽高；或真空系统有故障。

2. 蒸发管、杀菌管结垢

原因是原料乳酸高、进料量少、中途停车断料、物料分配孔堵塞、加热温度高及清洗不彻底。

3. 出料不连续或不出料

原因是泵盖、泵的进料管路漏气。

4. 出料浓度低

原因是进料量大、热压泵工作蒸汽压力低、物料泵的密封件损坏或蒸发管内结垢。

三、真空浓缩设备的检修要点

为了保养好设备，保证正常安全运转，停车后就必须立即进行清洗，及时盖封，避免尘土污染。浓缩设备上密封处的衬胶、垫圈等容易老化及脱落，使阀门漏泄，仪表失灵等，故必须经常检修，及时更换。有关设备的其他易损零件，也应备件，以备更换。检修后，应进行压力、真空度等试机工作。

四、真空浓缩工序注意事项

（1）注意随时检查料液浓缩状况，浓缩到质量要求时即刻停止浓缩操作。

（2）随时检查工艺操作是否符合操作规程管制，如有不符则需马上纠正。

第八节 喷雾干燥操作规程

在畜禽骨肉提取物的生产过程中，喷雾干燥工序相对来说要简单一些，选定了设备，其操作就主要体现在对设备的熟悉程度上了。操作人员对设备使用的熟悉程度，在很多情况下会影响产品的质量。此工序以能最大限度降低物料的温度，尤其是出料口处物料的温度为最重要。这样可以缩短物料在高温状态下的停留时间，以保证产品的质量。在本书第四章第九节干燥设备中，已就喷雾干燥塔的性能、工作原理及其结构等有较为详尽的阐述，具体的操作规程要视具体的设备来制定，现以骨肉提取物生产中常用的200型离心式喷雾干燥机为例对操作规程做一些介绍。具体的操作规程还要视不同的物料、不同的设备及加热条件等来制定。

一、开机前的准备工作

（1）首先检查观察门是否关闭，各连接管道是否严密，储存罐与输送管道的阀门等是否按要求开关好。

（2）电控柜各总闸、断路器等是否闭合，电源电器等是否处于正常状态等。

（3）雾化器是否安装到位，润滑油是否充足，冷却水是否打等。

（4）各个风机的控制阀门是否按要求打开，关风机的微型搅拌运转是否正常，汽（或电）锤工作是否正常等。

二、开机、升温和正常工作

（1）打开总电源，接着打开电控柜上的总电源。

（2）待电流正常后，首先打开引风机，再开启送风机，再依次打开加热器（有的会配备蒸汽加热器以及电加热补偿两种方式混合），除湿机，最后打开关风机，塔内开始升温。

（3）当进风温度升至180～245℃（具体物料和设备有具体要求），出风85～150℃（具体物料和设备有具体要求）时，打开雾化器油泵，再开启雾化器，当雾化器达到要求转速时，再开启进料阀门及其泵。

（4）进料时依据从慢到快的原则，先缓慢进料，防止进料太快，导致雾化不均匀，使物料结块，干燥不彻底。最后，根据喷雾的最佳状况，将进料稳定地控制于一定的速度，尽量不要再加快，当然，整个喷雾过程中还要及时观察，以随时调节最佳的进料速度。

（5）出风温度一般通过调节进料泵的速度来控制，通常控制在85～110℃，由于料液的特性不同，具体温度要根据料液的情况做适当的调整。

（6）因收料口关风机可以自动收料，所以要随时观察收料情况，同时启动汽锤系统。

三、关机

（1）喷雾结束后，向储罐内注入清水，一来可以将管道内的剩余物料喷完，另外还可以清洗管道和雾化器，但此时的进料速度必须调慢，否则会使已经干燥的物料返潮。

（2）确认物料已经喷雾完毕，先关闭进料泵，约2min后关闭雾化器及其油泵，接着依次关闭加热系统，进行塔内降温，最后关闭除湿器及除湿加热器。

（3）当进风温度降到100℃以下时，才可关闭送风机、引风机等电器设备。

四、注意事项

（1）机器各部件是否运转正常，各管线是否连接完好，各项准备工作是否已经提前做好。

（2）在开始喷粉前检查物料是否经过适当的工艺进行了有效地消毒。

（3）接粉包装间是否已经进行了有效消毒，以防产品再污染。

（4）工作过程中要随时监测喷雾状态及产品质量是否符合生产工艺要求，喷雾盘是否旋转正常，是否有堵塞现象出现，一旦堵塞，要立即停止喷雾进行清理。

第九节　包装、储藏及运输工序操作规程细则

骨肉提取物的包装是骨肉提取物工业生产的最后一道工序，它起着保护、宣传和方便骨肉提取物储藏、运输、销售的重要作用。在一定程度上，骨肉提取物的包装已经成为了骨肉提取物中不可分割的重要组成部分，对骨肉提取物质量产生直接或间接的影响。但用于骨肉提取物产品的包装物却比较单一，多数使用塑料袋或塑料桶包装，也有少数是做成罐头的。对于工业客户的大包装产品，一般是在较为严格的无菌室内，将塑料袋套在方形的马口铁桶或圆形广口的塑料桶上，再将骨肉提取物灌进塑料袋，最后将袋口密封。

不管使用什么材质的包装材料，必须要保证包装材料的安全性及对产品的

适用性。

近年来，由于食品包装材料以及印刷油墨等有害物质残留过高，食品被污染而引起的中毒事件频频发生。我国食品包装行业现在面临的形势不容乐观。不但危害消费者的身体健康，而且影响我国整个食品包装业，甚至是食品工业的健康发展。食品包装与食品安全有密切的关系，食品包装必须保证被包装食品的卫生安全，才能成为放心食品。

一、骨肉提取物的包装

任何食品的流通和销售都离不开包装，包装可将产品与外界环境隔绝，防止和减少外界的氧气、水分、光线、细菌和异味等对食品产生有毒、有害或有损品质的不良影响；其次，包装可以美化商品，提高商品的档次和品位，促进消费者的购买欲，尤其是食品，合适而又美观的包装，还能给人以食欲及安全感；第三，包装还是食品可以承受储藏、运输和展示摆放的必要条件，以及防止在这些商业过程中因碰撞、振动、挤压等而带来的损害。

（一）包装对骨肉提取物的保护作用

包装对骨肉提取物的保护作用主要体现在以下几个方面。

1. 阻气

阻止异味、空气及空气中的细菌进入产品内部，异味进入会使产品产生或附着本来没有的不愉快气味，失去产品原有的香气及商业价值；空气中的氧气会氧化脂肪，产生“哈喇味”；细菌进入则可能直接导致产品发生腐败变质。

2. 遮光

光能促进油脂氧化，尤其是紫外线，减少或隔绝光线对产品的辐照，则能有效延长产品保质期。

3. 机械强度

能承受运输、搬运等流通过程中的挤压、碰撞和振动，以保证产品不在此过程中流失、质变等，还需要方便开封。

4. 防止污染

尤其是防止污物对产品的污染等，没有人喜欢和购买受异物污染的食品。

（二）包装材料的选择

由于骨肉提取物多数为大宗货物，其包装更需要有比较坚固和密闭性良好的包装。一般选择多种包装方式配合的形式。如膏状骨肉提取物采取多层复合塑料袋包装后，再装入马口铁桶或塑料桶的办法；有的也采用复合铝箔袋包装，然后将铝箔袋装入纸箱的办法。但不管采取什么样的包装方式，食品安全为第一，其次才能考虑包装材料的其他因素。

塑料包装材料作为包装材料的后起之秀，因其原材料丰富、成本低廉、性能优良、质轻美观的特点，成为近四十年来世界上发展最快的包装材料。塑料作为食品包装材料的缺点就是某些品种存在着卫生安全方面的问题以及包装废弃物的回收处理对环境的污染问题。

塑料包装材料的安全性主要表现为材料内部残留的有毒有害物质迁移、溶出而导致食品污染。其主要来源有以下几方面。

（1）树脂本身具有一定毒性。

（2）树脂中残留的有害单体、裂解物及老化产生的有毒物质。

（3）塑料制品在制造过程中添加的稳定剂、增塑剂、着色剂等助剂的毒性。

（4）塑料包装容器表面的微生物及微尘杂质污染。

（5）非法使用的回收塑料中的大量有毒添加剂、重金属、色素、病毒等对食品造成的污染。

因此，对于包装材料的选择应该慎之又慎。

（三）包装注意事项

现在很少有企业使用专门的包装机械来进行骨肉提取物产品的包装。一般都是采用在无菌间内灭菌后再灌装的大包装的方式。这种方式就要求无菌间的设计以及人员的操作要严格按照卫生级无菌室设计和操作规程来进行，尽量避免人员、工器具及空气对产品的二次污染。不但无菌室及工作流程要设计得合理无疏漏，人员的操作也要有进行过严格培训的专人进行负责。否则，一些细微的疏漏都可能造成产品的损坏以及产品保质期的低劣。

下面就这种形式的包装注意事项，特别加以说明，（对于使用无菌包装设备的操作工艺，请根据具体的设备来制定），以使产品保质期能达到最大化要求为目的。

（1）包装前一天务必对所用成品罐、工器具等进行有效清洗、消毒；并打开臭氧发生器和紫外线灯，对包装间消毒 1h 以上。

（2）操作开始前 2h 将必须的包装材料、食盐等其他配料以及所用工器具包括酒精喷壶、电子秤等放入包装间，打开臭氧发生器和紫外线等至少消毒 30min 以上。

（3）包装人员务必按照正规的消毒更衣程序并配备必要的个人防护措施后，进入包装间，进入包装间后，不得再随意进出，其他非包装间人员更不得随意进出，直到工作完毕。

（4）包装人员的服装配备，所有衣服必须为紧口的，并要系紧衣扣等，必须佩戴口罩、工作帽，有条件的可以配备一次性手套和鞋套。

（5）操作前，一定要用消毒酒精对手和工器具进行有效消毒，然后烘干后方可操作，进入包装间的人员应尽量减少不必要的走动。

（6）计量包装好之后，在塑料袋内喷洒少许食用酒精消毒，然后尽快将塑料袋内的气体排出，也要注意不要把料液沾到塑料袋口上，避免封口难度，封口后，将多余的塑料袋折叠好放入桶中，但不要盖盖子，可以喷洒少许酒精，等放置到室温时，再重新喷洒一些酒精于塑料袋上，封盖。

（7）所有物料包装完以后，要立即对成品罐进行清洗、消毒，以防止细菌污染。

（8）随时检查产品质量是否在包装期间发生质变以及所包装产品的质量，如有不妥应立即停止包装，并报相关人员进行及时有效的处理，并检查事故原因。对于喷雾干燥产品的包装则不需要这么严格的控制，当然，也要尽可能的控制再污染，在此，就不再详述。

二、骨肉提取物生产原料和产品的储藏

由于骨肉提取物生产用主要原料必须为新鲜不变质的原料，而产品又是富有营养的易腐败食品，对每一种易腐食品和原料来讲，在一定的温度下，食品所发生的质量下降与所经历的时间存在着确定的关系。如冻牛肉在－15℃下储藏120d的质量损失比在－20℃下储藏150d几乎多一倍。因此，使易腐食品在储藏和运输中的温度始终处于适宜的温度范围内，对确保产品质量意义重大。所以，一般的骨肉提取物生产厂家都要配备必须的冷藏库和冷藏运输车辆。

对于原料和产品的储藏要求，主要是按照生产工艺参数和产品保存所需要达到的目的而制定的。一般的骨肉原料必须为新鲜或经速冻（速冻温度－30℃以下），且一直在－20℃冷藏存放的原料，并且冷藏的原料冷藏时间一般不得超过三个月。对于未加防腐剂的产品来说，冷藏储运是必须的，冷藏温度一般在4℃以下。对于需要存放半年或以上的产品，则需储存在－20℃以下的环境中。下面就骨肉提取物原料及产品的储存做一些细节上的说明。

（1）所有冷藏原料的运输都必须由符合要求的车辆完成，对于不符合冷藏条件的运输车辆所运送的原料，仓储部门可以拒绝接受。仓库收货人员要将不符合冷藏条件的运输车辆的具体情况明确记录在《运输车辆检查表》内，以备核查。

（2）冷藏原料由品质控制人员进行质量状况和检验检疫的安全验证，合格方可入库，不合格则应当退货。

（3）原料冷库和产品冷库应该是各自独立的，产品和原料不能存放在同一个冷库内。并且不得接受任何外来物料的寄存要求。

（4）冷库内的原料或产品存放数量以不超过冷库全部容量的1/2为宜，

冷库内的原料码放，不得靠紧风机或堵塞风机的进出风道，以确保冷库内的风机能够发挥正常的制冷效果。同样的道理，用冷管制冷的冷库则不能将物料直接放在冷管上。

（5）冷藏原料的收发必须按照先进先出的原则严格执行。冷库内的原料堆放要合理、有序，不得堵塞进出通道，以确保冷藏原料能够正常的先进先出。

（6）冷库的所有设备设施都应由设备部门进行日常的保养、维护、维修和巡检。温度控制和间歇性化霜由设备部门安排专人负责，并且做好相关的记录。其他操作按照《冷库操作规程》严格执行。

（7）冷库内部必须保持清洁、卫生和合理码放。

（8）任何有异味、霉变的原料不得进入冷库存放。

（9）所有存放于冷库的原料都必须有外包装。所有的肉蛋类冷藏原料都不得裸露，以避免污染。

（10）如果在生产（前处理）过程中发现冷藏原料有异味、变质等质量问题时，生产人员要立即停止生产，同时向品控人员反映情况，以便于采取相应的措施进行处理。对于产品而言，如果发现产品变质，则应将其销毁。

三、骨肉提取物的运输

运输过程中的温度、环境及其他因素对于食品安全尤其是骨肉提取物的原料和产品的安全有着决定性的作用，运输过程做得好，可以保持骨肉提取物的原料和产品安全不变质。运输过程做得不好，轻则导致骨肉提取物的原料和产品变质，造成财产损失，重则可能造成食用之后的人身事故。

食品安全事关人民群众的生活和健康，易腐食品的保鲜是保证食品新鲜和安全的重要手段。对此，冷藏运输是易腐食品保鲜的重要环节。

长期以来，我国冷藏运输在全国易腐食品的运输中一直发挥着主力军的作用。近年来虽然运量有所上升，但易腐食品运输仍然起着至关重要的作用，2009 年全年完成鲜活易腐货物运量 1903.8 万 t。易腐食品运输中用冰冷车完成的占 20.8%，用机冷车完成的占 39.8%，另有一部分是用敞篷车完成的，冷藏运输率约为 80%，较 20 世纪 90 年代的不足 20% 增长了 70% 以上。尽管如此，与国外发达国家 100% 的冷藏运输率相比仍有较大的差距。

对于骨肉提取物的原料和产品以及其他冷冻调理食品及冷鲜食品而言，提高冷藏运输水平势在必行。

（一）改变冷藏运输工具的构成，提高冷藏车的技术性能

改变冷藏运输工具的构成是指要尽快使单节机冷车、特种行李车、冷藏集装箱等新的运输工具形成批量运输能力。提高冷藏车的技术性能主要是要进一

步提高其隔热性能、制冷能力及温控水平，以确保严格的温度标准并进一步向能进行湿度控制的方向发展。

根据实现“冷藏链”条件之一的“三 t”条件，即著名的“t、t、t”理论，时间（time）、温度（temperature）和食品的允许变质量（tolerance）之间紧密相关。湿度对骨肉提取物原料和产品的运输质量也有影响，湿度过大使包装或食品表面结存冷凝水，有利于微生物的滋生；湿度过小，会加大食品的干耗。现有的冷藏车只能进行温度控制，而无湿度控制功能。为进一步提高所运骨肉提取物原料的新鲜度，应积极使用有湿度调控系统的冷藏车。

（二）加强食品冷藏链建设

1. 要提高冷藏运输率，减少敞篷车装运易腐食品的数量

这在水果、蔬菜的运输上表现尤为明显。水果、蔬菜不用冷藏车运，往往是采用“土保温”的办法进行运输，这一点不仅在公路运输中存在，在火车运输中也是存在的。所谓“土保温”就是在车内货物包装间垒冰墙、加碎冰，或在一次性泡沫塑料箱内加碎冰，在车内铺稻壳、加塑料薄膜、盖草帘和棉被。这使运输质量没有保证，另一方面卸车后的稻壳、塑料箱等又成为垃圾，污染了货场和周围环境。

2. 要借鉴国外的经验，加强温度立法

例如，英国 1991 年 4 月 1 日颁布的新法规中规定，对易受李特斯菌感染的食品，在储存、运输、分配过程中的最高温度必须保持在 5℃以下，对不易受李斯特菌感染的食品，其最高温度必须保持在 8℃以下，使冷藏链能更加有效地为冷藏食品服务，保证了易腐食品在流通的全过程中始终处于良好的质量状态。我国若建立相关法规，则将会大大提高铁路的冷藏运输率，从而进一步提高易腐食品的运输质量。随着人民生活的提高和经济的发展，我国也开始重视这项工作，如北京市政府规定从 2005 年下半年规定外地进京的鲜肉必须用冷藏车运输。

3. 要进行地面预冷

地面预冷是实现水果、蔬菜、骨肉等易腐食品冷藏链的重要一环。如果果蔬等食品未经预冷（或速冻）即装车运输，冷藏车由于受自身制冷能力的限制，很难在短时间内将货物温度降到适宜的温度，这就容易造成货物腐烂变质。货物不经预冷直接装车还会大大增加制冷费用。有专家计算，车上预冷的制冷成本是地面冷库预冷的 8 倍。因此，预冷有着良好的经济和社会效益。

国外对地面预冷站的建设相当重视。据有关资料介绍，20 世纪 60 年代，美国的蔬菜、水果的预冷率即已达到 65%，其中一些主要品种如杏、葡萄、梨、柠檬、芹菜等达到 85% 以上。日本到 1982 年预冷的水果、蔬菜已达 40

多种，分布于全国各地的预冷设施1069座，甚至市场上出现了“蔬菜如不是预冷品就不受欢迎”的现象。

运输过程中除了要保持温度、进料保持包装完好无损外，运输工具和设备还应安全、无害、保持清洁、定期消毒，不将食品与有毒有害物品一同运输，防止食品污染，并符合国家相应法规的要求等。

近几年，国内的冷链物流业也有了很大的发展，尤其是一些大企业，在冷链方面发展得比较好，现在也有不少的专业冷链物流公司在运营。这样，大大方便了一些迫切需要冷藏运输物品的转运。

第六章

畜禽骨肉提取物的质量检验

第一节　畜禽骨肉提取物感官指标及评价

食品感官评价是近几十年来发展和完善起来的以人为本，利用科学客观的方法和数据，借助人的眼睛、鼻子、嘴巴等感觉器官，并结合心理、生理、物理、化学以及统计学等学科，对食品的可接受性及对产品的感受和喜好程度进行定性、定量的测量、分析与描述的一门学科。它是直观评价一种食品色、香、味、形的科学方法。国内一些大专院校及较大型企业，都建有专门的感官评价研究机构。

畜禽骨肉提取物的感官指标即是以食品感官评价的方法对畜禽骨肉提取物的色、香、味、形等指标进行标准化描述的标准。

一、畜禽骨肉提取物的感官评价原则

对畜禽骨肉提取物进行感官评价，主要嗅其气味、尝其滋味，观其色泽和组织状态，应做到三项并重，不可或缺。

对于畜禽骨肉提取物而言，无论清汤型产品、白汤型产品还是酶解类型的产品，都应注意滋味的纯正性，其特征香气是否明显无异味，其色泽、质地是否均匀、细腻、润滑等。同时还应留意杂质、沉淀、分层等情况，以便能做出客观、正确的综合性评价。对于粉状产品，除了要注意以上指标外，还应注意有无结块、吸潮以及其流动性等指标。必要时，应该对产品冲水稀释后进行感官评价。

二、畜禽骨肉提取物感官评价标准

本节只对膏状产品的标准进行阐述，因为劣质的膏状产品喷雾成粉状产品后，从其外观形态上很难分辨品质的优劣。如表 6－1 所示。

表6-1 畜禽骨肉提取物感官评价标准表

指标	标准（参照）
色泽评价	白汤型优质产品为乳白色或乳黄色，有滑亮的光泽，冲水后显乳白色，无明显浮油；次质产品则呈灰白色，无光泽，冲水汤汁有离析的感觉，有少量浮油；劣质产品为黄褐色至褐色，无光泽，冲水后汤汁呈泔水状态，有大量浮油。 清汤型为茶褐色，有类似于胶体的透明光泽，冲水呈金黄色透明液体；次质产品稠而不黏，无光泽，冲水后汤汁呈不清不白较混浊的状态，有浮油；劣质产品色泽不均一，呈灰褐色，冲水呈浅灰黑色，有明显悬浮不溶物，使人无食欲感。 酶解型为较深的茶褐色，有少许光泽，冲水呈黄色透明均一液体；次质产品无光泽，冲水后有少许悬浮物；劣质产品颜色较深，冲水后有大量絮状悬浮。
气味评价	白汤型骨肉提取物具有特有的大骨浓汤香味，有较明显的骨髓香气，无任何异味；次质产品的特征香气味淡或稍有腥味；劣质产品有较明显的腥臊臭味。 清汤型产品具有明显的骨头的香甜气息，无油脂味和其他异味；次质产品骨头香气不明显或稍有腥味，劣质产品有较明显的腥味和其他异味。 酶解型有明显的骨头的鲜香气味，无其他异味；次质产品肉味不明显或稍有酶解发酵的气息；劣质产品酶解发酵气息较重或有酶解臭味。
滋味评价	白汤型优质产品中具有明显的骨髓的滋味，具有纯正的骨头和肉的醇香滋味，均无任何异味；次质产品的滋味平淡或稍差，有轻度油腻感或轻度异味；劣质产品有不纯正的滋味和较重的腥臊滋味及不愉快的油腻感。 清汤型优质产品中具有明显的骨肉提取物的滋味，具有纯正的骨头和肉的鲜醇滋味，均无任何异味；次质产品的滋味平淡或稍差，有轻度异味；劣质产品有不纯正的滋味和较重的腥臊滋味及不愉快的清汤寡水感。 酶解型优质产品中具有明显纯正的骨肉提取物的鲜醇滋味，均无任何异味；次质产品的滋味平淡或稍差，有轻度酶解异味；劣质产品有不纯正的滋味和较重的腥臊滋味及不愉快的酶解臭味感。
组织状态	白汤型产品形似炼乳、组织细腻、质地均匀，无脂肪上浮，冲调后呈均一乳浊液，无沉淀；次质产品组织稍粗，稍有分层，不甚均匀，冲调后上浮一层类似脂肪的物质；劣质产品有较明显分层，冲调后有较明显的浮油。 清汤型产品形似蜂蜜、组织细腻、质地均匀无分层，冲调后呈均一透明稍显金黄色液体，无沉淀、无明显悬浮物；次质产品组织稍粗，不甚均匀，稍有分层，冲调后有较明显悬浮物，无沉淀；劣质产品分层严重，冲调后有明显悬浮物或浮油，且有沉淀。 酶解型优质产品组织细腻、质地均匀无分层，流动性较好，冲调后呈均一透明稍显金黄色液体，无沉淀、无明显悬浮物；次质产品组织稍粗，不甚均匀，稍有分层，流动性很好，但冲调后有较明显悬浮物，无沉淀；劣质产品呈水状，有明显悬浮物，分层严重，冲调后有明显悬浮物或浮油，且有沉淀。

三、畜禽骨肉提取物的感官评价方法及评分标准

取定量包装试样，开启包装罐盖或瓶盖，闻气味，然后将试样缓慢倒入烧杯中，在自然光下观察其色泽和组织状态。待样品倒净后将罐口向上，倾斜45°放置，观察罐（瓶）底部有无沉淀。再用温开水漱口，品尝样品滋味。

感官评价标准按百分制评分，总分100分，其中滋味和气味60分，组织状态30分，色泽10分，特级产品要求总评分≥90分，（气味和滋味得分≥56分），一级产品要求总评分≥80分，（其中滋味和气味得分≥48分），二级产品要求总评分≥75分，其中滋味和气味得分≥45分），具体评分标准见表6－2。

表6－2　　感官评价评分表

项目	特征	扣分
滋味与气味（60分）	香味醇正，具有明显的提取物特有的特征滋味和气味，无任何杂味	0
	滋味稍差，但无杂味	1～10
	滋味平淡，无特征香气和滋味	10～20
	有不纯的滋味和气味	21～35
	有较重的杂味	36～50
组织状态（30分）	组织细腻、质地均匀，黏度正常，无脂肪上浮，冲调后无沉淀	0
	黏稠不均匀，冲调后有少量沉淀	1～4
	脂肪轻度上浮，舌尖微感脂肪颗粒的存在	5～10
	悬浮物（包含上浮脂肪）较明显，明显分层，冲调后有较明显沉淀，口感较差	11～20
	有明显的游离脂肪，分层严重	10～25
色泽（10分）	呈乳白色，颜色均匀，有光泽	0
	色泽有轻度变化	1～4
	色泽有明显变化（呈褐色或深褐色）	5～8

第二节　畜禽骨肉提取物理化指标及检验

一、畜禽骨肉提取物理化指标

畜禽骨类提取物的质量除了上述感官指标给人以直接判断外，还需借助一些理化及微生物检验来确定其质量。畜禽骨类提取物的常规理化指标包括总固

形物（一般理解为水分除外的数值）或糖度（°Bx）、食盐含量（%）、蛋白质含量（%或总氮）、脂肪含量（%）以及氨基态氮等有关营养元素的指标，虽然 pH、水分活度 Aw（%）、黏度（Pa·s）、相对密度以及色度（比色板差和分光光度计的色差）也是影响产品质量的一些关键性因素，但在现行的企业检测指标中，很少有将这些项目列在其中的。这里仅做一些简单介绍，以供参考。

（一）糖度（°Bx）

糖度本来是表示水溶液中的糖分含量的，但在很多情况下，尤其是骨肉提取物的生产中间检验，人们把它用作一种能快速测定溶液固形物含量的指标。一般是通过手持式、台式或电子糖度折光计进行测定。通过观察到折光棱镜上的蓝色区域的底线所覆盖到的部分，读出它的刻度值，即糖度值（样品为20℃时的值）。从理论上讲，这个糖度指 100g 蔗糖溶液在 20℃时所含的蔗糖克数，但实际上它不仅包含蔗糖，还包含其他各种糖、有机酸、色素等所有能够在棱镜上显示出来的部分。因此它不能正确反应蔗糖含量的值，也不能正确反应溶液中所有固形物的准确值，而是以此为工具，快速测定样品的大概浓度。这个值通常被称为百利糖度（°Bx），同时人们又把该值视为可溶性固形物的含量。根据经验，每一种复杂体系溶液的糖度值与其真实的固形物含量存在着比较固定的误差，只有试验得多了，找出其存在的差值，才可得出较为准确的数字。所以，一般骨肉提取物生产企业不依此作为产品的最终检验数据，而是企业内部在生产过程中掌控数据的一种较为快捷的方法。

在畜禽骨肉提取物的生产中，糖度的检测受颜色影响较大，一般在产品或半成品颜色较深时，检测的出的数据较实际的数据要高，这是需要使用者特别注意的地方。

（二）食盐含量（%）

通常采用硝酸银法进行分析并得到食盐的含量值。食盐含量的高低不仅关系到产品味道的综合性质，更重要的是关系到产品的储存性及产品的性价比。在畜禽骨肉提取物的各种类型的产品中，有些产品的含盐量比较高，如含盐量在 14%~20% 的产品，这类产品一般为终端客户使用的产品，不需使用者再添加食盐，直接冲调即可。但一般工业化产品则在 10%~12% 左右，客户可以根据需要再自行添加食盐。通常这些产品的糖度也比较高，基本上在 55°Bx 以上，有的则接近 60°Bx。当然浓度太高会给生产带来一定的麻烦，如液体的流动不畅，粘锅现象（排液后粘在浓缩罐壁上的稠液，妨碍洗罐，还影响出品率）等，给充填包装带来困难等。

当然，也有一些含盐量较低的产品（8% 左右）或无盐产品。这类产品的保质期就更加难以控制，一般会采用真空无菌包装等形式。

（三）蛋白质含量（%）

蛋白质含量是描述畜禽骨肉提取物价值最直接的数据之一。畜禽骨肉提取物中蛋白质含量的多少，决定了该产品的经济价值。在畜禽骨肉提取物中，蛋白质是其最主要的营养元素之一，虽然其滋味、状态等决定了该畜禽骨肉提取物的外在品质，但蛋白质的多寡却直接决定了其内在品质的优劣。

畜禽骨肉提取物中的部分蛋白质在工艺条件下得以分解，降解为低分子质量的多肽物质和具有生物活性的 17 种人体所需要的游离氨基酸，同时含有钙、磷和大脑不可缺少的磷脂、磷蛋白等成分，同时，还含有大量的骨胶原成分。这些成分具有极强的速溶性，易于人体消化吸收。因此，使用骨肉提取物比较安全，长期大量使用也不会使人感到厌腻，反而可以增进人们的食欲。

（四）脂肪含量（%）

脂肪在畜禽骨肉提取物中主要起到增强特征风味和维持产品组织结构的作用，当然，其营养价值也不容忽视。其脂肪酸构成如表 6－3 所示。

表 6－3　各种畜禽脂肪和大豆油的主要脂肪酸构成的比例表

脂肪酸 油脂	豆蔻酸 C_{14}/%	软脂酸 C_{16}/%	硬脂酸 C_{18}/%	油酸 $C_{18:1}$/%	亚油酸 $C_{18:2}$/%
猪脂	1.3	28.3	11.9	40.9	7.1
牛脂	2～8	24～33	14～29	39～51	0～5
羊脂	4.6	24.6	30.5	36	4.3
马脂	5～6	20	5～6	34	5～6
鸡脂	0.3～0.5	25.3～28.3	4.9～6.9	41.8～44.0	7.0～20.6
大豆油	0.1～0.4	2.3～10.6	2.4～7	23.5～30.8	49～51

其中，油酸和亚油酸是不饱和脂肪酸，其他是饱和脂肪酸。

在骨肉提取物产品质量控制方面，脂肪酸一般不进行监测，只是对脂肪含量进行测定。

（五）无机物含量（%）

畜禽骨肉提取物中的无机物约占 1%，变动较少，但依据动物的种类、品种、骨骼或肌肉部位及加工工艺的不同有所差别。作为保健品时才作为较重要的质量指标，在调味品行业里，则将其忽略了。有时只作为灰分检测中的指标之一。

无机物可保持细胞液的盐浓度，有助于肌肉收缩，加强酶的作用，对代谢起着重要作用。无机物还对肉的保水性和脂质的氧化作用有影响，具有营养和加工方面的重要意义。

无机物中的金属成分有：钠（Na），钾（K）、镁（Mg）、钙（Ca）、铁（Fe）、锌（Zn）、铜（Cu）、铝（Al）等，但从量上来说，Na 为最多，K 之后越来越少，作为多价金属，Mg、Ca、Zn、Fe 的量较多，其他则较少。

构成非金属无机成分较多的是磷（P）、硫（S）、氯（Cl）等。

（六）氨基态氮含量（%）

在畜禽骨肉提取物生产中由于温度、压力以及生物酶的作用，会使蛋白质发生降解，降解的程度主要与工艺有关，其中以酶解型产品降解得较为彻底，而纯粹提取型产品也会发生轻微的蛋白质分解，生成肽和氨基酸。氨基态氮是检测畜禽骨肉提取物降解程度的指标。当然，含有氨基酸的产品更易于人体的吸收。

（七）pH

pH 表示 1L 水溶液中所含的氢离子（g）浓度的负对数。水的分子式为 H_2O，其正负离子关系为常数，在水溶液中该关系式可用 $[H^+][OH^-]=K_w$ 来表示，在常温下 $K_w=1\times10^{-14}$，在纯水中 $[H^+]$ 和 $[OH^-]$ 是相等的，也就是说 $[H^+]=[OH^-]=10^{-7}$，因此，$pH=-\lg[H^+]=7$ 的溶液为中性，低于 7 的为酸性，高于 7 的为碱性。

目前在生产畜禽骨肉提取物时测定 pH，一般是采用玻璃电极法。

一般情况下，复合调味品除了酸性强的产品以外，pH 在 4.5 ~5.5 时呈微酸性。畜禽骨肉提取物的 pH 在 6.0 ~6.8。

其实，控制和调整调味品的 pH 具有重要的作用，pH 是影响风味的重要因素。pH 虽然只表示酸碱度，但是一样的原料配比，在不同的 pH 时，产品风味和口感会出现较大的变化，有时还可能让颜色和组织状态发生变化，如在畜禽骨肉提取物中，如果 pH 偏低，则易造成提取物的分层现象。

pH 还是表示抗菌性强弱的重要指标。一些浓度和含盐量很低的产品，由于酸性强（如 pH 在 3 ~4.5），有可能不必采取无菌充填等方法进行包装，并且可以在常温下储存相当长的时间。这是因为在能导致腐败的细菌、霉菌和酵母菌当中，细菌（除乳酸菌类以外）在 pH 为 3 ~4.5 的环境下不能生长和繁殖，而有可能生长和繁殖的霉菌、酵母菌以及细菌中的乳酸菌类已经被一般性加热（80℃，10min）灭菌了，所以不会发生腐败。

（八）水分活度（A_w）

水分活度（Water activity）也叫水分活性，它的含意是指水分在食品中存在的状态或形式，严格地说，就是表示食品中的水蒸气压（P_0）与相同温度下纯水的蒸汽压（P）之比，用 $A_w=P_0/P$ 来表示。由于食品中的水蒸气压小于纯水的蒸汽压，所以水分活度值必然小于 1。骨肉提取物的水分活度值一般在0.6～0.99。

食品有吸收水分的作用，这种吸收水分能力的强弱对微生物的繁殖有很大的影响。微生物的发育和繁殖必须有足够的水，如果水分不够，意味着微生物不能繁殖。

水分活度值一般使用水分活度测定仪进行测定，有台式和便携式两种。使用方便，只要把少量样品放入装置的小槽中，盖上盖子，开启电源即可测定。

食品吸收水分的能力，即水分活度的高低受食品的干燥度、含盐量和糖度的影响很大。一般情况下食盐含量较高、糖度较高的产品水分活度较低。

（九）黏度

黏度又叫黏性率，用它来表示液体在流动时遇到的阻力（黏性）程度。测定黏度是为了掌握流变食品的物理性质，如黏稠性、质构性等，它是一个组织结构指标，一般与风味和抗菌性等无直接关系。

测定黏度的目的有两个：一是了解产品在被使用时能否达到所要求的黏度指标，即产品的黏稠性、均匀性、不发生离析及分层现象等。二是了解该产品在制造过程中是否会发生物理性障碍，如热时的粘锅现象，物料流动是否顺畅以及在充填包装时液体的流动性等。

由于有的企业为了降低成本，增加产品良好的组织结构性能，会在一些产品中添加增稠剂，对于真正的畜禽骨肉提取物而言，是不必要添加增稠剂的，因为其本身就是黏稠度及流变性很好的流体，只有在温度降到一定的程度时，会形成天然的凝冻。否则，则不是真正的畜禽骨肉提取物。

二、畜禽骨肉提取物卫生指标

畜禽骨肉提取物的卫生指标主要是引起其腐败变质的微生物以及重金属、农药残留等。

（一）畜禽骨肉提取物微生物指标中的主要微生物

微生物主要有细菌、霉菌、酵母菌等。其中以细菌引起的事故居多。这是由于细菌经常在水分含量为55%以上的食品中繁殖，相比之下，霉菌则多是在水分含量较高的（如15%左右）的干燥食品中繁殖。此外霉菌和酵母菌容易在含盐和糖类物质较多、浓度较大、水分含量较低的环境下繁殖。

1. 细菌

细菌在腐败菌当中占有重要位置。细菌的特点是以二分裂的方式进行繁殖，所以又叫分裂菌。细菌的形态主要有球菌、杆菌和螺旋菌，大小一般为（0.5×0.75）μm～（1.0×4.0）μm～8.0μm。细菌是由细胞核、原生质、细胞壁、细胞膜组成的单细胞，分为有鞭毛、可运动的细菌和无鞭毛、不可运动的细菌两种。细菌在繁殖时有的需要氧气、有的不需要氧气，有的有氧无氧都可以繁殖。在对温度、渗透压和 pH 的适应性方面也是各种各样的，有的菌种在一般生物无法生存的高温、低温、高渗透压、极端 pH 的状况下也能繁殖。细菌是对食品造成腐败危害的最重要的微生物群体，即腐败事故大部分都是由细菌所引起的。当然，细菌并非都是对人体有害的，事实上，有许多人类离不开的有益菌，如醋酸菌、乳酸菌等。

与食品有关的细菌分类方法主要有革兰染色法及氧的需求法等。大肠杆菌等属于革兰阴性菌，而乳酸菌、芽孢菌、葡萄球菌等属于革兰阳性菌。另外，细菌还分为好气菌、厌气菌、兼性好气菌、微好气菌等。一般情况下，可能造成食品和畜禽骨类提取物腐败的主要有以下细菌。

（1）芽孢杆菌属，梭状芽孢杆菌　芽孢杆菌类细菌是食品及方便面复合调味料发生腐败的主要微生物之一。芽孢杆菌是好气性或兼性好气的，梭状芽孢杆菌是专性厌气菌，也就是在有氧的环境下是不能繁殖的。

这两种细菌原本都栖息在土壤中，由于有芽孢，芽孢可以随空气飘在空中，即使是落入水中也可以生存。在食品及调味品中可以检出这些细菌，是因为它们可以通过空气进入食品包装。

研究表明，芽孢杆菌之所以可以形成芽孢，是因为在许多情况下没有或缺少它们可以繁殖的营养条件，这反而促进了这类细菌生成芽孢。芽孢有坚强的芽孢外壁保护着里面的细胞，可以让细胞耐受恶劣的环境。

芽孢具有很强的耐热性。据分析，这也是由于芽孢的核心部分在芽孢形成的过程中被脱水，内部干燥所致。芽孢不仅耐热，而且耐杀菌剂和放射线等。表 6－4 所示为上述两种芽孢杆菌在分布、繁殖及耐热性等方面的性质。

表 6－4　耐热细菌的一般性质

性质	芽孢杆菌	梭状芽孢杆菌
形态	杆菌	杆菌
氧的需求性	好气性至兼性厌气性	厌气性
革兰氏染色	阳性	阳性
耐热性	芽孢：100T，2min 以上	芽孢：100℃，5min 以上
产气性	不产气	产气
繁殖温度	3～75℃	3～75℃
繁殖 PH	4.50～9.30	4.70～9.0
繁殖 A_w	0.91 以上	0.93 以上
分布区域	土壤，干燥食品及加工食品	土壤中多为芽孢，加热食品及罐头食品，酱油，酱等

在食品及畜禽骨肉提取物生产中，如何杀死芽孢杆菌中的芽孢，实现彻底的灭菌一直是人们所关心的问题。要杀死芽孢杆菌应该同时杀灭芽孢，一般在蒸煮过程中采用高压提取的方法，对于不适合高温高压的生产过程，则在适合的工艺段使用121℃，加热15～20min的方法，将芽孢杀灭，实现彻底灭菌。但该工艺也会带来负面的效应，因为过高的温度和过长的加热时间会导致灭菌食物在口感及风味上的下降。于是，会采用高温瞬时灭菌的方法来杀灭芽孢，即采用135℃加热3～8s的方式来进行灭菌，此方法也仅限于流动性好的产品或半成品的灭菌。

(2) 乳酸菌 乳酸菌既是有益菌，又是有害菌，可以利用乳酸菌生产各种乳酸饮料、腌菜类、乳酪等，同时乳酸菌又给食品及调味料等带来危害，使一些食品变酸或使一些本来不该是低pH的食品的pH骤然下降。不少食品的腐败就来自乳酸菌的活动。

乳酸菌是利用糖类发酵产生乳酸的一类细菌，革兰染色为阳性。乳酸菌有杆菌及球菌，球菌又可分为双球菌和链球菌。杆菌中有直杆菌、弯杆菌、长杆菌和短杆菌等，又有单杆菌与链杆菌之分。乳酸菌一般不形成孢子，没有运动性，其营养要求也很复杂，一般要求有氨基酸、维生素以及较多的糖。

乳酸菌在发酵性上一般分为两种，一种是利用糖类物质只产生乳酸的，叫作同型乳酸菌型；另一种是利用糖类物质不仅产生乳酸，还生成醋酸、乙醇和二氧化碳等物质的，这种叫作杂异型乳酸菌型。

乳酸菌的栖息场所一般在动植物的体表和腹腔（如肠道、消化道等）内，以在动物腹腔内居多。乳酸菌属于微好氧性的菌，一般容易在氧气很少的环境中繁殖。乳酸菌中也有比较耐热的，但除了个别的以外，一般只需用65℃、30min就可以将其杀死。此外，乳酸菌中还有可形成孢子的菌，它是芽孢菌属中的乳杆菌，有人称其为产乳酸的芽孢菌。表6－5为乳酸菌在分布、繁殖及耐热性等方面的介绍。

表6－5 乳酸菌的一般性质

性质	杆菌	链球菌
形态	杆菌	链球菌
氧的需求性	好气性至兼性厌气性	兼性厌气
革兰氏染色	阳性	阳性
耐热性	65qC以上	70℃以上
繁殖温度	30～45℃	30～45℃
繁殖pH	3.80～9.20	4.30～9.20

续表

性质	杆菌	链球菌
繁殖 A_w	0.85 以上	0.85 以上
分布区域	植物，乳制品，人的肠道，低浓度液体产品（未加热前）	植物，乳制品，人的肠道，低浓度液体产品（未加热前）
发酵性	同型，杂异型	同型

（3）肠道细菌　肠道细菌包括大肠杆菌、沙门氏菌、肠细菌、变形杆菌、赛雷氏杆菌、欧氏植病杆菌等，这些细菌不仅栖息于人和动物的肠内，而且还可从土壤和蔬菜的表面检出。这类细菌无论有没有氧都可以繁殖，即属于兼性厌氧细菌。繁殖时所需温度是中温范围，即大部分菌在37℃时繁殖最旺，但在0℃时也能生长。肠道细菌对食品和畜禽骨肉提取物的腐败作用是很强烈的。主要污染途径有苍蝇、蟑螂、灭菌不彻底的工具以及粪便、地面、生水等的接触。表6－6所示为该菌在分布、繁殖及耐热等方面的性质。

表6－6　肠道细菌和葡萄球菌的一般性质

性质	肠道细菌	葡萄球菌
形态	杆菌	球菌
氧的需求性	好气性至兼性厌气性	兼性厌气性
革兰氏染色	阴性	阳性
耐热性	60℃	60℃
繁殖温度	0～35℃	30～40℃
繁殖 pH	4.60～9.0	4.0～9.0
繁殖 A_w	0.95 以上	0.85 以上
分布区域	人，畜的肠道，粪便中，自然界	废水，人的鼻腔，肠道，手指伤处等
发酵性	利用葡萄糖等生产乳酸、碳酸气、氢气等	
代表性菌	大肠杆菌、沙门杆菌	黄色葡萄球菌等

（4）葡萄球菌　葡萄球菌属于小球菌科的革兰氏阳性菌，其形状像葡萄，有黄色葡萄球菌、表皮葡萄球菌和腐生葡萄球菌。能产生毒素（葡萄球肠毒素）的是黄色葡萄球菌，它能导致食物中毒。

（5）肉毒杆菌

① 肉毒杆菌。肉毒杆菌属于绝对的厌气型菌，只能在无氧的环境下繁殖，

所以较多地发生在密闭型包装物中。其生长条件为：温度范围3～48℃；A型和B型10～50℃；E型3～45℃；生长毒素最适宜温度35℃；pH4.6～8.9；生长最低A_w0.95。

肉毒（梭状芽孢）杆菌属于革兰氏阴性菌、棒状、厌气性产芽孢菌，会产生神经毒素。肉毒杆菌是一种能导致人体食物中毒的菌，是肉类食品加工当中必须高度警惕的危险性细菌，它不仅能导致食品和调味品的腐败，还可以产生一种非常强的麻痹性毒素，引发死亡。肉毒杆菌能以生长型细胞或芽孢的形式存在。芽孢是它的休眠状态，可以在生长型细胞不能生存的环境下生存。当环境适宜时，芽孢就成长为生长型细胞。当有大量的生长型细胞时就产生毒素。但这种菌的耐热性差，表6－7为肉毒杆菌的耐热性。其毒素一般在80℃加热10min就可以被破坏。肉毒杆菌的生长型细胞可以被高温破坏但是芽孢对高温有很强的抵抗力。100℃以上的高温才能破坏其芽孢。酸性环境会阻碍该菌及其芽孢的生长。

表6－7　肉毒杆菌的耐热性

菌的类别	耐热性
A，B	$D_{112}8$＝0.15～1.32min
C	D_{100}＝0.12min（陆地菌） D_{100}＝0.4～0.9min（海洋菌）
E	D_{100}＝0.33～3.3min（培养基） D_{100}＝1.6～4.3min（鱼中）

注：（1）D表示经过加热将菌数减少到1/10所需要的时间；

（2）下角的数字是加热的温度（℃）。

肉毒杆菌在自然界的分布上具有某种区域性差异，显示出生态上的差别倾向。这种菌在欧洲、美国及日本等国家中均有不同型的分布。在欧美国家中A型和B型分布最广，常与土壤有关；C型和D型的芽孢一般多存在于动物的尸体中，或存在腐尸附近的土壤中；在日本E型较多，E型菌及其芽孢存在于海洋的沉积物中、水产品的肠道内，E型菌及其芽孢适应于深水的低温，所以在海洋地区分布广泛。但是，越来越多的调查结果表明，除G型菌之外，其他各型菌的分布都是相当广泛的。

该菌的耐热性低，所以凡经过一般加热（80～90℃）的产品中应该没有该菌的存在。尽管如此，还时常有该菌引起食物中毒的事件发生，这是由于芽孢存在的缘故。例如，婴儿肉毒杆菌中毒是婴儿肠道中的肉毒杆菌产生毒素引起的，不是由于吃了有毒食物造成的。

肉毒杆菌为多形态细菌，约为4μm×1μm的大杆菌，两侧平行，两端钝圆，直杆状或稍弯曲，芽孢为卵圆形，位于次极端，也偶有位于中央的，常见很多游离芽孢。肉毒杆菌有时可形成长丝状或链状，有时能见到舟形、带把柄的柠檬形、蛇样线装、染色较深的球茎状，这些都属于退化型。当菌体开始形成芽孢时，常常伴随有自溶现象，可见到阴影。

肉毒杆菌具有4~8根周毛性鞭毛，运动迟缓；没有荚膜。在固体培养基表面上，形成不正圆形，为3mm左右的菌落。菌落呈半透明，表面呈颗粒状，边缘不整齐，界线不明显，向外扩散，呈绒毛网状，常常扩散成菌苔。在血平板上，出现与菌落几乎等大或者较大的溶血环。在乳糖卵黄牛乳平板上，菌落下培养基为乳浊，菌落表面及周围形成彩虹薄层，不分解乳糖；分解蛋白的菌株，菌落周围出现透明环。肉毒杆菌发育最适温度为25~35℃，培养基的最适酸碱度为6.0~8.2。

肉毒杆菌的生化性状很不规律，即使同性，也常见到株间的差异，如表6-8所示。

表6-8　各型肉毒杆菌的生化反应

反应类别	A	B	C	D	E	F
葡萄糖发酵	+	+	+	+	+	+
麦芽糖发酵	+	+	(±)	(±)	(+)	+
乳糖发酵	-	-	-	(-)	-	-
蔗糖发酵	(±)	(±)	(±)	(±)	(±)	(±)
靛基质产生	-	-	(-)	(-)	-	-
胆胶液化	(+)	(+)	(±)	(±)	(±)	(+)
牛奶消化	+	(±)	-	-	-	(+)

注：+阳性反应；-阴性反应；(±)视菌株而异；(+)多为阳性反应；(-)多为阴性反应。

肉毒杆菌广泛存在于自然界中，能引起中毒的食品有腊肠、火腿、鱼及鱼制品和罐头食品等。在美国，食用罐头发生中毒的情况较多，日本以食用鱼制品中毒的情况较多，在我国，中毒情况主要以食用发酵食品有关，如食用臭豆腐、豆瓣酱、面酱、豆豉等。其他也引起中毒的食品还有熏制未去内脏的鱼、烤串、油浸大蒜、烤土豆、炒洋葱、蜂蜜制品等。

② 肉毒毒素　肉毒杆菌的致病性在于其能产生神经麻痹毒素，即肉毒毒素，而细菌本身则是一种腐生菌。各个型的肉毒杆菌分别产生相应的毒素，所

以，肉毒毒素也分为A、B、C、D、E、F、G七个型。C型包括C1、C2二个亚型。对人有直接危害的主要是A、B、E三种。

A型毒素经60℃加热2min才能被完全破坏，而B、E二型毒素要经70℃ 2min才能被破坏；C、D二型毒素对热的抵抗更好；C型毒素要经过90℃ 2min加热才能完全破坏，不论如何，只要煮沸1min或75℃加热5~10min，毒素都能被完全破坏。

肉毒毒素对酸性反应比较稳定，对碱性反应比较敏感。某些型的肉毒毒素在适宜条件下能被胰酶激活和加强。

肉毒毒素的毒性极强，是最强的神经麻痹毒素之一。据称，精制毒素1μg的毒力为200000只小白鼠（20g）致死量，也就是说，1g毒素能杀死400万t小白鼠，一个人的致死量大概1μg左右。

肉毒中毒是由于误食含有肉毒毒素的食品而引起纯粹的细菌毒素食物中毒。人的肉毒中毒发生并不多，但是发病急、病程发展快、病死率高。肉毒中毒是毒素中毒，潜伏期较短，一般为6~36h，最长60h。极微量毒素就会致病，少量即可致命。中毒主要症状：视力减弱、全身无力、伸舌和张口困难、抬头费力、瞳孔散大、呼吸麻痹等。

据统计，1899—1990年，在美国共有2305人中毒，经检测，303人感染A型毒素，92人感染B型毒，3人感染E型毒素，2人感染F型毒素，有2起中毒事件是由A、B二种毒素引起。F、G二种毒素主要引起动物肉毒中毒，尚未深入得到研究。

重症患者，如果不及时治疗和给予抗毒素特异治疗，多在2~4d内死亡。肉毒杆菌生长和产毒的最适温度是25~30℃，而在人的体温条件下细菌为丝状，几乎不能产毒、芽孢也不会发芽。

肉毒中毒一年四季均可发生，发病主要与饮食习惯有着密切关系。欧美国家主要的中毒是由于肉类食品、罐头食品引起；日本等沿海国家主要的中毒是由于进食水产品引起；我国内地的中毒主要是由于进食发酵食品（如臭豆腐、豆瓣酱、豆豉等）引起的。

对于肉毒毒素中毒，最根本的预防方法是加强食品卫生管理，改进食品的加工、调制及储存方法，改善饮食习惯，对某些水产品的加工可采取事先去除内脏，并通过保持盐水分浓度为10%的腌制方法，并使水分活度低于0.85或pH为4.6以下；对于在常温储存的真空包装食品采取高压杀菌等措施，以确保抑制肉毒杆菌产生毒素，杜绝肉毒中毒病例的发生。

（6）假单胞菌　常见于土壤及动植物体表的一种细菌，也是有代表性的腐败菌，其种类非常多，以至于还尚未完成对该菌的分类。

该菌为革兰氏阴性菌，大小为0.5μm~（1×1.5）μm~4μm，直或曲杆菌。该菌有单鞭毛，具有运动性和好气性。该菌能在低温下繁殖，其中部分菌能产生水溶性的荧光色素，在乳制品和蛋白上繁殖后可生成黄绿色的荧光。该菌多在乳类、肉类、鱼类等食品中检出。

(7) 弧菌科的细菌　这是一种代表性的海洋细菌，许多是好盐性的，在含盐量为2%的溶液中极易繁殖。其他性质与肠内细菌科的细菌十分相似。该科中包含霍乱菌、肠炎弧菌等病原菌。鱼肠内检出的几乎都是这种细菌。该菌对食品具有很强的腐败能力。

2. 霉菌和酵母菌

这两种菌以及乳酸菌在大多数食品工业加工中是被当作有益菌来利用的。当然，仅限于以其为优势菌种发酵时的发酵工业。

(1) 霉菌　霉菌又称为丝状菌，是发育成丝状的包括蘑菇类的真菌类。霉菌的发育器官是孢子和菌丝，孢子由于极其微小，可飞散到空中，并附着在各种物体上，在含碳水化合物、含氮物以及矿物质上繁殖，特别在含糖和淀粉多的物质上繁殖旺盛。

霉菌的孢子在耐热性上弱于细菌的芽孢，大部分霉菌的孢子在70℃加热30min就会死掉，但不少霉菌的孢子对紫外线的耐受性高于细菌的芽孢。能在食品上繁殖的霉菌的种类非常多，大致有青霉素属、曲霉属、毛霉属、根霉镰刀属等。

(2) 酵母菌　酵母菌分为有孢子的和无孢子的酵母菌，也属于真菌类，所以在分类上把霉菌和酵母菌称为真菌类。

酵母是单细胞，发育时没有菌丝，是以发芽或细胞分裂的形式繁殖的。酵母的个体一般比霉菌大约10倍。能在食品中繁殖的酵母有解糖酵母（酵母属）、念珠菌属、圆酵母属以及红酵母属等。

霉菌在繁殖时需要氧气，酵母则不然，它在无氧的环境下也能利用糖类发酵和生长。大多数的霉菌和酵母适合在pH5～6的弱酸性环境中繁殖，并且能在含盐量和糖度较高，水分活度较低的环境下繁殖。

（二）环境因素对微生物的影响

要防止微生物导致的腐败事故的发生，就必须了解和掌握各种微生物的繁殖规律及其外部环境因素影响下的繁殖极限，其中包括各类菌在繁殖时对温度、湿度（水分活性）、食盐含量（%）、pH、糖度（°Bx）等的不同要求，以达到防止腐败的目的。

防止畜禽骨肉提取物腐败的方法有许多种，常用的有物理法（如加热灭菌、辐照灭菌、臭氧灭菌、微波灭菌等）和化学法［如添加乙醇、调低pH、降低水分活性、提高食盐含量（%）、提高糖度（°Bx）等］。在实践中应根据具体情况选择适当的方法。此外，还必须考虑到如果在杀菌不彻底时也能保证产品不出现腐败。要做到这点，就必须建立一套能够防腐的安全指标。其主要方法是添加乙醇和用不适合微生物繁殖的理化环境抑制细菌的生长。

与细菌繁殖有关的因素主要有糖度（°Bx）、食盐含量（%）、pH、水分活度（Aw）、温度、氧气、营养及乙醇。一些食品微生物专业书上，给出了各种微生物的繁殖极限值。读者可以参考相关书中给出的数值，通过配方验证，有意识地创造出一个不利于食品微生物生长繁殖的产品环境，就可以达到抗菌防腐的目的。

当产品中食盐含量较低（不可能提高食盐含量的情况下）时，可以考虑添加乙醇。在添加乙醇时一定要注意在工艺中防止乙醇的挥发，如瞬时高温加热杀菌装置应该有很好的密闭性，这样可以避免乙醇的挥发。实验证明，在不同的食盐含量和糖度样品中添加乙醇有较好的防腐作用，通过试验，可以获得较适宜的乙醇添加量。

水分活度（A_w）与各类微生物繁殖也存在着一定的关系。在 A_w0.91 以上的低浓度（高水分）产品中繁殖的多为细菌类。A_w 值低于 0.87 时繁殖的多为酵母类。水分活度值越低，微生物可以利用的水分越少，微生物的繁殖所受到的阻碍就越大。一般来讲，食盐和糖类物质含量越高，水分活度值就越低。添加乙醇也可以降低水分活度，其降低的效果大致与食盐相等，就是说，在调味品中添加 1% 的乙醇相当于添加了 1% 食盐的效果。

表 6－9 为用苹果酸将 pH 降至 3 和 5 时添加乙醇对大肠菌的抑制效果。50% 以上的乙醇对大肠菌的抑制作用很强，无论 pH 高与低都是如此。而 30% 乙醇对菌的抑制作用就会受到 pH 的影响，在中性时的抑制作用很差，随着 pH 的下降，酸性（pH≤3）有很强的抑制效果。

表 6－9　　水分活性与微生物的繁殖极限

A_w	能够繁殖的微生物
0.95 以上	革兰氏阴性杆菌，细菌孢子，一部分酵母菌
0.91 以上	球菌，革兰氏阳性杆菌，有孢子菌的营养细胞，一部分霉菌
0.87 以上	酵母菌
0.80 以上	霉菌
0.75 以上	耐盐性酵母
0.65 以上	耐干性酵母
0.60 以上	耐渗透性酵母
0.60 以下	各种菌的繁殖均受到极大阻碍

由此可以看出，水分活度与乙醇两者结合起来对黄色葡萄球菌有着明显的抑制效果。设 $A_w = 1.0$（100% 的水蒸气）或极接近 1.0 的情况下，需要7%~8% 的乙醇才能抑制菌的繁殖。当 A_w 为 9.0 时，抑制该细菌只需要2%~3% 的乙醇就可以了。也就是说，值越低，抑制细菌繁殖所需要的乙醇量就越少，在低 A_w 的食品或调味品中添加乙醇的效果甚好，如表 6－10 所示。

表 6－10　pH 对乙醇抗菌性的影响单位（菌数/mL）

pH	对照（生理食盐水）	30% 乙醇	5% 乙醇	75% 乙醇
3	420000	1000 以下	1000 以下	1000 以下
5	430000	37000	1000 以下	1000 以下
7	460000	450000	1000 以下	1000 以下

三、畜禽骨肉提取物中的重金属指标

畜禽骨肉提取物与其他食品基本类似，需要检测的主要是铅和砷。重金属在产品中的出现主要是由于生物富集作用和生产过程中污染造成的。关于生物富集现象产生的原因很多，但主要是食物链富集。生产过程的污染就是设备及包装物污染或原料受其他污染所致。所以，在购买设备和包装物时一定要选购符合卫生标准的设备和包装物，以及使用符合卫生标准的管道等，尤其是一些需要润滑的传动部件，一定要有很好的密封，或使用不至于造成污染的润滑剂等。原料更不要在生产运输过程中受到不必要的污染。

四、农（兽）药残留

农药残留一般指的是动物吃了含有过量农药的饲料，在体内产生的富集作用。造成原料骨肉内有农药残留。不过，一般情况下不太可能出现，但作为食品生产者来讲，农残问题不得不防。

兽药残留则是指家禽、牲畜得病后吃下的或通过针剂进入体内的药物没有及时排出体外，致使其肉或骨受到此类药物污染的状况。

在一般中小型食品生产企业中，卫生指标中的微生物指标是常规检验项目。重金属、药残等项目虽然为必检的重要项目，但由于企业资金及设备或管理方面的原因，一般企业内部不设此类项目的检验，大多数都是定期或不定期的委托特定机构去检验。

综上所述，畜禽骨肉提取物产品的常规检验项目主要有以下理化和卫生指标，如表 6－11 所示。

表 6－11　产品质量指标（以 50%~60% 固形物的膏状产品为例）

产品类型 指标	清汤型产品	白汤型产品	酶解型产品
BX 标示	50%~58%	50%~58%	45%~60%
pH	6.7 ±0.2	6.7 ±0.2	6.2 ~6.8
水分	42%~50% ±2%	42%~50% ±2%	40%~50% ±2%
盐分	12%±2%	12%±2%	15%±3%
蛋白质	30%~35%	20%~30%	30%~40%
脂肪	1.0% 以下 （注：以上指标可调）	8%~25% （注：以上指标可调）	1.0% 以下 （注：以上指标可调）
氨基态氮			
重金属	20mg/kg 以下	20mg/kg 以下	20mg/kg 以下
砷	2mg/kg 以下	2mg/kg 以下	2mg/kg 以下
细菌总数	3000 个/g 以下	3000 个/g 以下	3000 个/g 以下
大肠菌群	阴性	阴性	阴性
致病菌	不得检出	不得检出	不得检出

第三节　畜禽骨肉提取物的质量分析

骨肉提取物属于高营养调味品，其中各营养成分的含量决定着产品品质的高低，因此，合适的检测方法，可以为客户提供充足的数据说明，更可为生产者提供监控产品质量的有效方法。

现在，人们一般要求骨肉提取物能提供的理化指标有水分、蛋白质、脂肪、食盐等较常见的几项。根据产品和其用途不同，有时需要检测一些其他指标，如生物效价等。但卫生指标一般也是必测项目。本节着重介绍与骨肉提取物生产相关的理化指标和卫生指标的检测方法。其他指标的检测仅作为常识性知识加以了解。

一、水分的测量方法

产品中的水分直接影响到产品的产量和质量。因此，控制产品中的水分是生产者对自己和客户负责的一种具体体现。一般情况下，测定了水分的数值，也就得出了产品的总固形物的数值，食品中测定水分的方法很多，在此仅介绍比较简单实用的两种方法。

（一）直接干燥法

1. 原理

提取物中的水分一般是指在100℃左右直接干燥的情况下，所失去物质的总量。直接干燥法适用于95～105℃条件下，不含或含其他挥发性物质甚微的食品。

2. 试剂

（1）6mol/L盐酸　量取100mL盐酸，加水稀释至200mL。

（2）6mol/L氢氧化钠溶液　称取24g氢氧化钠，加水溶解并稀释至100mL。

（3）海砂　取用水洗去泥土的海砂或河砂，先用6mol/L盐酸煮沸0.5h，用水洗至中性，再用6mol/L氢氧化钠溶液煮沸0.5h，用水洗至中性，经105℃干燥备用。

3. 仪器

（1）扁型铝制或玻璃称量瓶，内径60～70mm，高35mm以下。

（2）电热恒温干燥箱

4. 操作方法

（1）粉状样品　取洁净铝制或玻璃制的扁形称量瓶，置于95～105℃干燥箱中，瓶盖斜支于瓶边，加热0.5～1.0h取出盖好，置干燥器内冷却0.5h，称量，并重复干燥至恒重。称取2.00～10.0g样品，放入此称量瓶中，样品厚度约为5mm，加盖称量后，将其置于95～105℃干燥箱中，瓶盖斜支于瓶边，干燥2～4h后，盖好取出，放入干燥器内冷却0.5h后称量。然后再放入95～105℃干燥箱中干燥1h左右，取出，放干燥器内冷却0.5h后再称量。至前后两次质量差不超过2mg，即为恒重。

（2）膏状或液体样品　取洁净的蒸发皿，内加10.0g海砂及一根小玻璃棒，置于95～105℃干燥箱中，干燥0.5～1.0h后取出，放入干燥器内冷却0.5h后称量，并重复干燥至恒重。然后精密称取5～10g样品，置于蒸发皿中，用小玻璃棒搅匀放在沸水浴上蒸干，并随时搅拌，擦去皿底的水滴，置95～105℃干燥箱中干燥4h后盖好取出，放入干燥器内冷却0.5h后称量。以下按a自“然后再放入95～105℃干燥箱中干燥1h左右”起依法操作。

5. 计算

计算公式，如式6－1所示。

$$X = \frac{m_1 - m_2}{m_1 - m_3} \times 100\% \tag{6-1}$$

式中，X——样品中水分的含量,%；

m_1——称量瓶（或蒸发皿加海砂，玻棒）和样品的质量，g;

m_2——称量瓶（或蒸发皿加海砂，玻棒）和样品干燥后的质量，g;

m_3——称量瓶（或蒸发皿加海砂、玻棒）的质量，g。

计算结果保留三位有效数字。

6. 精密度

在重复性条件下获得的两次独立测定结果的绝对差值不得超过算术平均值的5%。

（二）减压干燥法

1. 原理

食品中的水分指在一定的温度及真空的情况下失去物质的总量，适用于含糖、味精等易分解的食品。

2. 仪器

真空干燥箱等。其他仪器同方法（一）。

3. 操作方法

按直接干燥法要求称取样品，放入真空干燥箱内，将干燥箱连接水泵，抽出干燥箱内空气至所需压力（一般为40～53kPa），并同时加热至所需温度（50～60℃）。关闭通水泵或真空泵上的活塞，停止抽气，使干燥箱内保持一定的温度和压力，经一定时间后，打开活塞，使空气经干燥装置缓缓通入至干燥箱内，待压力恢复正常后再打开。取出称量瓶，放入干燥器中0.5h后称量，并重复以上操作至恒量。计算同直接干燥法。

4. 计算

计算结果保留三位有效数字。方法同（一）。

5. 精密度

在重复性条件下获得的两次独立测定结果的绝对差值不得超过算术平均值的10%。

二、蛋白质检测方法

蛋白质是衡量骨肉提取物品质最关键的指标之一，由于蛋白质组成及其性质的复杂性，在食品分析中，通常用食品的总氮量表示，蛋白质是食品含氮物质的主要形式，每一蛋白质都有其恒定的含氮量，用实验方法求得某样品中的含氮量后，通过一定的换算系数，即可计算出该样品的蛋白质含量。在国家标准中有多种检测蛋白质的方法，最常用的有四种经典方法，即定氮法、双缩脲法（Biuret法）、Folin－酚试剂法（Lowry法）和紫外吸收法。值得注意的是，这四种方法并不能在任何条件下适用于任何形式的蛋白质，因为同一种蛋白质溶液用这四种方法测定，有可能得出四种不同的结果。每种测定法都不是完美无缺的，都有其优缺点。在选择方法时应考虑以下四种情况。

（1）实验对测定所要求的灵敏度和精确度

（2）蛋白质的性质

（3）溶液中存在的干扰物质

（4）测定所要花费的时间

在骨肉提取物中较为适用也是最常用的是凯氏定氮法（GB 5009.5—2010《食品安全国家标准　食品中蛋白质的测定》）。本书也仅介绍这一种在骨肉提取物检测中最常用的方法，对其他几种方法有兴趣者可参考相关国家标准。

（一）凯氏定氮法原理

骨肉提取物中的蛋白质是含氮的有机化合物。食品与硫酸和硫酸铜、硫酸钾一同加热消化，使蛋白质分解，分解的氨与硫酸化合成硫酸铵。然后加碱蒸馏使氨游离，用硼酸液吸收后，再用盐酸或硫酸标准溶液滴定，根据酸的消耗量，再乘以换算系数，即为蛋白含量，其化学反应式如下所示。

（1）$2NH_2(CH_2)_2COOH + 13H_2SO_4 \rightarrow (NH_4)_2SO_4 + 6CO_2 + 12SO_2 + 16H_2$

（2）$(NH_4)_2SO_4 + 2NaOH \rightarrow 2NH_2 + 2H_2O + Na_2SO_4$

（3）$2NH_3 + 4H_3BO_3 \rightarrow (NH_4)_2B_4O_7 + 5H_2O$

（4）$(NH_4)_2B_4O_7 + H_2SO_4 + 5H_2O \rightarrow (NH_4)_2SO_4 + 4H_2BO_2$

（二）试剂

（1）硫酸铜（$CuSO_4 \cdot 5H_2O$）

（2）硫酸钾

（3）硫酸（密度为1.8419g/L）

（4）2%硼酸溶液（20g/L）

（5）40%氢氧化钠溶液（400g/L）

（6）混合指示剂

把溶解于95%乙醇的0.1%溴甲酚绿溶液10mL和溶于95%乙醇的0.1%甲基红溶液2mL临用时混合而成。

（7）0.05mol/LHCL标准溶液或0.05mol/L硫酸标准溶液。

（三）仪器

（1）凯氏微量定氮仪一套（含消化、蒸馏各一，如图6-1所示）

（2）定氮瓶100mL或50mL一只

（3）三角瓶150mL 3只

（4）量筒50mL、10mL、100mL

（5）吸量管10mL 1只

（6）酸式滴定管 1 支

（7）容量瓶 100mL 1 只

（8）小漏斗 1 只

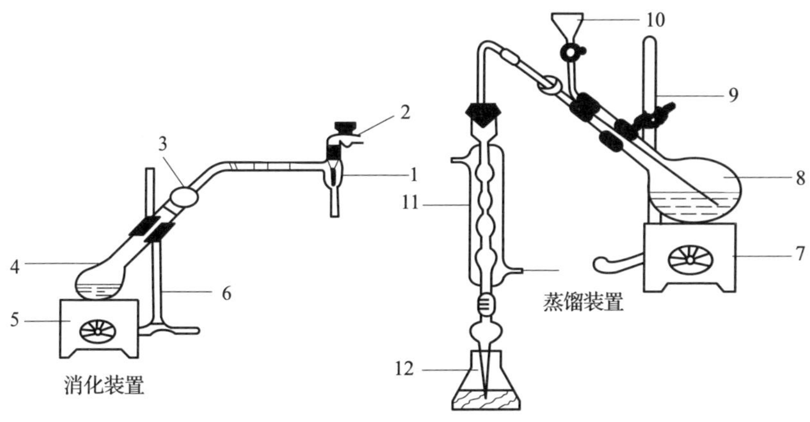

图 6－1　常量凯氏定氮消化、蒸馏吸收装置

1—水力抽气管　2—水龙头　3—倒置的干燥管　4—凯氏烧瓶　5、7—电炉　8—蒸馏烧瓶　6、9—铁支架　10—进样漏斗　11—冷凝管　12—接收瓶

（四）操作方法

1. 样品处理

精确称取 0.2～2.0g 固体样品或 2～5g 半固体样品或吸取 10～20mL 液体样品（约相当氮 30～40mg），移入干燥的 100mL 或 500mL 定氮瓶中，加入 0.2g 硫酸铜，6g 硫酸钾及 20mL 硫酸，稍摇匀后于瓶口放一小漏斗，将瓶以 45°角斜支于有小孔的石棉网上，小火加热，待内容物全部炭化，泡沫完全停止后，加强火力，并保持瓶内液体微沸，至液体呈蓝绿色澄清透明后，再继续加热 0.5～1h。取下放冷，小心加 20mL 水，放冷后，移入 100mL 容量瓶中，并用少量水冲洗定氮瓶，洗液并移入容量瓶中，再加水至刻度，混匀备用。

取与处理样品相同量的硫酸铜、硫酸钾、硫酸按同一方法做试剂空白试验。

2. 装好装置

按图 6－1 装好定氮装置，于水蒸气发生器内装水约 2/3 处，加入数粒玻璃珠以防暴沸，加甲基红指示剂数滴及一定量硫酸，以保持水呈酸性，用调压器控制，加热煮沸水蒸气发生瓶内的水。

3. 操作

向接收瓶内加入 10mL 硼酸溶液（2%）及混合指示剂 1～2 滴，并使冷凝管的下端插入液面下，准确吸取10.0mL样品消化液由小玻璃漏斗流入反应室，并以10mL水洗涤小烧杯使其流入反应室内，塞紧小玻璃漏斗的棒状玻璃塞。将10mL 40%氢氧化钠溶液倒入小玻璃杯，提起玻璃塞使其缓慢流入反应室，立即将玻璃盖塞紧，并加水于小玻璃杯以防漏气。夹紧螺旋夹，开始蒸馏，蒸气通入反应室使氨通过冷凝管而进入接收瓶内，蒸馏5min。移动接收瓶，使冷凝管下端离开液皿，再蒸馏1min，然后用少量水冲洗冷凝管下端外部。取下接收瓶，以0.05mol/L硫酸或盐酸标准溶液定至灰色或蓝紫色为终点。同时吸取10.0mL试剂空白消化液按本步骤操作。

（五）计算

计算，如式6-2所示。

$$X=\frac{(V_1-V_2)\times C\times 0.014}{m\times (10/100)}\times F\times 100\% \tag{6-2}$$

式中，X——样品中蛋白质的含量，g/100g；

V_1——样品消耗硫酸或盐酸标准滴定液的体积，ml；

V_2——试剂空白消耗硫酸或盐酸标准溶液的体积，ml；

C——硫酸或盐酸标准溶液的当量浓度，mol/L；

0.014——1mol/L硫酸或盐酸标准溶液1mL相当于氮的g数，g；

m——样品的质量（或体积），g（mL）；

F——氮换算为蛋白质的系数。

蛋白质中的氮含量一般为15%~17.6%，按16%计算乘以6.25即为蛋白质，一般食物F为6.25；乳制品为6.38，面粉为5.70，玉米、高粱为6.24，花生为5.46，米为5.95，大豆及其制品为5.71，肉与肉制品及骨肉提取物为6.25，大麦、小米、燕麦、裸麦为5.83，芝麻、向日葵为5.30。

计算结果保留三位有效数字。

（六）精密度

在重复性条件下获得的两次独立测定结果的绝对差值不得超过算术平均值的10%。

（七）注意事项

1. 样品均匀

样品应是均匀的，固体样品应预先研细混匀，液体样品应振摇或搅拌均匀。

2. 放样

样品放入定氮瓶内时，不要黏附颈上，如有黏附可用少量水冲下，以免被检样消化不完全，结果偏低。

3. 消化

消化时如不容易呈透明溶液，可将定氮瓶放冷后，慢慢加入30%过氧化氢2～3mL，促使氧化。

4. 不能用强火

在整个消化过程中，不要用强火，保持和缓的沸腾，使火力集中在凯氏定氮瓶底部，以免附在壁上的蛋白质在无硫酸存在的情况下，使氮有损失。

5. 硫酸的量

如硫酸缺少，过多的硫酸钾会引起氨的损失，这样会形成硫酸氢钾，而不与氨作用，因此当硫酸过多的被消耗或样品中脂肪含量过高时，要增加硫酸的量。

6. 硫酸钾的作用

加入硫酸钾的作用为增加溶液的沸点，硫酸铜为催化剂，硫酸铜在蒸馏时作碱性反应的指示剂。

7. 混合指示剂

混合指示剂在碱性溶液中呈绿色，在中性溶液中呈灰色，在酸性溶液中呈红色。如果没有溴甲酚绿，可单独使用0.1%甲基红乙醇溶液。

8. 氮的量

氨是否完全蒸馏出来，可用pH试纸试馏出液是否为碱性。

9. 吸收液

吸收液也可以用0.01mol/L的酸代表硼酸，过剩的酸液用0.01mol/L碱液滴定，计算时，A为试剂空白消耗碱液数，B为样品消耗碱液数，N为碱液浓度，其余均相同。

10. 操作简便

以硼酸为氨的吸收液，可省去标定碱液的操作，且硼酸的体积要求并不严格，也可免去用移液管，操作比较简便。

11. 出现褐色沉淀物

向蒸馏瓶中加入浓碱时，往往出现褐色沉淀物，这是由于分解促进碱与加入的硫酸铜反应，生成氢氧化铜，经加热后又分解生成氧化铜的沉淀。有时铜离子与氨作用，生成深蓝色的结合物 $[Cu(NH_3)_4]^+$。

三、食品中灰分的测定

灰分的测定与控制骨肉提取物成品质量的关系也是非常密切的。它直接决定着产品含杂质的量以及产品品质及其他成分的高低。

（一）原理

食品经灼烧后所残留的无机物质称为灰分，灰分采用灼烧重法测定。

（二）仪器

高温（马弗）炉、石英坩埚或瓷坩埚、分析天平、干燥器等。

（三）操作方法

1. 坩埚恒重

取大小适宜的石英坩埚或瓷坩埚置高温炉中，在550±25℃下灼烧0.5h，冷至200℃以下后取出，放入干燥器中冷至室温，精密称量，并重复灼烧至恒量。

2. 加样

加入2~3g固体样品或5~10g液体样品后，准确称重。

3. 操作

液体样品须先在沸水浴上蒸干，固体或蒸干后的样品，先以小火在电炉上加热使样品充分炭化至无烟，然后置高温炉中，在550±25℃灼烧至无炭粒，即灰化完全。冷至200℃以下后取出放入干燥器中冷却至室温，称量。重复灼烧至前后两次称量相差不超过0.5mg为恒重。

（四）计算

计算公式，如式6－3所示。

$$X = \frac{m_1 - m_2}{m_3 - m_2} \times 100\% \qquad (6-3)$$

式中，X——样品中灰分的含量，%；

m_1——坩埚和灰分的质量，g；

m_2——坩埚的质量，g；

m_3——坩埚和样品的质量，g。

计算结果保留三位有效数字。

（五）精密度

在重复性条件下获得的两次独立测定结果的绝对差值不得超过算术平均值的5%。

四、粗脂肪的定量测定（未对照）

脂肪是衡量提取物质量标准的重要指标之一。一般清汤产品的脂肪要求均在1%以下，白汤产品则10%~40%。所以，在骨肉提取物的生产中，脂肪的测定则占有相当大的比重。在食品中常用的测定脂肪的方法也有许多种，这里仅介绍常用的两种方法，一种是索氏提取法，另外一种是酸水解法。对于乳化较好的产品，要使用酸水解法检测，这样能使乳化的脂肪经酸水解的作用使脂肪从乳化状态中离析出来，得出的结果也更接近真实值。否则，使用索氏提取法则会使结果低于真实值，而造成数据上的错误，误导生产。对于乳化效果不好以及脂肪含量较低、处于干燥状态的产品，则较适宜使用索氏提取法。

（一）索氏提取法

1. 原理

本法为重量法，用有机溶剂将脂肪溶解提取后进行称量，该法适用于固体样品。通常将样品浸于脂肪溶剂，为乙醚或沸点为30℃～60℃的石油醚，借助于索氏提取器进行循环提取。用本法提取的脂肪性物质为脂肪类物质的混合物，其中含有游离脂肪酸、磷脂、固醇、芳香油、某些色素及有机酸等。因此，称为粗脂肪。固体骨肉提取物及原料骨肉较适宜用此法。

2. 试剂及仪器

（1）无水乙醚

（2）海砂

（3）索氏提取器

（4）恒温水浴锅

（5）烘箱

（6）脱脂棉

（7）脱脂滤纸

3. 操作步骤

（1）样品的准备　称取样品的重量要根据材料中脂肪的含量而定，通常脂肪含量在10%（生产工艺中的预估数值）以下的，称取样品10～12g；脂肪含量为50%～60%的，则称取样品2～4g，（可以用测定水分后的干燥样品）。

将样品在80～100℃烘箱去水分。一般烘4h，烘干时要避免过热。冷却后，准确地称取一定量样品，必要时，拌以精制海砂，无损地移入滤纸筒内，用脱脂棉塞严，将滤纸筒放入索氏提取器的提取管内，注意勿使滤纸筒高于提取管的虹吸部分。

（2）提取　将洗净的提取瓶在105℃烘箱内烘干至恒重，加乙醚约达到提取瓶容积的1/2～2/3，然后将提取器各部分按照该仪器使用说明中的方法连接好，注意不能漏气。

加热提取时，应在电热恒温水浴中进行（水浴温度为40～50℃）也可以使用灯泡或电炉加热的水浴锅，严禁用火焰直接加热索氏提取器。

在加热时，乙醚蒸发，乙醚蒸汽由连接管上升至冷凝器，凝结成液体滴入提取管中，此时样品内的脂肪为乙醚所溶解，液面超过虹吸管高度后，溶有脂肪的乙醚流入提取瓶，如此循环提取，调节水浴温度，使乙醚每小时循环 8 ~ 12 次，提取时间视样品的性质而定，一般需 6 ~ 12h。样品含有脂肪是否提取完全，可以用滤纸来粗略判断，从提取管内吸取少量的乙醚并滴在净的滤纸上，待乙醚干后，滤纸上不留有油脂的污点则表示已经提取完全。

提取完全后，再将乙醚蒸发到提取管内，待乙醚液面达到虹吸管的最高处以前，取下提取管。

4. 称重和计算

将提取瓶中的乙醚于通风橱内的水浴上全部蒸干，洗净外壁，置于 105℃ 烘箱干燥至恒重，按下式计算样品的促脂肪百分含量。如式 6 - 4 所示。

$$脂肪（\%）= \frac{W_1 - W_0}{W} \times 100 \tag{6-4}$$

式中，W_1——提取瓶和脂肪重量，g；

W——样品重量，g；

W_0——提取瓶重量，g。

5. 注意事项

（1）样品应干燥后研细，装样品的滤纸筒一定要紧密，不能外漏样品，否则重做。

（2）放入滤纸筒的高度不能超过回流弯管，否则乙醚不易穿透样品，脂肪不能全部提出，造成误差。

（3）碰到含多量糖及糊精的样品，要先干燥处理，等其干燥后连同滤纸一起放入提取器内。

（4）提取时水浴温度不能过高，一般使乙醚刚开始沸腾即可（45℃ 左右）。回流速度以每 8 ~ 12 次/h 为宜。

（5）所用乙醚必须是无水乙醚，如含有水分则可能将样品中的糖以及无机物抽出，造成误差。

（6）冷凝管上端最好连接一个氯化钙干燥管，这样不仅可以防止空气中水分进入，而且还可以避免乙醚挥发在空气中，这样可防止实验室空气的污染。如无此装置，塞一团干脱脂棉球也可。

（7）将提取瓶放在烘箱内干燥时，瓶口向一侧倾斜 45°放置使挥发物乙醚易与空气形成对流，这样干燥迅速。

（8）样品及醚提出物在烘箱内烘干时间不要过长，因为一些多不饱和脂肪酸容易在加热过程中被氧化成不溶于乙醚的物质；中等不饱和脂肪酸，受热容易被氧化而增加重量。在没有真空干燥箱的条件下，可以在 100 ~ 105℃ 干燥 1.5～3h。

(9) 如果没有乙醚或无水乙醚时，也可以用石油醚提取，石油醚沸点 30～60℃为好。

(10) 使用挥发乙醚或石油醚时，切忌用直接火加热。应用电热套电水浴，电灯泡等。

(二) 酸水解法

1. 原理

样品经酸水解后，与蛋白及其他物质结合的脂肪、脂肪酸及类脂肪物会离析出来，易于用乙醚提取，除去溶剂即得游离及结合脂肪总量。此法尤其适宜乳化型的骨肉提取物产品的脂肪测定。

2. 试剂与仪器

(1) 盐酸

(2) 95% 乙醇

(3) 乙醚

(4) 石油醚

(5) 100mL 具塞刻度量筒

3. 操作方法

(1) 样品处理

① 固体样品。精密称取约 2～5g 样品，混匀后置于 50mL 大试管内，再量取 8mL 盐酸。

② 液体样品。称取 10.0g，置于 50mL 大试管内，加入 10mL 盐酸。

(2) 将试管放 70～80℃水浴中，每隔 5～10min 以玻璃棒搅拌一次，至样品消化完全为止，约 40～50min。

(3) 取出试管，加入 10mL 乙醇，混合。冷却后将混合物移于 100mL 具塞量筒中，以 25mL 乙醚分次洗试管，一并倒入量筒中。待乙醚全部倒入量筒后，加塞振摇 1min，小心开塞，放出气体，再塞好。静置 12min，小心开塞，并用石油醚－乙醚等量混合液冲洗塞及筒口附着的脂肪。静置 10～20min，待上部液体清晰，吸出上清液于已恒重的锥形瓶内，再加 5mL 乙醚于具塞量筒内，振摇，静置后，仍将上层乙醚吸出，放入原锥形瓶内。为使结果更准确，此过程可再重复一次。将锥形瓶置水浴上蒸干，置 95～105℃烘箱中干燥 2h，取出放入干燥器内冷却 0.5h 后称重。

4. 计算

计算公式，如式 6－5 所示。

$$X = \frac{m_1 - m_0}{m_2} \times 100\% \qquad (6-5)$$

式中，X——样品中脂肪的含量,%；

m_1——锥形瓶与脂肪的质量，g；

m_2——锥形瓶的质量，g。

五、氨基态氮的测定

（一）目的

在骨肉提取物中，一般产品的氨基态氮的含量是很少的。氨基态氮的测定主要应用于经酶水解的产品中，以掌握产品的水解程度及产品质量。

（二）单指示剂甲醛滴定法

1. 原理

氨基酸具有酸、碱两重性质，因为氨基酸含有—COOH 显酸性，又含有—NH_2显碱性。由于这二个基团的相互作用，使氨基酸成为中性的内盐。当加入甲醛溶液时，—NH_2与甲醛结合，其碱性消失，破坏内盐的存在，就可用碱来滴定—COOH，以间接方法测定氨基酸的量。

2. 试剂

（1）40% 中性甲醛溶液，以麝香草酚酞为指示剂，用 1mol/L NaOH 溶液中和。

（2）0.1% 麝香草酚酞乙醇溶液。

（3）0.100mol/L 氢氧化钠标准溶液。

3. 操作步骤

称取一定量样品（约含 20mg 左右的氨基酸）于烧杯中（如为固体加水 50mL），加 2 ~3 滴指示剂，用 0.100mol/L NaOH 溶液滴定至淡蓝色。加入中性甲醛 20mL，摇匀，静置 1min，此时蓝色应消失。再用 0.100mol/L NaOH 溶液滴定至淡蓝色。记录两次滴定所消耗的碱液 mL 数，用下述公式计算。如式 6 –6 所示。

$$\text{氨基酸态氮（\%）} = \frac{N \times V \times 0.014 \times 100}{W} \times 100\% \qquad (6-6)$$

式中，N——NaOH 标准溶液摩尔浓度；

V——NaOH 标准溶液消耗的总量，mL；

W——样品溶液相当样品重量，g；

0.014——氮的 mg 当量。

（三）双指示剂甲醛滴定法

1. 原理

与单色法相同，只是在此法中使用了两种指示剂。从分析结果看，双指示剂甲醛滴定法与亚硝酸氮气容量法（此法操作复杂，不作介绍）相近单色滴定法稍偏低，主要因为单指示剂甲醛滴定法是以氨基酸溶液 pH 作为麝香草酚酞的终点。pH 在 9.2，而双指示剂是以氨基酸溶液的 pH 作为中性红的终点，pH 为 7.0，从理论计算看，双色滴定法较为准确。

2. 试剂

（1）三种试剂同单指示剂法

（2）0.1% 中性红（50% 乙醇溶液）

3. 操作步骤

取相同的两份样品，分别注入 100mL 三角烧瓶中，一份加入中性红指示剂 2～3 滴，用 0.100mol/L NaOH 溶液滴定终点（由红变琥珀色），记录用量，另一份加入麝香草酚酞 3 滴和中性甲醛 20mL，摇匀，以 0.100mol/L NaOH 准溶液滴定至淡蓝色。如式 6－7 所示。

$$\text{氨基酸态氮}（\%）=\frac{N(V_2-V_1)\times 0.014}{W}\times 100\% \tag{6-7}$$

式中，V_2——用麝香草酚酞为指示剂时标准碱液消耗量，mL；

V_1——用中性红作指示剂时碱液的消耗量，mL；

N——标准碱液当量浓度；

W——样品的重量，g；

0.014——氮的 mg 当量。

注意事项：测定时样品的颜色较深，应加活性炭脱色之后再滴定。

六、氯化钠的测定

氯化钠的测定有容量法、电位滴定法、铬酸钾指示剂法等，一般生产中间测定，使用铬酸钾指示剂法的较多，因为它较为简便快速，但对含蛋白量较大的产品来说，出现的误差也较大，故此法的经验性很重要。容量法适用于肉食制品、水产制品、蔬菜制品、腌制品、调味品等食品中氯化钠的测定，不适用于深色食品；电位滴定法适用于上述各类食品中氯化钠的测定。此处三种方法都做介绍，请根据具体情况选用。但在骨肉提取物产品检测中，一般常使用第三种方法——铬酸钾指示剂法。

（一）容量法（铁铵矾指示剂法）

1. 原理

样品经处理、酸化后，加入过量的硝酸银溶，以硫酸铁铵为指示剂，用硫氰酸钾标准滴定溶液滴定过量的硝酸银。根据硫氰酸钾标准滴定溶液的消耗量，计算食品中氯化钠的含量。

2. 试剂

所用试剂均为分析纯；水为蒸馏水或同等纯度的水（以下简称水）。

（1）冰乙酸

（2）蛋白质沉淀剂

① 试剂Ⅰ。称取106g亚铁氰化钾溶于水中，转移到1000mL容量瓶中，用水稀释至刻度。

② 试剂Ⅱ。称取220g乙酸锌溶于水中，并加入30mL冰乙酸，转移到1000mL容量瓶中，用水稀释至刻度。

（3）硝酸溶液（1∶3）　量取1体积浓硝酸与3体积水混匀。使用前须经煮沸、冷却。

（4）80%乙醇溶液　量取80mL 95%乙醇与15mL水混匀。

（5）0.1mol/L硝酸银标准滴定溶液　称取17g硝酸银溶于水中，转移到1000mL容量瓶中，用水稀释至刻度，摇匀，置于暗处。

（6）0.1mol/L硫氰酸钾标准滴定溶液　称取9.7g硫氰酸钾溶于水中，转移到1000mL容量瓶中，用水稀释至刻度，摇匀。

（7）硫酸铁铵饱和溶液　称取50g硫酸铁铵（GB 1279—2008《化学试剂　十二水合硫酸铁（Ⅲ）铵（ISO－6353—3∶1987，NEQ）》）溶于100mL水中，如有沉淀须过滤。

（8）0.1mol/L硝酸银标准滴定溶液和0.1mol/L硫氰酸钾标准滴定溶液的标定　称取0.10～0.15g基准试剂氯化钠（m_0）或经500～600℃灼烧至恒重的分析纯氯化钠，精确至0.0002g，于100mL烧杯中，用水溶解，转移到100mL容量瓶中。加入5mL 1∶3硝酸溶液，边猛烈摇动边加入30.00mL（V_1）0.1mol/L硝酸银标准滴定溶液，用水稀释至刻度摇匀。在避光处放置5min，用快速定量滤纸过滤，弃去最初滤液10mL。取上述滤液50.00mL于250mL锥形瓶中，加入2mL硫酸铁铵饱和溶液，边猛烈摇动边用0.1mol/L硫氰酸钾标准滴定溶液滴定至出现淡棕红色，保持1min不褪色。记录消耗硫氰酸钾标准滴定溶液的mL数（V_2）。取0.1mol/L硝酸银标准滴定溶液20.00mL（V_3）于250mL锥形瓶中，加入30mL水、5mL 1∶3硝酸溶液和2mL硫酸铁铵饱和溶液。以下按上述标定步骤操作记录消耗0.1mol/L硫氰酸钾标准滴定溶液的mL数（V_4）。

3. 计算

根据硝酸银标准滴定溶液与硫氰酸钾标准滴定溶液的体积比（F），计算硝酸银标准滴定溶液和硫氰酸钾标准滴定溶液的浓度（C_1、C_2），如式6－8、式6－9、式6－10所示。

$$\mathrm{F}=\frac{V_3}{V_4}=\frac{C_1}{C_2} \tag{6-8}$$

$$C_2=\frac{m_0/0.05844}{V_1-2V_2\mathrm{F}} \tag{6-9}$$

$$C_1 = C_2 \times F \tag{6-10}$$

式中，F——硝酸银标准滴定溶液与硫氰酸钾标准滴定溶液的体积比；

C_1——硫氰酸钾标准滴定溶液的实际浓度，mol/L；

C_2——硝酸银标准滴定溶液的实际浓度，mol/L；

m_0——氯化钠的质量，g；

V_1——标定时加入硝酸银标准滴定溶液的体积，mL；

V_2——滴定时消耗硫氰酸钾标准滴定溶液的体积，mL；

V_3——测定体积比（F）时，硝酸银标准滴定溶液的体积，mL；

V_4——测定体积比（F）时，硫氰酸钾标准滴定溶液的体积，mL；

0.05844——与1.00mL 硝酸银标准滴定溶液〔$C(AgNO_3)=1.000$mol/L〕相当的氯化钠的质量，g。

4. 仪器、设备

实验室常用仪器及下列各项

（1）组织捣碎机

（2）研钵

（3）水浴锅

（4）分析天平　感量0.0001g

5. 试样的制备

（1）固体样品　取具有代表性的骨肉提取物样品至少200g，在研钵中研细，或加等量水在组织捣碎机中捣碎，置于500mL 烧杯中备用。如干制品或半干制品，则将200g 样品切成细粒，加2 倍水置于500mL 烧杯中，浸泡30min，然后在组织捣碎机中捣碎，置于500mL 烧杯中备用。

（2）固液体样品　按固液体比例，取具有代表性的样品至少200g，去除不可食部分，在组织捣碎机中捣碎，置于500mL 烧杯中备用。

（3）液体样品　取充分混匀的液体样品至少200g，置于500mL 烧杯中备用。

6. 试液的制备

（1）肉禽及水产制品　称取约20g 试样，精确至0.001g，于250mL 锥形瓶中，加入100mL 70℃热水沸腾后保持15min，并不断摇动。取出，冷却至室温，依次加入4mL 试剂Ⅰ和4mL 试剂Ⅱ。每次加入后充分摇匀，在室温静置30min。将锥形瓶中的内容物全部转移到200mL 容量瓶中，用水稀释至刻度，摇匀。用滤纸过滤，弃去最初部分滤液。

（2）蔬菜制品

①蛋白质及淀粉含量较高的试样（如蘑菇、青豆）。称取约10g 试样，精

确至0.001g，于100mL烧杯中，用80%乙醇溶液，将其全部转移到100mL容量瓶中，稀释至刻度充分振摇，提取15min。用滤纸过滤，弃去最初部分滤液。

② 其他蔬菜试样。称取约20g试样，精确至0.001g，于250mL锥形瓶中，加入100mL 70℃热水，充分振摇，提取15min。将锥形瓶中的内容物全部转移到200mL容量瓶中，用水稀释至刻度，摇匀。用滤纸过滤，弃去最初部分滤液。

（3）腌制品及调味品（骨肉提取物）

① 腌制品试样。称取约10g试样，精确至0.001g，于250mL锥形瓶中，加入100mL70℃热水。充分振摇，提取15min。将锥形瓶中的内容物全部转移到200mL容量瓶中，用水稀释至刻度，摇匀。用滤纸过滤，弃去最初部分滤液。

② 调味品试样。称取约5g试样，精确至0.001g，于100mL烧杯中，加入适量水使其溶解（液体样品可直接转移），全部转移至200mL容量瓶中。用水稀释至刻度，摇匀。用滤纸过滤，弃去最初部分滤液。

（4）淀粉制品及其他制品　称取约20g试样，精确至0.001g，于250mL锥形瓶中，加入100mL 70℃热水。充分振摇，提取15min。将锥形瓶中的内容物全部转移到200mL容量瓶中，用水稀释至刻度，摇匀。用滤纸过滤，弃去最初部分滤液。

7. 分析步骤

（1）沉淀氯化物　取50mL试液，使之含50～100mg氯化钠，于100mL容量瓶中，加入5mL硝酸溶液。边猛烈摇动边加入20.00～40.00mL 0.1mol/L硝酸银标准滴定溶液，用水稀释至刻度，在避光处放置5min。用快速定量滤纸过滤，弃去最初滤液10mL。

当加入0.1mol/L硝酸银标准滴定溶液后，如不出现氯化银凝聚沉淀，而呈现胶体溶液时，应在定容、摇匀后移入250mL锥形瓶中，置沸水浴中加热数分钟（不得用直接火加热）直至出现氯化银凝聚沉淀。取出，在冷水中迅速冷却至室温，用快速定量滤纸过滤，弃去最初滤液10mL。

（2）滴定　取50.00mL滤液于250mL锥形瓶中。以下按（二）中第8条步骤操作，记录消耗0.1mol/L硫氰酸钾标准滴定溶液的mL数（V_5）。

（3）空白试验　用50mL水代替50.00mL滤液，加入滴定试样时消耗0.1mol/L硝酸银标准滴定溶液体积的二分之一，以下按上述滴定步骤操作。记录空白试验消耗0.1mol/L硫氰酸钾标准滴定溶液的m_1（V_0）。

8. 分析结果计算

食品中氯化钠的含量以质量百分率表示按下式计算，如式6－11所示。

$$X_1\ (\%) = \frac{0.05844 \times C_1 \times (V_0 - V_5) \times K_1}{M} \times 100\% \qquad (6-11)$$

式中，X_1——食品中氯化钠的含量，质量百分率,%；

V_0——空白试验时消耗 0.1mol/L 硫氰酸钾标准滴定溶液的体积，mL；

V_5——滴定试样时消耗 0.1mol/L 硫氰酸钾标准滴定溶液的体积，mL；

G——硝酸银标准溶液的浓度，mol/L；

K_1——稀释倍数；

M——试样的质量，g。

计算结果精确至小数点后第二位。同一样品的两次测定值之差，每 100g 试样不得超过 0.2g。

（二）电位滴定法

1. 原理

样品经处理、酸化后，在丙酮溶液介质中，以玻璃电极为参比电极，银电极为指示电极，用硝酸银标准滴定溶液滴定试液中的氯化钠，根据电位的“突跃”判断滴定终点按硝酸银标准滴定溶液的消耗量，计算食品中氯化钠的含量。

2. 试剂

所用试剂均为分析纯；水为蒸馏水或同等纯度的水（以下简称水）。

（1）蛋白质沉淀剂　按本标准容量法中蛋白质沉淀剂研制方法配制。

（2）硝酸溶液　硝酸溶液（1∶3）：量取 1 体积浓硝酸与 3 体积水混匀。(用前不需煮沸)。

（3）丙酮［《化学试剂　丙酮》（GB/T 686—2008）］。

（4）0.01mol/L 氯化钠基准溶液　称取 0.05844g 基准试剂氯化钠［《工作基准试剂　氯化钠》（GB/T 1253—2007）］，或经 500 ~ 600℃ 灼烧至恒重的分析纯氯化钠［《化学试剂　氯化钠》（GB/T 1266—2006）］，精确至 0.0002g，于 100mL 烧杯中，用少量水溶解后转移到 1000mL 容量瓶中，稀释至刻度，摇匀。

（5）0.02mol/L 硝酸银标准滴定溶液

① 配制。称取 3.40g 硝酸银［《化学试剂　硝酸银》（GB/T 670—2007）］，精确至 0.01g，于 100mL 烧杯中，用少量水溶解后转移到 1000mL 容量瓶中，用水定容，摇匀，置于暗处（或转移到棕色容量瓶中）。

② 标定（二级微商法）。吸取 10.00mL 0.01mol/L 氯化钠基准溶液，于 50mL 烧杯中，加入 0.2mL 硝酸溶液及 25mL 丙酮。将玻璃电极和银电极浸入溶液中，开动电磁搅拌器。

先从滴定管滴入 VmL 硝酸银标准滴定溶液（所需量的 90%），测量溶液电位（E）。以后每滴加 1mL 测量一次。接近终点和终点过后，每滴加 0.1mL 测量一次。继续滴定至电位改变不明显为止。记录每次滴加硝酸银标准滴定溶液的体积和电位。

③ 确定终点。根据滴定记录，按硝酸银标准滴定溶液的体积（V）和电位（E）。当一级微商最大、二级微商等于零时，即为滴定终点，按式 6－12 计算滴定终点时硝酸银标准滴定溶液的量（V_6）。

$$V_6 = V_a + \left(\frac{a}{a-b} \cdot \Delta V\right) \tag{6-12}$$

式中，V_6——滴定终点时消耗硝酸银标准滴定溶液的体积，mL；

a——二级微商为零前的二级微商值；

b——二级微商为零后的二级微商值；

V_a——在 a 时消耗硝酸银标准滴定溶液的体积，mL；

ΔV——a 与 b 之间的 ΔV 值，mL。

例如，从表中找出一级微商最大值为 850，则二级微商等于零时应在 650～－350，所以 $a=650$，$b=-350$，$V_a=4.8$mL，$\Delta V=0.10$mL。

$$V_6 = V_a + \left(\frac{a}{a-b} \cdot \Delta V\right) = 4.8 + \left(\frac{650}{650-(-350)} \times 0.1\right) = 4.8$$

即滴定终点时，硝酸银标准滴定溶液的用量为 4.87mL。

④ 浓度计算。浓度计算，如式 6－13 所示。

$$C_4 = \frac{10C_3}{V_6} \tag{6-13}$$

式中，C_4——硝酸银标准滴定溶液的实际浓度，mol/L；

C_3——氯化钠基准溶液的浓度，mol/L；

V_6——滴定终点时消耗硝酸银标准滴定溶液的体积，mL。

3．仪器、设备

实验室常用仪器及下列各项。

（1）KPH 计　直接读数式，测量范围 0～14pH，精度 ±0.1

（2）玻璃电极

（3）银电极

（4）电磁搅拌器

（5）滴定管　10mL

4．试样的制备

按本章节容量法中试样的制备方法制备。

5．试液的制备

按本标准容量法中试液的制备方法制备。其中 80% 乙醇溶液改为：用水转移到100mL容量瓶中。

6. 分析步骤

取50mL试液，使之含5~10mg氯化钠，于50mL烧杯中，加入0.2mL硝酸溶液及25mL丙酮。以下按本章节中“硝酸银标准滴定溶液的标定”方法步骤操作，并按其确定终点的方法求出滴定终点时消耗硝酸银标准滴定溶液的体积（V_7）。

7. 计算

食品中氯化钠的含量以质量百分率表示，按式（6-14）计算。

$$X_3(\%) = \frac{0.05844 \times C_4 \times V_7 \times K_2}{m_2} \times 100\% \tag{6-14}$$

式中，X_3——食品中氯化钠含量，质量百分率，%；

V_7——滴定试样时消耗硝酸银标准滴定溶液的体积，mL；

K_2——稀释倍数；

m_2——试样的质量，g；

C_4——同式6-13。

计算结果精确至小数点后第二位。同一样品两次测定值之差，每100g样品不得超过0.2g。

（三）铬酸钾指示剂法

1. 原理

样品经处理后，以铬酸钾为指示剂，用硝酸银标准滴定溶液滴定试液中的氯化钠。根据硝酸银标准滴定溶液的消耗量，计算食品中氯化钠的含量。由于乳化型的骨肉提取物对显色有影响，所以在使用此法时应特别注意。

2. 试剂

所用试剂均为分析纯，水为蒸馏水或同等纯度的水（以下简称水）。

（1）蛋白质沉淀剂　按本章容量法中“蛋白质沉淀剂配制方法”配制。

（2）80%乙醇溶液　按本标准容量法中“80%乙醇溶液配制方法”配制。

（3）0.1mol/L硝酸银标准滴定溶液

① 配制。按本章容量法中“0.1mol/L硝酸银标准滴定溶液的配制方法”配制。

② 标定。称重0.05~0.10g基准试剂氯化钠（GB/T 1253—2007），或于500~600℃灼烧至恒重的分析纯氯化钠（GB/T 1266—2006），精确至0.0002g，于250mL锥形瓶中。用约70mL水溶解，加入1mL 15%的铬酸钾溶液，边猛烈摇动边用0.1mL/L硝酸银标准滴定溶液滴定至出现砖红黄色，保持1min不褪色。记录消耗0.1mol/L硝酸银标准滴定溶液的mL数（V_8）。

③ 计算：计算方法，如式6-15所示。

$$C_5 = \frac{m_3}{0.05844 \times V_8} \tag{6-15}$$

式中，C_5——硝酸银标准滴定溶液的实际浓度，mol/L；

V_8——滴定时消耗硝酸银标准滴定溶液的体积，mL；

m_3——氯化钠的质量，g。

（4）5%铬酸钾溶液　称取5g铬酸钾，溶于95mL水中。

（5）0.1%氢氧化钠溶液　称取1g氢氧化钠［《化学试剂　氢氧化钠》（GB/T 629—1997）］，溶于100mL水中。

（6）1%酚酞乙醇溶液　称取1g酚酞溶于60mL 95%乙醇［《化学试剂　乙醇（95%）》（GB/T 679—2002）］中，用水稀释至100mL。

3. 仪器、设备

实验室常用仪器及下列各项。

（1）组织捣碎机

（2）研钵

（3）水浴锅

（4）分析天平　感量0.0001g

4. 试样的制备

按本章节容量法中的“试样的制备方法”制备。

5. 试液的制备

按章节容量法中“试液的制备方法”制备。

6. 分析步骤

（1）pH为6.5～10.5的试液　取50mL试液使之含25～50mg氯化钠，于250mL锥形瓶中。加50mL水及1mL 5%铬酸钾溶液。以下按本节（一）“容量法”中的滴定步骤操作，记录消耗0.1mol/L硝酸银标准滴定溶液的mL数（V_9）。

（2）pH小于6.5的试液　取50mL试液，使之含25～50mg氯化钠，于250mL锥形瓶中。加50mL水及0.2mL 1%酚酞溶液，用0.1%氢氧化钠溶液，滴定至微红色。再加1mL 5%铬酸钾溶液（A2.4）。以下按本节操作，记录消耗0.1mol/L硝酸银标准滴定溶液的m_1数（V_9）。

（3）空白试验　用50 mL水代替AmL试液。加1mL 5%铬酸钾溶液。以下按第（1）条操作。记录消耗0.1mol/L硝酸银标准滴定溶液的m_1数（V_{10}）。

7. 计算

食品中氯化钠的含量以质量百分率表示，按式6-16计算：

$$X_3（\%）= \frac{0.05844 \times C_5（V_9 - V_{10}）\times K_3}{m_4} \times 100\% \tag{6-16}$$

式中，X_3——食品中氯化钠含量，质量百分率，%；

V_9——滴定试样时消耗 0.1mol/L 硝酸银标准滴定溶液的体积，mL；

V_{10}——空白试验时消耗 0.1mol/L 硝酸银标准滴定溶液的体积，mL；

K_3——稀释倍数；

m_4——试样的质量，g；

C_5——硝酸银标准滴定溶液的实际浓度，mol/L。

计算结果精确至小数点第二位。同一样品两次测定值之差，每 100g 样品不得超过 0.2g。

七、肉毒毒素检出及肉毒杆菌检验

虽然肉毒杆菌及肉毒毒素不常见，在一般的食品检验中也不做特殊的检验要求，但其危害性较大，故此，本节将肉毒毒素检出及肉毒杆菌检验作为了解知识做一下叙述，有兴趣者可参照国家标准《食品安全国家标准　肉毒梭菌及其毒素的检验》（GB 4789.12—2016），进行操作。

（一）肉毒毒素的检出

肉毒中毒的诊断，重要的是毒素的检出及定型；罐头食品的细菌学检验，有时需要证实肉毒杆菌的存在，不过，最终还是要根据产毒试验来鉴定细菌及其型别。

（二）肉毒毒素检测的主要程序

1．初步的定性试验——小白鼠腹腔注射法

检验样品经适当处理后取上清液，用明胶磷酸缓冲液稀释（1∶5、1∶10、1∶100 三个稀释度）后各取 0.5mL 腹腔注射小白鼠；另取上清液 100℃ 10min 加热后注射小白鼠；另取上清液经胰酶处理后注射小白鼠；每个注射样注射二只小白鼠；注射后，定时观察小白鼠，连续观测 48h；排除 24h 后死亡的白鼠和无症状死亡的小白鼠；48h 后，如果除了经热处理后再注射样品的小白鼠未死亡，其余小白鼠均死亡的情况，重复试验，增加稀释倍数，计算最底致死量。并进行抗毒素中和试验。

2．中和试验

用无菌生理盐水溶解冻干的抗毒素，取 A、B、E、F 四种抗毒素注射于小白鼠体内；同时取未注射抗毒素的小白鼠做对照；注射抗毒素 30min 或 1h 后，注射不同稀释度（覆盖 10、100、1000 倍最小致死量）的含毒素样品，观察 48h，如发现毒素未被中和，再取 C、D 型抗毒素和 A－F 多价抗毒素重复上述试验；如小白鼠死亡，应将含毒素样品稀释后再重复以上试验。

3．试验的几个注意事项

（1）典型的肉毒中毒，小白鼠会在 4～6h 内死亡，而且 98%～99% 的小白鼠会在 12h 内死亡，因此，试验前 24h 内的观察是非常重要的。

（2）24h 后的死亡是可疑的，除非有典型的症状出现。

（3）如果小白鼠注射经 1∶2 或 1∶5 倍数稀释的样品后死亡，但注射更高稀释度的样品后未死亡，这也是非常可疑的现象，一般为非特异性死亡。

（4）小白鼠要用不会抹去的颜料加以标记。

（5）小白鼠的饲料与水必须及时添加、充分供应。

4．结果分析

（1）食物中发现毒素，表明未经充分的加热处理，可能引起肉毒中毒。

（2）检出肉毒杆菌，但未检出肉毒毒素，不能证明此食物会引起肉毒中毒。

（3）肉毒中毒的诊断必须以检出食物中的肉毒毒素为准。

（4）中和试验可以为毒素定型。

（三）肉毒杆菌的检验与分离鉴定

肉毒杆菌检验方法的重点乃是产毒及毒素的检出试验，如要证实是否有肉毒杆菌存在，只要分离、培养、毒素鉴定即可。

1．前增菌

样品分别接种于疱肉培养基、TPGYT 培养基，并分别于 35℃、26℃ 培养 7d。

2．分离

培养 7d 后，染色、镜检，观察菌的形态是否为典型的肉毒杆菌。取 1～2mL 培养物加等量的酒精混合（或 80℃ 加热 10min）后在室间温下培养 1h，非蛋白分解型的肉毒杆菌，因其芽孢不耐热，不要采取热处理的方法。

用接种环涂划酒精处理液或热处理的培养物于小牛肝卵黄琼脂或厌氧卵黄琼脂平板上，厌氧培养 48h，35℃。

典型菌落是隆起或扁平，光滑或粗糙，在卵黄培养基上用斜光检验时菌落表面通常出现虹晕色，此光区称为“珍珠层”，C、D、E 型菌通常有 2～4mm 黄色沉淀区围绕，A、B 型菌通常显示较小的沉淀区。

挑取 10 个典型菌落，分别接种于疱肉培养基、TPGYT 培养基，并分别与 35℃、26℃ 培养 7d，再取培养物按照本节中的“肉毒毒素检测的主要程序”中的方法进行肉毒毒素的检测即可。

生化反应试验，可以为鉴定做参考，以上肉毒杆菌的培养、分离、鉴定试验力求迅速，不要长时间接触空气，最好在厌氧条件下操作。

八、骨肉提取物产品保质期的确定

为确保骨肉提取物的产品质量稳定，以及自我检视产品的保质期，笔者根据多年的从业经验及相关资料，对骨肉提取物产品确定保质期的方法进行了数十次试验，摸索出此种加速破坏方法，供读者参考。此种方法是基于一些常规感官和理化、微生物等方面的指标来制定的，如有需要，可以在此基础上增加其他相关指标进行试验。例如，对于乳化产品的乳化状态稳定性，可以增加产品的恒温摇床试验，以确定产品在一定的时期内不至于破乳等。

（一）粉状产品破坏性试验

1. 检测项目

（1）风味（臭）、口感（味）、1%~5% 冲水口感。

（2）颜色和 1%~5% 冲水后的颜色。

（3）过氧化值、酸价。

（4）微生物指标（主要以霉菌、酵母菌为指标）。

2. 实验方案及条件

（1）将待试样品做一次上述指标的试验前检测（评），并做好表格记录。

（2）将待试样品一式（一个编号）12 份密封包装，分放于三种试验条件下（即冷藏样品 4 份、常温 4 份、37℃恒温恒湿 4 份）。

3. 评测数据的制定

一般粉状包装调味品在温度 37℃，湿度 75%~85% 的条件下存放一个月，与另两份样品对比评测，如果风味、口感（包括冲水后的）、颜色、过氧化值都没有变化，则可以代表该产品保质期一年。如表 6－12 所示。

（二）产品（粉或膏状）应用性破坏性试验

1. 破坏性试验应用配方

破坏性试验应用配方，如表 6－12 所示。

表 6－12　　破坏性试验应用配方表

物料名称	用量（产品折算或评测后的大致含量）
水	47%
食盐	16%
MSG	20%
I＋G	1.5%
黄原胶	1%

续表

物料名称	用量（产品折算或评测后的大致含量）
白糖	5%
被检样品	5%
糊精	5%
维生素 E	0.02%
pH（4% 水溶液）	6.0

2. 检测项目

（1）风味、口感及 1%~5% 冲水口感（味）评测

（2）颜色变化

（3）过氧化值

（4）水分活度

3. 试验方案及条件

（1）将待试样品做一次上述指标的试验前检测（评），并做好表格记录。

（2）将待试样按下述一般应用配方，配制于应用配方中，一式（一个编号）分装成 12 份，（即冷藏样品 4 份、常温 4 份、37℃恒温恒湿 4 份）。密封后在 100℃恒温 25min 后，再按冷藏、常温、37℃恒温恒湿分放于各试验条件中，一个月后，37℃存放的样品与另两个试验条件下的样品进行对比评测。

4. 评测数据的制定

应用于配方中的产品的保质期的界定，方法是将灭菌过的应用产品置于 37℃恒温恒湿（75%~85%）的条件下存放一个月，在风味、微生物等指标不变的情况下，代表保质期为一年。

（三）保质期试验优选法（黄金分割法）

37 度保险保鲜试验时，如果保温一个月后早已变质；此时您可以用 30 乘 0.618 为天数，即 18.5d 重新做此实验；结果如果仍然变质，则用 18.5d 乘以 0.618，即约 11.5d 进行实验；而如果在 18.5d 还没有变质，则您可用 30d 减 18.5d 后的数乘以 0.618 再加上 18.5d，即约 25d 做此实验，如此反复；就可以以最少的实验次数，取得最佳的实验数据，从而确定出您的食品的实际保质期数据。如表 6-13 所示。

表 6-13 产品保质期试验优选表

项目 \ 时间与条件	11.5d			18.5d			25d			30d		
	冷藏	常温	恒温	冷藏	常温	恒温	冷藏	常温	恒温	冷藏	常温	恒温
风味												
口感												
颜色												
1%~5% 冲水风味												
1%~5% 冲水口感												
1%~5% 冲水颜色												
过氧化值												
水分活度												
其他												

| 第七章 |

畜禽骨肉提取物在食品中的应用

第一节　骨肉提取物在热反应香精中的应用

一、提取物与美拉德反应肉膏的区别

显而易见，骨肉提取物用于热反应香精，它表现出的醇厚、柔和、纯正、逼真、营养的特点是单纯的氨基酸、糖类物质用于美拉德反应所产生的呈味料不能比拟的，并且其在美拉德反应中能完全替代所使用的原料肉，以节约成本和增加制品的感官特性等许多优良的特性。表 7－1 列出的是骨肉提取物与传统美拉德反应肉膏经检测后的各种氨基酸含量的区别。另外还有一大区别就是，美拉德反应产品会用到骨肉提取物，而纯的骨肉提取物一般不含有人为添加的美拉德反应产品。

表 7－1　　提取物与美拉德反应肉膏氨基酸含量的区别

分析项目	检测结果	检测结果
产品	HFX 汤皇	肉膏 G0209
状态	膏状，润滑的舒服感觉	膏状，颜色状态不自然
风味	以骨肉汤汤感为主，浓郁天然的高汤口感	以肉感为主，有特有的反应香气
口感	以骨髓，肉汤、骨香为主的浓厚感	以鲜味，肉味为主反应膏味道
胶原蛋白/%	8.8	0～2.1
天冬氨酸/%	0.61	0.56
谷氨酸/%	1.02	3.00
丝氨酸/%	0.32	0.25
组氨酸/% *	0.14	0.15
色氨酸/% *	0.05	0.06
甘氨酸/%	1.84	0.66
苏氨酸/% *	0.21	0.26

续表

分析项目	检测结果	检测结果
精氨酸/%	0.66	0.38
丙氨酸/%	0.78	0.44
酪氨酸/% *	0.12	0.15
缬氨酸/%	0.30	0.26
蛋氨酸/% *	0.083	0.087
苯丙氨酸/% *	0.25	0.22
异亮氨酸/% *	0.15	0.22
亮氨酸/% *	0.38	0.42
赖氨酸/% *	0.41	0.34
脯氨酸/%	1.08	0.42
水解氨基酸总和/%	8.31	6
Ca/%	3.2	0.42
P/%	1.6	0.33
Fe/(mg/100g)	8.7	8.3

注：* 为人体必需氨基酸。

通过上表看出：

(1) 用畜禽骨为原料的骨肉提取物产品中胶原蛋白的含量比以肉类为原料反应的产品胶原蛋白含量高4倍。我们知道胶原蛋白是人体内非常重要的、具有特殊功能的一种组织蛋白，其相对分子质量大约为100000，是由三条都胜链（也叫作α链），有如麻花一样彼此缠绕在一起构成。胶原蛋白是人体内起主要支撑作用的蛋白质。胶原蛋白是人体的皮肤、骨骼、肌腱、软骨、血管的构成材料，富含甘氨酸、脯氨酸及羟脯氨酸。

胶原蛋白主要功能：胶原蛋白是人体皮肤的主要成分，占皮肤干重70%～80%。医学研究提示；胶原蛋白中的羟脯氨酸是人体皮肤形成的关键物质。胶原蛋白是结缔组织的弹性蛋白及多糖蛋白相互交织形成的网状结构，产生一定的机械强度，是架构人体曲线，体现挺拔体态的物质基础，其功能如下所述。

① 强化骨骼。

② 缓和关节疼痛使关节圆滑活动。

③ 赋予肌肉扩张功能，保持适当张力。

④ 保护消化器官。

⑤ 抑制血压上升。

⑥ 美容。

在运动保护方面，可预防关节受伤等运动伤害，促进治疗功效最受注目。一般而言，胶原蛋白摄取量每人每天在 5 ~ 10g 最为恰当。一位体重 50kg 的人，约有三 kg（大约 5%）的胶原蛋白，而这些胶原蛋白在体内每天都不断的进行新陈代谢，所以必须常补充才行。

（2）以禽骨为原料的产品中氨基酸组成（人体必需氨基酸）的含量和以肉类为原料的产品氨基酸组成（人体必需氨基酸）含量非常接近。我们可以确定，用畜禽骨为原料的产品能提供和以肉类为原料的产品的相接近的人体必需氨基酸组分。

（3）畜禽骨为原料的产品中有机骨钙的含量比以肉类为原料的产品胶有机骨钙含量高 7 倍。有机骨磷的含量高 5 倍。且钙磷比例适宜，Ca∶P 为 2∶1。

另外，我们还知道：

① 有机骨钙吸收率高。据南京医科大学的代谢研究，有机骨钙的吸收率为 59.6%。高于葡萄糖酸钙（27%）、草酸钙（30%）、柠檬酸钙（30%）、牛乳钙（31%）、醋酸钙（32%）、乳酸钙（32%）、活性钙（35%）、碳酸钙（39%）等钙源。

② 有机骨钙利用率高。据南京医科大学的代谢研究，有机骨钙的存留为 49.0%，在同样条件下的活性钙存留率为 16.9%，说明有机骨钙在生物体内有一半是可以被利用的，而活性钙的生物利用量不到 1/5。

③ 钙磷比例合理。目前，我国居民膳食中的磷的摄入量超过钙 2 倍以上，这种高磷膳食影响了钙和其他矿物质的吸收利用。含钙 3.2%，含磷 1.6%，Ca∶P = 2∶1，这是符合人体对 Ca、P 利用的合理比例。

④ 具有改善骨质疏松，增加骨密度的功效。

我国卫生部推荐的成人钙摄入量为 800mg/d，来源有：乳类及其制品、小虾皮、海带等海产品、大豆及其制品、食用骨粉。

因此，用畜禽骨为原料的产品比用肉水解后反应的产品更有营养。而就调味品的调味作用而言，骨肉提取物的调味作用，也较反应肉膏来的天然、逼真，更加有肉的真实感觉。显而易见，骨肉提取物用于美拉德反应，其反应出的香气、肉感、风味也会更加逼真、天然和醇厚。

二、畜禽骨肉提取物与美拉德反应的关系

其实，美拉德反应肉味香精的生产和骨肉提取物的生产，在我国的兴起都只有二十年左右的时间，也主要有粉状和膏状两种形态的产品。

目前，国际上使用美拉德反应制备天然肉味香精的生产加工技术，也没有非常成熟的研究成果和产业化技术可供借鉴。只是相对于国内而言，由于时间

和各种科学技术条件的限制，国外的美拉德反应技术及产品还是有较大优势的。加上国内巨大的市场需求，研究开发美拉德天然肉味香精的制备技术也还是具有广泛的应用前景和市场价值的。而利用美拉德反应技术进行骨肉提取物的深层次开发，则前景广阔，成果诱人。在此，作者提供一些以骨肉提取物为主要原料制备天然肉味香料香精产品的简易方法可供参考。如有兴趣者，还需进行大量的研究和试验，才能制造出更加实用和满意的香精产品。

我们知道，肉味香精通常的香气组成包括肉香、辛香、酱香、烘烤香等各种综合香气，其实，它的主要化学成分是醇、醛、酚、硫化物、吡嗪、呋喃、硫醚、噻吩等。而骨肉提取物来源于骨头，具备肉类几乎所有的氨基酸成分，而要使反应产生前面所提及的香气成分，就必须有能产生这些特征气味的氨基酸、脂肪酸、还原糖的存在。骨肉提取物恰恰就提供了全面的氨基酸组成。只有组织的配方能使各种表征化合物配合恰当，才能使产品的香气达到协调、强度大、醇厚、圆和、自然等效果。这就要求在组织配方时照顾到构成香精主要香气的基本原料和协调香精香气以及辅助性香气的辅助原料以及其他填充材料的配比。比如能产生明显肉香气的动物油脂、水解植物蛋白（HVP、半胱氨酸盐酸盐、谷氨酸等）能协调香气的八角、肉豆蔻、胡椒、生姜等。考虑到这些必要的关系，组织美拉德反应配方才会得心应手。

另外，要制备一种完整的天然肉味香精产品，还必须选择适当的工艺技术参数和设备来进行加工。即通过不断优化反应物配比、反应温度、时间、pH、浓度等因素，以制备具备良好特征肉香味的香精产品。下面列举一例仅供参考，如表7－2所示。

表7－2　　香精产品

原料名称	用量/kg	原料名称	用量/kg
猪骨提取物	80	酵母膏	20
酶解猪骨素	80	五香油	0.01
维生素 B_1	3	生姜汁	2
L－半胱氨酸盐	3	名厨世家珍味鲜	5
甘氨酸	2.5	猪骨油	15
蛋氨酸	2.5	食盐	25
I＋G	2.5	金华火腿提取物	10
木糖	6	淀粉	12.5
麦芽糖浆	12	水	150

注：反应条件为110℃搅拌回流反应60min，最后加入姜汁、淀粉，淀粉糊化完全后，乳化均质即可。

该反应具有明显的西式火腿风味，肉感细腻丰富，口感良好，状态均一。

总之，美拉德反应香精的生产，使骨肉提取物会更加丰富，因为骨肉提取物质量会更高。在生产时，除要注意骨肉提取物提取物的质量外，还要注意诸如呈味氨基酸等原料的使用。当然，如果能有丰富的实践操作经验，利用骨肉提取物进行美拉德反应，将会得到意想不到的效果，能创造出更加美味、天然、实用的美拉德反应香精。

第二节　骨肉提取物在方便面（粉丝）中的应用

方便面是我国最重要的方便食品，2007 年方便面的全球销售量大约为 979 亿包，中国方便面产量达到 498 亿包，占世界总产量的 1/2；目前中国人消费掉的方便面占全世界 1/3，中国已成为世界方便面产销第一大国。但方便面市场竞争非常激烈，压价抢市场仍是各商家争夺消费者的主要手段。由于 2008 年初粮油涨价风潮的影响，方便面市场的竞争更是趋于残酷。在保证口味、风味、质量的同时，尽可能地降低成本以及开发纯天然、高端产品的调味料已成为各生产企业研制工作的重中之重。

酱料是方便面的主要调料，从根本上决定了方便面风味的主体，也是方便面成本构成中最重要的部分，在当前面饼已无利可图的情况下，降低酱料的成本或开发纯天然高档酱料就成为了人们努力的目标。

目前，高档酱料还仅是中高档方便面的调料，其制作工艺主要是使用骨汤或骨素（由专业生产厂家生产）以及美拉德反应型产品可赋予酱料主体香型、风格和浓厚感。美拉德反应香精是利用美拉德反应（也称褐变反应）生产的浆状或膏状香精，是由于美拉德反应广泛存在于食品的加热过程中，并产生各种香味物质如含氧杂环的呋喃类，含氮杂环的吡嗪类和含硫杂环的噻吩类等化合物。同时，油脂同样发挥重要作用。有的企业也使用酵母浸膏提供所需的浓厚感；使用香精提供所需的头香，由各种不同配比的香辛料和其他调料决定风味类型；利用骨汤中的胶原蛋白形成凝胶以及油脂的固化建立酱料的质构。此法由于延续和使用了传统的烹调方式，使口味风格易被人们所认同，依靠添加香精克服传统烹调方式头香较弱的缺陷。因此香精的质量以及骨汤香型和风格的协调就显得非常重要。由于油脂对此种工艺生产的酱料风味、浓厚感和逼真度有重要意义，因此，此工艺使用的油脂较多。然而过多的摄入油脂对人的健康很不利。

大家都知道，方便面是以小麦粉为主要原料，经高温油炸，配以简单调料而制成的方便快餐食品，因为单纯的小麦粉蛋白含量低，人体必需氨基酸分布不平衡，所以制成的方便面生物效价低，加上含油多热量高以及高温油炸引起的安全方面的担心，方便面近年来颇受争议。但是，随着方便面企业的技术创新与有营养的新产品出现，尤其是根据传统的鲁菜煲汤方式生产的白汤型骨汤精在方便面中的应用，使方便面汤料更加鲜香醇厚，更加接近自然风味。产品呈现出档次上的提升。

近几年，“豚骨拉面”“精炖大骨面”“骨汤弹面”等骨汤类方便面的成功问世，使方便面、方便米线、米粉摆脱了天下“一片红”（红烧牛肉）的局面，在21世纪初呈现出突飞猛进的发展势头，并逐步地向成熟迈进。国内外很多大型方便面、方便粉丝、鲜湿面等企业，已将骨肉提取物视作改进他们产品营养、档次与品种的法宝。一些中小型企业也都在跟随这一趋势，自主研发出了一些别具地方特色的口味。这也正是骨肉提取物得以快速发展的主要原因之一。

另外，现今市场上的方便米粉、米线在口味的命名上都类似于方便面口味的命名，但在口味的实际调配过程中则有着比较大的差异，这与两者所使用的原材料、工艺等都有着相当大的关系。面体与粉之间的差异，导致我们在实际的调味过程中觉得米线难以挂味，觉得汤底总是不够浓厚，香气不够明显等诸多不足的地方。为改进这些不足点，添加适量的骨肉提取物，在制作粉包、酱包时就好得多了。骨肉提取物在方便面中的应用已相当成熟，在此不再赘述，仅就骨肉提取物在方便米粉、米线中的应用做一下探讨。

一、粉包的制作

1. 基础味

盐、糖、味精、核苷酸占60%左右。

2. 肉类提取粉

添加量在2%~8%，其提取物因采用了生物酶解及中国传统的煲汤技术相结合，再配合先进的真空浓缩技术，最终保存了原辅材料中的原有营养成分和天然呈味物质，添加此类粉能够使整个汤底更浓厚，汤感更真实，更具有营养。

3. 肉类呈味料

添加量为5%左右，此类粉风味特征明显，香气纯正，风味浓郁，能提供基本的丰厚的肉味，口感也较醇厚，且流动性能好，跟肉类提取粉搭配使用可以使口感达到风味突出、汤底浓厚的效果。

4. 反应香精、酵母提取物、酱油粉

反应香精、酵母提取物、酱油粉占8%~13%，更进一步的丰富滋味，提升醇厚感。

5. 香辛料

添加量为1%~5%，能够提高汤底的浓厚感，鲜甜味及丰富整体风味等，

在整个的调味过程中有时能起到点睛的作用。但必须根据口味的风味合适选择香辛料，否则会适得其反。一般清淡型的选择白胡椒粉、生姜粉、大蒜粉、洋葱粉等；浓香型的多选择八角、桂皮、花椒、丁香、白芷粉等。

6. 其他添加剂

添加量为1%左右，调节粉包的外观及稳定物理性能，提香等功能。

二、酱包的制作

1. 油脂

油脂的添加量为50%~80%，根据风味选择不同的油脂，其作用是溶合香精，丰富口感，改善产品的食用外观，可加热到120℃以上。

2. 肉类反应膏

肉类反应膏的添加量为5%~15%，增强厚实感，丰富滋味，加强风味，在100℃左右加入。

3. 香辛料

香辛料的添加量为0.5%~2%，分干香辛料及新鲜料，新鲜料必将其炸至可接受的水平范围内。

4. 香精

香精的添加量为0.5%~3%，一般为液体，添加温度在80℃以下。

5. 其他食品添加剂

其他食品添加剂的添加量为0.1%~1%，根据需要增加。

6. 肉类提取膏

肉类提取膏的添加量为8%左右，能够为整个汤底保持汤本身的原味。

三、配方举例

配方举例，如上汤粉丝，如表7-3所示。

表7-3　上汤粉丝

粉包		酱包	
原料名称	添加量/kg	原料名称	添加量/kg
盐	45	棕油	100
味精	12	猪油	20
白糖	5	HFX 鸡油	15
I+G	0.9	火锅鸡膏	12
SSA	0.3	HFX 中华金汤	10

续表

粉包		酱包	
原料名称	添加量/kg	原料名称	添加量/kg
白胡椒	1.3	姜黄	0.2
姜粉	0.5	盐	10
HFX 肉香王	5	味精	3
乳精	2	白糖	2
HFX 鸡肉粉 9982	6		
大蒜粉	2		

第三节　骨肉提取物在鸡精复合调味料中的应用

一、概述

1．鸡精的定义

以味精、食用盐、鸡肉（鸡骨）的粉末或其浓缩提取物及其他辅料等为原料，添加或不添加香辛料和（或）食用香料等增香剂经加工而成的，具有鸡的浓郁鲜味和鲜美滋味的复合调味料（鸡粉无需制粒）。

2．鸡精的特点

鸡精属于第三代鲜味剂（第一代为味精、第二代为味精 I+G），其特点为既有鸡肉香味，又有 MSG 的鲜味，口感丰富，有层次感且富有营养。

3．鸡精和味精的比较

（1）MSG　MSG 易溶于水，所以在烹饪时一般在起锅之前加入 MSG 效果好，菜肴的味道更加鲜美。但 MSG 在水溶液中长时间加热会小部分失水生成焦谷氨酸钠，焦谷氨酸钠虽无害，但无有鲜味。鸡精的用法似乎宽松得多，至少没有哪个厂家提醒消费者该在烹饪过程中的哪个环节添加鸡精。

（2）味精　味精主要成分是“谷氨酸钠”，是一种鲜味剂，而鸡精（粉）是复合调味料，是由多种鲜味剂和骨肉提取物复合而成的。既有浓厚的鲜味又有鸡肉香味。

（3）鸡精　鸡精含有 40% 左右的 MSG，是一种有鸡味的复合调味料，而味精是一种由玉米淀粉或大米经生物发酵提取精制而成的氨基酸盐。主要成分为谷氨酸钠，含量有 99%、95%、90% 和 80% 不等。

4. 行业状态

目前，我国生产鸡精的企业有1000多家，鸡精产品的年产量已达15万t。鸡精（粉）生产厂家相对集中于华南、华东及四川等地区，如太太乐、家乐、豪吉、美极、永益、金宫、嘉豪、美味佳等大中型生产企业。近几年发展很快，年增长量为20%以上。

目前该行业存在以下问题：

（1）行业标准模糊　虽然从法规上解决了“鸡精无鸡”等问题，但没有从根本上解决这一问题，市场上还充斥着很多无鸡的低档鸡精、鸡粉。现行的标准并不能解决“鸡精无鸡”的问题！现行的标准主要是检测和监测手段上的缺失。比如说，鸡精里规定的是氮含量不低于3%，而生产企业可以不加鸡的成分，而用HVP等，就能轻松的达到这一标准要求！

（2）“鸡精无鸡”等问题　从2001年9月，中国调味品协会就组织鸡精生产厂家对鸡精标准制定一事进行讨论，历时2年，于2003年10月底鸡精调味料的行业标准审定报审中国商业联合会，标准处对送审的标准进行了审定和进一步规范，12月初报发展政委员会进行程序上的认定，备案后正式对外分布。主要的一些指标为氯化物的含量由原来小于45%改为小于40%，氮的含量不低于3%。之前的“鸡精调味料”理化指标如表7－4所示。

表7－4　“鸡精调味料”理化指标

项目	指标
谷氨酸钠/%	≥35
呈味核苷酸二钠/%	≥1.1
干燥失重/%	≤3
氯化物（以CP计）/%	≤45
总氮（以N计）/%	≥3
其他氮（以N计）/%	≥0.2

二、生产技术和工艺

1. 鸡精（粉状）生产工艺流程

食盐＋鸡油、食用色素＋HFX鸡膏→[搅拌均匀]→加入HFX鸡肉粉体香精→边搅拌边加入I＋G、HVP、酵母精、乙基麦芽酚→[搅拌均匀]→加入酱油粉、姜粉、白胡椒、洋葱粉→[搅拌均匀]→加入HFX鸡肉提取物粉→[搅拌均匀]→加入糖、味精、糊精→[搅拌均匀]→加入抗结剂→[搅拌均匀]→[包装]→成品

注意室内相对湿度、防止吸潮。

2. 块状鸡精生产工艺流程

食盐+鸡油、食用色素→加入HFX鸡膏→搅拌均匀→加入HFX鸡肉粉体香精→边搅拌边加入I+G、HVP、酵母精、乙基麦芽酚→搅拌均匀→加入酱油粉、姜粉、白胡椒、洋葱粉→搅拌均匀→加入HFX鸡骨提取物粉→搅拌均匀→加入糖、味精、糊精→搅拌均匀→压片→包装→成品

3. 粒状鸡精生产工艺流程

盐、糖、味精、80目粉碎备用。

盐+鸡油（TBHQ）→搅拌均匀→加入HFX鸡膏、HFX鸡骨提取物→搅拌均匀→加入味精、糖、I+G、SSA→搅拌均匀→加入香辛料→搅拌均匀→加入淀粉、糊精→搅拌均匀→加入少量水→搅拌均匀→造粒→干燥→振动过筛整粒→加入1%～1.5% HFX鸡香精→混合均匀→包装→成品

（1）时间　整个加料、搅拌、混合的过程，大致15～20min，旋转挤压、造粒。

（2）造粒目数　14目或16目，也可根据实际要求确定造粒目数，70℃沸腾干燥（15～30min）。

（3）严格控制加水量　因室内相对湿度及原料含水量不同，此加水量一般控制在1%～3%不等。

三、鸡精配料的分析

1. 配料

（1）玉米淀粉　作为填充物和载体物，添加量一般在10%～25%。玉米淀粉，价格低，粉度不大，易于造粒，可根据鸡精的价位成本，决定添加量的比例，但玉米淀粉的添加量也不宜太大，因为它有一个很大的缺点，即溶于水中浑浊、沉淀，尤其在火锅调味中使用的鸡精，会产生糊锅底的现象。

（2）麦芽糊精　是一种很好的填充物和载体物，麦芽糊精完全溶解在水中，透明、无沉淀，价格比玉米淀粉高一些，但生产中、高档的鸡精也能接受。麦芽糊精对颗粒鸡精来说还可以起到黏结剂的作用。

玉米淀粉和麦芽糊精在鸡精生产中的相互比例，主要取决于鸡精的价格、档次以及生产中工艺上的要求，但麦芽糊精的添加量不宜太大，因为它黏度大，在颗粒鸡精生产中添加量过多，造粒机会有造粒困难的问题，所以要注意与其他没有黏性的配料进行合理的搭配。

（3）食盐　食盐在鸡精中的作用，并不只是填充物和载体物，它具有增

强鲜度，提高口感，防腐等多种功能，一般添加量在10%～25%。

（4）蔗糖、葡萄糖　蔗糖的添加量要与食盐的添加量要协调好，根据味的增效原则，这样能起到增鲜和缓鲜咸味的作用，但由于价格的原因，葡萄糖在鸡精生产中用量较少，一般蔗糖的添加量在3%～10%。

（5）味精、I+G　作为鲜味剂的主体。味精的添加量在15%～30%，而I+G的添加量与味精的添加量有一定的比例；按照鲜味相乘原则，在经济上较合理的比例为20∶1，根据这一比例，I+G的添加量应为0.8%～1.5%。

（6）白胡椒、姜粉　辛香料的添加量不大，但起的作用不小。即能提供香气，也能掩盖异味，去邪扶正。在鸡精中添加的主要是白胡椒和姜粉。原因是其他的辛香料颜色过深，容易影响鸡精的外观，因而很少使用。白胡椒一般的添加量为0.2%～0.4%，姜粉的添加量为0.1%～0.3%。但辛香料总的比例不能过高，否则辛香料的气味过重，会掩盖了主体的肉香味。

（7）鸡油、蛋黄粉　主要是增强鸡精中鸡肉的体香与底味。使鸡精的香气丰满，浓厚、持久、逼真。除此之外，添加鸡油也能使鸡精产品的外观发亮，蛋黄粉也能使鸡精产品的外观产生浅黄色，使鸡精产品外观更加逼真、形象、对于粉末状鸡精产品宜于使用蛋黄粉，方便于生产。对于颗粒状鸡精宜于使用鸡蛋，能降低鸡精的成本，也有利于造粒。一般的鸡油添加量为3%～5%。鸡油的添加量不宜过大，否则会引起过氧化的问题，为防止这个总是产生要添加一定的抗氧化剂。在粉末状鸡精中蛋黄粉的添加量为2%～6%。在颗粒状鸡精中添加量为3%～8%。

（8）膏状鸡肉香精（鸡肉精膏）　鸡肉精膏的添加对于鸡精的品质起着非常重要的作用。鸡肉精膏有着品质稳定、生产上容易操作、用量较少、价廉物美等诸多优点。已成为现今鸡精生产厂家首选的原料。特别是生产颗粒鸡精的厂家。应用鸡肉精膏作为鸡精产品的主体香气，能使鸡精香味饱满、浓厚、逼真、持久。一般的鸡肉精膏添加量为1%～5%。

（9）粉体鸡肉香精　粉体鸡肉香精是作为鸡精的鸡肉头香添加的。它使鸡精产品在使用时具有煮鸡或炖鸡的诱人食欲的作用。一般的添加量为0.5%～2%。这也主要取决于鸡精的价格与档次。鸡精头香的选择也与不同地区人群对香气的嗜好和理解有关。如四川成都地区产的鸡精很多辛香料的香味就较重。而广东产的鸡精很多鸡的特征香气就很浓。总之，在鸡精生产中，膏状鸡肉香精和粉体鸡肉香精使用量都较少。但对鸡精的整体风味起着举足轻重的作用。

（10）鸡骨肉提取物或天然纯肉粉　鸡精中需要添加一些骨肉提取物或天然纯肉粉，使其鸡肉香味丰满、逼真、持久，以具有真正的鸡汤香味。其中主要是鸡肉粉和鸡骨提取物。其他的提取物如猪肉粉、排骨粉、猪骨提取物也可以添加一些。这样能使鸡精的肉味香气更浓厚，更具有鸡汤的香气，而且大批量生产质量稳定，外观形象愉悦。只有加入它，鸡精产品才能算得上是真正的鸡精。一般的添加量为1%~8%，主要取决于鸡精产品的价格档次。而有的厂家为了降低成本，并不多加这些价格贵的原料，而是添加部分价格较便宜的HVP粉。当然效果就会差一些。另外，HVP粉添加量过大，容易引起氯丙醇含量超标的问题。

而根据国家标准，鸡精的生产必须加入“鸡肉/鸡骨的粉末或其浓缩提取物”。所以，鸡骨（架）提取物被广泛应用于鸡精和鸡汁的生产当中。有的鸡精、鸡汁、鸡粉中也添加其他提取物，以增加其产品的营养及风味。

另外，随着鸡精行业的发展，各大调味品公司研制的新一代复合调味品也已上市，诸如魔厨高汤、海鲜精、骨汤精粉、火腿高汤粉等产品一上市，就引来了消费者的青睐。

现以青岛海峡祥生物工程有限公司研制的纯提取物猪骨浓汤粉及肉香王为例，来说明此类产品添加到家庭调味料中的作用。

2. 添加效果

在酸辣汤中添加猪骨浓汤粉，比较添加前后的效果，如图7－1所示。

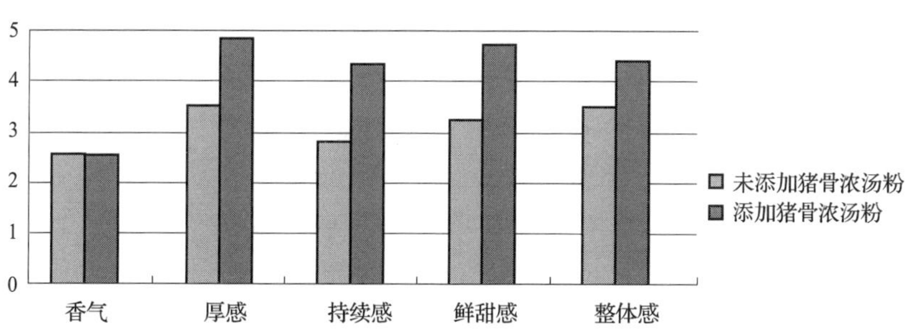

图7－1　添加猪骨浓汤粉的酸辣汤的对比效果图

在鱼羹中添加肉香王，比较添加前后的效果，如图7－2所示。

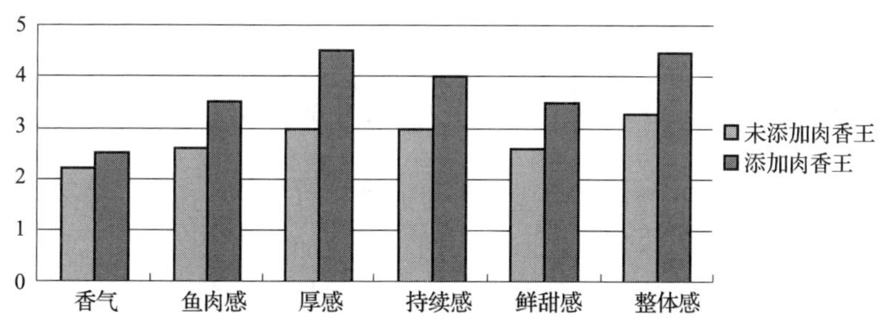

图7－2　添加肉香王的鱼羹的对比效果图

3．应用配方

（1）应用配方1——酸辣汤　酸辣汤的配方，如表7－5所示。

表7－5　酸辣汤配方

原料名称	添加量/%	原料名称	添加量/%
盐	30	植物油	2
糖	15	芝麻油	0.2
味精	25	白胡椒	1
I+G	0.5	姜粉	1
酸味剂	2	玉米淀粉	5.5
脱水蔬菜	2	麦芽糊精	2
猪骨浓汤粉	5	洋葱粉	0.5
增稠剂	2	抗结剂	0.3
酵母粉	3	辣椒粉	3

（2）应用配方2——鱼羹　鱼羹的配方，如表7－6所示。

表7－6　鱼羹配方

原料名称	添加量/%	原料名称	添加量/%
盐	30	姜粉	0.7
糖	15	酵母精	2.2
味精	30	香菜粉	1
I+G	1.5	葱粒	1
干贝素	0.1	淀粉	5
鲫鱼粉	2.5	麦芽糊精	4
肉香王	4	增稠剂	2
白胡椒	1		

第四节　骨肉提取物在肉制品中的应用

肉类副产品，如下脚料、肉皮和骨料通常是以低价售出的。现在这些都可以被加工为有价值的天然骨肉提取物，用于肉类加工。

用于肉制品加工的功能性骨肉提取物，主要是以肉类副产品与水和水解蛋白酶混合，在特定条件下降解肉蛋白成为小的蛋白质和肽，然后去除脂肪和其他不需要的成分而制成的具有特定功能的低脂肪蛋白原料。这一提取物呈液态并能与标准的盐溶液混合，可用注射法或揉滚法使盐溶液与肉产品混合或添加到混合肉中。其特定的功能特性必须同时具备或单独具备乳化性、持水性、粘弹性、成膜性、持油性等显著特征。这主要靠控制酶解程度来进行调控。

浓缩骨肉提取物还可作为部分调味剂，用于乳化产品，如火腿和香肠中。起到增鲜调味、增加营养的功用。

典型应用有基于肉重添加 1.5%～3% 功能性骨肉提取物（FMP）固形物。例如：一种肉制品配方含有 100kg 肉和 20kg 盐溶液，可以改变为 95kg 肉、1.5kg 功能性骨肉提取物（FMP）溶于 3.5kg 水和 20kg 盐溶液。

另外，肉制品按加热温度高低可分为高温肉制品和低温肉制品，因此，功能性骨肉提取物（FMP）在肉制品中的应用可分为两大系列。

一、功能性骨肉提取物（FMP）在高温肉制品中的应用技术

以高温乳化灌肠类肉制品为例，其生产工艺流程：

原料肉→[解冻]→[绞肉]→[腌制]→[斩拌]→[搅拌]→[灌装]→

[高温高压蒸煮]→[冷却]→[检验]→[包装]

功能性骨肉提取物（FMP）在不同种类的高温肉制品中有两种加入方法：一是绞肉阶段与其他调味料一起加入，搅拌 3～5min，使其与碎肉充分混合均匀，然后取出成盘，在 0～4℃温度条件下腌制 12～24h，再进入斩拌工序；二是在斩拌过程中，将相应的骨功能性骨肉提取物（FMP）与其他原辅料一起加入斩拌锅内，在 16℃温度以内进行斩拌和搅拌 5～10min，使其充分与肉馅混合均匀。根据高温肉制品口感、风味及成本的不同，功能性骨肉提取物（FMP）在高温肉制品中的添加量一般在 0.5%～5% 为宜。

二、功能性骨肉提取物（FMP）在低温肉制品中的应用技术

下面以块状低温肉制品为例，介绍骨素在低温肉制品中的应用技术。

① 盐水配制。

[在 2～4℃冰水中加入功能性骨肉提取物（FMP）]→[搅拌 3～5min]→[充分溶解]→

[加入食盐]→[搅拌 58min]→[充分溶解]→[加入香辅料]→[搅拌 5～10min]→

[充分溶解]（配制温度应严格控制在 7℃以内）→[放置备用]

② 低温块状肉制品生产工艺为。

[原料修整]→[配制盐水]→[注射盐水]→[滚揉]→[灌装成型]→[煮制]→

[冷却]→[脱模]→[检验]→[包装]

在低温肉制品生产过程中，功能性骨肉提取物（FMP）与盐水一同注入肉块中，经滚揉使功能性骨肉提取物（FMP）和其他调味料一同渗入肉块内。根据低温肉制品口感、风味及成本的不同，功能性骨肉提取物（FMP）在低温肉制品中的添加量一般也在0.5%~5%。

三、功能性骨肉提取物（FMP）在肉制品中的主要作用

目前，在肉制品中添加功能性骨肉提取物（FMP）的生产厂家越来越多，它改善了肉制品的口感，提高了肉制品的档次，其作用总结起来主要有以下几点。

1. 可赋于肉制品肉香气

在加工过程中，为了提高肉制品的出品率，制造商一般都使用有少量卡拉胶、大豆蛋白、淀粉等一些辅助材料，再者，在用冻分割肉加工肉制品时，原料肉在解冻过程中势必会造成肉汁的流失，鲜度的下降。加入适量功能性骨肉提取物（FMP）后，功能性骨肉提取物（FMP）与肉制品中的糖及其他物质在高温下进行以美拉德反应为主的一些复杂的热化学反应，从而产生自然醇和的香味物质，不但能赋予肉制品肉香气和提升肉制品的肉香味，而且还可以纠正和掩盖不良气味的产生，从而使肉制品味道鲜美，香味浓郁醇厚。

2. 热稳定性强，营养无损失

功能性骨肉提取物（FMP）热稳定性较强，在120℃高温情况下，各种营养物质仍然能保持稳定状态。而肉制品加工温度一般在80~120℃，所以不会造成骨素内营养物质的损失。

3. 可以改善肉制品的功能性

功能性骨肉提取物（FMP）内含有丰富的骨胶蛋白，它可以改善肉制品的内部组织结构，增加肉制品的弹性和保水保油性、柔软性、改善坚实度和蛋白分布，改善肉制品的口感，使肉制品不黏皮，易切片成形，可以弥补乳化型肉制品易粘皮、出油、内部结构松散无弹性、口感差的缺陷。当在盐溶液中添加功能性骨肉提取物（FMP）后，改善了火腿切片性能，切片损失从7.5%降到5%左右。

4. 可降低肉制品的成本

因肉制品中添加功能性骨肉提取物（FMP）可以增加肉感，改善风味，所以在添加功能性骨肉提取物（FMP）的情况下，适当增加辅料的投放量，既可以保证产品的品质，减少蒸煮损失，又可降低肉制品的成本。

蒸煮损失定义为原有肉制品和煮熟后肉制品的重量差。对火腿的单独试验显示，从仅用盐溶液制成火腿蒸煮损失为7%，当添加功能性骨肉提取物（FMP），火腿的蒸煮损失下降为1.5%，这与盐溶液中添加磷酸盐时的损失

1% 大体相当。

因此，功能性骨肉提取物（FMP），是一种能用来替代磷酸盐的从肉类衍生的天然成分。

5. 感官评价

添加功能性骨肉提取物（FMP）的加工肉食制品还可以增加多项感官评价。这是因为在酶法加工中，氨基酸和肽被释放，而二者与口味和香味有直接关系。表 7 – 7 是消费者小组对添加了功能性骨肉提取物（FMP）和为添加功能性骨肉提取物（FMP）的感官分析，如表 7 – 7 所示。

表 7 – 7　添加和未添加功能性骨肉提取物（FMP）的对比分析

评价指标 \ 测评条件	未添加 FMP 肉食品	添加 FMP 肉食品
香味	7.0	9.0
口味	7.5	8.5
质地	8.0	8.0
稳定性	8.0	9.0
切片性能	8.0	9.0
适口性	7.0	9.5

该试验最高评分为 10 分，结果来自标准盐溶液添加和未添加 FMP 制作的猪肉、火鸡胸肉和鸡肉三组试验数据的平均值。添加 FMP 肉制品评分较高。

总之，功能性骨肉提取物（FMP）的 DH 值可以根据需要适度水解，富含小分子肽和游离氨基酸和骨胶原。骨胶原高温不变性，具有胶黏性和良好的持水、持油及乳化性。因此，功能性骨肉提取物（FMP），被广泛地用于肉制品和仿肉制品。在制品中的应用主要起到增加营养、调味、改善肉制品的持水性、黏弹性、切片性增加肉质感、减少肉制品的烹煮损失等作用。功能型肉类提取物具有高蛋白低脂的组成（典型产品组成如表 7 – 8 所示），强化了产品中蛋白质的含量，从而替代一部分肉原料。这类提取物还能改善肉制品中的风味和蛋白质分布的均一性。而含油的白汤提取物则较多用于冷冻调理食品、方便调味料、膨化食品等，其主要作用则是增加营养、调味、增加汤汁感等作用。

表 7 – 8　功能性骨肉提取物（FMP）的一般成分

组成	蛋白质/%	盐/灰分/%	脂肪/%
液体型功能提取物	33	16	0 ~ 1
粉末型功能提取物	90	9	1

(1) 应用配方举例　应用配方举例两种，香肠和蟹肉棒，如表7－9、表7－10所示。

表7－9　香　肠

原料名称	添加量/%	原料名称	添加量/%
前腿猪肉	61.91	洋葱粉	0.1
猪油	4.7	香菜粉	0.05
水	18	白胡椒粉	0.15
粉末大豆蛋白	3	砂糖	0.3
亚硝酸钠	0.01	淀粉	4.4
磷酸盐	0.3	肉香素	0.2
食盐	1.2	功能性骨肉提取物（FMP）	5
L－抗坏血酸钠	0.03	大蒜粉	0.05

表7－10　蟹　肉　棒

原料名称	添加量/%	原料名称	添加量/%
鱼糜	45	红曲红色素	0.6
食盐	1.2	肉香王	0.2
淀粉	12	蟹提取物	5.3
蛋清	2.5	味精	0.5
植物油	0.3	水	30.4
蟹肉提取物	2		

(2) 添加效果　在蟹肉棒配方中同时添加了蟹提取物与肉香王，比较添加前后的效果，如图7－3所示。

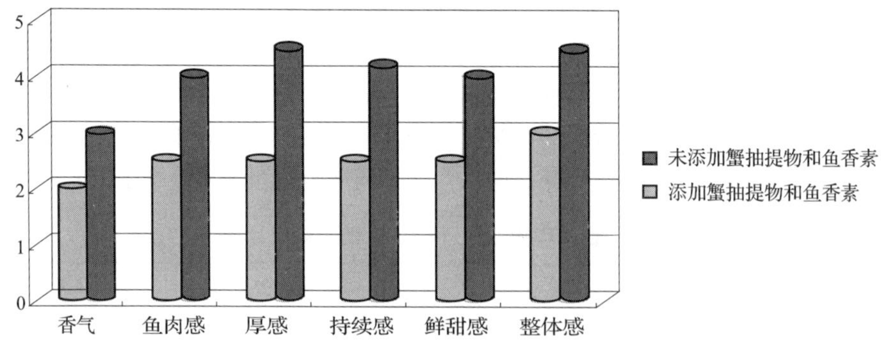

图7－3　蟹肉棒添加提取物后的呈味效果图

第五节　骨肉提取物在冷冻调理食品中的应用

骨肉提取物富含厨房风味化物质，能有效地补充速冻食品的风味需求，同时也对产品的汤汁感、新鲜感、浓厚感、延伸感以及营养起到加强作用。传统方法制作灌汤包，只有在天气凉爽的时候才能使熬制的高汤结成冻，然后再进行加工。这与现代快速工业化生产速冻食品的要求相悖，如何使自己的产品更加具有风味，减少产品的干涩感，增加汤汁感，如何快速制作灌汤用的高汤，如何使所生产的汤品更符合标准化要求，是目前速冻食品行业需要解决的问题。因此，专业化的骨肉提取物生产企业可以弥补这些缺憾，可以给速冻调理食品行业带来更加方便、快捷、专业、标准化的原料。现以玉米蔬菜水饺为例进行说明。

在玉米蔬菜水饺配方中添加了青岛海峡祥生物工程有限公司研制的鸡粉、猪骨浓汤粉、骨髓浸膏、猪肉香精四个产品，添加前后的效果情况比较，如图 7－4 至图 7－6 所示。

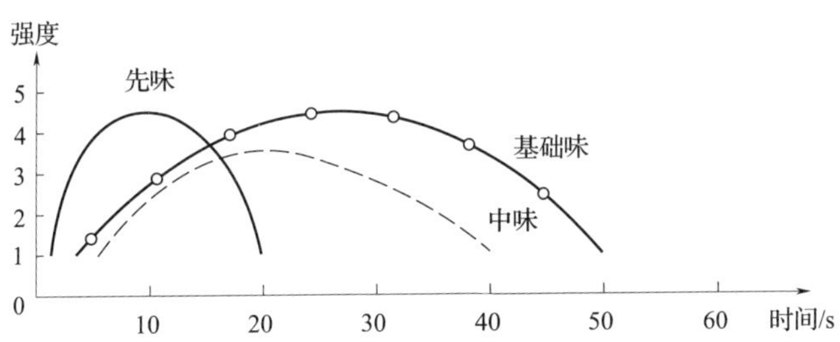

图 7－4　未添加骨肉提取物产品的水饺品尝示意图

注：强度以 5 分计。

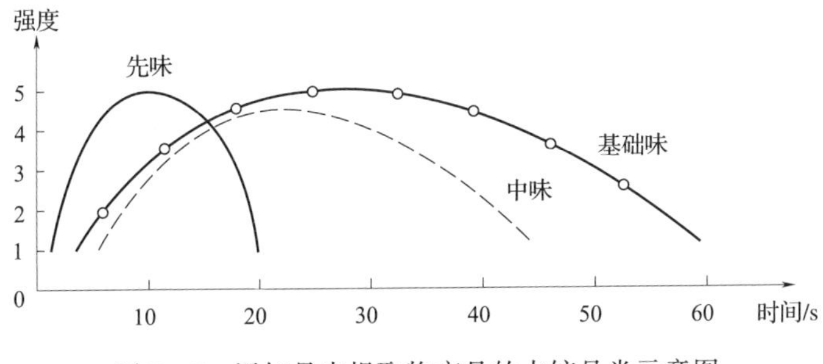

图 7－5　添加骨肉提取物产品的水饺品尝示意图

由图 7－4 和图 7－5 可以看出：骨肉提取物产品能明显提高速冻食品的先味、中味、浓厚感和基础味。

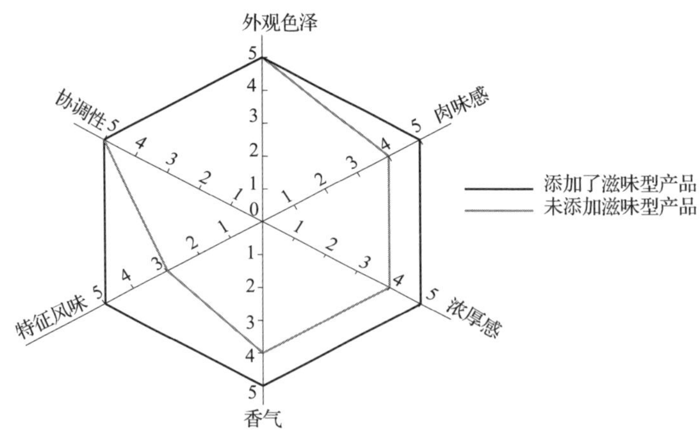

图 7-6　添加和未添加提取物产品对整个速冻食品风味体系的影响效果图

速冻食品因加工工艺和储存条件的因素，限制了速冻食品口味和风味的发展，其储存条件的波动变化，更加会使速冻食品风味流失并发生变化。添加骨肉提取物产品不但能使速冻食品的风味更上一层楼，还能有效地弥补速冻食品在储存过程中的风味散失。如图 7-7 所示。

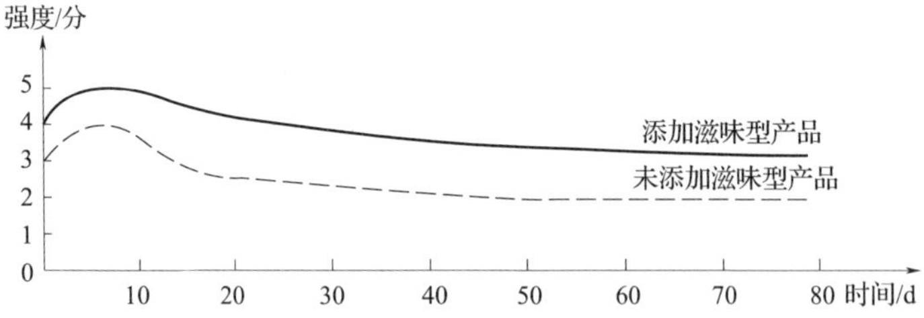

图 7-7　添加和未添加骨肉提取物产品的速冻食品在储存过程中风味变化对比图

骨肉提取物产品是采用纯天然肉类，运用高新技术而制得。它在速冻食品中不仅能起到呈味和增加汤汁真实感的作用，还能降低某些产品的成本、增加企业效益、减少加工工序以及提高产品生产的标准化程度。例如，在水饺、灌汤包中应用添加肉香皇的牛肉冻（成本：约 0.67 元/kg，如表 7-11 所示）。

表 7-11　　建议肉冻配方

原料名称	数量/kg
肉香皇	1
水	97
调味料	2.7
食用胶体和增稠剂	1.3

肉冻在原有的生产工艺下，成本为 0.75 ~ 0.9 元/kg，而应用了香皇的肉冻，不仅可得到更加真实、浑厚、滋味鲜美的应用效果，而且成本还可降低为 0.67 元/kg；同时减少了肉冻熬制的工序，节约了速冻食品厂家的设备和人力，使生产的标准化程度提高，减少了加工步骤中的至少一个 HACCP 点。

第六节　骨肉提取物在休闲食品中的应用

膨化食品专用复合调味料是指采用多种调味原料依照其不同的性能和作用进行配比，通过科学的加工工艺复合到一起的具有特别风味的用于膨化食品调味的调味料。

随着社会的发展，人们生活水平的提高，对膨化食品风味的要求也越来越高，因而也促进了膨化食品复合调味料的快速发展。骨肉提取物和海产提取物在膨化食品中的应用主要是在其主要原料中进行添加，以增加营养、风味和实物感。有些产品在复配调味和调香后也可用在表面撒粉上，但主要局限在于提取物必须是经过真空或喷雾干燥的粉状产品。当然，也有一部分用于膨化食品底料的配制。比如名厨世家公司的纯提取虾粉，既可应用于虾条或其他虾风味的面团调制，也可应用于这种风味产品的表面撒粉。

一、膨化食品专用复合调味料的基本构成

用于生产复合调味料的原料很多，作用也各不相同，对风味的影响也不同。根据其性能和作用可以分为咸味剂、甜味剂、鲜味剂、香辛料、香精风味料、着色剂以及填充剂等。复合调味料中各种基本成分的用量决定了其基本品质和基本风味。常用基础调味料成分及其大概用量，如表 7 - 12 所示。

表 7 - 12　　复合调味料基本成分在膨化食品中的用量

种类	主要调味原料	用量/%	种类	主要调味原料	用量
咸味剂	食盐	0.8 ~ 1.2	填充剂	淀粉、糊精等	适量
甜味剂	白糖及其他甜味剂	0.2 ~ 0.5	香辛料	辣椒、胡椒、花椒等	0.02 ~ 0.05
香精	各种呈味香精	0.05 ~ 0.2	着色剂	辣椒红色素、姜黄色素等	0.01 ~ 0.03
基础风味料	骨肉及酵母提取物	0.6 ~ 1.5	鲜味剂	味精	0.2 ~ 0.5
				I + G	0.05 ~ 0.1
				HVP	0.05 ~ 0.1

表 7 - 12 中各种成分的用量是根据其在膨化食品调味料中应用的最适浓度计算得到的。其具体的用量要根据具体的产品要求、价格和消费者的口感及习

惯，在大量的应用实践中具体实施。

二、复合调味料配方的一般配方

根据各种原料的呈味强度，在成本允许的范围内筛选所选用的原料，然后确定各种原料应相的添加量，随着生产技术的进步，特别是原辅材料的更新和发展，调味料的配方应根据实际情况随时进行科学的修订，从而提高调味料的品质，创造出符合大众需求的高品质调味料。表 7 - 13 是几种膨化食品复合调味料的参考配方。

表 7 - 13　　几种膨化食品复合调味料的参考配方

烤肉味		龙虾味		牛肉味		鸡肉味	
名称	用量/%	名称	用量/%	名称	用量/%	名称	用量/%
食盐	20	食盐	25	食盐	25	食盐	20
味精	7	味精	8	味精	8	味精	9
糖	16	糖	17	糖	20.15	糖	16
I + G	0.5	I + G	0.5	I + G	0.5	I + G	0.5
酵母粉	3.26	酵母粉	4	酵母粉	3	酵母粉	3
黑胡椒粉	0.3	白胡椒粉	0.3	黑胡椒粉	0.5	白胡椒粉	0.4
洋葱粉	3	蒜粉	0.45	酱油粉	1.5	洋葱粉	6
烤肉香精	1.3	龙虾粉	20	五香粉	0.3	鸡肉香精	6
蒜粉	1	虾香精	0.5	牛肉香精	2	鸡肉粉	20
姜粉	0.3	酱油粉	2	抗结剂	0.5	鸡油	1
抗结剂	1	植物油	0.7	植物油	0.75	姜粉	0.3
麦芽糊精	16.86	柠檬黄	0.3	麦芽糊精	17.8	抗结剂	1
肉香素	20	抗结剂	0.5	牛肉粉	20	麦芽糊精	16.8
烟熏香精	0.5	麦芽糊精	20.75	—	—	—	—

目前，用于膨化食品调味料调味的新技术，主要集中于对头香、底味与滋味的研究。头香不是本书的范畴，在此不再赘述。除了头香，底味和滋味也很重要。它是表征该调味料营养底蕴和品质高低的核心原料。赋予产品滋味的调味料多选用骨头及海鲜提取物。这种模仿厨房工业化的提取类产品，协调性强，包容性好，味道自然、连贯、醇厚，可以很理想的赋予调味料底味和滋味。

第七节　骨肉提取物在火锅汤料中的应用

以牛、猪、鸡、鸭等骨头制作而成的骨头浓汤，以其色白、鲜香、味浓而引起人无限的食欲。研究发现，鲜骨中的蛋白质含量为 11% 左右，纯鲜肉中的蛋白质含量也仅有17%左右，而经过纯物理方法生产出来的骨肉提取物，其蛋白质含量能达到30%以上，在骨肉提取物生产过程中，部分蛋白质得以适当分解，降解为低分子质量的多肽物质和具有生物活性的17种人体所需要的游离氨基酸，同时含有钙、铁等矿物元素和大脑不可缺少的磷脂质、磷蛋白等成分，这些成分具有极强的速溶性，易于人体消化吸收。

根据传统的鲁菜煲汤方式生产的乳汤型骨汤精（简称骨白汤），更加鲜香醇厚，更加接近自然风味。食用骨肉提取物比较安全，长期大量使用也不会使人感到厌腻，反而可以增进人们的食欲。近几年来，骨白汤产品在方便面、鲜食面等行业已经有了很大的发展，得到了国内终端消费者较高的评价。如“豚骨拉面”“大骨面”“骨弹面”等骨汤类方便面的流行，以及一些日式拉面骨汤的应用，极大地促进了这一产品在餐饮行业中的应用。

近年来，骨白汤产品也得到了火锅业和高档面店等餐饮连锁企业的极大关注，开始以火锅汤底的方式大量使用这种骨白汤，替代含有较多反式脂肪酸的植脂淡乳，以及减少自制骨汤的繁杂性和其不确定性。

但是，工业化生产的骨白汤用于火锅汤底仅仅才开始，一些饭店、酒楼及火锅连锁企业还对这种产品的应用和质量，存在着各式各样的疑问。各厂家的骨白汤产品质量各异，餐饮企业多比较分散，他们自己也不可能对所采购的原料进行检测，即使有一些理化指标的检测，也很难单纯地从这些数字上来判定产品质量的好与坏。

在火锅行业中，最为常见的需求就是：白汤永远得是白色的，不能变清，反之，清汤就要永远保持清澈透明。一般情况下，清汤只要不是加入很多的油脂，就可以保持基本清澈的状态，但白汤要想一直保持乳白色，就很难了。这是一个很让餐饮企业和生产者感到麻烦和不理解的事情。从外观上，无论是产品本身还是产品冲水后的感官，其乳化状态都是很好的，但在人们吃火锅、涮肉的过程中容易变得清澈透明，不再呈现原始的乳白色，给人造成此锅底汤料质量不好的假象。火锅的经营者对此很是烦恼。

怎么样才能使火锅的经营者在一开始就知道哪个骨白汤产品耐煮、耐涮呢？现就一些火锅店最常见到的骨白汤在火锅使用中变清的原因做一些经验分析，并给出一些判定骨白汤耐煮性的方法和建议，供使用者参考。

骨白汤在火锅使用中变清的主要原因是由牛、羊肉的不断加入，使火锅的pH发生了缓慢改变，以及牛羊肉所带来的固有金属离子以及乳酸等物质与骨白汤中的特定蛋白质产生了反应，致使乳化状态破坏（简称破乳），与蔬菜的关系不大。因此，在考量骨白汤的耐煮性时，不能单纯的以涮肉、涮菜的时间长短来判定产品的耐煮性，而是要以单位汤体涮肉量的多少来考量，涮肉量的多寡，将是决定骨白汤耐煮时间长短的决定性因素。

具体做法即是：将各个厂家的骨白汤都冲调成同样浓度的底汤。煮开后往锅里逐渐加肉，随煮随将煮熟的肉捞出，然后再继续往里加肉，看哪个骨白汤汤料最终添加的肉量多，则哪个骨白汤的耐煮性就越好，客人在涮火锅时，白汤的维持时间也就相对越长。火锅底汤的浓度一般建议为2%~5%为宜。这要看各厂家提供的骨白汤的性价比高低，以及火锅汤底制作方的具体要求来定。相对来说，其浓度越高，耐煮时间越长，汤的白色维持就越长。举具体例子说明如下所述。

所有厂家的骨白汤都冲调成3%浓度（即每3g骨汤加100g水）的火锅底汤，搅拌溶解，加入葱、姜等其他调味料后烧开，开始往火锅内加入削好的肉片。以每个火锅内有冲调好的底汤2,500g计算，每次加入的肉量最好不多于50g，煮熟后捞出，再加入50g，再煮熟再捞出，依次类推，直至汤色开始变为一致的澄清色并且上面漂浮大量的絮状悬浮物时为止，计算每个锅底加入的总肉量，即可测知哪家的骨汤耐煮性好。在客人正常涮火锅时，加入肉量多的那个产品，涮肉的时间会更长。

在此期间应杜绝一次性将整盘肉下入锅内。因为这样，任何厂家的骨白汤都会很快变清，也不好测知具体的加肉量和时间。但有一点是可以肯定的，这种大骨白汤在火锅的使用过程中耐不耐煮，跟生产骨白汤的原料关系极大！例如，比较嫩的小鸡在煮汤的时候，汤色比用老鸡煮汤时变白变得快，但这种汤用于火锅上涮肉时，也会很快破乳变清。

当然，以上这些也仅限于不添加任何白色素的纯骨汤之间的对比。实际应用中，也需要使用者根据一些相关理论多做实验才能得出更加行之有效的维持汤色的方式和方法。

第八节　鸡骨油、猪骨油、牛骨油的应用

骨肉提取物应用价值较大的副产物主要是骨油，其他肉类提取出的油脂也大量应用于食品工业中，但是，相对来说，骨油的营养价值要高于其他类型的动物油脂，只是根据具体用途不同，可以适当选用。在动物骨骼内提取出的高级动物烹调油，在日本称之为香味油脂；与相应的动物脂肪相比熔点较低，如鸡脂肪熔点33℃，而鸡骨油为28℃，被称之为鸡软脂。骨油含人体必需的脂肪酸——亚油酸。用骨油调制的各类调味油，如香葱牛油、蒜香红油、各式鸡调味油等都是集营养与调味功能于一体的，其售价每kg已达十几元甚至二十几元。下面仅就和本书相关的一些油脂做些介绍。

一、鸡骨油、鸡脂油

鸡骨油是在生产鸡骨提取物时的副产品，一般会经过特殊精炼处理，其色

泽浅黄透明，香味纯正浓郁、状态鲜亮、清香诱人。鸡脂油，即是用鸡腹腔里的脂肪熬炼出来的油脂。除熔点外，在外观及其物理特性上，与鸡骨油相类似。在烹调中通常起着增香亮色的作用。在此就不分开来介绍了，一并称之为鸡油。

其实，在民间早就有食用动物油脂尤其是鸡油和猪油的习惯，一些高级大厨更是将鸡油视为勺中珍宝，每遇有高级菜肴（如高档鲍翅菜、燕窝羹汤等）需要烹调，即必用鸡油无疑。鸡油的另一个重要作用就是应用在鸡粉（精）的生产中，具有植物油不可替代的作用。除了鸡油，任何植物油（包括其他动物油）都没有鸡的风味，使用鸡油可使产品“鸡味十足”。高档鸡油在现代食品工业中的应用被扩展到香精香料、鸡精、调味品、方便面、速冻食品、烘焙油脂、人造奶油、起酥油、面包、蛋糕、月饼、饼干、曲奇饼、火锅、冰淇淋雪糕、糖果等多个食品行业中。因它含有人体唯一的必需脂肪酸——亚油酸，且易于消化，所以精炼鸡油是集营养、卫生与调味功能于一体的高级烹调油。其售价也已远远超过普通鸡油，有的高达二十几元每 kg 甚至更高。另外，大部分植物油的不饱和程度都较高，容易在各种因素下发生氧化，油脂氧化会导致产品风味严重变劣，从而大大缩短了产品的货架期。鸡油的饱和程度较高，配合合理的生产工艺生产则不易被氧化。因此，使用鸡油还可使产品的货架期大大延长。在日本，鸡油更被称之为鸡香油、鸡软脂，可见其地位之高。

鸡腹内的脂肪特别柔软细嫩，因此其油脂很容易被溶出。鸡油的传统炼制方法主要有三种。第一种，是先把鸡脂放入开水锅中焯一下水，以除去部分水分及异味，然后净锅上火炙锅，下入鸡脂、姜块和葱节，用小火炼制，待炼出鸡油后，去渣即成。用这种方法炼制时，须注意火候，如果温度过高，鸡油便会变得灰暗或浑浊，色呈红褐，鲜味大减。为了减少这些缺陷，有不少厨师便对第一种鸡油炼制方法做了一些改进——把汆水后的鸡脂放入锅中，掺适量清水并放入葱节、姜块一同炼制。待炼至油出且水分稍干后，滤渣即成。这是第二种方法。这种方法炼出的鸡油色浅，类似色拉油，烹制烩菜效果较好，不过缺点是香味不足。第三种方法是，把鸡脂焯水后入放碗内，加姜块密封后，上笼蒸化，取出稍晾后，撇取上面的油脂即成，以这种方法蒸炼出来的鸡油，水分含量重，鲜味较浓，但略带异味。过去，不少老师傅都用这种方法制取鸡油。现代工业化生产汲取了上述三种传统方法的优点，利用先进的设备和技术对其进行精炼脱臭，回收鲜香成分精制而成！精炼鸡油有以下优点。

（1）天然精练鸡油经加热可产生多种烃类，构成鸡油的天然香气主体，并呈现出具有鸡肉特征的肉香味，具有良好的增香调味作用，以及呈味性强且充足的特点，可烘托香气，使加工制品香浓无比，醇厚自然。

（2）纯天然的精炼鸡油具有独特的保香存香、载味持味性，用鸡油与香辛料、肉类等物质，经特殊香化工艺处理后，会将香辛料和肉类本身的香气成分吸收并且保存起来，从而赋予鸡油本身一种特殊的风味，有鸡油存在时，人的感官对各种呈味成分的感知是不同的，是动态的、变化的。因此，风味有很好的层次感和立体感，缓和了呈味物质的刺激强度，使产品口感丰满圆润，风味绵软悠长，头香—体香—底味和谐统一。因此，精炼鸡油在方便面、粉包、酱包、肉味香精、调味品等食品行业以及四川火锅、烹饪等方面的应用更加广泛。

（3）纯天然精炼鸡油具有天然的 β' 晶型结构，使得它具有独特的良好分散性、乳化性、乳化稳定性及酪化性，加之本身特殊的风味性，使得它在微胶囊化生产香精香料，特别是在前期处理加工中的乳化、均质、分散等特殊加工处理时，具有重要的作用，使所得的产品的保香性、缓释性、速溶性、储存性独树一帜，趋于至臻，呈现独特风格。

（4）精炼鸡油的适口性与消化率较之牛油、猪油要好。因为鸡油的熔点一般在 25～33℃。这个温度正好会产生圆润饱满且适口的感觉，不会产生像牛油一样因熔点高而口涩的不爽感。另据研究资料表明：消化率与其溶点密切相关。溶点低于体温的脂肪消化率高达 97%～98%，如植物油和炼过的猪油、鸡油等；熔点高于体温的脂肪消化率约为 90% 左右，如羊、牛脂等。含不饱和脂肪酸越多的脂肪，熔点越低，消化率越高。动物油所含饱和脂肪酸均占脂肪酸的 90% 以上，只有鸡油例外，鸡油有 76% 为饱和脂肪酸，其余 24% 均为多不饱和脂肪酸，且亚油酸占去 24.7%。中医学还认为，鸡的全身都可入药，其中，鸡油可治秃发、脱发。

二、猪骨油和牛骨油

1. 猪骨油的应用

猪骨油是在生产骨肉提取物的过程中生产出来，又经特殊工艺精制的副产物之一。猪骨油的熔点介于 25～33℃，未溶化的猪骨油色泽乳白稍黄，外观组织结构细腻润滑，有较强的可塑性。过去民间较多地将其用作制作糕点的起酥油。其消化率虽不及鸡油，但由于其柔润的适口性、人们所习惯的醇香口感及悠久的食用历史等，使猪骨油的产销量一直高踞动物油脂之首。随着农副产品的价格提升，猪骨油的价格也在一路攀升，被广泛应用于方便面调味包、餐饮、烘焙、膨化食品、美拉德反应香精制造等各个行业。

过去，猪骨油除了供人们直接食用（主要是炒菜）外，它的良好起酥性能被大量的应用于中式糕点的制作中，如桃酥、千层酥等。直到工业化起酥油被大量使用，也还有一些传统糕点作坊在使用猪骨油和猪脂油。

随着方便面行业的发展，以及人们对方便面质量要求的提高，猪骨油逐步替代了调味包中的棕榈油，前所未有的大量应用于方便面调味包中。正因为此，猪骨油的价格在2004年底开始大幅攀升，并且呈现出供不应求的局面。它在方便面调味包里面主要起到增加骨汤感和猪骨特征气味及营养作用。

2. 牛骨油的应用

牛骨油具有牛脂油所没有的醇香，它不像牛脂油那样有较直冲的腥膻味。熔点也较牛脂油为低，在30～39℃，较为适口，没有牛脂油糊口的感觉。由于调味的需求，牛脂油被广泛应用于方便面调味、美拉德反应和火锅等食品行业中。当然，有些产品也会用到牛脂油。牛骨油、牛脂油在方便面、美拉德反应香精香料、调味品及火锅等食品发展的历史进程中默默地扮演着那无可替代的角色。下面就牛骨油和牛脂油（统称牛油）在应用方面的特性做一些统一的介绍。

（1）纯天然牛油经加热可产生多种烃类，构成牛油的加热香气主体，并呈现出具有牛肉特征的肉香味和牛油脂香味，有呈味性强且充足的特点，具有良好增香调味作用，可烘托香气，使应用产品香浓无比，醇厚自然。

（2）纯天然牛油有独特的保香、留香、载味、持味性，用牛油与香辛料、肉类等物质，经特殊香化工艺处理后，会将香辛料和肉类本身的香气成分吸收并且保存起来，从而赋予牛油本身一种特殊的风味。有牛油存在时人的感官对各种呈味成分的感知是不同的，是动态的、变化的。因此，风味有很好的层次感和立体感，缓和了呈味物质的刺激强度，使产品风味口感丰满圆润，绵软悠长，达到头香—体香—底味的和谐统一。因此，牛油在方便面、粉包、酱包、肉味香精、调味品等食品行业以及四川火锅等行业中得到了广泛地应用。

（3）纯天然牛油具有天然的β'晶型结构，使得它具有独特的良好分散性、乳化性、乳化稳定性及酪化性，加之本身特殊的风味性，使得它在微胶囊化生产香精香料，特别是在前期处理加工中的乳化、均质、分散等特殊加工处理时，具有重要的作用，使所得的产品的保香性、缓释性、速溶性、储存性等独树一帜，趋于至臻，呈现独特的风格。因此，这一特性被用在微胶囊香精的包埋载体上。

（4）纯天然牛油的β'晶型结构还被应用于烘焙食品中，主要是因为它有可塑性、酪化性（打发性、拌发性、持气性）、起酥性、乳化性、分散性等很好的操作性能。能使制品具有适中的软硬度、持气性好，组织均匀细腻，质感柔滑。最适合高温烘焙，制成品酥脆松软、绵滑爽口，能突显各式糕点本体风味。牛油是制作丹麦面包、法式面包等面包食品以及各式油酥类、各式蛋糕类等西点制品，如牛油曲奇、牛油蝴蝶酥、牛油酥皮蛋糕、牛油吐司拉花、牛油牛仔等产品的上佳专用烘焙油脂。

第九节 其他提取物的用途

近年来，随着人们生活水平的提高，人们对食品的需求逐渐向着天然、方便、美味及多功能的方向发展。目前，国内外调味品市场也正发生巨大的变化，食品调味料也已由先前使用的酿造调味料或化学调味料转向具有更高级味感的天然复合调味料；产品由原来的单调、低档向多样、中高档发展。美味、方便、天然、营养的复合调味品，正日益受到消费者的欢迎。

除上几节介绍一些提取物外，另外还有很多种类的提取物产品被应用于食品、医药等行业中，比如蔬菜提取物、菌菇类提取物、微生物类提取物等。日本人有使用鲣鱼、小沙丁鱼、青花鱼以及海带等水产品的浸出液，做荞麦面条及普通面条调料的历史，已开发出多种多样工业用和家用的产品。主要有动物的骨头汁（膏）、骨浆、水产品浸出液（浆）、蔬菜和水果的榨汁（浆），各类提取物的干燥粉末，以及酵母浸膏；此外，还有各种香味油脂、葱、姜、蒜等各种香辛料粉的提取物等。由于取自天然原料的全部可溶成分，因而被称为天然提取物；又由于主要是动植物原料，也被称为动植物提取物。虽然，天然提取物参与调味历史久远，但作为商品调味剂却是调味品家族中的年轻一员，它是现代食品工业发展的产物，是与方便食品迅猛发展、家庭厨房的方便化紧密联系在一起的。特别是今天的日本调味品加工业，已经根本离不开动植物提取物了。调味风味和风格的回归自然，必然要求更多天然型的调味料，这已是调味技术发展的大趋势，也是我国调味品工业发展的必然趋势。

蔬菜提取物主要由蔬菜类产品经压榨、浸体、过滤、浓缩等工艺制得。较有代表性的主要有大白菜浓缩汁、卷心菜浓缩汁、洋葱浓缩汁、海带浓缩汁等。这类提取物的共同特点是都为流动性和溶解性较好的液体状态，也可以经喷雾干燥加工成粉末状产品，能为下游应用产品提供较复杂的味感及其特定的蔬菜风味和口感，减少表征蔬菜特征的固体颗粒（或片）。因此，使用这类物质可以为产品带来特定的蔬菜风味和口感，以增加制品的风味和营养性。这类产品主要用于汤料制作和膨化休闲食品的调味中，使用者可以根据需要选用。

菌菇类提取物的制作方法和性质，基本和蔬菜类一致，都是由菌菇类原料经提取、过滤、浓缩等工艺制作而成，带有很强的各种菌菇的特征香气和口味。储存、运输和使用变得更加方便，使下游企业产品的品质得以更大化的提升。主要品种有香菇提取物、茶树菇提取物、草菇提取物等，品种繁多，质量优良，使用方便。这类产品主要应用于医药和食品汤料、膨化休闲食品中。

菌菇类提取物能为制品提供特殊的营养物质和特殊的风味、口感。例如，对酶法生产的香菇提取物中的多肽、蛋白多糖、氨基酸及5′-核苷酸测定分析表明，酶法生产的香菇提取物含有香菇活性肽、蛋白多糖成分及 17 种氨基酸。由 5′－磷酸二酯酶处理的香菇提取物中的 5′－核苷酸含量可提高 4.53%。因此，该香菇提取物是集营养、调味及保健于一体的天然物质。

酵母是人类利用最早的微生物，公元前 2300 多年，人类就利用酵母的“老酵”“酵头”制作面包、馒头、酿酒等。目前，酵母仍是人类直接食用和利用量最大的微生物。酵母体主要是由蛋白质、脂肪、糖原和灰分等组成，并含有少量维生素 B_1、维生素 B_2和烟酸等，其中蛋白质含量在 50% 左右，但因酵母的细胞壁坚硬、不易消化、因而不利于人体吸收。将酵母酶解破壁或自溶降解能很好地解决这一问题。酵母提取物（yeast extrct），又称酵母味素、酵母精、酵母营养鲜味剂等。它是以酵母为原料，采用生物酶解技术，将酵母细胞内的蛋白质、核酸等物质进行生物降解，所制得的人体可直接吸收利用的可溶性营养物质与风味物质的浓缩物。酵母提取物具有强烈的呈味功能，是继味精（MSG）、水解蛋白（HVP、HAP）和呈味核苷酸（I＋G）后的第四代调味料。它主要含有多种氨基酸和肽类（以谷胱甘肽为主）、呈味核苷酸、B 族维生素等，不含胆固醇及饱和脂肪酸。其氨基酸平衡良好，味道鲜美浓郁，具有浓厚肉香味，因而酵母提取物是兼具营养、调味和保健三大功能的优良食品调味料，在食品中具有广阔的应用前景。

1. 酵母提取物的调味特性

酵母提取物具有浓郁的肉香味，在世界各国作为肉类提取物的替代物而得到广泛应用。它有许多其他调味料所没有的特征：它具有复杂的呈味特性，其特性介于动植物水解蛋白（HVP，HAP）和动植物及鱼贝类提取物之间，添加后可赋予浓重的醇厚味，有增咸、缓和酸味、除去苦味的效果，并对异味具有屏蔽剂的功能；与其他天然调味料配合使用具有独特的效果。例如，添加到风味较好但特征味力较弱的天然动植物提取物中能使味道纯厚而持久；添加到呈味的动植物水解蛋白中能使其味道柔和；与谷氨酸钠、食盐混合使用则几乎接近天然味感（类似肉汤）。以上特征主要来自于酵母提取物的氨基酸、低分子肽、呈味核苷酸和挥发性芳香化合物等成分。

2. 酵母提取物的营养特性

酵母提取物的蛋白质和游离氨基酸含量均高于动植物提取物。它含有 18 种以上的氨基酸，尤其是富含谷物中含量不足的赖氨酸，同时还含有丰富的微量元素和维生素 B_1、维生素 B_2、维生素 B_6、维生素 B_{12}和泛酸等 B 族维生素。此外，酵母提取物还含有丰富的谷胱甘肽以及仅 RNA 降解的副产物鸟苷、肌苷等抗衰老因子，它们是预防和治疗心血管疾病的生理活性物质。因此，酵母提取物不仅广泛应用于食品调味料领域，也可应用于保健食品和药品中。

3. 酵母提取物在食品工业中的应用

酵母提取物由于其独特的调味特性和优良的营养保健特性，在天然调味料领域中正逐步取代其他调味料而占主导地位，应用范围非常广泛。在食品工业中，酵母提取物已广泛用于调味品、美拉德反应香精、方便食品、膨化食品、肉制品、水产制品、饮料等各个方面，显示出了巨大的发展潜力。

| 第八章 |

畜禽骨综合利用及水产品提取物生产

第一节　畜禽骨头的综合利用

骨头含有大量的有机和无机物质，早在20世纪70、80年代，就已经应用广泛了。例如，将骨头加工成骨粉，用作畜禽饲料；还可提取出油脂，用于日化工业；另外，经过较为卫生的多级净化后提取的骨胶，也在食品工业中广泛用作增稠剂。而以上的应用还只是停留在较为初级的阶段，工业附加值不高，有的对环境还有很大的污染。随着工业技术的发展，对骨肉提取物等这些高价值产品的开发，也是日新月异。例如，最近市场上出现的骨乳多肽、骨髓壮骨粉等，虽有炒作之嫌，但也说明，人们已经开始重视对骨肉提取物的利用了。下面仅就国内（除本书作为重点的骨汤和骨素外）的一些发展情况，作一下简单介绍。

一、饲用骨粉

长期以来，用动物性副产品和废弃物生产的饲料产品和工业用油脂，是加工这些原料的合理途径之一。在精饲料中添加动物性蛋白质产品和矿物质对畜牧业和养禽业的效益有显著的影响，能加快畜禽培育和育肥过程，提高畜牧业和养禽业的产出率。

但是，现行加工骨粉的生产方法尚不完善，缺点是所用原料不卫生，另外，原料骨不能按动物的种类被区分开。据说，疯牛病的产生在很大程度上是因为牛食用了患有疯牛病的病牛骨粉所致。因此，生产骨粉也要从源头上将原料分开。骨粉生产工序时间长，基本营养物质损失多，污染周围环境，附加值低。在某些情况下，生产过程有周期性。这样就会造成资源的周期性浪费，甚至有时会致使一些生产企业倒闭。利用生产骨汤和骨素剩余的下脚料骨渣来生产骨粉，是对资源的最大利用。这对保证骨粉的品质和数量，提高生产利用率有很大的实际意义。

骨粉的饲用价值体现在它的营养成分，骨粉约含蛋白49%，粗脂肪

8.9%，矿物质32.9%，无氮提取物0.3%。将骨粉作为饲料添加剂可使畜禽生长发育迅速，并避免软骨病的发生。一般可在家禽和猪配合饲料中分别添加4%和10%。

另外，骨粉含有丰富的钙、磷、钾和蛋白质，是高效的有机肥，对改良酸性土壤和促进农作物生长十分有利。

骨粉的生产工艺一般有以下两种。

（1）将提取出骨汤、骨素、骨油后的碎骨渣，沥干水分并晾干，或放入干燥室或干燥炉中以100～140℃的温度将其烘干10～12h（有场地的小厂一般直接用太阳晒干，达不到水分要求时再烘干）。最后用粉碎机将其研磨成粉状，即成骨粉。

（2）在蒸煮罐内直接用蒸汽（不加水）加压提取骨油，一般压力在0.3MPa以上，时间2～4h，提取出骨油后的残渣，经干燥粉碎后即成骨粉。

二、超微食用骨粉

超微粉碎是近几年发展起来的新技术，已逐渐被应用于食品工业。其在骨加工中的应用主要是根据骨的特点，针对不同性质的组成部分，采用不同的粉碎原理、方法，进行粉碎及细化，从而达到超细的加工目的。对刚性的骨骼，主要通过冲击、挤压、研磨力场的作用进行粉碎和细化；对肉、筋类柔韧性部分，主要通过强剪切、研磨力场的作用，使之被反复切断及细化，整个粉碎过程是通过一套具有冲击、剪切、挤压、研磨等多种作用力组成的复合力场的粉碎机组来实现的。考虑到鲜骨中含有丰富的脂肪和水，对保质、保鲜不利，因此，利用生产提取物后的骨渣可直接制得超微粉碎骨粉。也可利用专门的脱脂、脱水装置，脱脂、脱水后再进行粉碎，进而制得超微粉碎骨粉。

畜骨被粉碎的粒度越小，其比表面积就越大。当粒度小到微米级或更小时，其表面态物质的量占整个颗粒物质总量的百分比大大增加，而表面态的物质和体内物质在物理化学性质上差异甚大。由此可见，随着骨粉被超微粉碎到粒度10μm以下时，表面态物质的量剧增，已使超微骨粉在宏观上表现出独特的物理化学性质，呈现出许多特殊功能。超微粉碎提高了骨粉比表面积，提高了骨粉的分散性、吸附性、溶解性、化学性能等，从而改善粉体的物理、化学性能。微粉有反应性强、热、电、光、磁性能发生显著变化的优点。

近半个世纪以来，日本、美国、德国、俄罗斯等国家对微粉碎和超微粉碎技术和设备进行了大量的研究，取得了不少突破性进展。超微粉碎机按其作用可分为机械式和气流式两大类。机械式又可分为雷蒙磨、球磨机、胶体磨和冲击式粉碎机四类。

我们分别以球磨机和胶体磨为例，介绍一下骨粉加工的粉碎原理及机械性能。

球磨机是水平放置在两个大型装置上的低速回转的筒体，它依靠电机经减速机驱动筒体并将磨内研磨体提升到一定高度，赋予其位能及抛射动能；然后，具有一定初始速度的研磨体按照抛物线轨迹降落，冲击和研磨从磨机进料端喂入的物料，如此周而复始，使处于研磨介质之间的物料受冲击作用而被粉碎。磨内物料在承受研磨介质冲击的同时，还由于研磨介质的滚动和滑动，使颗粒受研磨、剪切、摩擦等作用而被粉碎；由与筒体相邻两个横断面上的料面高差所形成的粉体动压力，缓慢地向磨机卸料端移动，直到卸出磨外，完成粉末作业。

胶体磨则是由具有许多纵向沟槽的定子和高速转子组成的具有高效剪切作用的细磨和乳化设备。它依靠电机的高速旋转带动转子，靠物料的重力和转子的旋转将物料（湿性物料）吸入转子和定子之间的缝隙，依靠转子和定子之间产生的强大剪切力将物料粉碎、乳化，再由转子旋转产生的离心力，将物料通过出料口甩出去，完成粉碎、乳化过程。一般胶体磨的铭牌上都会标注可粉碎的粒度。以上两种机械的区别在于：球磨机可以粉碎硬度较大的鲜骨，但生产效率相对较低；胶体磨最适合做经过高压蒸煮后骨头的综合利用，生产食用骨粉，以提高经济效益，生产效率很高，但要选择适宜的型号。

三、骨泥

我国畜禽资源十分丰富，每年畜产品中骨占20%左右（2004年，畜禽肉总产量为7600万t，骨约1700万t），利用它来加工生产骨泥肉食品，其价格仅为肉类的20%，加工后的成本为肉类的30%~40%。因此，开发生产骨泥肉这一新型食品资源，对改善我国膳食现状具有很好的经济和社会效益。但由于我国的设备还比较落后，相对而言，开发适合我国国情的骨泥生产设备，更显得尤其重要。

纵然如此，我国也有些企业在尝试生产这一新的食物资源，因为它含有许多人体所必须的营养成分，除含蛋白质、脂肪外，还含有丰富的微量元素和大量的人体可利用钙以及大脑不可缺少的磷脂质、磷蛋白和能滋润皮肤、降低血压、延缓衰老的营养素，如维生素、骨胶原、软骨素等。

我国的营养调查资料表明，在人们的膳食结构中，钙的摄入量严重不足。尤其是老人和儿童中缺钙现象非常普遍。目前，市场上销售的含钙药品和食品，多是化学合成钙，既不利于人体吸收，也易造成钙与其他微量元素的比例失调。而畜骨中钙成分的含量与人体相似，骨钙最易被人体消化吸收。因此，摄入骨泥食品是解决我国缺钙人群钙营养不足的有效途径之一。

骨泥肉食品是利用新鲜并含有丰富骨髓质的畜禽骨头在低温冷冻条件下进行超细粉碎、研磨，再添加一些营养丰富的蔬菜和杂粮制成的系列食品。

食用骨泥是用新鲜的猪、牛、羊、鸡等畜禽骨精细加工而成的，其蛋白质、脂肪等营养物质与等量鲜肉相似，钙磷等矿物质及其他对人体有益的微量元素的含量则是肉中这些微量元素含量的数倍。据山东农业大学中心试验室化验分析，猪骨泥的成分含量：水分占 60. 15%，蛋白质占 15. 32%，脂肪占 13. 43%，钙占 5. 21%，磷占 5. 63%。还有人测定：鲜骨泥蛋白质的含量比猪肉中的蛋白质含量高 68. 7%，尼克酸比猪肉高 1. 7 倍，比钙高 1. 68 倍，脂肪与猪肉相当，维生素 A 含量高达 2000IU。如表 9 – 1 至表 9 – 3 所示。

表 9 – 1　相关骨泥和肉的化学组成　　单位：%

成分	鸡腔骨	鸡肉	猪背骨	猪肉	牛背骨	牛肉
水分	65. 5	66. 3	66. 7	66. 2	64. 2	64. 0
蛋白质	16. 8	17. 2	12. 0	17. 5	11. 5	18
脂质	14. 5	15. 8	9. 6	15. 1	8. 0	16. 4
钙	1. 0	0. 026	3. 1	0. 005	5. 4	0. 004
灰分	3. 1	0. 7	11. 0	0. 9	15. 4	1. 0
重金属	—	—	—	—	—	—

表 9 – 2　猪骨泥与不同原料化学成分

品名	水分/g	蛋白质/g	脂肪/g	碳水化合物/g	灰分/g	钙/mg	磷/mg	铁/mg	锌/mg
猪骨泥	60. 15	15. 34	13. 43	—	11. 0	3950	2040	5. 9	5. 5
猪瘦肉	52. 6	16. 7	28. 8	0. 9	0. 5	11	177	2. 4	
牛乳	89. 9	3. 0	3. 2	3. 4	0. 6	104	73	0. 3	0. 43
精白粉（面粉）	13	7. 2	1. 3	77. 8	0. 5	20	101	2. 7	

表 9 – 3　加工后的骨泥的感观特征如表

指标	特性	指标	特性
色泽	微红色	口感	口感细腻，食之无骨质颗粒感
滋气味	鲜骨泥应有的滋味和气味，无异味	状态	均匀细腻，细度 150 目一下，无其他杂质

食用骨泥最早是由瑞典、丹麦等工业发达国家在 20 世纪 70 年代研制成功的，而后在许多发达国家中推广开来。特别是日本，不但在加工机械方面进行

了许多深入的研究，在骨泥的应用上，也是应用广泛。这主要是由于资源的缺乏所致。他们把骨泥添加到肉制品、糕点及多种食品中，并将其视为高级营养补品。

1. 骨泥的加工方法

骨泥的加工方法相对来说不是很复杂，而是比较简单，主要需要合适的骨泥加工设备，将骨头磨成泥状，口感没有粗糙感即可。目前，我国的加工设备还比较落后，一般以昂贵的进口设备为主。加工方法分为三种：日本为低温速冻后加工；我国为常温或冷冻到 -20℃以下后再加工。比较而言，速冻低温后容易加工，且高营养成分不易被破坏，高温蒸煮后加工会使骨泥的许多营养成分被破坏。

速冻到低温后骨泥加工的工艺流程如下。

选择检疫过的新鲜畜骨→剔除碎杂肉→修净骨膜、韧带→自来水洗净→冷库冷冻到 -20℃以下→破碎机破碎至 10 ~ 30mm 碎块→绞碎机绞成 1 ~ 5mm 小碎骨→加冰水搅拌→粗磨→细磨使通过 100 目→骨泥

骨泥加辅料可配置成系列骨泥保健食品。

另一种开发利用骨头的方法是选用肉骨分离机进行分离，得肉泥率一般为 40%，剩下的是骨渣。对比之下，加工成骨泥的产品被利用得更充分一些，但是一般只能加 3% 左右的骨泥于午餐肉罐头中，不过肉骨分离机占地面积小，操作更简单，分离所得的肉泥一般可加 10% 左右于生产午餐肉罐头中。

将骨头加工成骨泥以后用于生产午餐肉罐头，不仅增加了罐头产量，还提高了肉的利用率，而且还可以改善午餐肉的风味和色泽。除此之外，还可以用于生产香肠、蛋卷、火腿、点心的制作中，也可以代替部分肉用作包子、水饺、肉饼、肉丸等食品的馅料。

我们可以将剔剩后的大骨清洗，稍作蒸煮或冷冻后简单分割，然后用成套超微细粉碎机，最后成品颗粒可达 200 ~ 800 目的细度。如果粉碎后的骨头有粗糙感或细度不均匀感，那么，利用的希望将会很小。只有将骨头通过高新技术粉碎为细微的微尘，才能达到提高其生物效价、增加经济效益的效果。

2. 骨泥的利用

超微细粉碎的骨泥应用如下所述。

（1）最简单、最直接、最有效的方法是添加在肉制品中。这样做，最大的好处是迅速提高成品出品率，添加比例可高达 50%，降低成本至少 1/2，可在短期内收回投资。另外，添加了骨泥的肉制品，不仅可补充丰富的、易吸收的钙，而且风味独特、滋味更加鲜美。此法不论对大中小型企业，都是具有实用性的，有着非常重要的现实意义。

（2）开发新的绿色食品或保健品。超微细粉碎后的骨糊、骨浆，经过干燥，可被制成含钙量极高的骨糊点心，也可制成各种流行饮料或新型的补钙胶囊、片剂，这是一条很好的食品补钙的方式。

（3）骨泥经过适当的美拉德反应，生产出的骨髓浸膏等产品，鲜香味浓郁、自然。被应用于很多需调味调香的食品行业中，比如肉制品、调味品、餐饮等行业。这种产品与用骨肉提取物做出的美拉德反应产品类似，并更加趋近天然风味，受大众欢迎。

动物鲜骨经过综合利用，变废为宝，既提高了效益，又补充了产品的营养。鲜骨粉含钙量高，且钙磷比例较为合理（2∶1），同时还含有蛋白质、铁、锌、脂肪等营养物质。根据现代营养学的观点，钙的吸收与钙含量、蛋白质含量、钙磷比例及钙与其他营养素的比例等有关。鲜骨粉作为天然钙源，各种比例合适，是理想的补钙原料，特别有利于人体内钙的吸收。

3. 骨泥产品开发实例

（1）猪骨泥罐头

① 原料配方。骨泥 15%，肥瘦肉 20%，精瘦肉 43%，玉米淀粉 7%，胡萝卜 12%，其他（盐、糖、味精、香辛料等）3%。

② 猪骨泥罐头生产工艺流程，如图 9－1 所示。

图 9－1　猪骨泥罐头生产工艺流程图

（2）猪骨泥挂面

① 原料配方。骨泥 10%，面粉 73%，胡萝卜 13%，其他（食盐、味精、维生素、胡椒面等）4%。

② 骨泥挂面生产工艺流程图，如图 9－2 所示。

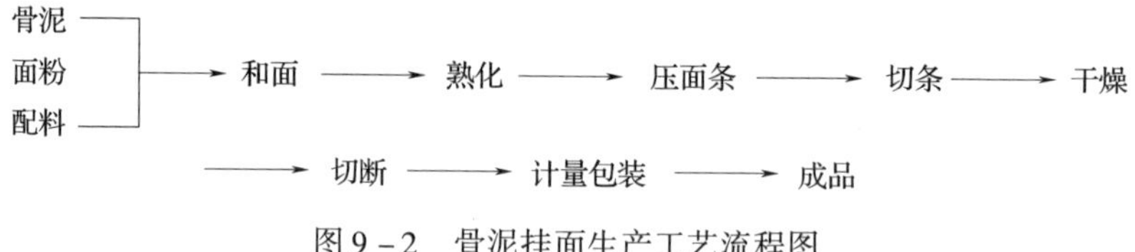

图 9－2　骨泥挂面生产工艺流程图

（3）猪骨泥肉丸

① 原料配方。骨泥 15%，肥瘦肉 20%，精瘦肉 35%，淀粉 24%，其他（食盐、香油、葱姜、胡椒粉等）6%。

② 骨泥肉丸生产工艺流程，如图 9－3 所示。

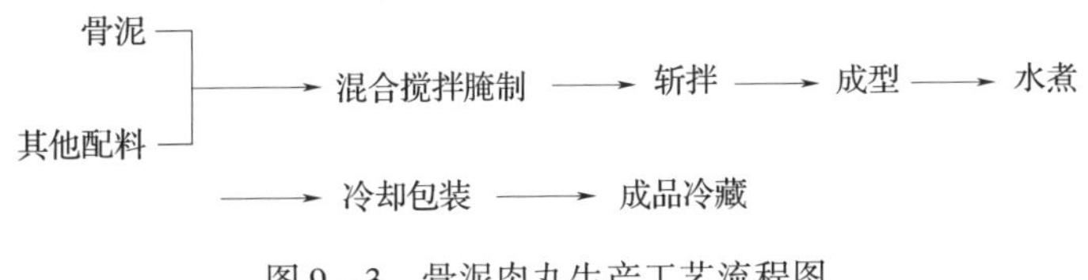

图 9－3　骨泥肉丸生产工艺流程图

(4) 其他　除以上几种骨泥食品外，还可以以骨泥为基础原料，辅以其他食品原料，开发其他如香辣骨酱、酥脆骨泥饼干、骨泥烧卖等美味可口、深受消费者喜爱的营养食品。

四、骨胶

骨胶的主要来源是畜骨，其主要加工方法是：将新鲜的畜骨用清水洗净(如果用稀释的亚硫酸溶液洗涤，则不仅漂白脱色效果好，而且还具有防腐的作用)。提取骨胶之前应除尽骨中的油脂，否则将影响骨胶的质量，一般选用轻质汽油等溶剂，用萃取浸提法去除畜骨中的全部油脂，如果用水煮法去除骨油，常会因水煮时间过长而影响骨胶的出成率。

将脱脂后的畜骨放在锅内加适量水煮沸，使骨胶熔出，煮数小时后倒出胶液，再加水煮沸，如此反复 5～6 次。

然后把全部胶液集中在一起，加热蒸发水分以提高骨胶的含量，如用真空浓缩罐进行浓缩，则可提高成品的质量和色泽。

最后把浓缩的胶液装入容器中，冷却后成为冻胶，再把冻胶切成薄片，干燥后即为成品骨胶。

骨胶的用途十分广泛，在纺织业、编织业中骨胶可用于上浆、上光。同时骨胶又是火柴、家具、墨汁、铅笔等众多产品的理想的胶黏剂，是医药、食品等不可缺少的原料。

五、明胶

明胶是采用胶原蛋白丰富的动物的骨、皮为原料所生产的一种无味无臭、在冷水中吸水膨胀，在热水中可溶解的蛋白质凝胶，一定浓度的明胶溶液冷却后可形成凝胶状物体。它溶于甘油和醋酸，不溶于乙醇，可分为食用明胶、工业明胶和照相明胶等多种规格。最高档明胶应为照相工业中作为感光材料使用的照相明胶，它对制作工艺要求较高；医学上用于赋型剂、混悬剂及培养基的基质；在食品加工中，明胶可用于改善糖果、糕点、肉制品和乳制品的质地，还可用于加工低热量饮料和减肥食品等。但是，生产食用明胶首先要选择新鲜的可食用的原料及加工方法。近年来，有些地区有利用皮革工业下脚料以及异常不卫生、国家禁止的方法来生产食用明胶的现象，这是绝对不可取的。

肉制品生产过程中产生大量的含有结缔组织的副产物如肉骨头等，工业上对它们的利用较少，大部分都是废弃物，这样既浪费资源，又污染环境。然而，利用这些附加值较低的副产物可以开发出附加值高的功能性食品素材——胶原制品以及胶原多肽等。

胶原蛋白是存在于软骨、骨等组织中，构成大量胶原纤维的白色纤维蛋白质。胶原纤维直径为20μm，很多根胶原纤维聚集成束状，每束成波浪形，排列无定性，纵横交错。构成胶原纤维的胶原蛋白，其相对分子质量约为60000，等电点 pH 为 7 ~8，但若用酸或碱处理可使其 pH 接近 5。

胶原纤维受热会收缩，但在 40℃下胶原纤维无明显的变化，在酸或碱溶液中具有膨润性。将胶原纤维与水同时加热到 62 ~63℃，可产生不可逆的收缩反应，长度缩短到原来的 1/4 ~1/3。胶原纤维是由胶原原纤维组成的，胶原原纤维相对分子质量为 300000 ~360000，它又由三条螺旋形的肽链所构成，预热到 62 ~63℃后，多肽链之间的氢键破裂，蛋白质分子的螺旋立体结构遭到破坏，就出现沿大分子纵轴的收缩现象，如果长时间在 80℃的温度下将胶原蛋白与水混合在一起进行加热处理，胶原蛋白分子仅发生热分解生成水溶性明胶，其分子质量约为胶原蛋白分子质量的 1/3。

任何来源的胶原，其氨基酸组成都有一个与众不同的特征，即甘氨酸占胶原氨基酸残基的 1/3，脯氨酸约占 1/4，尚有羟赖氨酸和羟脯氨酸，此两种氨基酸属胶原分子所特有，与其内交联有关。

至于胶原的溶出方法，可采用醋酸等的酸溶出法、胰蛋白酶的酶溶出法、氢氧化钠等的碱溶出法。利用这些方法，可得到水溶性的胶原。

（一）明胶的生产方法

明胶就是使胶原在沸水中变性，从而得到的水溶性的变性蛋白质。利用牛和猪的骨、皮等副产物，可大量制备明胶。由于这些副产物中存在大量的非胶原副产物，有必要将其进行一定的预处理。由于猪和牛原料的生育时间不同，其胶原组织的强度也有所不同，其预处理的方法也相应地有所不同。其工艺流程如下。

牛骨→浸渍（稀盐酸 5%）→骨胶原→石灰浸渍→水洗→中和→溶出→浓缩→冷却干燥→明胶

对于牛骨原料来说，由于骨中含有丰富的磷酸钙等无机物，会随稀盐酸浸渍而溶出。于是，有必要对此类无机物进行回收。

前处理后，即可用温水溶出明胶，此过程一般要分 3 ~4 次进行。最初的溶出温度为 50 ~60℃，最初溶出的明胶色泽较好，其凝胶强度也较高。溶出两次后，溶出温度要缓慢上升直至煮沸。后溶出的明胶强度要比先溶出的低。此外，根据前处理的方法不同，得到的明胶产品可分为碱处理明胶和酸处理明胶两种类型。

随着酶制剂工业的发展，越来越多地采用酶法来生产明胶。酶法生产的明胶与传统的酸法或碱法水解工艺生产的明胶相比较，有以下优点：一是产品的灰分含量低；二是较好地保持营养价值，有利于明胶的进一步水解制取明胶水解产物；三是水解条件温和，可避免产生不明化学物如三氯丙醇等；四是减少了酸碱中和引入的盐类物质，给后续处理减轻负担。较为合适的酶制剂有英国 Biocatalysts 公司的专用蛋白酶和丹麦 Novozymes 公司的碱性蛋白酶。

采用碱性蛋白酶生产明胶的工艺流程如下。

猪骨→切割、捣碎→水洗→加酶水解→钝化酶→提取→活性炭处理→过滤→干燥→成品明胶

碱性蛋白酶生产明胶的工艺技术要点如下。

(1) 须根据酶的种类和其性质要求，将原料配制成适合酶制剂作用的一定浓度的蛋白溶液，浓度的高低可直接影响到生产成本和酶作用效果。

(2) 根据酶制剂的活力要求，选择适当的酶解温度和时间，一般明胶的生产温度不宜太高，能控制在50℃以下最好。

(3) 根据酶的性质要求，应选择及时、适当的灭酶方法，否则，时间过长或灭酶不彻底，会引起明胶的缓慢水解，从而降低产品的质量。

(4) 为提高出品率，一般进行多次提取，提取温度也应逐步升高，第一次一般为60℃，依次为70℃、80℃、90℃，反复提取。

(5) 提取液一般要经过1%的活性炭处理1h，处理完毕后过滤，冷却至35℃以下成为凝胶，干燥后即得成品。

(二) 明胶的性质

碱处理明胶和酸处理明胶最主要的区别是等电点不同，前者的等电点为4.8～5.3，而后者的为7～9。这主要是由于碱处理明胶在生石灰处理过程中，明胶中的天门冬氨酸和谷氨酸发生了脱氨反应，从而导致整体酸度的增高，即等电点下降。

明胶一般在50～60℃时可溶于水。溶有明胶的溶液经冷却会形成凝胶，升温后又形成溶胶，即凝胶与溶胶处于相互平衡的状态，这个特性是其他蛋白质所没有的。一般市售的明胶凝固点（即溶胶变为凝胶的温度），含量为10%的明胶为20～28℃，而凝胶变为溶胶的熔点比凝固点大约低5℃。明胶的其他物理性质，如强度、黏度、pH、水分等都会随不同的等级而有所不同。

(三) 明胶在食品工业中的应用

很早以前，人们就已经利用明胶了。作为胶原变性物的明胶，与其他蛋白

质一样可在消化道内被酶分解。从这一方面讲，胶原可作为一种营养源。此外，明胶由于具有亲水性高、保水性好以及使用安全等优点，被较多地应用于食品工业中。在食品中多作为胶凝剂，如用于糕点和果酱中。另外，明胶还可用于酸乳酪中作为组织改良剂；也可用于软糖中，以提高软糖的咀嚼性能；还可用于火腿肠中。

（四）胶原多肽的开发

由于多肽具有很好的营养特性，目前已成为人们研究开发的热点。胶原水解得到的胶原多肽不仅具有很好的消化特性，而且还具有比胶原更有效的生理功能。日本已经开发出了许多胶原多肽的制品，最近两年国内对胶原多肽的研究也取得了可喜的进展。

用蛋白酶对胶原进行一定的水解即可得到胶原多肽。采用的酶除了通常用的酶制剂之外，还可利用含有丰富蛋白酶活性的酵母及水果等。这种工艺得到的胶原多肽不仅风味得到了提高，其生理功能也增强了，得到的多肽相对分子质量主要集中于4000~5000。

胶原多肽的营养以及生理功能如下所述。

（1）蛋白质的营养效果主要表现在其几乎高达100%的消化吸收率上。

（2）具有保护胃黏膜以及抗溃疡的作用。

（3）已确认胶原多肽具有抑制血管紧张素（ACE）的活性作用，而ACE是血管中引起血压升高的主要物质，因此它有抑制血压上升的作用。

（4）摄入胶原多肽，可增强低钙水平下的骨胶原结构，从而提高了骨强度，即达到预防骨质松症、促进骨形成的目的。

（5）已确认胶原多肽具有明显改善与老化相关的胶原合成低下的作用，因此它有促进皮肤胶原代谢的美容效果。

（6）胶原多肽还对关节炎等胶原病具有很好的预防和治疗作用。

胶原多肽由于具有优越的加工特性和生理功能，可用于开发各种保健品，特别是它所具有美容、改善关节炎以及骨质疏松症的效果，可以开发出美容饮料和预防骨质疏松的保健食品，具有广阔的前景。

六、以骨头为原料制备骨宁注射液

1. 产品特点

骨宁注射液产要由多肽或蛋白质组成，并含有微量金属元素钙、镁、铁等和其他微量元素锰、铜、钡、锡、锆、钛等。它是以猪四肢骨骼为原料制备而成的，具有较好的抗炎镇痛作用，适用于骨质增生、风湿和类风湿性关节炎等症，无激素和水杨酸类药物通常产生的副作用，还可用于治疗肩周炎、颈椎病、脊椎肥大、骨刺等多种疾病，用途广泛。

2. 原料和试剂

猪四肢骨、乙醇、氢氧化钠、盐酸、活性炭、苯酚、氯化钠、滑石粉、石蜡。

3. 工艺流程

猪四肢骨→原料处理→提取→过滤→骨渣再次提取→合并两次滤液→去脂→浓缩→沉淀→清液浓缩→酸性沉淀→过滤→滤液碱性沉淀→吸附→滤液→制剂→产品

4. 操作要点

(1) 原料处理 将检验合格、新鲜的猪四肢骨，用清水洗净，然后打碎，称重。

(2) 提取 将原料准确称重后放入压力锅中，每 75kg 原料加蒸馏水 150kg，在 0.12MPa 加热条件下处理 1.5h，用双层纱布过滤，收集滤液，骨渣再加蒸馏水 150kg，在上述条件下处理 1h 后过滤，合并两次滤液。

(3) 去脂肪 利用碟片式分离机将其中的脂肪和残余的细骨渣以及其他非水溶的固形物除去。

(4) 浓缩 将去脂肪的提取液控制在 70℃以下真空浓缩，最后可得到大约 50L 的浓缩液。

(5) 沉淀 取浓缩液加入适量乙醇使其含量至 70%，充分搅拌，然后在室温条件下静置 36h，用滤布过滤，弃杂蛋白，收集清液。

(6) 浓缩 将滤液在 60℃以下真空浓缩到体积为 20L，加入 0.3% 的苯酚，然后再补加蒸馏水至 50L。

(7) 酸性沉淀 边搅拌边向上述液中加入 6mol/L 盐酸，调节溶液 pH 至 4.0，然后常压加热至 100℃，保持 45min，用过滤器过滤，除去沉淀的酸性蛋白质，收集滤液，于冷室中静置过夜。

(8) 碱性沉淀 次日，将上述滤液自然过滤一次，收集滤液，边搅拌边向滤液缓慢加入 50% 氢氧化钠溶液，调节 pH 至 8.5，然后加热至 100℃，保温 45min 后，将溶液放入冷室中静置过夜。

(9) 吸附 次日，将上述溶液自然过滤，除去沉淀，滤液用 6mol/L 盐酸，调节溶液 pH 至 7.2，然后放于冷室静置，在行过滤，收集滤液，向滤液中加入适量活性炭吸附杂质、色素等，搅拌均匀后加热至 100℃，保温 30min，过滤，收集滤液。

(10) 制剂 将滤液按每 mL 相当于 1.5g 猪骨补加蒸馏水至全量，加氯化钠至 0.9%，调节 pH 至 7.1 ~ 7.2，加热至 100℃，45min 后，室温静置。送检，合格后用4号、5号垂融漏斗各封一次，灌装，每支2mL，蒸汽100℃灭菌30min，即得产品。

七、以软骨为原料提取硫酸软骨素

1. 产品特点

硫酸软骨素是黏性多糖，简称CS，药品名为康德灵，相对分子质量为1万~3万，一般含有50~70个双糖单位，根据其化学组成和结构的差异，又分为A、B、C、E、F、H等多种，医药上主要使用A、C及各种异构体的混合物。硫酸软骨素广泛存在于动物的软骨中，具有增强脂肪酶活性、加速乳糜微粒中甘油三酯的分解的作用，还可使血液中乳糜微粒减少，还具有抗凝血、抗血栓作用，可用于治疗冠状动脉硬化，血脂和胆固醇增高、心绞痛、心肌缺氧和心肌梗塞等症，并可用于防止链霉素所引起的听觉障碍以及偏头痛、风湿痛、老年肩痛、腰痛、关节炎和肝炎等。

2. 原料和试剂

动物软骨、氢氧化钠、氯化钠、盐酸、乙醇、胰蛋白酶、活性炭、高岭土、三氯醋酸。

3. 工艺流程（稀碱－酶解法）

动物软骨→提取→滤渣再提取→合并提取液→酶解→吸附→沉淀→干燥→成品

4. 操作要点

（1）提取　将洗净的动物软骨放入提取缸中，加入2%氢氧化钠溶液至浸没软骨，搅拌提取2~4h，待提取液含量达5°Bé含量（20℃）时，过滤，滤渣再以2倍量2%氢氧化钠溶液提取24h后，过滤，合并滤液。

（2）水解　用6mol/L盐酸调节滤液的pH至8.8~8.9，迅速加温至50℃，向溶液中加入适量的碱性内切蛋白酶，继续升温至53~54℃，保温水解约7h左右。在水解过程中由于氨基酸的增加，pH会不断下降，需用10%氢氧化钠溶液不断调整pH使之在8.8~8.9，水解终点判断：取水解液10mL加1~2滴10%三氯醋酸，若微呈浑浊，则水解效果较好，否则需增加酶的用量。

（3）吸附　在53~54℃下，用6mol/L盐酸调节水解液pH至5.5~6.0，加入1/10体积的高岭土和1%体积的活性炭，充分搅匀，脱色0.5h；然后用10%氢氧化钠调节pH达6.8~7.0。连续搅拌0.5h，再调节pH到5.4，趁热过滤，收集澄清滤液。

（4）沉淀　迅速用1%氢氧化钠调节上清液pH至6.0，加入清液体积1%的氯化钠，充分溶解后，过滤至澄清，滤液中加入95%乙醇至液体中使乙醇含量达 75%，间断搅拌 3h，使细小颗粒凝聚成大颗粒沉淀下来，静置 8h 以上，吸去上清液。

（5）干燥　收集沉淀物，再用无水乙醇充分脱水洗涤 2 次，60～65℃真空干燥，即得产品。

第二节　骨肉提取物行业展望

因为骨头含有大量的有机和无机物质，早在 20 世纪 70、80 年代，就已经有较为广泛的用途了。比如，可以将骨头加工成骨粉，用作畜禽饲料；还可提取出油脂，用作日化工业；另外，经过较为卫生的多级净化后提取的骨胶，也在食品工业中广泛作为增稠剂。而以上的应用还只是停留在较为初级的阶段，工业附加值不高，有的对环境的污染还很大。随着工业技术的发展，对骨头等这些低价值废弃物的开发，也是日新月异。例如，最近市场上出现的多种利用骨头加工的产品，如骨素、骨汤、骨乳多肽、骨髓壮骨粉等，虽然是新兴产品，但也说明，人们已经开始重视对骨头的再利用了。

天然骨肉提取物是伴随着人们追求天然、营养健康、美味的感念而出现。天然骨肉提取物的工业化生产，为人们找到了营养丰富，而且方便的调味品成为可能，这种产品出现，正在被各个企业接受和使用。骨肉提取物起源于欧洲，发展于日本，兴盛于中国。其雏形是肉类罐头厂的下脚料——肉汤浓缩物。随着生物工程技术的发展，20 世纪 70 年代，国外出现了酶法水解的骨肉提取物，但那时的骨肉提取物只有滋味而香味不突出，仅和水解植物蛋白一起作为化学鲜味剂的替代品。，20 世纪 80 年代后期，食品工业进入了一个新时代，骨肉提取物的生产工艺亦日趋完善，一方面，纯物理提取产品的品质及工艺得道了极大的提升，中式传统煲汤方式被应用于骨肉提取物提取；一方面对传统发酵工艺进行更进一步的发掘，使传统发酵工艺和现代生物酶解工艺结合在一起，使产品鲜厚味突出而摈弃了苦味；另一方面通过美拉德反应，使骨肉提取物更加完美地体现肉的风味和滋味。20 世纪 90 年代，国外又发展了以骨肉提取物为原料，通过反应精制而成的各种肉类香精，使骨肉提取物行业形成了品种齐全，百花齐放的局面。

中国的骨肉提取物起源于 20 世纪 60 年代，其最初用途是作为微生物培养基使用的牛肉膏，随着食品工业的发展，尤其是方便、面冷冻食品、膨化食品、体闲食品工业的发展，许多食品企业开始使用骨肉提取物，提高产品的档次，一些国内研究所和合资企业也开始研究并开发骨肉提取物生产技术，有的企业瞄准市场的空当，采用传统熬制的工艺，将畜禽骨肉等通过高温长时间熬煮，再浓缩、喷雾干燥等制成骨肉提取物产品。

以前，我国食品加工业所使用的骨肉提取物较多是外资企业的产品，随着提取技术和相关设备的发展，使得国内提取物企业得以发展壮大，生产出的产品品质更加优良，发展方向更加明晰。

作者根据多年的生产实践经验及市场的走向判断：骨肉提取物产业化必向两个方向发展。一个是骨肉提取物的厨房风味化发展方向；另一个是骨肉提取物与美拉德反应生香相结合的发展方向。

一、骨肉提取物的厨房风味化

骨肉提取物的厨房风味化是一个较新的名词，顾名思义即是将工业化生产的骨肉提取物以厨房中手工制作调味料的天然风味表现出来。以前的工业化骨肉提取物因只注重生产过程中的提取率、应用功效等，对骨肉提取物的天然风味，尤其是传统餐饮煲汤体系所体现出来的风味，在工业化生产上没有得到很好的体现和应用。骨肉提取物的厨房风味化，就是在工业化生产工艺中引入传统煲汤的理念和工艺，将传统手工工艺和现代化工业生产进行有机的结合，使骨肉提取物产品的风味更加接近自然风味，接近我们在厨房中做出的风味，并使这种风味得到更好的强化，以便使骨肉提取物产品在风味和风格上与美拉德反应肉膏或咸味香精区别开来；在市场及应用上更具有广阔性和适用性。

骨肉提取物的厨房风味化有以下几个可以遵循的要点。

（1）通过试验，使生产工艺参数更加接近厨房内手工制作时的工艺条件，如火候、时间、温度等，尽量模仿厨房内的加工条件，注意传统手工工艺和现代化生产工艺的结合。虽然这是个难点，但只要仔细研究，最终会找到结合点的。

（2）在配方的主原料上，采取更加多元化的方法，尽量避免单一原料的使用，如传统白汤的熬制，一般会采取骨头、猪蹄以及猪肚等原料相结合的方式，这种方式在工业化生产中同样适用。

（3）除了主原料实现多元化外，还应恰当地使用一些辅助原料。传统的煲汤方法，一般都会加入大葱、生姜等香辛料和蔬菜原料，在工业化生产中，以辅料的形式适当的引入香辛料或蔬菜，将会得到意想不到的效果。

（4）传统厨房的生产工艺中，在一般情况下照搬进工厂，很容易出现产品保质期无法保证的现象，而在有机结合的厨房风味化工业生产技术上会引进一些先进的生产工艺和措施，从而会有效解决这一难题。

二、骨肉提取物生产的美拉德反应技术

在第三章第一节中，我们已经介绍了骨肉提取物在美拉德反应香精中的应

用。它只是单纯地作为美拉德反应的原料来使用，就已经在品质上表现出的醇厚、柔和、纯正、逼真、营养等诸多优点。骨肉提取物在美拉德反应中能完全替代所使用的原料肉，以节约成本和增加制品的感官特性等许多优良的品质。

我们知道，畜禽骨的氨基酸组成、含量和肉类的氨基酸组成、含量非常接近。我们可以确定，用畜禽骨为原料的产品能提供和以肉类为原料的产品相接近的氨基酸组分。所以，在美拉德反应中，骨肉提取物能完全取代原料肉而参与美拉德反应了。那么，把美拉德反应技术引入骨肉提取物生产中，结果会如何呢？

实验证明，将美拉德反应技术直接引入骨肉提取物的生产中，可使得反应时间自然延长、反应的原料更加丰富、产品风味更加逼真、更加天然、更加浓郁、醇厚、鲜香。较纯提取物产品和纯美拉德反应产品，骨肉提取物产品从品质上提升了不止一个档次，如青岛星辰食品开发技术有限公司开发的汤皇系列产品，即是该公司在骨肉提取物生产中引入美拉德反应技术的一个例子。

骨肉提取物生产引入美拉德反应技术须注意的几个事项。

(1) 配方的组合　骨肉提取物生产过程中引入美拉德反应技术，不同于纯粹的美拉德反应，需要特别浓郁的反应香气（比如红烧牛肉的主要香气即是反应香气），它需要更加自然或接近自然的香气，所以，在配方的组合上，就要考虑生香物质的选择及其添加量的控制。美拉德反应技术是辅助骨肉提取物增加特征香气的技术，但不能让反应的其他香气掩盖了提取物的特征香气，所以，要适量，不能过量。

(2) 生产工艺的制定　骨肉提取物生产引入美拉德反应技术，已经不仅仅是提取技术那么简单了，在各个单元操作上都需要考虑反应技术对提取过程及其提取物的影响。所以，工艺技术参数的制定相对比较复杂，需要多次试验之后才能最终确定。否则，产品出率会受到限制，产品的风味也可能受到影响。

(3) 产品的应用　引入美拉德反应技术的产品应用范围更加广泛。因为香气特别逼真、浓郁、自然，在其应用时不用再额外添加或者可少量添加香料物质，所以这种技术可以广泛的应用于肉制品、冷冻调理食品、膨化食品、餐饮高汤和其他高端餐饮调味料等行业中。

另外，要得到完美的骨肉提取物产品，还必须选择适当的设备来进行加工。即通过不断优化物料配比、提取温度、时间、pH、浓度等因素，在特定设备上制定具体的良好的工艺技术参数。

总之，美拉德反应技术及厨房风味化技术的引入，必将带来骨肉提取物行业的繁荣与革新。

第三节　水产品提取物生产

海鲜提取物是以新鲜的低值海产品（鱼、虾、贝等）为主要原料，利用现代生物技术生产的高科技产品。具有滋味鲜美，海鲜特征风味浓郁醇厚，渗透感、延伸感强；营养丰富，富含多种人体必需的氨基酸、活性肽、核苷酸等营养成分；天然安全，符合食品安全的需求；近年在发达国家的高档调味品和高档汤料中均使用海鲜提取物，使得海鲜风味的提取物得以普及并成为食品工业调味的主要发展方向。海鲜提取物与其他配料的协同作用较好，能显著提高目标产品的风味和品质，已被广泛地应用于方便面调料包、复合调味料、膨化休闲食品、水产加工、冷冻调理食品、美拉德反应香精香料、酱油和肉制品等众多行业和领域。

海鲜提取物主要是以低值海产品为原料，进行纯物理提取或利用水解专用酶在一定温度及 pH 下海产类动物蛋白进行水解，而得到的以多肽、小肽、氨基酸为主的产物。

一、鱼骨汤提取生产工艺流程

1. 工艺流程

鱼骨→绞碎→配料 1（加水和油）→蒸煮→过滤→浓缩→配料 2（乳化剂等）→过胶体磨→罐装

2. 操作要点

（1）绞碎前尽量清除干净杂质，加纯净水，加水比例是 1∶1；加完水后，加入动物油脂，密封，开始蒸煮。

（2）间歇搅拌蒸煮，或一直保持沸腾状态；压力保持在 0.1～0.2MPa 即可，时间从开锅算起 90min。90min 后，卸压出料，仔细过滤。（蒸煮两次）。

（3）过滤后，合并滤液，加入乳化剂等其他配料，过胶体磨乳化。

（4）乳化完成后，进行浓缩，浓缩时不可加料超过罐容积的 2/3。另外，要随时注意罐内液面的沸腾状态，要绝对保证沸腾，但不要沸腾过大，否则容易将料液抽出去。浓缩过程中，料液温度不能超过 75℃。冷却水的温度不能超过 55℃。料温与冷却水温差越大，越容易浓缩。

（5）罐装时要注意保持卫生，不要污染。

二、海鲜酶解物的生产工艺

1. 生产工艺流程

虾头（或蟹壳）→绞碎→加水升温→酶解→过滤→分离→浓缩→配料→罐装或喷雾干燥

2. 操作要点

（1）绞碎前尽量清除杂质，加纯净水，加水比例一般是1∶1；加完水后，进行必要的灭菌，之后冷却到适宜温度，加入蛋白酶。

（2）间歇搅拌酶解，一般酶解时间要5h以上，根据最后的产品要求来定；酶解结束后过滤。

（3）过滤后，合并滤液，用三相分离机分离出油脂和固体杂质，然后进行浓缩。

（4）浓缩完成后可以添加食盐等进行包装，也可以添加糊精等填充剂后进行喷雾干燥。

海鲜提取物可以广泛地应用于膨化小食品、调味品、肉制品等行业中。为产品提供丰富的营养与口味，增加制品的真实感和鲜甜感等。

三、小龙虾酶解物的生产工艺

1. 生产工艺流程

小龙虾虾头→绞碎→加水升温→循环酶解→过滤→油水分离→浓缩→配料→罐装或喷雾干燥

2. 操作要点

（1）绞碎前尽量清除杂质，加纯净水，加水比例一般是1∶2；加完水后，进行必要的灭菌，之后冷却到适宜温度，加入蛋白酶。

（2）采用水循环酶解，一般酶解时间要5h以上，根据最后的产品要求来定；酶解结束后过滤。

（3）过滤后，合并滤液，用三相分离机分离出油脂和固体杂质，然后进行浓缩。

（4）浓缩完成后可以添加食盐等进行包装，也可以添加糊精等填充剂后进行喷雾干燥。

小龙虾提取物可以广泛地应用于膨化小食品、复合调味品、肉制品等行业中。为产品提供丰富的营养与口味，增加制品的真实感和鲜甜感等。

附录

附录一　中华人民共和国食品安全法
（2015 年 10 月 1 日起施行）

第一章　总　　则

第一条　为了保证食品安全，保障公众身体健康和生命安全，制定本法。

第二条　在中华人民共和国境内从事下列活动，应当遵守本法：

（一）食品生产和加工（以下称食品生产），食品销售和餐饮服务（以下称食品经营）；

（二）食品添加剂的生产经营；

（三）用于食品的包装材料、容器、洗涤剂、消毒剂和用于食品生产经营的工具、设备（以下称食品相关产品）的生产经营；

（四）食品生产经营者使用食品添加剂、食品相关产品；

（五）食品的贮存和运输；

（六）对食品、食品添加剂、食品相关产品的安全管理。

供食用的源于农业的初级产品（以下称食用农产品）的质量安全管理，遵守《中华人民共和国农产品质量安全法》的规定。但是，食用农产品的市场销售、有关质量安全标准的制定、有关安全信息的公布和本法对农业投入品作出规定的，应当遵守本法的规定。

第三条　食品安全工作实行预防为主、风险管理、全程控制、社会共治，建立科学、严格的监督管理制度。

第四条　食品生产经营者对其生产经营食品的安全负责。

食品生产经营者应当依照法律、法规和食品安全标准从事生产经营活动，保证食品安全，诚信自律，对社会和公众负责，接受社会监督，承担社会责任。

第五条　国务院设立食品安全委员会，其职责由国务院规定。

国务院食品药品监督管理部门依照本法和国务院规定的职责，对食品生产经营活动实施监督管理。

国务院卫生行政部门依照本法和国务院规定的职责，组织开展食品安全风险监测和风险评估，会同国务院食品药品监督管理部门制定并公布食品安全国家标准。

国务院其他有关部门依照本法和国务院规定的职责，承担有关食品安全工作。

第六条 县级以上地方人民政府对本行政区域的食品安全监督管理工作负责，统一领导、组织、协调本行政区域的食品安全监督管理工作以及食品安全突发事件应对工作，建立健全食品安全全程监督管理工作机制和信息共享机制。

县级以上地方人民政府依照本法和国务院的规定，确定本级食品药品监督管理、卫生行政部门和其他有关部门的职责。有关部门在各自职责范围内负责本行政区域的食品安全监督管理工作。

县级人民政府食品药品监督管理部门可以在乡镇或者特定区域设立派出机构。

第七条 县级以上地方人民政府实行食品安全监督管理责任制。上级人民政府负责对下一级人民政府的食品安全监督管理工作进行评议、考核。县级以上地方人民政府负责对本级食品药品监督管理部门和其他有关部门的食品安全监督管理工作进行评议、考核。

第八条 县级以上人民政府应当将食品安全工作纳入本级国民经济和社会发展规划，将食品安全工作经费列入本级政府财政预算，加强食品安全监督管理能力建设，为食品安全工作提供保障。

县级以上人民政府食品药品监督管理部门和其他有关部门应当加强沟通、密切配合，按照各自职责分工，依法行使职权，承担责任。

第九条 食品行业协会应当加强行业自律，按照章程建立健全行业规范和奖惩机制，提供食品安全信息、技术等服务，引导和督促食品生产经营者依法生产经营，推动行业诚信建设，宣传、普及食品安全知识。

消费者协会和其他消费者组织对违反本法规定，损害消费者合法权益的行为，依法进行社会监督。

第十条 各级人民政府应当加强食品安全的宣传教育，普及食品安全知识，鼓励社会组织、基层群众性自治组织、食品生产经营者开展食品安全法律、法规以及食品安全标准和知识的普及工作，倡导健康的饮食方式，增强消费者食品安全意识和自我保护能力。

新闻媒体应当开展食品安全法律、法规以及食品安全标准和知识的公益宣传，并对食品安全违法行为进行舆论监督。有关食品安全的宣传报道应当真实、公正。

第十一条 国家鼓励和支持开展与食品安全有关的基础研究、应用研究，鼓励和支持食品生产经营者为提高食品安全水平采用先进技术和先进管理规范。

国家对农药的使用实行严格的管理制度，加快淘汰剧毒、高毒、高残留农药，推动替代产品的研发和应用，鼓励使用高效低毒低残留农药。

第十二条 任何组织或者个人有权举报食品安全违法行为，依法向有关部门了解食品安全信息，对食品安全监督管理工作提出意见和建议。

第十三条 对在食品安全工作中做出突出贡献的单位和个人，按照国家有关规定给予表彰、奖励。

第二章 食品安全风险监测和评估

第十四条 国家建立食品安全风险监测制度，对食源性疾病、食品污染以及食品中的有害因素进行监测。

国务院卫生行政部门会同国务院食品药品监督管理、质量监督等部门，制定、实施国家食品安全风险监测计划。

国务院食品药品监督管理部门和其他有关部门获知有关食品安全风险信息后，应当立即核实并向国务院卫生行政部门通报。对有关部门通报的食品安全风险信息以及医疗机构报告的食源性疾病等有关疾病信息，国务院卫生行政部门应当会同国务院有关部门分析研究，认为必要的，及时调整国家食品安全风险监测计划。

省、自治区、直辖市人民政府卫生行政部门会同同级食品药品监督管理、质量监督等部门，根据国家食品安全风险监测计划，结合本行政区域的具体情况，制定、调整本行政区域的食品安全风险监测方案，报国务院卫生行政部门备案并实施。

第十五条 承担食品安全风险监测工作的技术机构应当根据食品安全风险监测计划和监测方案开展监测工作，保证监测数据真实、准确，并按照食品安全风险监测计划和监测方案的要求报送监测数据和分析结果。

食品安全风险监测工作人员有权进入相关食用农产品种植养殖、食品生产经营场所采集样品、收集相关数据。采集样品应当按照市场价格支付费用。

第十六条 食品安全风险监测结果表明可能存在食品安全隐患的，县级以上人民政府卫生行政部门应当及时将相关信息通报同级食品药品监督管理等部门，并报告本级人民政府和上级人民政府卫生行政部门。食品药品监督管理等部门应当组织开展进一步调查。

第十七条 国家建立食品安全风险评估制度，运用科学方法，根据食品安全风险监测信息、科学数据以及有关信息，对食品、食品添加剂、食品相关产品中生物性、化学性和物理性危害因素进行风险评估。

国务院卫生行政部门负责组织食品安全风险评估工作，成立由医学、农业、食品、营养、生物、环境等方面的专家组成的食品安全风险评估专家委员会进行食品安全风险评估。食品安全风险评估结果由国务院卫生行政部门公布。

对农药、肥料、兽药、饲料和饲料添加剂等的安全性评估，应当有食品安全风险评估专家委员会的专家参加。

食品安全风险评估不得向生产经营者收取费用，采集样品应当按照市场价格支付费用。

第十八条　有下列情形之一的，应当进行食品安全风险评估：

（一）通过食品安全风险监测或者接到举报发现食品、食品添加剂、食品相关产品可能存在安全隐患的；

（二）为制定或者修订食品安全国家标准提供科学依据需要进行风险评估的；

（三）为确定监督管理的重点领域、重点品种需要进行风险评估的；

（四）发现新的可能危害食品安全因素的；

（五）需要判断某一因素是否构成食品安全隐患的；

（六）国务院卫生行政部门认为需要进行风险评估的其他情形。

第十九条　国务院食品药品监督管理、质量监督、农业行政等部门在监督管理工作中发现需要进行食品安全风险评估的，应当向国务院卫生行政部门提出食品安全风险评估的建议，并提供风险来源、相关检验数据和结论等信息、资料。属于本法第十八条规定情形的，国务院卫生行政部门应当及时进行食品安全风险评估，并向国务院有关部门通报评估结果。

第二十条　省级以上人民政府卫生行政、农业行政部门应当及时相互通报食品、食用农产品安全风险监测信息。

国务院卫生行政、农业行政部门应当及时相互通报食品、食用农产品安全风险评估结果等信息。

第二十一条　食品安全风险评估结果是制定、修订食品安全标准和实施食品安全监督管理的科学依据。

经食品安全风险评估，得出食品、食品添加剂、食品相关产品不安全结论的，国务院食品药品监督管理、质量监督等部门应当依据各自职责立即向社会公告，告知消费者停止食用或者使用，并采取相应措施，确保该食品、食品添加剂、食品相关产品停止生产经营；需要制定、修订相关食品安全国家标准的，国务院卫生行政部门应当会同国务院食品药品监督管理部门立即制定、修订。

第二十二条　国务院食品药品监督管理部门应当会同国务院有关部门，根据食品安全风险评估结果、食品安全监督管理信息，对食品安全状况进行综合分析。对经综合分析表明可能具有较高程度安全风险的食品，国务院食品药品监督管理部门应当及时提出食品安全风险警示，并向社会公布。

第二十三条 县级以上人民政府食品药品监督管理部门和其他有关部门、食品安全风险评估专家委员会及其技术机构，应当按照科学、客观、及时、公开的原则，组织食品生产经营者、食品检验机构、认证机构、食品行业协会、消费者协会以及新闻媒体等，就食品安全风险评估信息和食品安全监督管理信息进行交流沟通。

第三章 食品安全标准

第二十四条 制定食品安全标准，应当以保障公众身体健康为宗旨，做到科学合理、安全可靠。

第二十五条 食品安全标准是强制执行的标准。除食品安全标准外，不得制定其他食品强制性标准。

第二十六条 食品安全标准应当包括下列内容：

（一）食品、食品添加剂、食品相关产品中的致病性微生物，农药残留、兽药残留、生物毒素、重金属等污染物质以及其他危害人体健康物质的限量规定；

（二）食品添加剂的品种、使用范围、用量；

（三）专供婴幼儿和其他特定人群的主辅食品的营养成分要求；

（四）对与卫生、营养等食品安全要求有关的标签、标志、说明书的要求；

（五）食品生产经营过程的卫生要求；

（六）与食品安全有关的质量要求；

（七）与食品安全有关的食品检验方法与规程；

（八）其他需要制定为食品安全标准的内容。

第二十七条 食品安全国家标准由国务院卫生行政部门会同国务院食品药品监督管理部门制定、公布，国务院标准化行政部门提供国家标准编号。

食品中农药残留、兽药残留的限量规定及其检验方法与规程由国务院卫生行政部门、国务院农业行政部门会同国务院食品药品监督管理部门制定。

屠宰畜、禽的检验规程由国务院农业行政部门会同国务院卫生行政部门制定。

第二十八条 制定食品安全国家标准，应当依据食品安全风险评估结果并充分考虑食用农产品安全风险评估结果，参照相关的国际标准和国际食品安全风险评估结果，并将食品安全国家标准草案向社会公布，广泛听取食品生产经营者、消费者、有关部门等方面的意见。

食品安全国家标准应当经国务院卫生行政部门组织的食品安全国家标准审评委员会审查通过。食品安全国家标准审评委员会由医学、农业、食品、营养、生物、环境等方面的专家以及国务院有关部门、食品行业协会、消费者协会的代表组成，对食品安全国家标准草案的科学性和实用性等进行审查。

第二十九条 对地方特色食品，没有食品安全国家标准的，省、自治区、直辖市人民政府卫生行政部门可以制定并公布食品安全地方标准，报国务院卫生行政部门备案。食品安全国家标准制定后，该地方标准即行废止。

第三十条 国家鼓励食品生产企业制定严于食品安全国家标准或者地方标准的企业标准，在本企业适用，并报省、自治区、直辖市人民政府卫生行政部门备案。

第三十一条 省级以上人民政府卫生行政部门应当在其网站上公布制定和备案的食品安全国家标准、地方标准和企业标准，供公众免费查阅、下载。

对食品安全标准执行过程中的问题，县级以上人民政府卫生行政部门应当会同有关部门及时给予指导、解答。

第三十二条 省级以上人民政府卫生行政部门应当会同同级食品药品监督管理、质量监督、农业行政等部门，分别对食品安全国家标准和地方标准的执行情况进行跟踪评价，并根据评价结果及时修订食品安全标准。

省级以上人民政府食品药品监督管理、质量监督、农业行政等部门应当对食品安全标准执行中存在的问题进行收集、汇总，并及时向同级卫生行政部门通报。

食品生产经营者、食品行业协会发现食品安全标准在执行中存在问题的，应当立即向卫生行政部门报告。

第四章　食品生产经营

第一节　一 般 规 定

第三十三条 食品生产经营应当符合食品安全标准，并符合下列要求：

（一）具有与生产经营的食品品种、数量相适应的食品原料处理和食品加工、包装、贮存等场所，保持该场所环境整洁，并与有毒、有害场所以及其他污染源保持规定的距离；

（二）具有与生产经营的食品品种、数量相适应的生产经营设备或者设施，有相应的消毒、更衣、盥洗、采光、照明、通风、防腐、防尘、防蝇、防鼠、防虫、洗涤以及处理废水、存放垃圾和废弃物的设备或者设施；

（三）有专职或者兼职的食品安全专业技术人员、食品安全管理人员和保证食品安全的规章制度；

（四）具有合理的设备布局和工艺流程，防止待加工食品与直接入口食品、原料与成品交叉污染，避免食品接触有毒物、不洁物；

（五）餐具、饮具和盛放直接入口食品的容器，使用前应当洗净、消毒，炊具、用具用后应当洗净，保持清洁；

（六）贮存、运输和装卸食品的容器、工具和设备应当安全、无害，保持清洁，防止食品污染，并符合保证食品安全所需的温度、湿度等特殊要求，不得将食品与有毒、有害物品一同贮存、运输；

（七）直接入口的食品应当使用无毒、清洁的包装材料、餐具、饮具和容器；

（八）食品生产经营人员应当保持个人卫生，生产经营食品时，应当将手洗净，穿戴清洁的工作衣、帽等；销售无包装的直接入口食品时，应当使用无毒、清洁的容器、售货工具和设备；

（九）用水应当符合国家规定的生活饮用水卫生标准；

（十）使用的洗涤剂、消毒剂应当对人体安全、无害；

（十一）法律、法规规定的其他要求。

非食品生产经营者从事食品贮存、运输和装卸的，应当符合前款第六项的规定。

第三十四条 禁止生产经营下列食品、食品添加剂、食品相关产品：

（一）用非食品原料生产的食品或者添加食品添加剂以外的化学物质和其他可能危害人体健康物质的食品，或者用回收食品作为原料生产的食品；

（二）致病性微生物，农药残留、兽药残留、生物毒素、重金属等污染物质以及其他危害人体健康的物质含量超过食品安全标准限量的食品、食品添加剂、食品相关产品；

（三）用超过保质期的食品原料、食品添加剂生产的食品、食品添加剂；

（四）超范围、超限量使用食品添加剂的食品；

（五）营养成分不符合食品安全标准的专供婴幼儿和其他特定人群的主辅食品；

（六）腐败变质、油脂酸败、霉变生虫、污秽不洁、混有异物、掺假掺杂或者感官性状异常的食品、食品添加剂；

（七）病死、毒死或者死因不明的禽、畜、兽、水产动物肉类及其制品；

（八）未按规定进行检疫或者检疫不合格的肉类，或者未经检验或者检验不合格的肉类制品；

（九）被包装材料、容器、运输工具等污染的食品、食品添加剂；

（十）标注虚假生产日期、保质期或者超过保质期的食品、食品添加剂；

（十一）无标签的预包装食品、食品添加剂；

（十二）国家为防病等特殊需要明令禁止生产经营的食品；

（十三）其他不符合法律、法规或者食品安全标准的食品、食品添加剂、食品相关产品。

第三十五条 国家对食品生产经营实行许可制度。从事食品生产、食品销售、餐饮服务，应当依法取得许可。但是，销售食用农产品，不需要取得许可。

县级以上地方人民政府食品药品监督管理部门应当依照《中华人民共和国行政许可法》的规定，审核申请人提交的本法第三十三条第一款第一项至第四项规定要求的相关资料，必要时对申请人的生产经营场所进行现场核查；对符合规定条件的，准予许可；对不符合规定条件的，不予许可并书面说明理由。

第三十六条 食品生产加工小作坊和食品摊贩等从事食品生产经营活动，应当符合本法规定的与其生产经营规模、条件相适应的食品安全要求，保证所生产经营的食品卫生、无毒、无害，食品药品监督管理部门应当对其加强监督管理。

县级以上地方人民政府应当对食品生产加工小作坊、食品摊贩等进行综合治理，加强服务和统一规划，改善其生产经营环境，鼓励和支持其改进生产经营条件，进入集中交易市场、店铺等固定场所经营，或者在指定的临时经营区域、时段经营。

食品生产加工小作坊和食品摊贩等的具体管理办法由省、自治区、直辖市制定。

第三十七条 利用新的食品原料生产食品，或者生产食品添加剂新品种、食品相关产品新品种，应当向国务院卫生行政部门提交相关产品的安全性评估材料。国务院卫生行政部门应当自收到申请之日起六十日内组织审查；对符合食品安全要求的，准予许可并公布；对不符合食品安全要求的，不予许可并书面说明理由。

第三十八条 生产经营的食品中不得添加药品，但是可以添加按照传统既是食品又是中药材的物质。按照传统既是食品又是中药材的物质目录由国务院卫生行政部门会同国务院食品药品监督管理部门制定、公布。

第三十九条 国家对食品添加剂生产实行许可制度。从事食品添加剂生产，应当具有与所生产食品添加剂品种相适应的场所、生产设备或者设施、专业技术人员和管理制度，并依照本法第三十五条第二款规定的程序，取得食品添加剂生产许可。

生产食品添加剂应当符合法律、法规和食品安全国家标准。

第四十条 食品添加剂应当在技术上确有必要且经过风险评估证明安全可靠，方可列入允许使用的范围；有关食品安全国家标准应当根据技术必要性和食品安全风险评估结果及时修订。

食品生产经营者应当按照食品安全国家标准使用食品添加剂。

第四十一条 生产食品相关产品应当符合法律、法规和食品安全国家标准。对直接接触食品的包装材料等具有较高风险的食品相关产品，按照国家有关工业产品生产许可证管理的规定实施生产许可。质量监督部门应当加强对食品相关产品生产活动的监督管理。

第四十二条 国家建立食品安全全程追溯制度。

食品生产经营者应当依照本法的规定，建立食品安全追溯体系，保证食品可追溯。国家鼓励食品生产经营者采用信息化手段采集、留存生产经营信息，建立食品安全追溯体系。

国务院食品药品监督管理部门会同国务院农业行政等有关部门建立食品安全全程追溯协作机制。

第四十三条 地方各级人民政府应当采取措施鼓励食品规模化生产和连锁经营、配送。

国家鼓励食品生产经营企业参加食品安全责任保险。

第二节 生产经营过程控制

第四十四条 食品生产经营企业应当建立健全食品安全管理制度，对职工进行食品安全知识培训，加强食品检验工作，依法从事生产经营活动。

食品生产经营企业的主要负责人应当落实企业食品安全管理制度，对本企业的食品安全工作全面负责。

食品生产经营企业应当配备食品安全管理人员，加强对其培训和考核。经考核不具备食品安全管理能力的，不得上岗。食品药品监督管理部门应当对企业食品安全管理人员随机进行监督抽查考核并公布考核情况。监督抽查考核不得收取费用。

第四十五条 食品生产经营者应当建立并执行从业人员健康管理制度。患有国务院卫生行政部门规定的有碍食品安全疾病的人员，不得从事接触直接入口食品的工作。

从事接触直接入口食品工作的食品生产经营人员应当每年进行健康检查，取得健康证明后方可上岗工作。

第四十六条 食品生产企业应当就下列事项制定并实施控制要求，保证所生产的食品符合食品安全标准：

（一）原料采购、原料验收、投料等原料控制；

（二）生产工序、设备、贮存、包装等生产关键环节控制；

（三）原料检验、半成品检验、成品出厂检验等检验控制；

（四）运输和交付控制。

第四十七条 食品生产经营者应当建立食品安全自查制度，定期对食品安全状况进行检查评价。生产经营条件发生变化，不再符合食品安全要求的，食品生产经营者应当立即采取整改措施；有发生食品安全事故潜在风险的，应当立即停止食品生产经营活动，并向所在地县级人民政府食品药品监督管理部门报告。

第四十八条 国家鼓励食品生产经营企业符合良好生产规范要求，实施危害分析与关键控制点体系，提高食品安全管理水平。

对通过良好生产规范、危害分析与关键控制点体系认证的食品生产经营企业，认证机构应当依法实施跟踪调查；对不再符合认证要求的企业，应当依法撤销认证，及时向县级以上人民政府食品药品监督管理部门通报，并向社会公布。认证机构实施跟踪调查不得收取费用。

第四十九条 食用农产品生产者应当按照食品安全标准和国家有关规定使用农药、肥料、兽药、饲料和饲料添加剂等农业投入品，严格执行农业投入品使用安全间隔期或者休药期的规定，不得使用国家明令禁止的农业投入品。禁止将剧毒、高毒农药用于蔬菜、瓜果、茶叶和中草药材等国家规定的农作物。

食用农产品的生产企业和农民专业合作经济组织应当建立农业投入品使用记录制度。

县级以上人民政府农业行政部门应当加强对农业投入品使用的监督管理和指导，建立健全农业投入品安全使用制度。

第五十条 食品生产者采购食品原料、食品添加剂、食品相关产品，应当查验供货者的许可证和产品合格证明；对无法提供合格证明的食品原料，应当按照食品安全标准进行检验；不得采购或者使用不符合食品安全标准的食品原料、食品添加剂、食品相关产品。

食品生产企业应当建立食品原料、食品添加剂、食品相关产品进货查验记录制度，如实记录食品原料、食品添加剂、食品相关产品的名称、规格、数量、生产日期或者生产批号、保质期、进货日期以及供货者名称、地址、联系方式等内容，并保存相关凭证。记录和凭证保存期限不得少于产品保质期满后六个月；没有明确保质期的，保存期限不得少于二年。

第五十一条 食品生产企业应当建立食品出厂检验记录制度，查验出厂食品的检验合格证和安全状况，如实记录食品的名称、规格、数量、生产日期或者生产批号、保质期、检验合格证号、销售日期以及购货者名称、地址、联系方式等内容，并保存相关凭证。记录和凭证保存期限应当符合本法第五十条第二款的规定。

第五十二条 食品、食品添加剂、食品相关产品的生产者，应当按照食品安全标准对所生产的食品、食品添加剂、食品相关产品进行检验，检验合格后方可出厂或者销售。

第五十三条 食品经营者采购食品，应当查验供货者的许可证和食品出厂检验合格证或者其他合格证明（以下称合格证明文件）。

食品经营企业应当建立食品进货查验记录制度，如实记录食品的名称、规格、数量、生产日期或者生产批号、保质期、进货日期以及供货者名称、地址、联系方式等内容，并保存相关凭证。记录和凭证保存期限应当符合本法第五十条第二款的规定。

实行统一配送经营方式的食品经营企业，可以由企业总部统一查验供货者的许可证和食品合格证明文件，进行食品进货查验记录。

从事食品批发业务的经营企业应当建立食品销售记录制度，如实记录批发食品的名称、规格、数量、生产日期或者生产批号、保质期、销售日期以及购货者名称、地址、联系方式等内容，并保存相关凭证。记录和凭证保存期限应当符合本法第五十条第二款的规定。

第五十四条 食品经营者应当按照保证食品安全的要求贮存食品，定期检查库存食品，及时清理变质或者超过保质期的食品。

食品经营者贮存散装食品，应当在贮存位置标明食品的名称、生产日期或者生产批号、保质期、生产者名称及联系方式等内容。

第五十五条 餐饮服务提供者应当制定并实施原料控制要求，不得采购不符合食品安全标准的食品原料。倡导餐饮服务提供者公开加工过程，公示食品原料及其来源等信息。

餐饮服务提供者在加工过程中应当检查待加工的食品及原料，发现有本法第三十四条第六项规定情形的，不得加工或者使用。

第五十六条 餐饮服务提供者应当定期维护食品加工、贮存、陈列等设施、设备；定期清洗、校验保温设施及冷藏、冷冻设施。

餐饮服务提供者应当按照要求对餐具、饮具进行清洗消毒，不得使用未经清洗消毒的餐具、饮具；餐饮服务提供者委托清洗消毒餐具、饮具的，应当委托符合本法规定条件的餐具、饮具集中消毒服务单位。

第五十七条 学校、托幼机构、养老机构、建筑工地等集中用餐单位的食堂应当严格遵守法律、法规和食品安全标准；从供餐单位订餐的，应当从取得食品生产经营许可的企业订购，并按照要求对订购的食品进行查验。供餐单位应当严格遵守法律、法规和食品安全标准，当餐加工，确保食品安全。

学校、托幼机构、养老机构、建筑工地等集中用餐单位的主管部门应当加强对集中用餐单位的食品安全教育和日常管理，降低食品安全风险，及时消除食品安全隐患。

第五十八条 餐具、饮具集中消毒服务单位应当具备相应的作业场所、清洗消毒设备或者设施，用水和使用的洗涤剂、消毒剂应当符合相关食品安全国家标准和其他国家标准、卫生规范。

餐具、饮具集中消毒服务单位应当对消毒餐具、饮具进行逐批检验，检验合格后方可出厂，并应当随附消毒合格证明。消毒后的餐具、饮具应当在独立包装上标注单位名称、地址、联系方式、消毒日期以及使用期限等内容。

第五十九条 食品添加剂生产者应当建立食品添加剂出厂检验记录制度，查验出厂产品的检验合格证和安全状况，如实记录食品添加剂的名称、规格、数量、生产日期或者生产批号、保质期、检验合格证号、销售日期以及购货者名称、地址、联系方式等相关内容，并保存相关凭证。记录和凭证保存期限应当符合本法第五十条第二款的规定。

第六十条 食品添加剂经营者采购食品添加剂，应当依法查验供货者的许可证和产品合格证明文件，如实记录食品添加剂的名称、规格、数量、生产日期或者生产批号、保质期、进货日期以及供货者名称、地址、联系方式等内容，并保存相关凭证。记录和凭证保存期限应当符合本法第五十条第二款的规定。

第六十一条 集中交易市场的开办者、柜台出租者和展销会举办者，应当依法审查入场食品经营者的许可证，明确其食品安全管理责任，定期对其经营环境和条件进行检查，发现其有违反本法规定行为的，应当及时制止并立即报告所在地县级人民政府食品药品监督管理部门。

第六十二条 网络食品交易第三方平台提供者应当对入网食品经营者进行实名登记，明确其食品安全管理责任；依法应当取得许可证的，还应当审查其许可证。

网络食品交易第三方平台提供者发现入网食品经营者有违反本法规定行为的，应当及时制止并立即报告所在地县级人民政府食品药品监督管理部门；发现严重违法行为的，应当立即停止提供网络交易平台服务。

第六十三条 国家建立食品召回制度。食品生产者发现其生产的食品不符合食品安全标准或者有证据证明可能危害人体健康的，应当立即停止生产，召回已经上市销售的食品，通知相关生产经营者和消费者，并记录召回和通知情况。

食品经营者发现其经营的食品有前款规定情形的，应当立即停止经营，通知相关生产经营者和消费者，并记录停止经营和通知情况。食品生产者认为应当召回的，应当立即召回。由于食品经营者的原因造成其经营的食品有前款规定情形的，食品经营者应当召回。

食品生产经营者应当对召回的食品采取无害化处理、销毁等措施，防止其再次流入市场。但是，对因标签、标志或者说明书不符合食品安全标准而被召回的食品，食品生产者在采取补救措施且能保证食品安全的情况下可以继续销售；销售时应当向消费者明示补救措施。

食品生产经营者应当将食品召回和处理情况向所在地县级人民政府食品药

品监督管理部门报告；需要对召回的食品进行无害化处理、销毁的，应当提前报告时间、地点。食品药品监督管理部门认为必要的，可以实施现场监督。

食品生产经营者未依照本条规定召回或者停止经营的，县级以上人民政府食品药品监督管理部门可以责令其召回或者停止经营。

第六十四条 食用农产品批发市场应当配备检验设备和检验人员或者委托符合本法规定的食品检验机构，对进入该批发市场销售的食用农产品进行抽样检验；发现不符合食品安全标准的，应当要求销售者立即停止销售，并向食品药品监督管理部门报告。

第六十五条 食用农产品销售者应当建立食用农产品进货查验记录制度，如实记录食用农产品的名称、数量、进货日期以及供货者名称、地址、联系方式等内容，并保存相关凭证。记录和凭证保存期限不得少于六个月。

第六十六条 进入市场销售的食用农产品在包装、保鲜、贮存、运输中使用保鲜剂、防腐剂等食品添加剂和包装材料等食品相关产品，应当符合食品安全国家标准。

第三节 标签、说明书和广告

第六十七条 预包装食品的包装上应当有标签。标签应当标明下列事项：

（一）名称、规格、净含量、生产日期；

（二）成分或者配料表；

（三）生产者的名称、地址、联系方式；

（四）保质期；

（五）产品标准代号；

（六）贮存条件；

（七）所使用的食品添加剂在国家标准中的通用名称；

（八）生产许可证编号；

（九）法律、法规或者食品安全标准规定应当标明的其他事项。

专供婴幼儿和其他特定人群的主辅食品，其标签还应当标明主要营养成分及其含量。

食品安全国家标准对标签标注事项另有规定的，从其规定。

第六十八条 食品经营者销售散装食品，应当在散装食品的容器、外包装上标明食品的名称、生产日期或者生产批号、保质期以及生产经营者名称、地址、联系方式等内容。

第六十九条 生产经营转基因食品应当按照规定显著标示。

第七十条 食品添加剂应当有标签、说明书和包装。标签、说明书应当载明本法第六十七条第一款第一项至第六项、第八项、第九项规定的事项，以及食品添加剂的使用范围、用量、使用方法，并在标签上载明“食品添加剂”

字样。

第七十一条 食品和食品添加剂的标签、说明书，不得含有虚假内容，不得涉及疾病预防、治疗功能。生产经营者对其提供的标签、说明书的内容负责。

食品和食品添加剂的标签、说明书应当清楚、明显，生产日期、保质期等事项应当显著标注，容易辨识。

食品和食品添加剂与其标签、说明书的内容不符的，不得上市销售。

第七十二条 食品经营者应当按照食品标签标示的警示标志、警示说明或者注意事项的要求销售食品。

第七十三条 食品广告的内容应当真实合法，不得含有虚假内容，不得涉及疾病预防、治疗功能。食品生产经营者对食品广告内容的真实性、合法性负责。

县级以上人民政府食品药品监督管理部门和其他有关部门以及食品检验机构、食品行业协会不得以广告或者其他形式向消费者推荐食品。消费者组织不得以收取费用或者其他牟取利益的方式向消费者推荐食品。

第四节 特 殊 食 品

第七十四条 国家对保健食品、特殊医学用途配方食品和婴幼儿配方食品等特殊食品实行严格监督管理。

第七十五条 保健食品声称保健功能，应当具有科学依据，不得对人体产生急性、亚急性或者慢性危害。

保健食品原料目录和允许保健食品声称的保健功能目录，由国务院食品药品监督管理部门会同国务院卫生行政部门、国家中医药管理部门制定、调整并公布。

保健食品原料目录应当包括原料名称、用量及其对应的功效；列入保健食品原料目录的原料只能用于保健食品生产，不得用于其他食品生产。

第七十六条 使用保健食品原料目录以外原料的保健食品和首次进口的保健食品应当经国务院食品药品监督管理部门注册。但是，首次进口的保健食品中属于补充维生素、矿物质等营养物质的，应当报国务院食品药品监督管理部门备案。其他保健食品应当报省、自治区、直辖市人民政府食品药品监督管理部门备案。

进口的保健食品应当是出口国（地区）主管部门准许上市销售的产品。

第七十七条 依法应当注册的保健食品，注册时应当提交保健食品的研发报告、产品配方、生产工艺、安全性和保健功能评价、标签、说明书等材料及样品，并提供相关证明文件。国务院食品药品监督管理部门经组织技术审评，对符合安全和功能声称要求的，准予注册；对不符合要求的，不予注册并书面说明理由。对使用保健食品原料目录以外原料的保健食品作出准予注册决定的，应当及时将该原料纳入保健食品原料目录。

依法应当备案的保健食品，备案时应当提交产品配方、生产工艺、标签、说明书以及表明产品安全性和保健功能的材料。

第七十八条 保健食品的标签、说明书不得涉及疾病预防、治疗功能，内容应当真实，与注册或者备案的内容相一致，载明适宜人群、不适宜人群、功效成分或者标志性成分及其含量等，并声明“本品不能代替药物”。保健食品的功能和成分应当与标签、说明书相一致。

第七十九条 保健食品广告除应当符合本法第七十三条第一款的规定外，还应当声明“本品不能代替药物”；其内容应当经生产企业所在地省、自治区、直辖市人民政府食品药品监督管理部门审查批准，取得保健食品广告批准文件。省、自治区、直辖市人民政府食品药品监督管理部门应当公布并及时更新已经批准的保健食品广告目录以及批准的广告内容。

第八十条 特殊医学用途配方食品应当经国务院食品药品监督管理部门注册。注册时，应当提交产品配方、生产工艺、标签、说明书以及表明产品安全性、营养充足性和特殊医学用途临床效果的材料。

特殊医学用途配方食品广告适用《中华人民共和国广告法》和其他法律、行政法规关于药品广告管理的规定。

第八十一条 婴幼儿配方食品生产企业应当实施从原料进厂到成品出厂的全过程质量控制，对出厂的婴幼儿配方食品实施逐批检验，保证食品安全。

生产婴幼儿配方食品使用的生鲜乳、辅料等食品原料、食品添加剂等，应当符合法律、行政法规的规定和食品安全国家标准，保证婴幼儿生长发育所需的营养成分。

婴幼儿配方食品生产企业应当将食品原料、食品添加剂、产品配方及标签等事项向省、自治区、直辖市人民政府食品药品监督管理部门备案。

婴幼儿配方乳粉的产品配方应当经国务院食品药品监督管理部门注册。注册时，应当提交配方研发报告和其他表明配方科学性、安全性的材料。

不得以分装方式生产婴幼儿配方乳粉，同一企业不得用同一配方生产不同品牌的婴幼儿配方乳粉。

第八十二条 保健食品、特殊医学用途配方食品、婴幼儿配方乳粉的注册人或者备案人应当对其提交材料的真实性负责。

省级以上人民政府食品药品监督管理部门应当及时公布注册或者备案的保健食品、特殊医学用途配方食品、婴幼儿配方乳粉目录，并对注册或者备案中获知的企业商业秘密予以保密。

保健食品、特殊医学用途配方食品、婴幼儿配方乳粉生产企业应当按照注册或者备案的产品配方、生产工艺等技术要求组织生产。

第八十三条 生产保健食品，特殊医学用途配方食品、婴幼儿配方食品和其他专供特定人群的主辅食品的企业，应当按照良好生产规范的要求建立与所生产食品相适应的生产质量管理体系，定期对该体系的运行情况进行自查，保证其有效运行，并向所在地县级人民政府食品药品监督管理部门提交自查报告。

附录二　畜禽骨肉提取物（半固态复合调味品）卫生标准

1　范　　围

本标准规定了半固态调味料的分类、技术要求、食品添加剂、生产加工过程卫生要求、检验方法、检验规则、标志、包装、运输与贮存。

本标准适用于以畜禽骨肉、食用盐、饮用水为主要原料，添加或不添加植物油、食用酒精、香辛料、食用葡萄糖、酵母抽提物、食品添加剂丙二醇脂肪酸酯、谷氨酸钠（味精）、呈味核苷酸二钠、山梨酸钾，经原料前处理、提取、分离、称量配料、混合、杀菌、冷却、内包装、外包装、检验、入库等工序过程加工而成的畜禽骨肉提取物（半固态调味料）产品。

2　规范性引用文件

下列文件对于本文件的应用是必不可少的。凡是注日期的引用文件，仅所注日期的版本适用于本文件。凡是不注日期的引用文件，其最新版本（包括所有的修改单）适用于本文件。

GB/T 317—2006	白砂糖
GB/T 1535—2003	大豆油
GB 2707—2016	鲜（冻）畜（骨）肉
GB 2721—2015	食品安全国家标准　食用盐
GB 2760—2014	食品安全国家标准　食品添加剂使用标准
GB 2762—2017	食品安全国家标准　食品中污染物限量
GB 2761—2017	食品安全国家标准　食品中真菌毒素限量
GB 16869—2005	鲜、冻禽产品
GB 4789. 2—2016	食品安全国家标准　食品微生物学检验　菌落总数测定
GB 4789. 3—2016	食品安全国家标准　食品微生物学检验　大肠菌群计数
GB 4789. 4—2016	食品安全国家标准　食品微生物学检验　沙门氏菌检验
GB 4789. 10—2016	食品安全国家标准　食品微生物学检验　金黄色葡萄球菌检验
GB 5009. 3—2016	食品安全国家标准　食品中水分的测定

GB 5009.11—2014　食品安全国家标准　食品中总砷及无机砷的测定
GB 5009.12—2017　食品中铅的测定
GB 5749—2006　生活饮用水卫生标准
GB 7718—2011　食品安全国家标准　预包装食品标签通则
GB 31640—2016　食品安全国家标准　食用酒精
GB/T 13508—2011　聚乙烯吹塑桶
GB 1886.39—2015　食品安全国家标准　食品添加剂　山梨酸钾
GB 14881—2013　食品安全国家标准　食品企业通用卫生规范
GB/T 18186—2000　酿造酱油
GB/T 19741—2005　液体食品包装用塑料复合膜、袋
GB 30616—2014　食品安全国家标准　食品用香精
GB 191—2008　包装储运图示标志
GB 4789.5—2012　食品安全国家标准　食品微生物学检验　志贺氏菌检验
GB/T 5009.37—2003　食用植物油卫生标准的分析方法
GB/T 5009.40—2003　酱卫生标准的分析方法
GB/T 6543—2008　运输包装用单瓦楞纸箱和双瓦楞纸箱
GB/T 8967—2007　谷氨酸钠（味精）
GB/T 15691—2008　香辛料调味品通用技术条件
GB/T 20880—2007　食用葡萄糖
GB/T 23530—2009　酵母抽提物
QB/T 2845—2007　食品添加剂　呈味核苷酸二钠
SB/T 10338—2000　酸水解植物蛋白调味液
JJF 1070—2005　定量包装商品净含量计量检验规则

国家质量监督检验检疫总局［2005］第75号令《定量包装商品计量监督管理办法》

国家食品药品监督管理总局令第12号（2015）《食品召回管理办法》

3　技术要求

3.1　原辅料

3.1.1　食用盐

应符合GB 2721—2015的规定。

3.1.2 白砂糖

应符合 GB 317—2006 的规定。

3.1.3 酿造酱油

应符合 GB/T 18186—2000 的规定。

3.1.4 生产用水

应符合 GB 5749—2006 的规定。

3.1.5 鸡肉（骨）

应符合 GB 16869—2005 的规定。

3.1.6 猪肉（骨）、牛肉（骨）

应符合 GB 2707—2016 鲜（冻）畜肉的规定。

3.1.7 植物油

应符合 GB/T 1535—2003 的规定。

3.1.8 食用酒精

应符合 GB 31640—2016 的规定。

3.1.9 香辛料

应符合 GB/T 15691—2008 的规定。

3.1.10 食用葡萄糖

应符合 GB/T 20880—2007 的规定。

3.1.11 酵母抽提物

应符合 GB/T 23530—2009 的规定。

3.1.12 谷氨酸钠（味精）

应符合 GB/T 8967—2007 的规定。

3.1.13 5－呈味核苷酸二钠

应符合 QB/T 2845—2007 的规定。

3.1.14 山梨酸钾

应符合 GB 1886.39—2015 的规定。

3.1.15 食品用香精

应符合 GB 30616—2014 的规定。

3.2 生产工艺

原料→前处理→提取→过滤→分离→浓缩→称量配料→混合→杀菌→冷却→内包装→外包装→检验→入库。

3.3 感官指标

应符合表 1 规定。

表 1 感官指标

项目	指标
色泽	具有本产品特有的色泽
滋味与气味	具有本产品特有的滋味、气味，无异味
状态	符合本品应有的状态
杂质	无肉眼可见杂质，无异物

备注：产品不同批次之间或同批次随放置时间有些许差别属正常现象，混匀后应不影响使用。

3.4 理化指标

应符合表 2 的规定。

表 2 理化指标

项目		指标	检验方法
水分（干燥失重）/(g/100g)	≤	35	GB 5009.3—2016
食盐（以 NaCl 计）/(g/100g)	≤	15	GB/T 12457—2016
酸价（以 KOH 计）/(mg/g)	≤	3.0	GB/T 5009.37—2016
铅（以 Pb 计）/(mg/kg)	≤	1.0	GB 5009.12—2016
总砷（以 As 计）/(mg/kg)	≤	0.5	GB 5009.11—2016
过氧化值/(g/100g)	≤	0.25	GB/T 5009.37—2016
氨基酸态氮（以 N 计）/(g/100g)	≥	0.1	GB/T 5009.39—2016
食品添加剂		应符合 GB 2760—2014 规定	

3.5 微生物指标

应符合表 3 的规定。

表 3 微生物指标

项目		指标	检验方法
菌落总数/(CFU/g)	≤	10000	GB 4789.2—2016
大肠菌群/(MPN/100g)	≤	30	GB 4789.2—2016
致病菌（沙门氏菌、志贺氏菌、金黄色葡萄球菌）		不得检出	GB 4789.15—2016

3.6 净含量及允许短缺量

应符合国家质量监督检验检疫总局令第 75 号《定量包装商品计量监督管理办法》规定。

4 食品添加剂

4.1 食品添加剂质量应符合相应的标准和规定。

4.2 食品添加剂的品种和使用量应符合 GB 2760—2014 及卫生部关于食品添加剂公告的规定。

5 生产加工过程卫生要求

应符合 GB 14881—2013 的规定。

6 检 验 规 则

6.1 组批

同一原料、同一配方、同一次性投料生产的同一规格的产品为一批。

6.2 抽样

6.2.1 随机抽取不少于 2kg（不少于 4 个独立包装）的样品，将样品分成 2 份，1 份用于检验，1 份备用。

6.2.2 检测净含量抽样方案按《定量包装商品计量管理办法》规定执行。

6.3 出厂检验

6.3.1 每批产品须经本厂质量检验部门检验合格，并加贴合格证后方可出厂。

6.3.2 出厂检验项目包括：感官指标、净含量、水分、酸价、过氧化值、食盐。

6.4 型式检验

6.4.1 正常生产时每半年进行一次，有下列情况之一时亦应进行：

—新产品投产前；

—出厂检验结果与上次型式检验有较大差异；

—更换设备、主要原辅材料或更改关键工艺可能影响产品质量时；

—停产半年及以上，再恢复生产时；

—食药局等监管机构提出进行型式检验要求时。

6.4.2 型式检验项目为本标准规定的全部项目。

6.5 判定规则

6.5.1 所检项目全部符合本标准规定，可判该批产品合格。

6.5.2 如检验结果中有一项不合格（微生物指标除外），应加倍抽样复检，若仍有不合格，则判该批产品不合格。

6.5.3 如检验结果中有一项以上不合格时（微生物指标除外），或微生物指标出现一项不合格，即判该批产品不合格。

7 标志、包装、运输、贮存

7.1 标志

产品包装储运图示标志应符合 GB/T 191—2008 的规定，标签应符合 GB 7718—2011、GB 28050—2011《食品安全国家标准 预包装食品营养标签通则》及相应要求的规定。

7.2 包装

7.2.1 产品内包装采用复合卫生包装袋，应符合 GB 9683—1988 的规定。

7.2.2 产品外包装采用瓦楞纸箱，应符合 GB/T 6543—2008 的规定。

7.2.3 包装要牢固、防潮、整洁、美观、无异气味，便于装卸、仓储和运输。

7.3 运输

7.3.1 产品运输工具应清洁无污染，运输产品时应避免日晒、雨淋，不得与有毒、有害、有异味或影响产品质量的物品混装混运。

7.3.2 搬运时应轻拿轻放，严禁扔摔、撞击、挤压。

7.4 贮存

7.4.1 产品根据生产日期分批存放，应贮存在阴凉、通风、干燥的成品库中，离地离墙存放。不得与有毒、有害、有异味、易挥发、易腐蚀的物品混储。

7.4.2 产品在本标准规定的条件下运输贮存，保质期为 18 个月。开启后尽快用完。

8 召 回

按国家食品药品监督管理总局令第 12 号（2015）《食品召回管理办法》执行。

附录三　食品工厂良好生产规范

1　范　　围

本标准规定了食品生产过程中原料采购、加工、包装、贮存和运输等环节的场所、设施、人员的基本要求和管理准则。

本标准适用于各类食品的生产，如确有必要制定某类食品生产的专项卫生规范，应当以本标准作为基础。

2　术语和定义

2.1　污染

在食品生产过程中发生的生物、化学、物理污染因素传入的过程。

2.2　虫害

由昆虫、鸟类、啮齿类动物等生物（包括苍蝇、蟑螂、麻雀、老鼠等）造成的不良影响。

2.3　食品加工人员

直接接触包装或未包装的食品、食品设备和器具、食品接触面的操作人员。

2.4　接触表面

设备、工器具、人体等可被接触到的表面。

2.5　分离

通过在物品、设施、区域之间留有一定空间，而非通过设置物理阻断的方式进行隔离。

2.6　分隔

通过设置物理阻断如墙壁、卫生屏障、遮罩或独立房间等进行隔离。

2.7　食品加工场所

用于食品加工处理的建筑物和场地，以及按照相同方式管理的其他建筑物、场地和周围环境等。

2.8　监控

按照预设的方式和参数进行观察或测定，以评估控制环节是否处于受控状态。

2.9　工作服

根据不同生产区域的要求，为降低食品加工人员对食品的污染风险而配备的专用服装。

3　选址及厂区环境

3.1　选址

3.1.1　厂区不应选择对食品有显著污染的区域。如某地对食品安全和食品宜食用性存在明显的不利影响，且无法通过采取措施加以改善，应避免在该地址建厂。

3.1.2　厂区不应选择有害废弃物以及粉尘、有害气体、放射性物质和其他扩散性污染源不能有效清除的地址。

3.1.3　厂区不宜择易发生洪涝灾害的地区，难以避开时应设计必要的防范措施。

3.1.4　厂区周围不宜有虫害大量孳生的潜在场所，难以避开时应设计必要的防范措施。

3.2　厂区环境

3.2.1　应考虑环境给食品生产带来的潜在污染风险，并采取适当的措施将其降至最低水平。

3.2.2　厂区应合理布局，各功能区域划分明显，并有适当的分离或分隔措施，防止交叉污染。

3.2.3　厂区内的道路应铺设混凝土、沥青或者其他硬质材料；空地应采取必要措施，如铺设水泥、地砖或铺设草坪等方式，保持环境清洁，防止正常天气下扬尘和积水等现象的发生。

3.2.4　厂区绿化应与生产车间保持适当距离，植被应定期维护，以防止虫害的孳生。

3.2.5　厂区应有适当的排水系统。

3.2.6　宿舍、食堂、职工娱乐设施等生活区应与生产区保持适当距离或分隔。

4　厂房和车间

4.1　设计和布局

4.1.1　厂房和车间的内部设计和布局应满足食品卫生操作要求，避免食品生产中发生交叉污染。

4.1.2　厂房和车间的设计应根据生产工艺合理布局，预防和降低产品受污染的风险。

4.1.3　厂房和车间应根据产品特点、生产工艺、生产特性以及生产过程对清洁程度的要求合理划分作业区，并采取有效分离或分隔。如：通常可划分为清洁作业区、准清洁作业区和一般作业区；或清洁作业区和一般作业区等。

一般作业区应与其他作业区域分隔。

4.1.4 厂房内设置的检验室应与生产区域分隔。

4.1.5 厂房的面积和空间应与生产能力相适应，便于设备安置、清洁消毒、物料存储及人员操作。

4.2 建筑内部结构与材料

4.2.1 内部结构

建筑内部结构应易于维护、清洁或消毒。应采用适当的耐用材料建造。

4.2.2 顶棚

4.2.2.1 顶棚应使用无毒、无味、与生产需求相适应、易于观察清洁状况的材料建造；若直接在屋顶内层喷涂涂料作为顶棚，应使用无毒、无味、防霉、不易脱落、易于清洁的涂料。

4.2.2.2 顶棚应易于清洁、消毒，在结构上不利于冷凝水垂直滴下，防止虫害和霉菌孳生。

4.2.2.3 蒸汽、水、电等配件管路应避免设置于暴露食品的上方；如确需设置，应有能防止灰尘散落及水滴掉落的装置或措施。

4.2.3 墙壁

4.2.3.1 墙面、隔断应使用无毒、无味的防渗透材料建造，在操作高度范围内的墙面应光滑、不易积累污垢且易于清洁；若使用涂料，应无毒、无味、防霉、不易脱落、易于清洁。

4.2.3.2 墙壁、隔断和地面交界处应结构合理、易于清洁，能有效避免污垢积存。例如设置漫弯形交界面等。

4.2.4 门窗

4.2.4.1 门窗应闭合严密。门的表面应平滑、防吸附、不渗透，并易于清洁、消毒。应使用不透水、坚固、不变形的材料制成。

4.2.4.2 清洁作业区和准清洁作业区与其他区域之间的门应能及时关闭。

4.2.4.3 窗户玻璃应使用不易碎材料。若使用普通玻璃，应采取必要的措施防止玻璃破碎后对原料、包装材料及食品造成污染。

4.2.4.4 窗户如设置窗台，其结构应能避免灰尘积存且易于清洁。可开启的窗户应装有易于清洁的防虫害窗纱。

4.2.5 地面

4.2.5.1 地面应使用无毒、无味、不渗透、耐腐蚀的材料建造。地面的结构应有利于排污和清洗的需要。

4.2.5.2 地面应平坦防滑、无裂缝、并易于清洁、消毒，并有适当的措施防止积水。

5 设施与设备

5.1 设施

5.1.1 供水设施

5.1.1.1 应能保证水质、水压、水量及其他要求符合生产需要。

5.1.1.2 食品加工用水的水质应符合 GB 5749 的规定，对加工用水水质有特殊要求的食品应符合相应规定。间接冷却水、锅炉用水等食品生产用水的水质应符合生产需要。

5.1.1.3 食品加工用水与其他不与食品接触的用水（如间接冷却水、污水或废水等）应以完全分离的管路输送，避免交叉污染。各管路系统应明确标识以便区分。

5.1.1.4 自备水源及供水设施应符合有关规定。供水设施中使用的涉及饮用水卫生安全产品还应符合国家相关规定。

5.1.2 排水设施

5.1.2.1 排水系统的设计和建造应保证排水畅通、便于清洁维护；应适应食品生产的需要，保证食品及生产、清洁用水不受污染。

5.1.2.2 排水系统入口应安装带水封的地漏等装置，以防止固体废弃物进入及浊气逸出。

5.1.2.3 排水系统出口应有适当措施以降低虫害风险。

5.1.2.4 室内排水的流向应由清洁程度要求高的区域流向清洁程度要求低的区域，且应有防止逆流的设计。

5.1.2.5 污水在排放前应经适当方式处理，以符合国家污水排放的相关规定。

5.1.3 清洁消毒设施

应配备足够的食品、工器具和设备的专用清洁设施，必要时应配备适宜的消毒设施。应采取措施避免清洁、消毒工器具带来的交叉污染。

5.1.4 废弃物存放设施

应配备设计合理、防止渗漏、易于清洁的存放废弃物的专用设施；车间内存放废弃物的设施和容器应标识清晰。必要时应在适当地点设置废弃物临时存放设施，并依废弃物特性分类存放。

5.1.5 个人卫生设施

5.1.5.1 生产场所或生产车间入口处应设置更衣室；必要时特定的作业区入口处可按需要设置更衣室。更衣室应保证工作服与个人服装及其他物品分开放置。

5.1.5.2 生产车间入口及车间内必要处，应按需设置换鞋（穿戴鞋套）

设施或工作鞋靴消毒设施。如设置工作鞋靴消毒设施，其规格尺寸应能满足消毒需要。

5.1.5.3　应根据需要设置卫生间，卫生间的结构、设施与内部材质应易于保持清洁；卫生间内的适当位置应设置洗手设施。卫生间不得与食品生产、包装或贮存等区域直接连通。

5.1.5.4　应在清洁作业区入口设置洗手、干手和消毒设施；如有需要，应在作业区内适当位置加设洗手和（或）消毒设施；与消毒设施配套的水龙头其开关应为非手动式。

5.1.5.5　洗手设施的水龙头数量应与同班次食品加工人员数量相匹配，必要时应设置冷热水混合器。洗手池应采用光滑、不透水、易清洁的材质制成，其设计及构造应易于清洁消毒。应在临近洗手设施的显著位置标示简明易懂的洗手方法。

5.1.5.6　根据对食品加工人员清洁程度的要求，必要时应可设置风淋室、淋浴室等设施。

5.1.6　通风设施

5.1.6.1　应具有适宜的自然通风或人工通风措施；必要时应通过自然通风或机械设施有效控制生产环境的温度和湿度。通风设施应避免空气从清洁度要求低的作业区域流向清洁度要求高的作业区域。

5.1.6.2　应合理设置进气口位置，进气口与排气口和户外垃圾存放装置等污染源保持适宜的距离和角度。进、排气口应装有防止虫害侵入的网罩等设施。通风排气设施应易于清洁、维修或更换。

5.1.6.3　若生产过程需要对空气进行过滤净化处理，应加装空气过滤装置并定期清洁。

5.1.6.4　根据生产需要，必要时应安装除尘设施。

5.1.7　照明设施

5.1.7.1　厂房内应有充足的自然采光或人工照明，光泽和亮度应能满足生产和操作需要；光源应使食品呈现真实的颜色。

5.1.7.2　如需在暴露食品和原料的正上方安装照明设施，应使用安全型照明设施或采取防护措施。

5.1.8　仓储设施

5.1.8.1　应具有与所生产产品的数量、贮存要求相适应的仓储设施。

5.1.8.2　仓库应以无毒、坚固的材料建成；仓库地面应平整，便于通风换气。仓库的设计应能易于维护和清洁，防止虫害藏匿，并应有防止虫害侵入的装置。

5.1.8.3　原料、半成品、成品、包装材料等应依据性质的不同分设贮存场所或分区域码放，并有明确标识，防止交叉污染。必要时仓库应设有温、湿度控制设施。

5.1.8.4　贮存物品应与墙壁、地面保持适当距离，以利于空气流通及物品搬运。

5.1.8.5　清洁剂、消毒剂、杀虫剂、润滑剂、燃料等物质应分别安全包装，明确标识，并应与原料、半成品、成品、包装材料等分隔放置。

5.1.9　温控设施

5.1.9.1　应根据食品生产的特点，配备适宜的加热、冷却、冷冻等设施，以及用于监测温度的设施。

5.1.9.2　根据生产需要，可设置控制室温的设施。

5.2　设备

5.2.1　生产设备

5.2.1.1　一般要求应配备与生产能力相适应的生产设备，并按工艺流程有序排列，避免引起交叉污染。

5.2.1.2　材质

5.2.1.2.1　与原料、半成品、成品接触的设备与用具，应使用无毒、无味、抗腐蚀、不易脱落的材料制作，并应易于清洁和保养。

5.2.1.2.2　设备、工器具等与食品接触的表面应使用光滑、无吸收性、易于清洁保养和消毒的材料制成，在正常生产条件下不会与食品、清洁剂和消毒剂发生反应，并应保持完好无损。

5.2.1.3　设计

5.2.1.3.1　所有生产设备应从设计和结构上避免零件、金属碎屑、润滑油或其他污染因素混入食品，并应易于清洁消毒、易于检查和维护。

5.2.1.3.2　设备应不留空隙地固定在墙壁或地板上，或在安装时与地面和墙壁间保留足够空间，以便清洁和维护。

5.2.2　监控设备

用于监测、控制、记录的设备，如压力表、温度计、记录仪等，应定期校准、维护。

5.2.3　设备的保养和维修

应建立设备保养和维修制度，加强设备的日常维护和保养，定期检修，及时记录。

6　卫 生 管 理

6.1　卫生管理制度

6.1.1　应制定食品加工人员和食品生产卫生管理制度以及相应的考核标

准，明确岗位职责，实行岗位责任制。

6.1.2 应根据食品的特点以及生产、贮存过程的卫生要求，建立对保证食品安全具有显著意义的关键控制环节的监控制度，良好实施并定期检查，发现问题及时纠正。

6.1.3 应制定针对生产环境、食品加工人员、设备及设施等的卫生监控制度，确立内部监控的范围、对象和频率。记录并存档监控结果，定期对执行情况和效果进行检查，发现问题及时整改。

6.1.4 应建立清洁消毒制度和清洁消毒用具管理制度。清洁消毒前后的设备和工器具应分开放置妥善保管，避免交叉污染。

6.2 厂房及设施卫生管理

6.2.1 厂房内各项设施应保持清洁，出现问题及时维修或更新；厂房地面、屋顶、天花板及墙壁有破损时，应及时修补。

6.2.2 生产、包装、贮存等设备及工器具、生产用管道、裸露食品接触表面等应定期清洁消毒。

6.3 食品加工人员健康管理与卫生要求

6.3.1 食品加工人员健康管理

6.3.1.1 应建立并执行食品加工人员健康管理制度。

6.3.1.2 食品加工人员每年应进行健康检查，取得健康证明；上岗前应接受卫生培训。

6.3.1.3 食品加工人员如患有痢疾、伤寒、甲型病毒性肝炎、戊型病毒性肝炎等消化道传染病，以及患有活动性肺结核、化脓性或者渗出性皮肤病等有碍食品安全的疾病，或有明显皮肤损伤未愈合的，应当调整到其他不影响食品安全的工作岗位。

6.3.2 食品加工人员卫生要求

6.3.2.1 进入食品生产场所前应整理个人卫生，防止污染食品。

6.3.2.2 进入作业区域应规范穿着洁净的工作服，并按要求洗手、消毒；头发应藏于工作帽内或使用发网约束。

6.3.2.3 进入作业区域不应配戴饰物、手表，不应化妆、染指甲、喷洒香水；不得携带或存放与食品生产无关的个人用品。

6.3.2.4 使用卫生间、接触可能污染食品的物品或从事与食品生产无关的其他活动后，再次从事接触食品、食品工器具、食品设备等与食品生产相关的活动前应洗手消毒。

6.3.3 来访者

非食品加工人员不得进入食品生产场所，特殊情况下进入时应遵守和食品加工人员同样的卫生要求。

6.4 虫害控制

6.4.1 应保持建筑物完好、环境整洁，防止虫害侵入及孳生。

6.4.2 应制定和执行虫害控制措施，并定期检查。生产车间及仓库应采取有效措施（如纱帘、纱网、防鼠板、防蝇灯、风幕等），防止鼠类昆虫等侵入。若发现有虫鼠害痕迹时，应追查来源，消除隐患。

6.4.3 应准确绘制虫害控制平面图，标明捕鼠器、粘鼠板、灭蝇灯、室外诱饵投放点、生化信息素捕杀装置等放置的位置。

6.4.4 厂区应定期进行除虫灭害工作。

6.4.5 采用物理、化学或生物制剂进行处理时，不应影响食品安全和食品应有的品质、不应污染食品接触表面、设备、工器具及包装材料。除虫灭害工作应有相应的记录。

6.4.6 使用各类杀虫剂或其他药剂前，应做好预防措施避免对人身、食品、设备工具造成污染；不慎污染时，应及时将被污染的设备、工具彻底清洁，消除污染。

6.5 废弃物处理

6.5.1 应制定废弃物存放和清除制度，有特殊要求的废弃物其处理方式应符合有关规定。废弃物应定期清除；易腐败的废弃物应尽快清除；必要时应及时清除废弃物。

6.5.2 车间外废弃物放置场所应与食品加工场所隔离防止污染；应防止不良气味或有害有毒气体溢出；应防止虫害孳生。

6.6 工作服管理

6.6.1 进入作业区域应穿着工作服。

6.6.2 应根据食品的特点及生产工艺的要求配备专用工作服，如衣、裤、鞋靴、帽和发网等，必要时还可配备口罩、围裙、套袖、手套等。

6.6.3 应制定工作服的清洗保洁制度，必要时应及时更换；生产中应注意保持工作服干净完好。

6.6.4 工作服的设计、选材和制作应适应不同作业区的要求，降低交叉污染食品的风险；应合理选择工作服口袋的位置、使用的连接扣件等，降低内容物或扣件掉落污染食品的风险。

7 食品原料、食品添加剂和食品相关产品

7.1 一般要求

应建立食品原料、食品添加剂和食品相关产品的采购、验收、运输和贮存管理制度，确保所使用的食品原料、食品添加剂和食品相关产品符合国家有关要求。不得将任何危害人体健康和生命安全的物质添加到食品中。

7.2　食品原料

7.2.1　采购的食品原料应当查验供货者的许可证和产品合格证明文件；对无法提供合格证明文件的食品原料，应当依照食品安全标准进行检验。

7.2.2　食品原料必须经过验收合格后方可使用。经验收不合格的食品原料应在指定区域与合格品分开放置并明显标记，并应及时进行退、换货等处理。

7.2.3　加工前宜进行感官检验，必要时应进行实验室检验；检验发现涉及食品安全项目指标异常的，不得使用；只应使用确定适用的食品原料。

7.2.4　食品原料运输及贮存中应避免日光直射、备有防雨防尘设施；根据食品原料的特点和卫生需要，必要时还应具备保温、冷藏、保鲜等设施。

7.2.5　食品原料运输工具和容器应保持清洁、维护良好，必要时应进行消毒。食品原料不得与有毒、有害物品同时装运，避免污染食品原料。

7.2.6　食品原料仓库应设专人管理，建立管理制度，定期检查质量和卫生情况，及时清理变质或超过保质期的食品原料。仓库出货顺序应遵循先进先出的原则，必要时应根据不同食品原料的特性确定出货顺序。

7.3　食品添加剂

7.3.1　采购食品添加剂应当查验供货者的许可证和产品合格证明文件。食品添加剂必须经过验收合格后方可使用。

7.3.2　运输食品添加剂的工具和容器应保持清洁、维护良好，并能提供必要的保护，避免污染食品添加剂。

7.3.3　食品添加剂的贮藏应有专人管理，定期检查质量和卫生情况，及时清理变质或超过保质期的食品添加剂。仓库出货顺序应遵循先进先出的原则，必要时应根据食品添加剂的特性确定出货顺序。

7.4　食品相关产品

7.4.1　采购食品包装材料、容器、洗涤剂、消毒剂等食品相关产品应当查验产品的合格证明文件，实行许可管理的食品相关产品还应查验供货者的许可证。食品包装材料等食品相关产品必须经过验收合格后方可使用。

7.4.2　运输食品相关产品的工具和容器应保持清洁、维护良好，并能提供必要的保护，避免污染食品原料和交叉污染。

7.4.3　食品相关产品的贮藏应有专人管理，定期检查质量和卫生情况，及时清理变质或超过保质期的食品相关产品。仓库出货顺序应遵循先进先出的原则。

7.5　其他

盛装食品原料、食品添加剂、直接接触食品的包装材料的包装或容器，其材质应稳定、无毒无害，不易受污染，符合卫生要求。

食品原料、食品添加剂和食品包装材料等进入生产区域时应有一定的缓冲区域或外包装清洁措施，以降低污染风险。

8　生产过程的食品安全控制

8.1　产品污染风险控制

8.1.1　应通过危害分析方法明确生产过程中的食品安全关键环节，并设立食品安全关键环节的控制措施。在关键环节所在区域，应配备相关的文件以落实控制措施，如配料（投料）表、岗位操作规程等。

8.1.2　鼓励采用危害分析与关键控制点体系（HACCP）对生产过程进行食品安全控制。

8.2　生物污染的控制

8.2.1　清洁和消毒

8.2.1.1　应根据原料、产品和工艺的特点，针对生产设备和环境制定有效的清洁消毒制度，降低微生物污染的风险。

8.2.1.2　清洁消毒制度应包括以下内容：清洁消毒的区域、设备或器具名称；清洁消毒工作的职责；使用的洗涤、消毒剂；清洁消毒方法和频率；清洁消毒效果的验证及不符合的处理；清洁消毒工作及监控记录。

8.2.1.3　应确保实施清洁消毒制度，如实记录；及时验证消毒效果，发现问题及时纠正。

8.2.2　食品加工过程的微生物监控

8.2.2.1　根据产品特点确定关键控制环节进行微生物监控；必要时应建立食品加工过程的微生物监控程序，包括生产环境的微生物监控和过程产品的微生物监控。

8.2.2.2　食品加工过程的微生物监控程序应包括：微生物监控指标、取样点、监控频率、取样和检测方法、评判原则和整改措施等，具体可参照附录A的要求，结合生产工艺及产品特点制定。

8.2.2.3　微生物监控应包括致病菌监控和指示菌监控，食品加工过程的微生物监控结果应能反映食品加工过程中对微生物污染的控制水平。

8.3　化学污染的控制

8.3.1　应建立防止化学污染的管理制度，分析可能的污染源和污染途径，制定适当的控制计划和控制程序。

8.3.2　应当建立食品添加剂和食品工业用加工助剂的使用制度，按照GB 2760的要求使用食品添加剂。

8.3.3　不得在食品加工中添加食品添加剂以外的非食用化学物质和其他可能危害人体健康的物质。

8.3.4　生产设备上可能直接或间接接触食品的活动部件若需润滑，应当使用食用油脂或能保证食品安全要求的其他油脂。

8.3.5 建立清洁剂、消毒剂等化学品的使用制度。除清洁消毒必需和工艺需要，不应在生产场所使用和存放可能污染食品的化学制剂。

8.3.6 食品添加剂、清洁剂、消毒剂等均应采用适宜的容器妥善保存，且应明显标示、分类贮存；领用时应准确计量、作好使用记录。

8.3.7 应当关注食品在加工过程中可能产生有害物质的情况，鼓励采取有效措施减低其风险。

8.4 物理污染的控制

8.4.1 应建立防止异物污染的管理制度，分析可能的污染源和污染途径，并制定相应的控制计划和控制程序。

8.4.2 应通过采取设备维护、卫生管理、现场管理、外来人员管理及加工过程监督等措施，最大程度地降低食品受到玻璃、金属、塑胶等异物污染的风险。

8.4.3 应采取设置筛网、捕集器、磁铁、金属检查器等有效措施降低金属或其他异物污染食品的风险。

8.4.4 当进行现场维修、维护及施工等工作时，应采取适当措施避免异物、异味、碎屑等污染食品。

8.5 包装

8.5.1 食品包装应能在正常的贮存、运输、销售条件下最大限度地保护食品的安全性和食品品质。

8.5.2 使用包装材料时应核对标识，避免误用；应如实记录包装材料的使用情况。

9 检　　验

9.1 应通过自行检验或委托具备相应资质的食品检验机构对原料和产品进行检验，建立食品出厂检验记录制度。

9.2 自行检验应具备与所检项目适应的检验室和检验能力；由具有相应资质的检验人员按规定的检验方法检验；检验仪器设备应按期检定。

9.3 检验室应有完善的管理制度，妥善保存各项检验的原始记录和检验报告。应建立产品留样制度，及时保留样品。

9.4 应综合考虑产品特性、工艺特点、原料控制情况等因素合理确定检验项目和检验频次以有效验证生产过程中的控制措施。净含量、感官要求以及其他容易受生产过程影响而变化的检验项目的检验频次应大于其他检验项目。

9.5 同一品种不同包装的产品，不受包装规格和包装形式影响的检验项目可以一并检验。

10　食品的贮存和运输

10.1　根据食品的特点和卫生需要选择适宜的贮存和运输条件，必要时应配备保温、冷藏、保鲜等设施。不得将食品与有毒、有害或有异味的物品一同贮存运输。

10.2　应建立和执行适当的仓储制度，发现异常应及时处理。

10.3　贮存、运输和装卸食品的容器、工器具和设备应当安全、无害，保持清洁，降低食品污染的风险。

10.4　贮存和运输过程中应避免日光直射、雨淋、显著的温湿度变化和剧烈撞击等，防止食品受到不良影响。

11　产品召回管理

11.1　应根据国家有关规定建立产品召回制度。

11.2　当发现生产的食品不符合食品安全标准或存在其他不适于食用的情况时，应当立即停止生产，召回已经上市销售的食品，通知相关生产经营者和消费者，并记录召回和通知情况。

11.3　对被召回的食品，应当进行无害化处理或者予以销毁，防止其再次流入市场。对因标签、标识或者说明书不符合食品安全标准而被召回的食品，应采取能保证食品安全且便于重新销售时向消费者明示的补救措施。

11.4　应合理划分记录生产批次，采用产品批号等方式进行标识，便于产品追溯。

12　培　　训

12.1　应建立食品生产相关岗位的培训制度，对食品加工人员以及相关岗位的从业人员进行相应的食品安全知识培训。

12.2　应通过培训促进各岗位从业人员遵守食品安全相关法律法规标准和执行各项食品安全管理制度的意识和责任，提高相应的知识水平。

12.3　应根据食品生产不同岗位的实际需求，制定和实施食品安全年度培训计划并进行考核，做好培训记录。

12.4　当食品安全相关的法律法规标准更新时，应及时开展培训。

12.5　应定期审核和修订培训计划，评估培训效果，并进行常规检查，以确保培训计划的有效实施。

13　管理制度和人员

13.1　应配备食品安全专业技术人员、管理人员，并建立保障食品安全的管理制度。

13.2 食品安全管理制度应与生产规模、工艺技术水平和食品的种类特性相适应，应根据生产实际和实施经验不断完善食品安全管理制度。

13.3 管理人员应了解食品安全的基本原则和操作规范，能够判断潜在的危险，采取适当的预防和纠正措施，确保有效管理。

14 记录和文件管理

14.1 记录管理

14.1.1 应建立记录制度，对食品生产中采购、加工、贮存、检验、销售等环节详细记录。记录内容应完整、真实，确保对产品从原料采购到产品销售的所有环节都可进行有效追溯。

14.1.1.1 应如实记录食品原料、食品添加剂和食品包装材料等食品相关产品的名称、规格、数量、供货者名称及联系方式、进货日期等内容。

14.1.1.2 应如实记录食品的加工过程（包括工艺参数、环境监测等）、产品贮存情况及产品的检验批号、检验日期、检验人员、检验方法、检验结果等内容。

14.1.1.3 应如实记录出厂产品的名称、规格、数量、生产日期、生产批号、购货者名称及联系方式、检验合格单、销售日期等内容。

14.1.1.4 应如实记录发生召回的食品名称、批次、规格、数量、发生召回的原因及后续整改方案等内容。

14.1.2 食品原料、食品添加剂和食品包装材料等食品相关产品进货查验记录、食品出厂检验记录应由记录和审核人员复核签名，记录内容应完整。保存期限不得少于2年。

14.1.3 应建立客户投诉处理机制。对客户提出的书面或口头意见、投诉，企业相关管理部门应作记录并查找原因，妥善处理。

14.2 应建立文件的管理制度，对文件进行有效管理，确保各相关场所使用的文件均为有效版本。

14.3 鼓励采用先进技术手段（如电子计算机信息系统），进行记录和文件管理。

备注：A
食品加工过程的微生物监控程序指南

注：本附录给出了制定食品加工过程环境微生物监控程序时应当考虑的要点，实际生产中可根据产品特性和生产工艺技术水平等因素参照执行。

A.1 食品加工过程中的微生物监控是确保食品安全的重要手段，是验证或评估目标微生物控制程序的有效性、确保整个食品质量和安全体系持续改进的工具。

A.2　本附录提出了制定食品加工过程微生物监控程序时应考虑的要点。

A.3　食品加工过程的微生物监控，主要包括环境微生物监控和过程产品的微生物监控。环境微生物监控主要用于评判加工过程的卫生控制状况，以及找出可能存在的污染源。通常环境监控对象包括食品接触表面、与食品或食品接触表面邻近的接触表面以及环境空气。过程产品的微生物监控主要用于评估加工过程卫生控制能力和产品卫生状况。

A.4　食品加工过程的微生物监控涵盖了加工过程各个环节的微生物学评估、清洁消毒效果以及微生物控制效果的评价。在制定时应考虑以下内容：

a）加工过程的微生物监控应包括微生物监控指标、取样点、监控频率、取样和检测方法、评判原则以及不符合情况的处理等；

b）加工过程的微生物监控指标：应以能够评估加工环境卫生状况和过程控制能力的指示微生物（如菌落总数、大肠菌群、酵母霉菌或其他指示菌）为主。必要时也可采用致病菌作为监控指标；

c）加工过程微生物监控的取样点：环境监控的取样点应为微生物可能存在或进入而导致污染的地方。可根据相关文献资料确定取样点，也可以根据经验或者积累的历史数据确定取样点。过程产品监控计划的取样点应覆盖整个加工环节中微生物水平可能发生变化且会影响产品安全性和/或食品品质的过程产品，例如微生物控制的关键控制点之后的过程产品。具体可参考表 A.1 中示例；

d）加工过程微生物监控的监控频率：应基于污染可能发生的风险来制定监控频率。可根据相关文献资料，相关经验和专业知识或者积累的历史数据，确定合理的监控频率。具体可参考表 A.1 中示例。加工过程的微生物监控应是动态的，应根据数据变化和加工过程污染风险的高低而有所调整和定期评估。例如：当指示微生物监控结果偏高或者终产品检测出致病菌或者重大维护施工活动后或者卫生状况出现下降趋势时等，需要增加取样点和监控频率；当监控结果一直满足要求，可适当减少取样点或者放宽监控频率；

e）取样和检测方法：环境监控通常以涂抹取样为主，过程产品监控通常直接取样。检测方法的选择应基于监控指标进行选择；

f）评判原则：应依据一定的监控指标限值进行评判，监控指标限值可基于微生物控制的效果以及对产品质量和食品安全性的影响来确定；

g）微生物监控的不符合情况处理要求：各监控点的监控结果应当符合监控指标的限值并保持稳定，当出现轻微不符合时，可通过增加取样频次等措施加强监控；当出现严重不符合时，应当立即纠正，同时查找问题原因，以确定是否需要对微生物控制程序采取相应的纠正措施。

表 A.1　　食品加工过程微生物监控示例

监控项目		建议取样点①	建议监控微生物②	建议监控频率③	建议监控指标限值
环境的微生物监控	食品接触表面	食品加工人员的手部、工作服、手套传送皮带、工器具及其他直接接触食品的设备表面	菌落总数大肠菌群等	验证清洁效果应在清洁消毒之后，其他可每周、每两周或每月	结合生产实际情况确定监控指标限值
	与食品或食品接触表面邻近的接触表面	设备外表面、支架表面、控制面板、零件车等接触表面	菌落总数、大肠菌群等卫生状况指示微生物，必要时监控致病菌	每两周或每月	结合生产实际情况确定监控指标限值
	加工区域内的环境空气	靠近裸露产品的位置	菌落总数酵母霉菌等	每周、每两周或每月	结合生产实际情况确定监控指标限值
过程产品的微生物监控		加工环节中微生物水平可能发生变化且会影响食品开班第一时间生产的产品及之后连续生产	安全性和（或）食品品质的过程产品卫生状况指示微生物（如菌落总数、大肠菌群、酵母霉菌或其他指示菌）	过程中每周（或每两周或每月）	结合生产实际情况确定监控指标限值

注：① 可根据食品特性以及加工过程实际情况选择取样点；
② 可根据需要选择一个或多个卫生指示微生物实施监控；
③ 可根据具体取样点的风险确定监控频率。

参考文献

[1] 黄雨三，等. 肉制品生产加工贮运保鲜技术标准规范与质量检验检测手册［M］. 北京：清华同方光电子出版社，2003.
[2] 崔建云，等. 食品加工机械与设备［M］. 北京：中国轻工业出版社，2005.
[3] 于景芝，等. 酵母生产与应用手册［M］. 北京：中国轻工业出版社，2005.
[4] 太田静行（日）. 食品调味论［M］. 北京：中国商业出版社，1989.